精通 Hadoop 3

[印] 尚沙勒·辛格　等著

张华臻　译

清华大学出版社

北　京

内 容 简 介

本书详细阐述了与 Hadoop 3 相关的基础知识,主要包括 Hadoop 3 简介、深入理解 Hadoop 分布式文件系统、YARN 资源管理器、MapReduce 内部机制、Hadoop 中的 SQL、实时处理引擎、Hadoop 生态圈组件、定义 Hadoop 中的应用程序、Hadoop 中的实时流处理、Hadoop 中的机器学习、云端中的 Hadoop、Hadoop 集群分析、Hadoop 中的角色及其执行内容、网络和数据安全、监测 Hadoop 等内容。此外,本书还提供了相应的示例、代码,以帮助读者进一步理解相关方案的实现过程。

本书适合作为高等院校计算机及相关专业的教材和教学参考书,也可作为相关开发人员的自学用书和参考手册。

北京市版权局著作权合同登记号 图字:01-2019-2120

图书在版编目(CIP)数据

精通 Hadoop 3 /(印)尚沙勒·辛格等著;张华臻译. —北京:清华大学出版社,2022.1
书名原文:Mastering Hadoop 3
ISBN 978-7-302-59687-5

Ⅰ. ①精… Ⅱ. ①尚… ②张… Ⅲ. ①数据处理软件 Ⅳ. ①TP274

中国版本图书馆 CIP 数据核字(2021)第 263033 号

责任编辑:贾小红
封面设计:刘 超
版式设计:文森时代
责任校对:马军令
责任印制:刘海龙

出版发行:清华大学出版社
　　　网　　址:http://www.tup.com.cn,http://www.wqbook.com
　　　地　　址:北京清华大学学研大厦 A 座　　　邮　　编:100084
　　　社 总 机:010-62770175　　　邮　　购:010-62786544
　　　投稿与读者服务:010-62776969,c-service@tup.tsinghua.edu.cn
　　　质量反馈:010-62772015,zhiliang@tup.tsinghua.edu.cn
印 装 者:小森印刷霸州有限公司
经　　销:全国新华书店
开　　本:185mm×230mm　　印　　张:28.25　　字　　数:564 千字
版　　次:2022 年 1 月第 1 版　　印　　次:2022 年 1 月第 1 次印刷
定　　价:149.00 元

产品编号:082445-01

译 者 序

    Hadoop 设计之初的目标就定位于高可靠性、高可拓展性、高容错性和高效性。正是这些设计上与生俱来的优点，才使得 Hadoop 一出现就受到众多大公司的青睐，同时也引起了研究界的普遍关注。

    Hadoop 是一个由 Apache 基金会开发的分布式系统基础架构。用户可以在不了解分布式底层细节的情况下，开发分布式程序，充分利用集群的威力进行高速运算和存储。Hadoop实现了一个分布式文件系统，其中一个组件是 HDFS。HDFS 具有高容错性的特点，并且设计用来部署在价格低廉的硬件上，而且它提供高吞吐量访问应用程序的数据，适合那些包含超大数据集的应用程序。

    如果读者希望掌握 Hadoop 的高级概念，进而成为一名大数据领域的专业人士，那么本书将十分适合您。本书将阐述 Hadoop 生态圈中的高级知识，并通过安全机制、监测机制和数据管理机制构建高性能的 Hadoop 数据管线。本书主要涉及 Hadoop 文件系统、YARN资源管理器、MapReduce 内部机制、Hadoop 中的 SQL、实时处理引擎、定义 Hadoop 中的应用程序、Hadoop 中的实时流处理、Hadoop 中的机器学习、云端中的 Hadoop、Hadoop集群分析、Hadoop 中的角色及其执行内容、网络和数据安全、监测 Hadoop 等内容。此外，本书还提供了丰富的资源供读者下载。

    本书由张华臻翻译。此外，刘璋、刘晓雪、张博、刘祎也参与了本书的部分翻译工作，在此一并表示感谢。

    由于译者水平有限，错漏之处在所难免，在此诚挚欢迎读者提出任何意见和建议。

译 者

前　　言

本书阐述了 Hadoop 生态圈中的高级概念，并通过安全机制、监测机制和数据管理机制构建高性能的 Hadoop 数据管线。

除此之外，本书还利用 Apache Spark 和 Flink 改进企业级应用程序，并考查 Hadoop 的内部工作机制，包括一些真实案例的构建方案。同时，我们还将通过 Hadoop 3 数据平台探讨企业级应用程序的最佳实践方案，其中涉及授权和身份验证机制。随后，我们将学习如何在 Hadoop 中对数据进行建模、深入了解基于 Hadoop 3 的分布式计算机制，并查看不同的数据批处理模式。

最后，本书讨论如何高效地继承 Hadoop 生态圈中的组件，以实现高速、可靠的大数据管线。

读者范围

如果读者希望掌握 Hadoop 的高级概念，进而成为一名大数据的专业人士，那么本书将十分适合您，如果读者已经具备一定的 Hadoop 基础，并希望进一步强化 Hadoop 生态圈所涉及的专业知识，本书将十分有用。阅读本书时，读者应具备 Java 编程和 Hadoop 方面的基础知识。

本书内容

第 1 章讨论 Hadoop 的主要概念并简要描述 Hadoop 的起源。另外，本章还进一步揭示 Hadoop 3 的特征，同时还提供 Hadoop 生态圈和不同 Hadoop 版本的逻辑概述。

第 2 章主要讨论 Hadoop 分布式文件系统及其内部概念。另外，本章还深度介绍 HDFS 操作、Hadoop 3 中 HDFS 所加入的新功能，以及 HDFS 缓存机制和 HDFS Federation。

第 3 章介绍 YARN 资源管理框架，并重点考查提交至 YARN 中的高效的作业调度机制，同时还简要地介绍 YARN 中调度器的优缺点。此外，本章还重点讨论 Hadoop 3 中引入的 YARN 3 特性，特别是 REST API。随后，介绍 Apache Slider 的架构和内部机制，其中涉及 Apache Tez、分布式处理引擎，进而优化运行于 YARN 上的应用程序。

第 4 章讨论分布式批处理引擎，即 MapReduce。另外，本章还介绍 MapReduce 的内部概念，并详细考查各项操作步骤。随后，本章重点讨论某些重要的参数和 MapReduce 中的公共模式。

第 5 章探讨 Hadoop 生态圈中一些较为重要的、与 SQL 类似的引擎。首先考查 Presto 架构的详细内容，随后介绍某些较为常见的连接器示例。然后，本章考查目前较为流行的查询引擎 Hive，并介绍其架构和高级概念。最后，本章考查 Impala，一个高速处理引擎及其内部的架构概念。

第 6 章重点介绍不同的处理引擎，并单独讨论每种处理引擎，包括与 Spark 框架内部工作机制相关的详细内容，以及弹性分布式数据集（RDD）的概念。另外，本章还考查 Apache Flink 和 Apache Storm/Heron 的内部机制。

第 7 章探讨 Hadoop 平台上所使用的一些重要工具，包括用于 ETL 操作的 Apache Pig 及其架构中的一些概念和操作。其间涉及 Apache Kafka 和 Apache Flume 的详细内容。另外，Apache HBase 也是本章讨论的重点。

第 8 章首先介绍一些与文件格式相关的高级概念，随后重点讨论数据压缩和序列化概念。接下来，本章依次讨论数据处理、数据访问以及相关示例。

第 9 章主要关注 Hadoop 中微批量应用程序的设计和实现。本章讨论如何执行流数据摄入，以及消息队列所扮演的角色。此外，本章还进一步解释某些通用的数据处理模式，以及低延迟设计方面的一些思考。此类概念将与实时和微批量处理示例结合使用。

第 10 章学习如何在 Hadoop 平台上实现设计和搭建机器学习应用程序，并尝试处理 Hadoop 中常见的一些机器学习挑战性问题和解决方案。另外，本章还介绍不同的机器学习库和处理引擎、机器学习中的一些常见操作步骤，并通过具体学习用例加以讲解。

第 11 章主要介绍云端的 Hadoop 操作，包括与 Hadoop 生态圈在云端的表现方式相关的详细信息、如何管理云端的资源、如何创建云端中的数据管线，以及如何确保云之间的高可用性。

第 12 章介绍对 Hadoop 集群进行基准测试和分析的工具和技术。除此之外，本章还考查不同 Hadoop 负载的分析方法。

第 13 章讨论 Hadoop 集群的安全机制，包括 Hadoop 安全的基本概念、实现和设计 Hadoop 的权限和验证机制。

第 14 章是第 13 章的扩展内容，包括 Hadoop 网络和数据安全的某些高级概念、网络分段、边界安全以及行/列级别的安全。此外，本章还讨论加密 Hadoop 中的移动数据和静止数据。

第 15 章介绍 Hadoop 监测机制的基本内容。本章被划分为两个主要部分。其中，第一部分讨论通用的 Hadoop 监测机制，第二部分则关注识别安全漏洞的特定监测机制。

背景知识

设置 Hadoop 并不需要过多的硬件配置。具体来说，最低配置是一台机器/虚拟机；而3 台机器则是推荐配置方案。

这里，读者应具备基本的 Java 应用程序编写和运行经验，以及某些开发工具的使用经验，如 Eclipse。

下载示例代码文件

读者可访问 http://www.packt.com 并通过个人账户下载本书的示例代码文件。在 http://www.packt.com/support 网站注册成功后，我们将以电子邮件的方式将相关文件发与读者。

读者可根据下列步骤下载代码文件。

（1）登录 www.packt.com 并在网站注册。

（2）选择 Support 选项卡。

（3）单击 CODE DOWNLOADS & ERRATA。

（4）在 Search 文本框中输入本书英文名称的一部分 *Mastering Hadoop 3* 并执行后续命令。

当文件下载完毕后，确保使用下列最新版本软件解压文件夹。

❑　Windows 系统下的 WinRAR/7-Zip。

❑　Mac 系统下的 Zipeg/iZip/UnRarX。

❑　Linux 系统下的 7-Zip/PeaZip。

另外，读者还可访问 GitHub 获取本书的代码包，对应网址为 https://github.com/PacktPublishing/Mastering-Hadoop-3。

此外，读者还可访问 https://github.com/PacktPublishing/网站，以了解丰富的代码和视频资源。

下载彩色图像

读者可访问 https://www.packtpub.com/sites/default/files/downloads/9781788620444_

ColorImages.pdf 下载本书的 PDF 文件，其中包含了书中展示的屏幕截图和图表的彩色图像。

代码操作

读者可访问 http://bit.ly/2XvW2SD 链接查看运行代码的视频内容。

本书约定

本书在文本内容方面包含以下约定。

（1）代码块则通过下列方式设置。

```
<property>
        <name>dfs.ha.namenodes.mycluster</name>
        <value>nn1,nn2,nn3</value>
    </property>
```

（2）代码中的重点内容则采用粗体表示，示例如下。

```
<property>
        <name>dfs.ha.namenodes.mycluster</name>
        <value>nn1,nn2,nn3</value>
    </property>
```

（3）任何命令行输入或输出都采用如下所示的粗体代码形式。

```
hdfs dfsadmin -fetchImage /home/packt
```

（4）本书还使用了以下两个图标。

🛈 图标表示较为重要的说明事项。

💡 图标表示提示信息和操作技巧。

读者反馈和客户支持

欢迎读者对本书提出建议或意见并予以反馈。

若读者对本书有任何疑问，可向 customercare@packtpub.com 发送邮件，并以书名作为邮件标题。我们将竭诚为您服务。

勘误表

尽管我们希望做到尽善尽美，但疏漏在所难免。如果读者发现谬误之处，无论是文字错误抑或是代码错误，还望不吝赐教。对此，读者可访问 www.packt.com/submit-errata，选取对应书籍，输入并提交相关问题的详细内容。

版权须知

一直以来，互联网上的版权问题从未间断，Packt 出版社对此类问题异常重视。若读者在互联网上发现本书任意形式的副本，请告知我们网络地址或网站名称，我们将对此予以处理。关于盗版问题，读者可发送邮件至 copyright@packtpub.com。

若读者针对某项技术具有专家级的见解，抑或计划撰写书籍或完善某部著作的出版工作，则可访问 authors.packtpub.com。

目　　录

第 1 部分　Hadoop 3 简介

第 2 部分　Hadoop 生态圈

第 3 部分　Hadoop 的实际应用

第 4 部分　Hadoop 的安全机制

Hadoop 3 简介

第 1 部分内容将帮助读者理解 Hadoop 3 的特性，同时还提供了 Hadoop 分布式文件系统（HDFS）、YARN 和 MapReduce 作业等详细解释。

本书第 1 部分主要涉及以下 4 章。

❑ 第 1 章：Hadoop 3 简介。

❑ 第 2 章：深入理解 Hadoop 分布式文件系统。

❑ 第 3 章：YARN 资源管理器。

❑ 第 4 章：MapReduce 内部机制。

第 1 章　Hadoop 3 简介

Hadoop 经历了漫长的发展道路，在开源社区的支持下，Hadoop 发布了 3 个主要的版本。在第一个版本发布 6 年之后，Hadoop 正式发布了 1.0 版本。在该版本中，Hadoop 平台拥有在 Hadoop 分布式文件系统（HDFS）的分布式存储上运行 MapReduce 分布式计算的全部功能。除此之外，该版本还对大多数性能问题进行了改进，并对安全机制提供了全面的支持。Hadoop 1.0 版本在 HBase 方面也进行了大量的改进。

与 Hadoop 1.0 相比，Hadoop 2.0 版本实现了较大改进，并引入了 YARN。这是一个高级的通用资源管理器和作业调度组件。HDFS 高可用性、HDFS 联邦和 HDFS 快照则是 Hadoop 2.0 版本中其他较为突出的特性。

Hadoop 3 是 Hadoop 的最新版本，该版本中涵盖了某些新的特性，如 HDFS 可擦除的编码机制、新的 YARN 时间轴服务（采用新的架构）、YARN 机会型容器和分布式调度机制、支持 3 个 NameNode，以及数据节点内的负载平衡器。除上述主要特征外，Hadoop 3 还改善了性能问题，并对之前的 bug 进行了修复。本书将围绕 Hadoop 3 这一版本展开讨论。

本章将考查 Hadoop 的历史及其发展过程中的时间轴。随后，我们将讨论 Hadoop 3 的特性、Hadoop 生态圈的逻辑视图和不同的 Hadoop 分布。

本章主要涉及以下主题。

❑　Hadoop 起源。

❑　Hadoop 时间轴。

❑　Hadoop 3 及其特性。

❑　Hadoop 逻辑视图。

❑　Hadoop 发行版本。

1.1　Hadoop 起源和时间轴

Hadoop 改变了人们对数据的思考方式。对此，我们需要了解这一创新行为的源头、开发者及其动机、Hadoop 之前存在的问题、新版本是如何解决这些问题的、开发过程中所面临的挑战，以及 Hadoop 1 与 Hadoop 3 之间的转换方式。下面首先讨论 Hadoop 的起源及 Hadoop 3 之旅。

1.1.1 Hadoop 的起源

1997 年，Hadoop 的联合创始人 Doug Cutting 启动了项目 Lucene，这是一个全文本的搜索库。该搜索库完全采用 Java 编写并被可视为一个全文本的搜索引擎。其间，搜索库分析文本并在其上建立索引。这里，索引仅表示为文本与位置间的映射，因而可快速生成与特定搜索模式匹配的全部位置。几年以后，Doug Cutting 将 Lucene 项目开源，并获得了社区的强烈反响。随后，Lucene 成为 Apache 的基础项目。

当 Doug Cutting 意识到已经有足够多的人手负责 Lucene 项目时，他便开始专注于 Web 页面索引机制。随后，Mike Cafarella 也加入这一项目中，并从事 Web 页面索引研发工作，同时将该项目命名为 Apache Nutch。Apache Nutch 同时也是 Apache Lucene 的子项目，也就是说，Apache Nutch 使用了 Apache Lucene 库索引 Web 页面内容。在历经了艰苦的开发过程后，项目的整体流程取得了较好的进展，并在单机上部署了 Nutch，同时可每秒索引大约 100 个页面。

当开发应用程序的初始版本时，伸缩性往往是人们忽略的问题。Doug 和 Mike 也面临着相同的问题，具体来说，可索引的 Web 页面数量被限制在 1 亿这一数字上。为了索引更多的页面，Doug 和 Mike 增加了机器的数量。然而，由于尚未设置底层集群管理器执行操作任务，因此增加的节点往往会出现操作问题。对此，Doug 和 Mike 更加关注于优化问题，进而开发出健壮的 Nutch 应用程序，同时不必担心可伸缩性问题。

Doug 和 Mike 希望最终的系统包含下列特性。

❑　容错性。系统应能够以隔离的方式自动处理机器的失效问题。这意味着，机器失效不应对应用程序产生影响。

❑　负载平衡。如果某台机器失效，其工作任务应以相对公平的方式自动被分派至处于工作状态的机器上。

❑　数据丢失。一旦数据被写入硬盘中，即使一台或两台机器失效，数据也不应丢失。

随后，Doug 和 Mike 着手研发满足上述需求的系统，这一过程持续了数个月。同时，Google 也发布了其 Google File 系统，并提供了类似的解决方案。Doug 和 Mike 决定根据所发表的研究论文开发 Nutch 分布式文件系统（NDFS），并于 2004 年实现了该系统。

在 Google 文件系统的帮助下，二人解决了之前讨论的可伸缩性和容错性问题。对此，他们采用了块和复制等概念。其中，块的创建方式可描述为将每个文件划分为 64MB 大小的块（块尺寸可配置），并在默认状态下将每个块复制 3 次。如果某台机器无法有效地持有某个块，那么数据仍可通过另一台机器进行操作。这种实现方式帮助他们解决了 Apache Nutch 中的操作问题。接下来将讨论 MapReduce 的起源。

Doug 和 Mike 尝试解决存储于 NDFS 上的数据的处理算法。他们希望仅通过加倍运行程序的机器的数量来提升系统的性能（提升至两倍）。与此同时，Google 发表了论文 *MapReduce*: *Simplified Data Processing on Large Clusters*（对应网址为 https://research. google.com/archive/mapreduce.html）。

　　MapReduce 模型背后的核心理念提供了并行机制、容错机制和数据本地化特性。其中，数据本地化是指，程序在数据存储处执行，而非将数据引入程序中。2005 年，MapReduce 集成至 Nutch 中。2006 年，Doug 创建了一个由 HDFS（Hadoop 分布式文件系统）组成的新的孵化项目，并以 NDFS、MapReduce 和 Hadoop Common 命名。

　　当时，雅虎在后台搜索的表现上仍处于挣扎状态。同时，雅虎的工程师们也已经意识到 Google 文件系统和 MapReduce 的优势。因此，雅虎决定采用 Hadoop 方案，随后聘请了 Doug 来帮助他们的工程团队。2007 年，从多家公司反馈的信息得知，他们可同时运行 1000 个节点的 Hadoop 集群。

　　NameNode 和 DataNode 在管理整体集群时饰演了特定的角色。其中，NameNode 负责管理元数据信息。MapReduce 引擎包含了一个作业跟踪器和任务跟踪器，其伸缩性限制为 40000 个节点，其原因在于，调度和跟踪的整体工作仅由作业跟踪器处理。Hadoop 2 引入了 YARN，进而解决了可伸缩性和资源管理作业等问题，同时赋予了 Hadoop 新生命，使其成为一个更加健壮、迅速和可扩展的系统。

1.1.2　时间轴

　　在后续内容中，我们将详细讨论 MapReduce 和 HDFS。下面首先介绍 Hadoop 的发展史，如表 1.1 所示。

表 1.1

年　　份	事　　件
2003 年	发表了 Google 文件系统论文
2004 年	发表了 MapReduce 研究论文
2006 年	❑　针对 Hadoop 创建了 JIRA、邮件列表和其他文档 ❑　创建了 Hadoop Nutch ❑　将 NDFS 和 MapReduce 从 Nutch 中移除以创建 Hadoop ❑　Doug Cutting 将项目命名为 Hadoop，该名称来自其儿子的一个黄色的小象玩具 ❑　Hadoop 0.1.0 发布 ❑　在 188 个节点上对 1.8TB 的数据进行排序，该过程花费了 47.9h ❑　Yahoo!针对 Hadoop 集群部署了 300 台机器 ❑　Yahoo!的集群大小增至 600

年　　份	事　　件
2007 年	❑ Yahoo!运行了由 1000 台机器构成的两个集群 ❑ Hadoop 与 HBase 协同发布 ❑ Yahoo!发布了 Apache Pig
2008 年	❑ JIRA 面向 YARN 开放 ❑ Hadoop 技术支持页面上列出了 20 家公司 ❑ Yahoo!的 Web 索引移至 Hadoop 中 ❑ 10000 个核心 Hadoop 集群用于生成 Yahoo!的产品搜索索引 ❑ 首届 Hadoop 峰会 ❑ 使用 910 个节点的 Hadoop 集群创造了最快的排序世界纪录（209s 内处理 1TB 数据） ❑ TB 级排序的 Hadoop 包记录 ❑ 针对 TB 级排序基准测试的 Hadoop 包记录 ❑ Yahoo!集群每天包含载入 Hadoop 中的 10TB 的数据 ❑ 建立了 Hadoop 的分公司 Cloudera ❑ 利用 MapReduce 实现，Google 宣称可在 68s 内排序 1TB 的数据
2009 年	❑ 24000 台机器（7 个集群）运行于 Yahoo! ❑ Hadoop 记录对 PB 级存储进行排序 ❑ Yahoo!宣称可在 62s 内对 1PB 的数据进行排序 ❑ 第二届 Hadoop 峰会 ❑ Hadoop 核心重新命名为 Hadoop Common ❑ MapR 分公司创建 ❑ HDFS 成为一个独立的子项目 ❑ MapReduce 成为一个独立的子项目
2010 年	❑ 基于 Kerberos 的验证机制添加至 Hadoop 中 ❑ 发布了 Apache HBase 的稳定版本 ❑ Yahoo!可运行 4000 个节点，进而处理 70PB 的数据 ❑ Facebook 运行 2300 个集群，进而处理 40PB 的数据 ❑ 发布了 Apache Hive ❑ 分布了 Apache Pig
2011 年	❑ 发布了 Apache ZooKeeper ❑ Facebook、LinkedIn、eBay 和 IBM 贡献了 200000 行代码 ❑ Hadoop 荣获 MediaGuardian 年度创新大奖 ❑ Yahoo!Hadoop 的核心成员 Rob Beardon 和 Eric Badleschieler 创立了 Hortonworks ❑ Yahoo!可运行 Hadoop 集群的 42000 节点，进而可处理 PB 级数据

年　份	事　件
2012 年	❑　Hadoop 社区开始集成 YARN ❑　Hadoop 峰会于圣何塞召开 ❑　发布了 Hadoop 1.0 版本
2013 年	❑　Yahoo!发布了产品级 YARN ❑　发布了 Hadoop 2.2 版本
2014 年	❑　Apache Spark 被列为 Apache 的顶级项目 ❑　发布了 Hadoop 2.6 版本
2015 年	发布了 Hadoop 2.7 版本
2017 年	发布了 Hadoop 2.8 版本

Hadoop 3 引入了一些较为重要的变化，本章后续小节将对此加以讨论。

1.2　Hadoop 3 及其特性

2016 年 8 月，Hadoop 3.0.0 的 Alpha 版本发布，即 3.0.0-alpha1 版本。这也是规划中的 Alpha 和 Beta 系列中的第一个 Alpha 版本，最终演变为 3.0.0GA。该版本旨在快速收集和处理下游用户的反馈信息。

对于上述各个版本，总有一些关键的驱动元素促使其发布，进而帮助增强型 Hadoop 企业级应用程序更好地发挥其功能。在介绍 Hadoop 3 的特性之前，我们应对这些驱动因素有所了解，如下所示。

❑　修复了大量的 bug 并改进了性能。Hadoop 形成了一个由开发者构成的开源社区，并定期向 Hadoop 主存储库中提供变化或改进内容。此类变化内容不断增加，且它们无法适应较低的 2.x 版本，因此需要将其置于主发布版本中。针对于此，大部分变化内容通过 Hadoop 3 提交至主存储库中。

❑　数据复制因子导致的开销。读者可能已经有所了解，HDFS 的默认复制因子为 3。通过 DataNode 间较好的数据本地化机制和较好的作业负载平衡，这也使得系统具有更好的容错性。然而，这也带来了大约 200%的开销。一方面，对于非频繁访问的数据集（具有较少的 I/O 操作），这一类复制块在常规操作过程中一般较少被访问；另一方面，该过程一般使用相同数量的资源作为其他主资源。为了减少非频繁访问数据所导致的开销，Hadoop 3 引入了可擦除编码机制，并在永久性保存数据的同时极大地节省了占用空间。

❑ 改进现有的 YARN 时间轴服务（YARN Timeline service）。YARN 时间轴服务版本 1 中涵盖了某些限制，同时会对稳定性、性能和可伸缩性产生负面影响。例如，YARN 时间轴服务采用基于本地磁盘的 LevelDB 存储，因而无法扩展至较大数量的请求。此外，时间轴服务可视为一个单一故障点。为了消除此类缺陷，YARN 时间轴服务通过 Hadoop 3 被重新构建。

❑ 优化映射输出采集器。众所周知，编写正确的本地代码具有较快的运行速度。作为一类替代方案，Hadoop 3 中采用了某些优化措施，并将映射器任务的运行速度提升了 2～3 倍。具体来说，Hadoop 3 中加入了映射输出采集器的本地实现，并通过 Java 本地接口（JNI）应用于基于 Java 的 MapReduce 框架中，这对于混洗敏感型操作十分有用。

❑ NameNode 的高可用性因素。Hadoop 可处理多个数据节点故障，因而是一类容错性平台。针对 NameNode，Hadoop 3 之前的版本仅支持两个 NameNode，即 Active 和 Standby。虽然这是一种高可用性方案，但在 Active（或 Standby）NameNode 故障中，这将回退至非 HA 模式，且不适用于较高的故障数量。相应地，Hadoop 3 则支持多个 Standby NameNode。

❑ 对 Linux 临时端口范围的依赖。Linux 临时端口是操作系统在进程请求可用端口时创建的短暂存在的端口。操作系统负责分配源自预定义范围内的端口号，并在相关连接结束后释放端口。在 Hadoop 2 及其之前的版本中，多个 Hadoop 服务的默认端口位于 Linux 临时端口范围内。这意味着，某些时候，由于与其他进程发生冲突，因此启动此类服务将无法绑定至对应的端口上。在 Hadoop 3 中，这一类默认的端口已从临时端口范围中被移出。

❑ 磁盘级数据倾斜。DataNode 管理多个磁盘（或驱动器）。某些时候，添加或替换磁盘将会在 DataNode 中导致显著的数据倾斜。为了在 DataNode 中的磁盘之间再次平衡数据，Hadoop 3 引入了名为 HDFS 磁盘平衡器的 CLI 工具。

至此，我们简单讲述了 Hadoop 3 中引入的特性、原因及其优点。在本书中，我们将详细考查此类特性。本节目标仅在较高层次上介绍 Hadoop 3 中的主要特性及其引入的原因。接下来将考查 Hadoop 逻辑视图。

1.3　Hadoop 逻辑视图

Hadoop 逻辑视图可被划分为多个部分，这些部分可被视为一个逻辑序列，其步骤始于 Ingress/Egress 并结束于数据存储介质。

图 1.1 显示了 Hadoop 平台的逻辑视图。

❑　Ingress/Egress/处理机制。任何与 Hadoop
　　平台之间的交互都应该按照下列方式加
　　以考查。

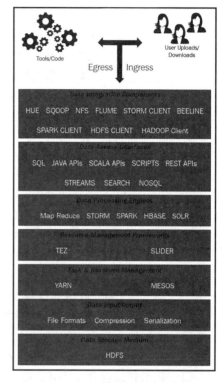

图 1.1

➢　Ingress（摄入）数据。

➢　Egress（读取）数据。

➢　处理已经读取的数据。

上述行为可通过使用相关工具或自动化代码
实现自动化操作。这可通过用户操作、将数据上
传至 Hadoop 或从 Hadoop 中下载数据予以实现。
某些时候，用户触发器操作也可导致数据的摄入、
读取或处理行为。

❑　数据集成组件。对于 Hadoop 中的摄入/
　　读取或数据处理机制，我们需要使用数
　　据集成组件。这一类组件可以是工具、
　　软件或自定义代码，从而可通过用户视
　　图或操作集成底层 Hadoop 数据。单从用
　　户角度来看，此类组件将以不同的文件
　　和数据格式，并在不同的 Hadoop 分布
　　文件夹之间向终端用户提供统一的
Hadoop 数据视图。通过不同的数据访问接口和数据处理引擎，此类组件向终端
用户和应用程序提供了入口点，用于使用或操控 Hadoop 数据。稍后，我们将考
查数据访问接口和处理引擎的定义。简而言之，数据集成组件包含了一些工具，
如 Hue 和其他一些软件（库），后者包括 Sqoop、Java Hadoop Clients 和 Hive
Beeline Clients 等。

❑　数据访问接口。数据访问接口可通过不同的语言（如 SQL、NoSQL）、API（如
　　Rest 和 Java API）或不同的数据格式（如搜索数据格式和流）访问底层 Hadoop
　　数据。某些时候，用于访问 Hadoop 数据的接口与底层数据处理引擎实现了紧密
　　的耦合。例如，当使用 SPARK SQL 时，它将被绑定并使用 SPARK 处理引擎。
　　SEARCH 接口也是如此，该接口将被绑定并使用 SOLR 或 Elasticsearch 等搜索
　　引擎。

❑　数据处理引擎。作为一个平台，Hadoop 提供不同的处理引擎操控底层数据。相
　　应地，这些处理引擎涵盖了不同的机制来使用系统资源，同时采用了完全不同

的 SLA 保证。例如，MapReduce 处理引擎与磁盘 I/O 关系紧密（使得 RAM 内存应用处于可控状态），且适用于面向批处理的数据处理机制。类似地，内存处理引擎中的 SPARK 则与磁盘 I/O 关系松散，而是更多地依赖于 RAM 内存，因而更适用于流或微批量处理机制。根据所处理的数据资源类型和需要满足的 SLA，用户应针对应用程序选择相应的处理引擎。

❑ 资源管理器框架。资源管理器框架显示了抽象 API，并针对 Hadoop 中的任务和作业调度机制与底层资源管理器进行交互。此类框架可确保存在一类可遵循的步骤集合，并利用指定的资源管理器（如 YARN 或 MESOS）提交 Hadoop 中的作业。另外，通过系统地利用底层资源，这些框架有助于实现最优的性能，如 Tez 或 Slider。某些时候，数据处理引擎使用这一类框架与底层资源管理器交互，或者内置了定制库集实现此类操作。

❑ 任务和资源管理器。任务和资源管理器制订了单一目标，也就是说，在某个集群中的不同的、同步运行的应用程序之间共享一个大型的机器集群。Hadoop 中存在两个主要的资源管理器，即 YARN 和 MESOS。二者的构建目标一致，但却针对 Hadoop 中的作业使用不同的调度机制或资源分配机制。例如，YARN 是一个 UNIX 进程，而 MESOS 则是基于 Linux 容器的。

❑ 数据输入/输出。数据输入/输出层主要负责与 Hadoop 存储相关的不同的文件格式、压缩技术和数据序列化。

❑ 数据存储媒介。HDFS 是 Hadoop 中使用的主要数据存储媒介。HDFS 是一类基于 Java 的高性能分布式文件系统（基于底层 UNIX 文件系统）。稍后将讨论 Hadoop 发行版本及其优点。

1.4　Hadoop 发行版本

Hadoop 是 Apache 软件基金会的一个开源项目，Hadoop 生态圈中的大多数组件也是开源的。许多公司已采用了重要的组件，经打包后形成一个完整的发布包，进而简化应用和管理操作。Hadoop 发行版涵盖了以下优点。

❑ 安装。发布包提供了简单的方法以安装集群上的组件或类似 rpm 风格的包，同时还提供了一个简单的接口。

❑ 包机制。包内置于多个开源工具中，且经过良好配置以实现协调工作。假设需要在多节点集群上单独安装和配置组件，并随后测试其是否可正常工作。如果遗漏了某些测试场景，且集群的行为令人意外，那么情况又当如何？对此，Hadoop 消除了此类问题，并且还通过使用它们的包库来提供新组件的升级或安装。

❑ 维护。集群及其组件的维护也是一项颇具挑战性的任务，但在发布包中，该任务得到了极大的简化。具体来说，Hadoop 提供了较好的 GUI 界面以监测组件的健康状态。此外，还可进一步修改配置内容，进而调试或维护某个组件，以使其处于较优的状态。

❑ 支持。大多数版本均支持 24/7。这意味着，如果遇到与集群和版本相关的问题，我们无须担心处理问题时的资源寻找问题。

1.4.1　本地版本

当前，市场上存在多个 Hadoop 版本，接下来将讨论应用较为广泛的某些版本，如下所示。

❑ Cloudera。Cloudera 是一个开源的 Hadoop 发布版本，该版本始于 2008 年，当时，Hadoop 已开始获得了一定的关注度，而 Cloudera 则是早期发布的版本。其间，相关人士为开源社区以及 Hive、Impala、Hadoop、Pig 和其他流行的开源项目做出了极大的贡献。Cloudera 内置了一些较好的打包工具，从而提供了良好的 Hadoop 体验。除此之外，Cloudera 管理器还设置了优良的 GUI 界面，进而管理和监测集群。

❑ Hortonworks。Hortonworks 始于 2011 年并内置了 Hortonworks 数据平台（HDP），这也是一个开源的 Hadoop 发布版本。Hortonworks 版本被广泛地用于组织机构中，同时提供了基于 Apache Ambari GUI 的界面以管理和监测集群。Hortonworks 贡献了多个开源项目，如 Apache tez、Hadoop、YARN 和 Hive。最近，Hortonworks 发布了一个 Hortonworks 数据流（HDF），用于数据摄取和存储。另外，Hortonworks 版本还重点关注 Hadoop 的安全问题，并将 Ranger、Kerberos 和 SLL 安全与 HDP 和 HDF 平台集成。

❑ MapR。MapR 始于 2009 年，且包含自身的文件系统 MapR-FS，该系统与 HDFS 类似，但包含了一些 MapR 构建的新特性；MapR 声称具有更优的性能；MapR 同样包含一些较好的工具集，进而可管理某个集群，并消除了单点故障；MapR 提供了一些有用的特性，如镜像机制和快照功能。

1.4.2　云版本

针对基础设施构建、监测机制和维护操作，云服务提供了经济、高效的解决方案。相应地，多家组织机构已将其 Hadoop 基础设施移至云端，其中包括以下版本。

❑ 亚马逊推出的 Elastic MapReduce。在移至 Hadoop 之前，亚马逊在其基础设施建设方面需要大量的空间（云端）。亚马逊在其发布版本中提供了 Elastic MapReduce 和许多其他的 Hadoop 生态圈工具，且拥有 s3 文件系统，即 HDFS 的另一个替代方案。在云端上，亚马逊提供了经济、高效的设置方案，同时也是 Hadoop 版本中应用最为活跃的云端。

❑ Microsoft Azure。微软提供了 HDInsight 作为 Hadoop 发布版本，此外还针对 Hadoop 基础设施构建、监测机制和集群资源管理提供了经济、高效的解决方案。 Microsoft Azure 声称提供了包含 99.9%的服务水平协议（SLA）的基于云端的集群。

除此之外，其他一些大型公司也提供了云端上的 Hadoop，如 Google Cloud Platform、 IBM BigInsight 和 Cloudera Cloud。用户可根据 Hadoop 工具和组件的可行性和稳定性选择相应的发布版本。相应地，大多数公司均提供了 1 年的免费试用期，并针对企业应用提供了免费证书。

1.5　回　　顾

本章介绍了 Hadoop 的基本知识点以及以下要点。

❑ Hadoop 的发起人 Doug Cutting 在 Google 文件系统和 MapReduce 论文的基础上着手研发 Hadoop。

❑ Apache Lucene 是一个全文本开源搜索库，最初由 Doug Cutting 采用 Java 语言编写。

❑ Hadoop 由两个重要部分构成，即 Hadoop 分布式文件系统和 MapReduce。

❑ YARN 是一个资源管理框架，用于调度和运行应用程序，如 MapReduce 和 Spark。

❑ Hadoop 发布版本是一个集成后的完整的开源大数据工具包，彼此间以高效的方式协同工作。

1.6　本 章 小 结

本章讨论了 Hadoop 的起源，以及 Hadoop 在一段时期内的发展方式，其间伴随着更多的性能优化特性和工具。此外，本章还详细介绍了 Hadoop 平台的逻辑视图及其不同的分层。同时，我们还学习了 Hadoop 的各个版本，以供用户实现更好的选择。最后，本章阐述了 Hadoop 3 中的新特性，在后续章节中还将对其进行更详细的讨论。

第 2 章将考查 HDFS、HDFS 体系结构及其组件，并深入了解 HDFS 高可用性的内部机制。随后，我们将介绍 HDFS 的读、写操作，以及 HDFS 缓存机制和联合服务的工作方式。

第 2 章　深入理解 Hadoop 分布式文件系统

今天，我们所使用的数据可产生大量的新的机会，例如，组织机构可利用数据分析实现更多的业务内容。然而，单机往往无法胜任日益增长的数据容量，因而有必要在多台机器上分布数据。分布式文件系统由多台机器构成，且数据分布于它们之间。Hadoop 提供了分布式存储文件系统，即 HDFS（Hadoop distributed file system，Hadoop 分布式文件系统）。Hadoop 能够处理大容量的数据且易于扩展。除此之外，HDFS 还可在不丢失数据的情况下处理机器故障。

本章主要涉及以下主题。

❑　HDFS 体系结构的细节内容。

❑　HDFS 读、写操作。

❑　HDFS 组件的内部机制。

❑　HDFS 命令及其内部工作机制。

2.1　技　术　需　求

读者需要了解 Linux 和 Apache Hadoop 3.0 的基本知识。

读者可访问 GitHub 查看本章的代码文件，对应网址为 https://github.com/PacktPublishing/Mastering-Hadoop-3/tree/master/Chapter02。

另外，读者还可访问 http://bit.ly/2SxtIvJ 观看代码操作的视频内容。

2.2　定义 HDFS

HDFS 运行于商业硬件集群上，这也是其设计目标之一。HDFS 是一个具有容错特性的可扩展的文件系统，进而处理无数据节点故障，并可水平扩展至任意数量的节点。HDFS 的最初目标是通过较高的读、写性能服务大型的数据文件。

下列内容展示了 HDFS 中的某些重要特性。

❑　容错性。机器故障或数据丢失导致的停机将会给组织机构带来巨大的损失。因此，组织机构需要一个高度有效的容错系统。HDFS 旨在处理各种故障，同时通过修正和预防措施确保数据的可用性。

存储于 HDFS 中的文件被划分为多个较小的数据块（chunk），且每个数据块被简称为块（block）。取决于具体的配置，每个块的大小为 64MB 或 128MB。根据复制因子，块将在集群间被复制。这意味着，如果复制因子为 3，那么块将被复制至 3 台机器上。因此，如果某台机器上持有一个块故障，这将确保数据可从另一台机器上得到服务。

❑ 流数据处理。HDFS 采用了"一次写入，多次读取"这一原则。文件中的数据可通过 HDFS 客户端被访问，数据将以流这种形式进行服务，这意味着，HDFS 可启用流访问大型数据文件，其中数据作为连续的流进行传输。HDFS 在发送数据至客户端之前不会等待整个文件被读取；相反，HDFS 在读取数据时即发送数据。客户端可即时处理所接收的数据，从而使数据处理过程变得更加高效。

❑ 可伸缩性。HDFS 是一种较高可伸缩性的文件系统，它被设计为存储海量的大型文件，并可添加任意数量的机器以增加其存储能力。另外，通常不建议存储大量的小文件，而文件大小应大于或等于块大小。在主节点上，较小的文件将占用更多的 RAM 空间，从而降低 HDFS 操作的性能。

❑ 简单性。HDFS 易于设置和管理。HDFS 采用 Java 语言编写，并提供了简单的命令行界面工具，且与 Linux 命令类似。本章稍后将考查如何通过命令行工具简单地操作 HDFS。

❑ 高可用性。HDFS 是一个高可用性的分布式文件系统。每次读写请求将达到主节点，而主节点可能包含单点故障。Hadoop 提供了高可用性特性，这意味着，读写请求不会受到处于活动状态的主节点故障的影响。当活动主节点出现故障时，备用主节点将处于接管状态。在 Hadoop 3 中，可以一次性运行两个以上的主节点，以使高可用性更加健壮和高效。

在讨论 HDFS 体系结构及其内部机制时，还将再次提及本节所讨论的特性。

2.3　深入研究 HDFS 体系结构

作为大数据从业者或爱好者，读者一定对 HDFS 体系结构有所了解。本节将深入考查 HDFS 的体系结构，包括一些主要和重要的组件。在阅读完本节后，读者将对 HDFS 体系结构和体系结构组件的进程内通信有所了解。下面首先介绍 HDFS 的定义。HDFS 是 Hadoop 平台的一个存储系统，且具有分布式、容错性和不可变特性。HDFS 针对商业硬件上的大型数据集而设计（数据集过于庞大，以至于无法适用于廉价的商业机器）。

由于 HDFS 针对商业硬件上的大型数据集而设计，因此它消除了与大型数据集相关的一些瓶颈问题。

下列内容列出了一些瓶颈问题及其 HDFS 的处理方案。

❑ 大型数据集往往会降低处理速度，其原因在于，数据仅在一台计算机上运行。Hadoop 平台仅包含两个逻辑组件，即分布式存储和分布式处理机制。此外，HDFS 还提供了分布式存储。相应地，MapReduce 和其他与 YARN 兼容的框架还提供了分布式处理功能。针对于此，Hadoop 提供了分布式处理机制，其中包含了多个系统可同步处理数据块。

❑ 对于大型数据集的分布式处理，挑战之一是处理网络上大型数据的移动问题。HDFS 针对应用程序和代码制订了一些规定，以使计算更接近于数据所在位置，进而降低集群带宽的使用。此外，HDFS 中的数据在默认状态下将被复制，每个副本托管于不同的节点中。这种复制行为可将计算与数据更加接近。例如，如果托管 HDFS 块的某个副本的节点处于忙状态，且不存在运行作业的开放槽（slot），那么计算将被移至另一个托管其他 HDFS 块副本的节点中。

❑ 对于大型的数据集，故障所付出的代价也相对高昂。因此，如果大型数据集（运行较长时间）上的复杂处理过程出现故障，那么就资源和时间开销来说，返回该复杂数据处理作业将产生显著的变化。不仅如此，分布式处理所带来的副作用还包括，对于高网络通信和大量机器间的协调来说，故障的概率也将显著提升。最后，考虑到数据运行于商业硬件上，因而故障往往无法避免。当缓解此类风险时，HDFS 采用了自动化机制检测和恢复错误。

❑ HDFS 设计为一个文件系统，用于终端用户和分布式集群中进程的多重访问。针对多个随机访问，当调整任意位置处的文件时，对其提供相应的准备条件往往十分困难且难于管理。为了减少此类风险，HDFS 被设计为支持简单的一致性模型。其中，文件一旦首次被写入、创建或关闭后，该文件就不可被修改。也就是说，我们仅可在文件结尾处添加内容或将其完全截断。这种简化的一致性模型使得 HDFS 设计具有简单、可伸缩性等特征，同时还可减少问题的数量。

2.3.1　HDFS 逻辑结构

本节将讨论 HDFS 的设计决策，以及如何通过分布式方式处理与大型数据集存储和处理相关的瓶颈问题。这里将深入考查 HDFS 的体系结构。图 2.1 显示了 HDFS 的逻辑组件。

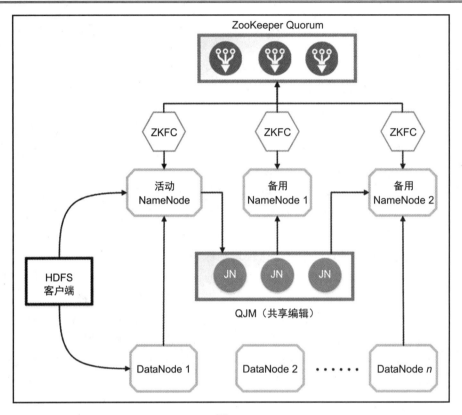

图 2.1

出于简单考虑，我们可将 HDFS 体系结构划分为两个分组：一个分组被称作数据分组，其中包含了与文件存储相关的进程和组件；另一个分组则被称作管理分组，其中包含了用于管理数据操作的进程和组件，如读、写、截取和删除。

因此，数据分组与数据块、复制、检查点和文件元数据相关；管理分组则与 NameNode、JournalNode 和 ZooKeeper 相关。下面首先介绍管理分组中的组件，随后考查数据分组中的组件。

❑ NameNode。HDFS 是一类主从式体系结构。其中，NameNode 在 HDFS 体系结构中饰演主要角色。作为一个调节器，NameNode 控制数据上的全部操作，并存储与所有存储于 HDFS 中的数据相关的元数据。全部数据操作首先通过 NameNode，并随后到达其他 Hadoop 相关组件。NameNode 管理文件系统的命名空间，并存储文件系统树以及文件和目录的元数据。此类信息被存储于本地磁盘中，并呈现为 3 种文件类型，即文件系统命名空间、镜像（fsimage）文件和编辑日志文件。

fsimage 文件存储某个时间点的文件系统状态；编辑日志文件包含了所有的变化
（创建、调整、截取或删除）列表，并在生成最后一个 fsimage 文件后生成于每
个 HDFS 文件中。接下来，在将最近的 fsimage 文件内容与最新的编辑日志整合
后，将生成新的 fsimage 文件。fsimage 文件与编辑日志间的合并过程被称作检
查点机制，该机制由系统予以触发，并通过相应的系统策略进行管理。另外，
NameNode 还包含了全部数据块与 DataNode 之间的映射机制。

❑ DataNode。DataNode 在 HDFS 系统结构中饰演次要角色，并根据从 NameNode
或 HDFS 客户端接收的指令执行数据块操作（创建、修改或删除）。另外，
DataNode 还负责托管数据处理作业，如 MapReduce，并将块信息向 NameNode
进行报告。最后，在数据复制过程中，DataNode 还可实现彼此间的通信。

❑ JournalNode。针对 NameNode 的高可用性，需要在活动 NameNode 和备用
NameNode 间管理编辑日志和 HDFS 元数据。对此，可引入 JournalNode 并在两
个 NameNode 之间高效地共享编辑日志和元数据。JournalNode 采用了并发写入
锁，以确保编辑日志通过活动的 NameNode 一次性被写入。这种并发控制级别
可避免 NameNode 的状态被两个不同的服务（彼此充当故障切换）管理。这种
情形（即编辑日志同时被两个服务管理）被称作 HDFS 脑裂（split brain），并
可导致数据丢失或不一致的状态。通过单一 NameNode 一次性地被写入编辑日
志中，JournalNode 可有效地避免出现这类问题。

❑ ZooKeeper 故障切换控制器。随着 NameNode 中高可用性（HA）被引入，自动
故障切换也应运而生。缺少自动切换的 HA 将在出现故障时进行手工干预以恢
复故障事件中的 NameNode 服务。但这并非是理想中的操作方式。因此，Hadoop
社区引入了两个组件，即 ZooKeeper Quorum 和 ZooKeeper Failover 控制器，也
称作 ZKFailoverController（ZKFC）。ZooKeeper 维护与 NameNode 健康状态和
连接性相关的数据，同时检测客户端并通知故障事件中的其他客户端。
ZooKeeper 利用每个 NameNode 维护处于活动状态的持久化会话，并在到期时通
过每个 NameNode 再次更新该会话。在故障或崩溃事件中，过期的会话将不会
被出现故障的 NameNode 再次更新。此时，ZooKeeper 通知其他备用 NameNode
启动故障切换过程。这里，每个 NameNode 服务器都拥有一个安装于其上的
ZooKeeper 客户端，称作 ZKFC，主要负责监测 NameNode 进程的健康状态、利
用 ZooKeeper 服务器管理会话，并在本地 NameNode 处于活动状态时获取写入
锁并发操作。ZKFC 利用周期性的 check_ping 命令监测 NameNode 的健康状态。
如果 NameNode 能够及时响应 ping 命令，那么 ZKFC 则认为该 NameNode 处于
健康状态；否则，ZKFC 则认为 NameNode 处于非健康状态并通知 ZooKeeper

服务器。针对处于健康和活动状态的本地 NameNode，ZKFC 将开启一个 ZooKeeper 中的会话，并在 ZooKeeper 服务器上生成一个锁 znode。实际上，该 znode 是临时生成的，并在会话到期后自动删除。

2.3.2　数据分组的概念

数据分组涵盖了两种概念，即块和复制，下面将分别对其加以讨论。

1．块

块定义了 HDFS 可一次性读、写的最小数据量。当存储大型文件时，HDFS 将其划分为独立的块集合，并将每个块存储在 Hadoop 集群中不同的数据节点上。所有文件将被划分为数据块，并随后存储于 HDFS 中。相应地，默认的 HDFS 块大小为 64MB 或 128MB——与 UNIX 级别的文件系统块相比，这些数字已然十分庞大。当存储和处理 Hadoop 中的大容量数据时，较大的 HDFS 数据块尺寸具有一定的优势。例如，可高效地管理与每个数据块关联的元数据。如果数据块的尺寸过小，那么更多的元数据将被存储于 NameNode 中，从而导致其 RAM 被迅速填满。此外，这还将导致更多对 NameNode 端口的远程过程调用（RPC），进而产生资源冲突。

其他原因还包括，大型数据块会导致较高的 Hadoop 吞吐量。通过适宜的数据块大小，我们可以在以下两种情况间获取平衡，即运行并行进程以在给定节点上执行操作的数据节点数量，以及单一进程（向其分配资源量）可处理的数据量。此外，当进行磁盘搜索或寻找数据块起始位置时，较大的数据块可花费较少的时间。除大数据块的优点外，HDFS 块抽象概念在 Hadoop 操作方面还具有其他优势。例如，可存储大于机器磁盘尺寸的文件；提供较好的复制策略和故障转移方案。另外，损坏的磁盘块可以很方便地通过其他 DataNode 复制的块予以替换。

2．复制

对于可读性、可伸缩性和性能来说，HDFS 复制十分重要。因此，Hadoop 构建器对于每个数据块副本的放置位置十分关注，且全部基于策略驱动。具体来说，当前实现遵循机架感知（rack-aware）副本管理策略。在对此进行详细讨论之前，下面首先考查与服务器机架相关的某些内容。相应地，两个机架之间的任何通信均需要通过交换机，两个机架之间的可用网络带宽一般小于同一个机架上机器间的带宽。大型 Hadoop 集群遍布于多个机架，Hadoop 尝试将副本放置于不同的机架上。对于机架单位故障，这可有效地防止数据丢失，并使用多个可用机架带宽读取数据。

然而，考虑到数据需要在多个机架上进行传输，因而这将增加写入延迟。如果复制因子为 3，那么 HDFS 将在写入器所在的本地机器上放置一个副本，否则将放置一个随机

DataNode；另一个副本则被放置于不同远程机架上的 DataNode 中；最后一个副本则被放置于同一个远程机架上的另一个 DataNode 中。HDFS 复制策略假设机架故障的可能性小于节点故障。一个数据块仅被放置于两个不同的机架上，而非 3 个，这将减少网络带宽被占用的可能性。当前复制策略并未在机架间均等地分布文件——如果复制因子为 3，那么两个副本将被放置于同一机架上；第三个副本将被放置于另一个机架上。在较大的集群中，我们可适当地提升复制因子。其间，2/3 副本将被放置于某个机架上；而 1/3 的副本将被放置于另一个机架上；其余的副本将均等地被分布于其他机架上。

　　HDFS 上设置的最大副本数量等于 DataNode 的数量，其原因在于，DataNode 无法持有同一数据块的多个副本。HDFS 总是尝试直接读取距离客户端最近的副本请求。如果读取器节点位于副本所处的同一机架下，则被分配读取该数据块。如果复制因子大于默认的复制因子（3），那么可将第四个和后续的副本依据每个副本的限制随机放置，这可通过下列公式进行计算：

$$(副本的数量-1)/机架的数量+2$$

2.3.3　HDFS 通信体系结构

　　理解 HDFS 的一个重要方面是考查不同组件彼此间在程序上的交互方式，以及使用哪种类型的网络协议或方法调用。这里，HDFS 组件间的全部通信发生于 TCP/IP 协议上。不同的协议封装器针对不同的通信类型加以定义。图 2.2 显示了此类协议封装器，稍后将对此加以讨论。

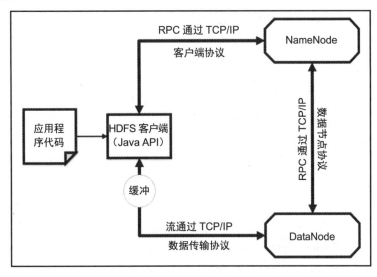

图 2.2

图 2.2 具体解释如下。

❑ 客户端协议。客户端协议表示为一个通信协议，并针对 HDFS 客户端和
　　NameNode 服务器间的通信加以定义。注意，客户端协议是一个远程过程调用
　　（RPC），它通过 TCP 协议在已定义的端口上与 NameNode 进行通信。与
　　NameNode 交互的所有代码和客户端库均使用该协议。该协议中的一些重要方法
　　如下。

➢ create()方法。在 HDFS 命名空间中生成一个空文件。

➢ append()方法。追加至文件的结尾处。

➢ setReplication()方法。设置文件的副本。

➢ addBlock()方法。向文件中写入额外的数据块，并针对复制行为分配 DataNode。

💡 提示：

客户端协议支持多个方法，且与客户端和 NameNode 间的交互相关。对此，建议读
者查看 GitHub 上的 Hadoop 源代码以进一步理解客户端和 NameNode 间的通信机制，即
Hadoop 源代码中的 ClientProtocol.java 源文件，对应网址为 hadoop-hdfsproject/hadoop-
hdfsclient/src/main/java/org/apache/hadoop/hdfs/protocol/ClientProtocol.java。

❑ 数据传输协议。在从 NameNode 中接收了元数据信息后，HDFS 客户端将构建
　　与 DataNode 间的通信，以读取和写入数据。客户端和 DataNode 间的通信机制
　　通过数据传输协议加以定义。由于该通信类型针对大容量读取和写入行为执行
　　了大部分繁重的数据操作，因而被定义为流协议，这与我们之前定义的 RPC 协
　　议不同。而且，出于效率考虑，客户端将缓冲数据（最大为 HDFS 块的指定尺
　　寸，默认状态下为 64MB），随后将一个完整的块写入相应的 DataNode 中。相
　　应地，该协议大多数时候围绕数据块加以定义，其中的某些重要方法如下。

➢ readBlock()方法。读取 DataNode 中的数据块。

➢ writeBlock()方法。向 DataNode 中写入数据块。

➢ transferBlock()方法。在两个 DataNode 之间传输数据块。

➢ blockChecksum()方法。获取数据块的校验和数值，对应值可以是 MD5 或
　　CRC32 值。

数据传输协议是一项非常重要的协议，它定义了客户端和数据节点之间的通信（读、
写操作）。关于更多细节内容，读者可访问 GitHub 查看其源代码，对应网址为 https://
github.com/lpcclown/hadoop_enhancement/tree/master/hadoop-hdfsproject/hadoop-hdfs-client/
src/main/java/org/apache/hadoop/hdfs/protocol/datatransfer。

❑　数据节点协议。这是另一项需要深入了解的重要协议。该协议定义了 NameNode 和 DataNode 之间的通信。数据节点协议（data node protocol，DNP）大多数时候由 DataNode 使用，进而提供其操作、健康状态和 NameNode 的存储信息。该协议的重要内容之一是单向协议。这意味着，全部请求通常由 DataNode 进行初始化。NameNode 仅响应由 DataNode 初始化的请求。与之前的协议不同，该协议是一个在 TCP 上定义的 RPC 协议，其中的一些方法如下。

➢　registerDatanode()方法。该方法将向 NameNode 注册新的数据节点或重启后的数据节点。

➢　sendHeartbeat()方法。该方法通知 NameNode，DataNode 处于活动状态下并可正常工作。该方法的重要性体现于，我们可了解哪一个 DataNode 处于活动状态，并使 NameNode 能够响应回 DataNode（利用一组希望执行的命令集）。例如，某些时候，NameNode 希望禁用某些存储于数据节点中的数据块。此时，为了响应 sendHeartbeat()方法，NameNode 将向 DataNode 发送无效的块请求。

➢　blockReport()方法。该方法由 DataNode 使用，并向 NameNode 发送所有与存储块相关的信息。当对此予以响应时，NameNode 发送弃用且应删除的 DataNode 块。

🛈注意：

关于数据节点协议所支持方法的其他细节内容，读者可查看 GitHub 上的 Hadoop 源代码，对应网址为 hadoop/hadoop-hdfs-project/hadoophdfs/src/main/java/org/apache/hadoop/hdfs/server/protocol/DatanodeProtocol.java。

2.4　NameNode 内部机制

HDFS 是一个存储和管理大型数据集的分布式文件系统。HDFS 将大型数据集划分为较小的数据块，其中每个数据块存储于 Hadoop 集群一部分中的不同节点上。然而，HDFS 隐藏了将数据划分为较小块，并将数据复制至不同节点中这一类底层复杂度，而这些复杂性隐藏在抽象的文件操作 API 之后。

对于 HDFS 用户，此类文件操作 API 仅表示为读取/写入/创建/删除操作。HDFS 所需了解的全部内容为 Hadoop 命名空间和文件 URI。但实际情况是，此类操作之前需要完成多个步骤。实现此类操作的 HDFS 关键组件之一是 NameNode。Hadoop 中的 NameNode

是一个中心组件，并利用存储于其中的文件元数据调节 HDFS 上的任何操作。换而言之，NameNode 管理 HDFS 文件命名空间并实现下列功能。

- ❑ 维护存储于 HDFS 中的文件和目录中的元数据。元数据一般由文件创建/修改时间戳、访问控制列表、块或副本存储信息以及文件的当前状态构成。
- ❑ 根据存储于文件或目录中的访问控制列表调节文件操作，以及通过哪一个 DataNode 处理相应的块和副本。此外，如果用户不允许执行相关操作，NameNode 还将定义相应的操作。
- ❑ 负责生成与数据库相关的客户端信息，以及哪一个数据节点处理读、写请求。
- ❑ 向 DataNode 发布命令，如删除损坏的数据块，并维护处于健康状态的 DataNode 列表。

NameNode 在内存中维护一个称作 INode 的数据结构。INode 包含了与文件和目录相关的全部信息。全部 INode 包含了一个树状结构，并通过 NameNode 进行维护。INode 包含了诸如文件或目录名、用户名、分组名、权限、验证 ACL、修改时间、访问时间和硬盘空间配额之类的信息。图 2.3 显示了实现 INode 所用的类和接口。

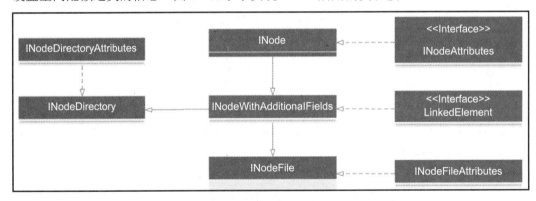

图 2.3

2.5　数据本地性和机架感知

Hadoop 的设计目标之一是将计算移至数据，而非将数据移至计算，其原因在于，Hadoop 针对处理大容量数据集而创建。然而，移动大型数据集可对性能产生负面影响。例如，如果 Hadoop 在大量数据上运行 MapReduce，则会首先尝试在包含相关输入数据（数据本地化）的 DataNode 上运行映射器（mapper）任务，该过程一般被称作 Hadoop 中的数据局部性优化。其中需要记住的一个关键点是，减少任务并不会使用数据本地化，其

原因在于，单一地减少任务将使用多个映射器的输出内容。为了实现数据的本地化，
Hadoop 使用了全部 3 种复制方案，即 Data Local、Rack Local 和 Off rack。有些时候，在
十分繁忙的集群中，如果在托管输入数据副本的节点上不存在有效的任务槽，那么作业
调度器将首先尝试在同一机架上（Rack Local）存在空闲槽的节点上运行作业；如果
Hadoop 在同一机架上未发现任何空闲槽，那么相关任务将在不同的机架上运行。然而，
这将导致数据传输行为。图 2.4 显示了 Hadoop 中将不同的数据本地化类型。

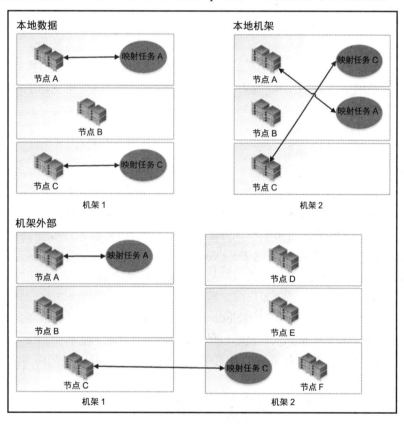

图 2.4

　　与机架外部相比，机架内将占有更多的网络带宽，因而机架内节点间的任何通信具
有较低的延迟，Hadoop 对此也有所了解。因此，Hadoop 中的全部组件均具有机架感知特
性。基本上讲，机架感知意味着 Hadoop 及其组件完全了解集群拓扑。通过集群拓扑，我
们了解到如何将数据节点置于作为 Hadoop 集群一部分的不同机架上。Hadoop 使用此类
信息确保故障时数据的可用性，以及 Hadoop 作业的较优性能。

2.6　DataNode 内部机制

　　HDFS 根据主/工作架构加以构建。其中，NameNode 表示为主节点，DataNode 表示为工作节点。DataNode 遵循 NameNode 的指令，如块创建、复制和删除。客户端的读、写请求则通过 DataNode 进行处理。HDFS 中的所有文件被划分为多个块，实际的数据则被存储于 DataNode 中。每个 DataNode 定期向 NameNode 发送信号，以确认它仍然处于活动状态并且运行正常。

　　当 DataNode 接收一个新的块请求时，将向 NameNode 发送一个块接收确认消息。Datanode.Java 类定义了 DataNode 的主要的功能实现。另外，该类还包含了与下列内容进行通信的实现代码。

- ❑　读、写操作的客户端代码。
- ❑　复制操作的 DataNode。
- ❑　块报告和信号的 NameNode。

　　DataNode 遵循源自 NameNode 的指令，并可能会删除数据块副本或按照指令将副本复制到其他 DataNode 中。NameNode 并不会针对指令直接连接至 DataNode；相反，客户端接收源自 NameNode 的元数据信息，并随后指示 DataNode 读、写或复制数据块副本。另外，DataNode 针对客户端或其他 DataNode 维护一个开启的服务器套接字连接，进而读、写数据。服务器信息，如主机或端口号，将被发送至 NameNode；而 NameNode 当接收读、写操作请求时，还将向客户端发送这些信息。

　　NameNode 需要了解哪一个 DataNode 处于正常工作状态下，因此，每个 DataNode 将以固定的时间间隔向 NameNode 发送心跳（heartbeat）信号。默认状态下，时间间隔定义为 3s。类似地，块信息也以配置后的时间间隔被发送至 NameNode。简而言之，DataNode 涉及以下各项操作。

- ❑　心跳信号。全部 DataNode 向 NameNode 发送规则的心跳信号，以使 NameNode 了解 DataNode 处于正常工作状态，同时可满足客户端的读/写/删除请求。如果 DataNode 未在配置后的时间段内发送心跳信号，那么 NameNode 将把该 DataNode 标记为"死"节点，且不会对任意读、写请求使用该 DataNode。
- ❑　读、写操作。DataNode 针对客户端打开一个套接字连接，并将数据块读、写至其存储中。其间，该客户端向 NameNode 发送一个请求，而 NameNode 则通过用于读、写操作的 DataNode 列表予以响应。随后，客户端之间使用 DataNode 读、写数据。

❑ 复制和块报告。在写入或副本平衡操作期间，DataNode 可能会从另一个 DataNode 接收数据块的写入请求。此外，DataNode 还将以规则的时间间隔将报告写回 NameNode 中。针对每个数据块的位置和其他信息，这可使 NameNode 处于最新状态。

2.7　Quorum Journal Manager（QJM）

在 Hadoop 2 之前，NameNode 为单点故障。在 Hadoop 1 中，每个集群由单一的 NameNode 构成。如果该 NameNode 出现故障，那么整个集群将处于无效状态。因此，除了重新启动 NameNode 外，任何人均无法使用 Hadoop 集群。相应地，Hadoop 2 中引入了高可用性特征，其中包含了两个 NameNode。当某个 NameNode 处于备用状态时，另一个 NameNode 则处于活动状态。处于活动状态的 NameNode 服务于客户端请求，而备用的 NameNode 则负责维护同步状态，以便当前处于活动状态的 NameNode 出现故障时对其进行接管。

具体来说，每个 NameNode 中运行一个 QJM，该 QJM 负责利用 RPC 与 JournalNode 进行通信。例如，发送命名空间修改内容，即 JournalNode 的编辑结果等。相应地，一个 JournalNode 守护进程可以在 N 台机器上运行。其中，我们可对 N 进行配置。QJM 将编辑结果写入运行于集群中 N 台机器上的 JournalNode 的本地磁盘中。这些 JournalNode 将与 NameNode 机器实现共享，任何由活动 NameNode 执行的修改内容均被记录于此类共享节点上的编辑文件中。随后，这一类文件将被备用 NameNode 读取，进而将修改内容应用于自身的 fsimage 上，以使其状态与活动 NameNode 保持同步。如果活动节点出现故障，备用 NameNode 在将其状态修改为"活动"之前应用编辑日志中的全部变化内容，以确保当前命名空间处于完全同步状态。当写入 JournalNode 中时，QJM 将执行下列各项操作。

❑ 写入器确保不存在其他写入器正在写入编辑日志。也就是说，即使两个 NameNode 同时处于活动状态，也仅允许其中的一个 NameNode 对编辑日志执行命名空间修改操作。

❑ 一种可能的情况是，写入器未针对所有的 JournalNode 记录命名空间修改内容，或者部分 JournalNode 尚未完成记录工作。对此，QJM 可确保全部 JournalNode 基于文件长度而处于同步状态。

❑ 当上述两种情形均通过验证后，QJM 可以启用一个新的日志段以写入编辑日志中。

❑ 写入器向集群中的全部 JournalNode 发送当前批量编辑结果，并在写入成功之前等待基于所有 JournalNode 的仲裁确认结果。这些无法响应写入请求的 JournalNode 均被标记为 OutOfSync，且不会用于编辑段的当前批次中。

❑ QJM 向 JournalNode 发送 RPC 请求以完成日志分段。在接收到源自 JournalNode 的仲裁确认结果后，QJM 可启用下一个日志段。

DataNode 向两个 DataNode 发送数据块信息和心跳信号，以确保二者均持有与数据块相关的最新信息。在 Hadoop 3 中，我们可持有更多的 NameNode（大于 2），DataNode 将向全部 NameNode 发送信息。通过这种方式，QJM 将有助于实现高可用性。

2.8　Hadoop 3.x 中的高可用性

Hadoop 2.0 引入了活动 NameNode 和备用 NameNode。任何时候，在两个 NameNode 中，一个节点将处于活动状态，而另一个节点则处于备用状态。其中，处于活动状态的 NameNode 负责集群中的客户端请求；而备用节点则为从属节点，并使其状态与活动 NameNode 保持同步，以便在故障转移事件中提供快速的切换。然而，当某个 NameNode 出现故障时，情况又当如何？对此，NameNode 将变化为非 HA。也就是说，NameNode 仅可忍受一次故障。这种行为有悖于 Hadoop 中的核心容错机制，后者可在一个集群中容纳多个 DataNode 故障。需要注意的是，Hadoop 3 中引入了多个备用 NameNode，备用 NameNode 之间的行为也不存在任何差异。它们将持有自身的 ID、RPC 和 HTTP 地址，使用 QJM 获取最新的编辑日志并更新其 fsimage。

下列内容表示为 NameNode 中 HA 所需的核心配置。

❑ 首先需要针对集群定义 nameservices，如下所示。

```
<property>
  <name>dfs.nameservices</name>
  <value>mycluster</value>
</property>
```

❑ 生成命名服务 mycluster 中全部 NameNode 的 ID（之前已定义完毕），如下所示。

```
<property>
  <name>dfs.ha.namenodes.mycluster</name>
  <value>nn1,nn2,nn3</value>
</property>
```

❑ 在生成了 NameNode 的标识符后，还需要针对此类 NameNode 添加 RPCheHTTP 地址。这里，我们针对 nn1、nn2 和 nn3 定义 RPC 和 HTTP 地址，如下所示。

```
<property>
  <name>dfs.namenode.rpc-address.mycluster.nn1</name>
  <value>masternode1.example.com:9820</value>
</property>
<property>
  <name>dfs.namenode.rpc-address.mycluster.nn2</name>
  <value>masternode2.example.com:9820</value>
</property>
<property>
  <name>dfs.namenode.rpc-address.mycluster.nn3</name>
  <value>masternode3.example.com:9820</value>
</property>

<property>
  <name>dfs.namenode.http-address.mycluster.nn1</name>
  <value>masternode1.example.com:9870</value>
</property>
<property>
  <name>dfs.namenode.http-address.mycluster.nn2</name>
  <value>masternode2.example.com:9870</value>
</property>
<property>
  <name>dfs.namenode.http-address.mycluster.nn3</name>
  <value>masternode3.example.com:9870</value>
</property>
```

ℹ 注意：

上述配置仅是 Hadoop 3 中 NameNode HA 配置的一小部分内容。读者可访问 https://hadoop.apache.org/docs/current/hadoop-project-dist/hadoop-hdfs/HDFSHighAvailabilityWithNFS.html 查看 HA 的完整配合步骤。

2.9　数　据　管　理

前述内容讨论了 HDFS 块和复制行为。NameNode 存储全部元数据并表示为单点故障，这意味着，如果 NameNode 出现故障，则无法使用 HDFS。这一类元数据信息十分重要，并可用于在其他机器上重新启动 NameNode。因此，采用多个元数据的备份副本变得十分重要，即使元数据在主 NameNode 上丢失，我们仍可使用备份副本在同一台机器或另一台机器上重新启动 NameNode。本节将讨论 NameNode 元数据文件（如 fsimage）

和编辑日志。接下来还将通过校验和与目录快照来进一步考查数据集成，以避免数据丢失或被修改。

2.9.1　元数据管理

HDFS 可通过多种方式存储结构化和非结构化数据。当数据从 TB 级别增长至 PB 级别并通过 Hadoop 加以使用时，依然有可能遇到某些问题，如 HDFS 上的可用数据及其使用方式是什么？使用数据和数据创建时间轴等的用户类型是什么？经过良好维护的元数据信息可高效地回答此类问题，进而改进 HDFS 上数据存储的可用性。

NameNode 在内存中保持了完整的 fsimage，以便全部元数据信息请求在最小的时间量内被处理，并在磁盘上持久化 fsimage 和编辑日志。fsimage 包含了 HDFS 目录信息、文件信息、权限、相关指标、最近一次访问时间、最近一次修改时间以及文件的块 ID。

HDFS 包含各种目录和文件属性，如持有者、权限、相关指标、复制因子等。此类信息分别位于两个文件中，如下所示。

（1）fsimage 文件。fsimage 文件包含文件系统的完整状态，每次文件系统修改都将被分配一个唯一的、不断增加的事务 ID。相应地，fsimage 表示针对特定事务 ID 的文件系统状态。

下面查看如何通过各种应用模式分析 fsimage 的内容，进而帮助我们检查文件系统的健康状态。下列命令可用于获取 NameNode 中最近的 fsimage。

```
hdfs dfsadmin -fetchImage /home/packt
```

需要说明的是，我们无法直接读取 fsimage 文件。对此，可采用 Offline Image Viewer 工具将 fsimage 文件转换为人类可读的格式。除此之外，Offline Image Viewer 还提供了 WebHDFS API，以实现离线 fsimage 分析。接下来考查 Offline Image Viewer 工具的使用方式及其相关选项，命令如下。

```
hdfs oiv --help
```

上述命令将返回如图 2.5 所示的输出结果，其中涵盖了与应用和选项相关的细节信息。

下列命令将 fsimage 内容转换为制表符分隔的文件。

```
hdfs oiv -i /home/packt/fsimage_00000000007685439 -o
/home/packt/fsimage_output.csv -p Delimited
```

```
chanchal@chanchal-Lenovo-ideapad-510-15IKB:~$ hdfs oiv --help
Error parsing command-line options:
Usage: bin/hdfs oiv [OPTIONS] -i INPUTFILE -o OUTPUTFILE
Offline Image Viewer
View a Hadoop fsimage INPUTFILE using the specified PROCESSOR,
saving the results in OUTPUTFILE.

The oiv utility will attempt to parse correctly formed image files
and will abort fail with mal-formed image files.

The tool works offline and does not require a running cluster in
order to process an image file.

The following image processors are available:
  * XML: This processor creates an XML document with all elements of
    the fsimage enumerated, suitable for further analysis by XML
    tools.
  * FileDistribution: This processor analyzes the file size
    distribution in the image.
    -maxSize specifies the range [0, maxSize] of file sizes to be
     analyzed (128GB by default).
    -step defines the granularity of the distribution. (2MB by default)
  * Web: Run a viewer to expose read-only WebHDFS API.
    -addr specifies the address to listen. (localhost:5978 by default)
  * Delimited (experimental): Generate a text file with all of the elements common
    to both inodes and inodes-under-construction, separated by a
    delimiter. The default delimiter is \t, though this may be
    changed via the -delimiter argument.

Required command line arguments:
-i,--inputFile <arg>   FSImage file to process.

Optional command line arguments:
-o,--outputFile <arg>  Name of output file. If the specified
                       file exists, it will be overwritten.
                       (output to stdout by default)
-p,--processor <arg>   Select which type of processor to apply
                       against image file. (XML|FileDistribution|Web|Delimited)
                       (Web by default)
-delimiter <arg>       Delimiting string to use with Delimited processor.
-t,--temp <arg>        Use temporary dir to cache intermediate result to generate
                       Delimited outputs. If not set, Delimited processor constructs
                       the namespace in memory before outputting text.
```

图 2.5

当前，我们已经持有制表符分隔文件这一形式的、存储于 fsimage 中的有效信息，随后可在移除文件头后在其上方展示一个数据定义表。利用 Linux 工具或其他文件编辑器可移除文件头，或者也可采用下列命令实现这一操作。

```
sed -i -e "1d" /home/packt/fsimage_output.csv
```

在移除文件头后，即可在 fsimage 文件上方展示一个数据定义表。

（2）edits 文件。edits 日志文件包含一个变化列表，并可在最新的 fsimage 之后应用于文件系统上。该编辑日志针对每项操作包含了一个条目。在保存新的 fsimage 之前，通过应用 fsimage 的编辑日志中的全部有效修改内容，检查点操作可定期地合并 fsimage 和当前编辑日志。

编辑日志文件以二进制格式呈现，并可通过下列命令将其转换为人类可读的 XML

格式。

```
sudo hdfs oev -i /hadoop/hdfs/namenode/current/
edits_0000000000000488053-0000000000000488074 -o editlog.xml
```

上述命令将生成如图 2.6 所示的编辑日志文件内容（由不同的属性构成）。

```
<?xml version="1.0" encoding="UTF-8"?>
<EDITS>
  <EDITS_VERSION>-63</EDITS_VERSION>
  <RECORD>
    <OPCODE>OP_START_LOG_SEGMENT</OPCODE>
    <DATA>
      <TXID>488053</TXID>
    </DATA>
  </RECORD>
  <RECORD>
    <OPCODE>OP_MKDIR</OPCODE>
    <DATA>
      <TXID>488054</TXID>
      <LENGTH>0</LENGTH>
      <INODEID>190335</INODEID>
      <PATH>/tmp/hive/hive/124dd7e2-d4d3-413e-838e-3dbbbd185a69</PATH>
      <TIMESTAMP>1509663411129</TIMESTAMP>
      <PERMISSION_STATUS>
        <USERNAME>hive</USERNAME>
        <GROUPNAME>hdfs</GROUPNAME>
        <MODE>448</MODE>
      </PERMISSION_STATUS>
    </DATA>
  </RECORD>
  <RECORD>
    <OPCODE>OP_ADD</OPCODE>
    <DATA>
      <TXID>488055</TXID>
      <LENGTH>0</LENGTH>
      <INODEID>190336</INODEID>
      <PATH>/tmp/hive/hive/124dd7e2-d4d3-413e-838e-3dbbbd185a69/inuse.info</PATH>
      <REPLICATION>3</REPLICATION>
      <MTIME>1509663411169</MTIME>
      <ATIME>1509663411169</ATIME>
      <BLOCKSIZE>134217728</BLOCKSIZE>
      <CLIENT_NAME>DFSClient_NONMAPREDUCE_1006023362_1</CLIENT_NAME>
      <CLIENT_MACHINE>10.1.2.26</CLIENT_MACHINE>
      <OVERWRITE>true</OVERWRITE>
      <PERMISSION_STATUS>
        <USERNAME>hive</USERNAME>
        <GROUPNAME>hdfs</GROUPNAME>
        <MODE>420</MODE>
```

图 2.6

针对每一项新操作，此处将生成一个新的记录条目。记录条目的对应结构如下。

```
<RECORD>
    <OPCODE>OP_ADD</OPCODE>
    <DATA>
      <TXID>488055</TXID>
      <LENGTH>0</LENGTH>
      <INODEID>190336</INODEID>
      <PATH>/tmp/hive/hive/124dd7e2-
```

```
d4d3-413e-838e-3dbbbd185a69/inuse.info</PATH>
    <REPLICATION>3</REPLICATION>
    <MTIME>1509663411169</MTIME>
    <ATIME>1509663411169</ATIME>
    <BLOCKSIZE>134217728</BLOCKSIZE>
    <CLIENT_NAME>DFSClient_NONMAPREDUCE_1006023362_1</CLIENT_NAME>
    <CLIENT_MACHINE>10.1.2.26</CLIENT_MACHINE>
    <OVERWRITE>true</OVERWRITE>
    <PERMISSION_STATUS>
      <USERNAME>hive</USERNAME>
      <GROUPNAME>hdfs</GROUPNAME>
      <MODE>420</MODE>
    </PERMISSION_STATUS>
    <RPC_CLIENTID>ad7a6982-fde8-4b8a-8e62-f9a04c3c228e</RPC_CLIENTID>
    <RPC_CALLID>298220</RPC_CALLID>
  </DATA>
</RECORD>
```

其中，OPCODE 表示执行于文件上的操作类型，此类有效文件位于 PATH 处。

接下来考查检查点的工作方式及其所涉及的各项操作步骤。

2.9.2 使用二级 NameNode 的检查点

通过应用 fsimage 上所有的编辑日志操作，检查点可被视为一项 fsimage 和编辑日志间的合并处理过程且不可或缺，进而确保编辑日志不会增长得过大。下面进一步考查 Hadoop 中检查点处理过程的工作方式。

前述内容讨论了 fsimage 和编辑日志文件。当 NameNode 启动时，将 fsimage 加载至内存中，随后将编辑日志文件中的编辑内容应用于当前 fsimage 上。一旦该过程完成，NameNode 就会将一个新的 fsimage 文件写入当前系统中。在操作结束时，编辑日志文件中将不再包含任何内容。该处理过程仅在 NameNode 启动时开始——当 NameNode 处于活动状态并忙于处理请求时，它并不执行合并操作。注意，如果 NameNode 运行了很长一段时间，那么编辑日志文件可能会变得十分庞大，因而需要提供一项服务，并定期地合并编辑日志和 fsimage 文件。具体来说，二级（secondary）NameNode 负责执行编辑日志和 fsimage 文件的合并工作。在编辑日志中，检查点操作间隔和事务数量由两个配置参数加以控制。对于操作间隔，对应参数为 dfs.namenode.checkpoint.period；对于事务数量，对应参数为 dfs.namenode.checkpoint.txns。这意味着，如果达到限制条件，检查点处理过程将被强制启动，即使并未到达间隔周期。另外，二级 NameNode 还将存储最新的 fsimage，以便在需要任何内容时可以使用它。

2.9.3　数据集成

　　数据集成可确保数据在存储或处理过程中不会丢失或受损。HDFS 可存储由大量 HDFS 块构成的大容量数据。一般情况下，在由数千个节点构成的大型集群中，机器故障的概率也会随之增加。这里，假设复制因子为 3，且针对某个特定块存储副本的两台机器均出现了故障，同时最后一个复制块已经损坏。其间，数据有可能丢失，因而需要配置较好的复制因子，并执行常规的块扫描操作，进而检测对应的数据块是否受损。HDFS 通过校验和机制维护数据集成。

　　校验和针对写入 HDFS 中的每个块进行计算。HDFS 针对每个数据块维护校验和，并在读取数据时验证校验和。相应地，DataNode 负责存储数据，而校验和则负责关注存储于其上的所有数据。通过这种方式，当客户端读取 DataNode 中的数据时，还将读取该数据的校验和。另外，DataNode 定期运行块扫描器，进而验证存储于其上的数据块。如果发现受损数据块，HDFS 将读取受损数据块的副本，并以此替换数据块。下面考查校验和在读、取操作过程中的工作方式。

❑ 　HDFS 写入操作。DataNode 负责验证数据块的校验和。在执行写入操作过程中，将针对需要写入 HDFS 中的文件创建校验和。前述内容讨论了 HDFS 的写入操作，其间，文件被划分为块，且 HDFS 创建了一条数据块管线。负责存储管线中最近的数据块的 DataNode 将与校验和进行比较，如果校验和不匹配，那么它将向客户端发送 ChecksumException，随后客户端执行必要的操作，如重试当前操作等。

❑ 　HDFS 读取操作。当客户端开始读取 DataNode 中的数据时，DataNode 还将比较数据块的校验和。如果校验和不相等，那么它将向 NameNode 发送信息，以便 NameNode 将对应的数据块标记为受损块，并执行必要的操作利用另一个副本替换该受损的数据块。针对其他客户端请求，NameNode 将不会使用这一类 DataNode，直至它们被替换或从受损条目列表中被移除。

2.9.4　HDFS 快照

　　数据是业务的支柱，用户不希望出现由于机器故障导致的数据丢失问题。在故障或灾难事件中，文件系统用户可能希望制订与备份和重要数据恢复相关的计划。因此，HDFS 引入了快照机制。快照可视为部分/整体文件系统的时间点映像。换而言之，HDFS 快照表示 HDFS 子树的快照，如目录、子目录或全部 HDFS。下面考查 HDFS 快照的常见应用示例。

❑ 　备份。管理员可能希望备份整个文件系统、文件系统的子树，或者是单一文件。取决于具体的需求条件，管理员可生成一个只读快照，该快照可用于恢复数据或向远程存储发送数据。

- ❑ 防护。用户可能会意外地删除 HDFS 上的文件，或者是删除整个目录。然而，此类文件将被放入回收站中并可予以恢复。但是，一旦文件通过文件系统被删除，相关操作就不会进入回收站。针对于此，管理员可设置一项作业，并定期生成 HDFS 快照，以便在文件被删除后通过 HDFS 快照对其进行恢复。

- ❑ 应用程序测试机制。基于原始数据集的应用程序测试是应用程序开发人员或应用程序用户的一项常见操作。应用程序可能并未按照预期执行，进而导致数据丢失或受损。对此，管理员可生成一份原始数据的快照，并将该快照分配于用户以供测试使用。对此数据集的任何修改均不会影响原始数据集。

- ❑ 分布式复制（distcp）。distcp 用于在集群间复制数据。对此，考查以下情形，一位用户正在复制数据，而另一位用户已经删除了源文件，或者将数据移至其他位置——这将使 distcp 处于不一致的状态。相应地，HDFS 快照可用于处理此类问题，其间，快照可与 distcp 结合使用，进而在集群间复制数据。

- ❑ 法务和审计。组织机构可能希望针对法务或内部处理将数据存储一段时间，以查看哪些数据在一段时期内发生了变化，或者从数据中获取汇总报告。另外，组织机构还可能需要对文件系统进行审计。对此，快照通常是定期生成的，且包含了用于审计或法务目的的数据信息。

下面考查如何实现 HDFS 树、子树或子目录的快照。在生成快照之前，树、子树或目录应支持快照行为，这可通过下列命令予以实现。

```
hdfs dfsadmin -allowSnapshot <path>
```

若目录支持快照操作，则可以利用下列命令生成目录快照。

```
hdfs dfs -createSnapshot <path> [<snapshotName>]
```

其中，path 表示希望生成快照的树、子树、目录或文件的路径。记住，如果目录不支持快照行为，那么上述命令则无法成功执行。另外，snapshotName 表示分配与某个快照的名称。这里，较好的方法是将日期绑定至快照的名称上以用于识别。

2.9.5　数据平衡机制

HDFS 是一个可伸缩的分布式存储文件系统，存储于其上的数据随时间变化而增长。随着数据的容量不断增加，一些 DataNode 可能会比其他 DataNode 加载更多的数据块，这将导致针对包含更多数据块的 DataNode 发出更多的读、写请求。因此，与其他 DataNode 相比，此类数据块将忙于处理请求操作。

此外，HDFS 还是一类可伸缩的系统并由商业硬件构成。在包含大容量数据的大型集群上，DataNode 的故障概率也相对较高。不仅如此，添加新的 DataNode 并管理数据容量也是一种十分常见的操作。DataNode 的添加或移除操作可导致数据倾斜，与其他 DataNode 相比，某些 DataNode 将加载更多的数据块。为了避免此类问题，HDFS 内置了均衡器工具。下面讨论 HDFS 如何存储数据块，并考查可能出现的各种情形。

当新的请求导致存储某个数据块时，HDFS 将考查下列方案。

- 在集群中的 DataNode 间均匀地分布数据。
- 在同一机架（写入第一个数据块）上存储一个副本，这有助于优化机架间的 I/O。
- 在不同的机架上存储另一个副本，以支持机架故障时的容错机制。
- 当添加一个新节点时，HDFS 并不会将之前存储的数据块分发于其上。相反，该过程将使用 DataNode 存储新的数据块。
- 如果移除了故障 DataNode，那么某些块将处于复制失效状态。因此，HDFS 通过将块存储于不同的 DataNode 上来均衡多个副本。

注意：

均衡器用于平衡 HDFS 集群，进而在集群的所有 DataNode 间均匀地分布块。这里的问题是，集群何时可被称作均衡集群？针对于此，当所有 DataNode 的空闲空间或已用空间百分比大于或小于特定阈值大小时，该集群即可被称作均衡集群。均衡器通过将数据从过度使用的 DataNode 移至未充分使用的 DataNode 中来维护相应的阈值，这可确保全部 DataNode 均持有均等的空闲空间数量。

接下来查看如何利用命令行界面及其相关选项运行均衡器，对应的命令如下。

```
hdfs balancer --help
```

上述命令的输出结果如图 2.7 所示。

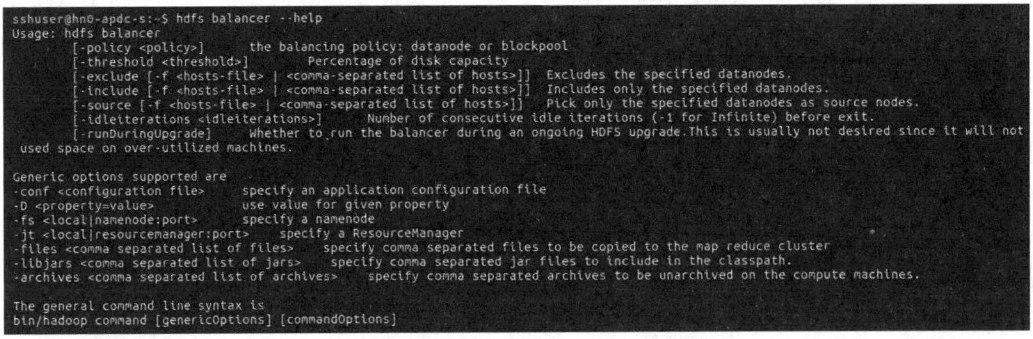

```
sshuser@hn0-apdc-s:~$ hdfs balancer --help
Usage: hdfs balancer
        [-policy <policy>]      the balancing policy: datanode or blockpool
        [-threshold <threshold>]        Percentage of disk capacity
        [-exclude [-f <hosts-file> | <comma-separated list of hosts>]]  Excludes the specified datanodes.
        [-include [-f <hosts-file> | <comma-separated list of hosts>]]  Includes only the specified datanodes.
        [-source [-f <hosts-file> | <comma-separated list of hosts>]]   Pick only the specified datanodes as source nodes.
        [-idleiterations <idleiterations>]      Number of consecutive idle iterations (-1 for Infinite) before exit.
        [-runDuringUpgrade]     Whether to run the balancer during an ongoing HDFS upgrade.This is usually not desired since it will not
 used space on over-utilized machines.

Generic options supported are
-conf <configuration file>     specify an application configuration file
-D <property=value>            use value for given property
-fs <local|namenode:port>      specify a namenode
-jt <local|resourcemanager:port>    specify a ResourceManager
-files <comma separated list of files>    specify comma separated files to be copied to the map reduce cluster
-libjars <comma separated list of jars>    specify comma separated jar files to include in the classpath.
-archives <comma separated list of archives>    specify comma separated archives to be unarchived on the compute machines.

The general command line syntax is
bin/hadoop command [genericOptions] [commandOptions]
```

图 2.7

下面讨论均衡器中两个较为重要的属性。

❑ 阈值。阈值可确保全部 DataNode 的整体应用不会超出或低于整体集群应用的、事先配置的阈值百分比。简而言之，如果整体集群应用为 60%，且配置后的阈值为 5%，那么每个 DataNode 的使用容量应为 55%～65%。这里，默认的阈值设置为 10%，相应地，当运行均衡器时，还可通过下列命令对其进行调整。

```
$ hdfs balancer -threshold 15
```

如果整体磁盘应用为 60%，并通过上述命令运行均衡器，那么均衡器可确保每个 DataNode 处的集群应用为 45%～75%。这意味着，均衡器仅平衡应用百分比小于 45% 或大于 75% 的 DataNode。

❑ 策略。策略涵盖两种类型，即 DataNode 和 Blockpool。默认状态下，该值用于均衡 DataNode 级别的存储。但对于使用 HDFS Federation 服务的集群，则应将其调整为 Blockpool，以便均衡器可确保数据块不会在 Blockpool 间移动。

🛈 注意：

均衡器的主要目标是将 DataNode 中阈值大于 HDFS 应用的数据移至阈值小于 HDFS 应用的 DataNode 中。另外，均衡器还将关注机架策略，并在两个不同的机架间最小化数据传输。

2.9.6　均衡器的最佳应用方案

本节将介绍使用机器时如何优化均衡器作业、何时使用均衡器，以及与此相关的一些最佳实践方案。

当新节点被加入某个集群中时，通常情况下应运行均衡器，其原因在于，新添加的节点在初始状态下不包含数据块，且未予以充分利用。正常情况下，在由大量 DataNode 服务器构成的大型集群中，较好的方法是以固定时间间隔运行均衡器，其思想是调度一项作业，以固定的时间间隔关注并运行均衡器。如果均衡器已处于运行状态，且定期作业已经调用了另一个均衡作业，用户也不必过于担心——新的均衡器在上一个均衡器结束其执行任务后方得以启动。

另外，均衡器也定义为一项任务且应尽早结束。每个 DataNode 针对均衡器作业分配 10Mbps 带宽。对此，我们需要关注两件事情：向 DataNode 分配更多的带宽不应影响其他作业；通过提升带宽获取均衡器的最大性能。一般情况下，如果带宽为 200Mbps，则可针对均衡器分配其中的 10%，即 20Mbps，且不会对其他作业产生任何影响。除此之外，还可使用下列命令将带宽提升至 15Mbps。

```
$ su hdfs -c 'hdfs dfsadmin -setBalancerBandwidth 15728640'
```

如果集群并未占用大量资源，调用均衡器则是一种较好的做法。此时，可方便地针对均衡器请求更多的带宽，且均衡器将会比预期提前终止。

2.10　HDFS 写入、读取操作

HDFS 是一个分布式文件存储系统，并可依次写入、读取数据。这里，NameNode 被定义为主节点，其中包含了与所有文件和 DataNode 空间相关的元数据信息；DataNode 则被定义为 worker 节点，用于存储真实文件。相应地，每次读、写请求将经过 NameNode。HDFS 以"多次读取，一次写入"而闻名，这意味着，文件在 HDFS 中一次性地被写入，并且可以被多次读取。需要说明的是，存储于 HDFS 中的文件是不可被编辑的，但允许向文件中添加新数据。

本节将讨论 HDFS 读、写操作的内部机制，并考查客户端如何针对读、写操作与 NameNode 和 DataNode 进行通信。

2.10.1　写入工作流

HDFS 提供了面向存储系统中文件的读、写和删除操作。用户可通过命令行工具或 API 接口写入数据。然而，写工作流在两种方式中均保持一致。本节将介绍 HDFS 写入操作的内部机制，其整体架构如图 2.8 所示。

当向 HDFS 中写入一个文件时，HDFS 客户端使用 DistributedFileSystem API 并调用其 create()方法。create()方法签名是 FileSystem 类中的一部分内容，且该类被定义为 DistributedFileSystem 的父类。create()方法签名如下。

```
public FSDataOutputStream create(Path f) throws IOException {
  return create(f, true);
}

public FSDataOutputStream create(Path f, boolean overwrite)
    throws IOException {
  return create(f, overwrite,
                getConf().getInt(IO_FILE_BUFFER_SIZE_KEY,
                    IO_FILE_BUFFER_SIZE_DEFAULT),
                getDefaultReplication(f),
```

```
              getDefaultBlockSize(f));
}
```

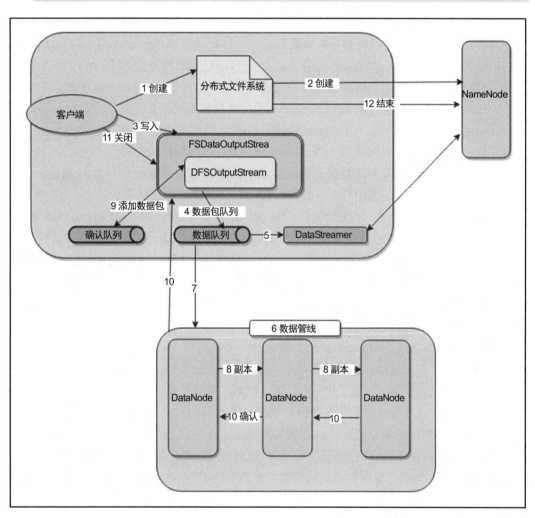

图 2.8

上述代码定义的方法表示为抽象方法，且实现于 DistsibutedFileSystem 中，如下所示。

```
public abstract FSDataOutputStream create(Path f,
    FsPermission permission,
    boolean overwrite,
    int bufferSize,
    short replication,
```

```
long blockSize,
Progressable progress) throws IOException;
```

DistributedFileSystem 通过创建新文件生成 NameNode 的 RPC 调用。NameNode 检测文件是否存在，如果文件已经存在，那么 NameNode 将抛出 IOException 异常，对应消息表明当前文件已经存在；如果文件不存在，那么 NameNode 将使用 FSPermission 检查用户是否拥有权限将文件写入所指定的位置处。一旦权限检查成功，NameNode 就会生成新文件的记录；否则，它将返回 IOException，相关消息表明权限被拒绝。

create()方法的返回类型为 FSDataOutputStream，并在成功地执行了 create()方法后写入客户端中。对应的客户端使用 FsDataOutputStream，并调用写方法写入数据。

DFSOutputStream 负责将数据分割成块大小的数据包。数据被写入名为 DFSPacket 的内部数据队列中，该队列中包含了数据、校验和、序列号和其他信息。

DataStreamer 包含了一个 DFSPacket 的链表，并针对每个数据包要求 NameNode 提供新的 DataNode 来存储数据包及其副本，NameNode 返回的 DataNode 形成了一条管线，DataStreamer 将数据包写入该管线的第一个 DataNode 中。第一个 DataNode 存储数据包，并将其移至管线中的第二个 DataNode 中。该处理过程重复执行，直至管线中的最后一个 DataNode 存储了该数据包。管线中 DataNode 的数量取决于所配置的复制因子。另外，全部数据块均以并行方式存储。

此外，DFSOutputStream 还维护一个数据包的确认队列（链表），其确认消息尚未从 DataNode 处接收。一旦数据包通过管线中的 DataNode 被复制，DataNode 就会发送一条确认消息。如果管线中的数据节点发生故障，则对应的确认队列被用于重新启动操作。

一旦 HDFS 客户端结束了写入数据，它就会通过调用流上的 close()方法关闭流。关闭操作将剩余的数据刷新至管线中，随后等待确认。

最后，在接收到最终的确认消息后，客户端向 NameNode 发送一个完成信号。因此，NameNode 包含了与全部数据包及其块位置相关的信息，可以在读取文件时对其加以访问。

2.10.2　读取工作流

前述内容讨论了文件如何写入 HDFS 中以及 HDFS 在内部的工作方式，从而确保文件以分布方式被写入。本节将考查如何利用 HDFS 客户端读取文件及其内部工作方式。与 HDFS 写入操作类似，NameNode 也是读取操作的主要联系者。图 2.9 显示了 HDFS 中文件读取操作的详细步骤。

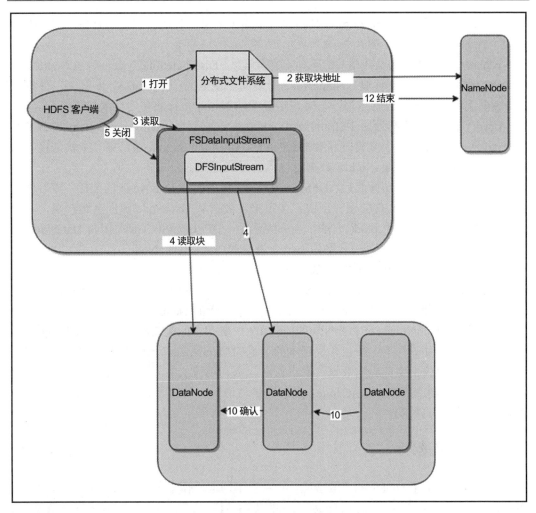

图 2.9

　　HDFS 通过使用 FileSystem 对象调用特定文件上的 open()方法。从内部来看，该对象将调用 DistributedFileSystem 的 open()方法。

```
public FSDataInputStream open(Path f) throws IOException {
  return open(f, getConf().getInt(IO_FILE_BUFFER_SIZE_KEY,
      IO_FILE_BUFFER_SIZE_DEFAULT));
}

public abstract FSDataInputStream open(Path f, int bufferSize)
  throws IOException;
```

NameNode 返回 IOException，其中包含了相关消息，表明客户端不具备读取文件的权限，或者当前文件不存在。

NameNode 包含了与文件相关的所有元数据信息。DistributedFileSystem 生成 NameNode 的 RPC 调用，以获取文件块。NameNode 针对每个块返回一个 DataNode 列表，并根据 HDFS 邻近程度排序。也就是说，与客户端最近的 NameNode 将位于列表中的首位。

open()方法向客户端返回 FSDataInputStream 以读取数据。DFSInputStream 被封装在 FSDataInputStream 中，负责管理所有 DataNode。DFSInputStream 通过第一个块中接收的 DataNode 地址连接至 DataNode，数据将以流的形式返回客户端。

当块中的数据被成功读取后，DFSInputStream 将关闭与 DataNode 的连接，随后使用最近的 DataNode 作为文件的下一个块。接下来，数据从 DataNode 流回至客户端，客户端将在数据流上重复调用 read()方法。当块终止后，DFSInputStream 关闭与 DataNode 之间的连接，随后 DFSInputStream 将为下一个块搜索适合的 DataNode。

显然，DataNode 可能会发生故障或向 DFSInputStream 返回一个错误。对此，DFSInpurStream 生成一个故障 DataNode 条目，以便它针对下一个块不会连接至此类 DataNode 上。接下来将连接至下一个包含块副本的最近的 DataNode 上，并于此处读取数据。此外，DFSInputStream 还将验证块的校验和——如果不匹配或块受损，则向 NameNode 提供报告消息，并选择下一个包含块副本的最近的 DataNode 以读取数据。

当客户端完成了全部块的数据读取工作后，则利用流上的 close()方法关闭连接。

每次操作请求均经过 NameNode，通过提供与请求相关的元数据信息，NameNode 可对客户端提供相关帮助。

2.10.3　短路读取

前述内容讨论了 HDFS 的读取步骤，并考查了读取操作中 DataNode 的参与方式。简而言之，HDFS 客户端接收源自 NameNode 的块细节信息，同时请求 DataNode 读取文件。随后，DataNode 读取文件，并通过 TCP 套接字将数据发送至客户端。相比较而言，短路读取并不涉及 DataNode，此时 HDFS 客户端将直接读取文件。然而，仅当客户端位于持有数据的同一台机器上时，这种情况才有可能发生。

早期，即使客户端位于数据所在的同一台机器上，也会使用 DataNode 读取数据，并通过 TCP 套接字提供数据包。这一过程涵盖了与线程和其他一些处理资源相关的开销。相应地，短路读取降低了此类开销以实现优化目的。下列配置启用了短路读取操作。

```
<configuration>
  <property>
    <name>dfs.client.read.shortcircuit</name>
```

```
    <value>true</value>
  </property>
  <property>
    <name>dfs.domain.socket.path</name>
    <value>socketPath</value>
  </property>
</configuration>
```

2.11　管理 Hadoop 3.x 中的磁盘倾斜数据

在任何时候，当生成 Hadoop 集群时，总是需要对 DataNode 上的磁盘加以管理。例如，替换损坏的磁盘、针对更多的数据容量添加磁盘，或者是磁盘容量在同一数据节点上出现变化——这些情况都将会导致 DataNode 中所有磁盘间的数据分布不均匀。另外，基于轮循的磁盘写入和随机删除操作也将会导致数据分布不均匀。

在 Hadoop 3 被发布之前，为了防止出现此类问题，Hadoop 管理员所采用的方法往往难以令人满意。一种解决方案是关闭数据节点，并使用 UNIX mv 命令将块副本连同受支持的元数据文件从一个目录移动到另一个目录中。其间，每一个目录应使用不同的磁盘，同时还应确保子目录名称不能出现变化；否则，当重启时，DataNode 将无法确认该块副本。对于大型 Hadoop 集群，这并非一种理想的方案，实际操作过程也十分复杂。对此，另一种解决方案是设置一个磁盘均衡器工具，以自动执行这一类操作。该工具应可生成完整的磁盘应用画像，以及每个 DataNode 上磁盘的占用量。对此，Hadoop 社区引入了 DataNode 磁盘均衡器并涵盖了以下各项功能。

❑ 磁盘数据分布报告。HDFS 磁盘均衡器工具将生成相关报告以识别呈不对称数据分布的 DataNode。对此，可生成两种类型的报告：第一种类型的报告与上方节点相关，此类节点很可能呈现为数据倾斜状态，并可从运行该工具过程中受益；第二种报告类型则与数据节点的细节信息相关。节点的 IP/DNC 可作为参数传递至文件中。

❑ 在活动的 DataNode 上执行磁盘平衡机制，这也是磁盘均衡器的核心功能，并可调整数据块文件夹的位置。对应的工作流程分为 3 个阶段，即发现阶段、规划阶段和执行阶段。其中，发现阶段更多地关注于发现集群，其中存储了诸如集群计算的物理布局和存储类型等信息；规划阶段则与每个特定用户数据节点应执行的步骤相关，以及以何种方式和顺序移动数据，这一阶段接收发现阶段中的输入数据；执行阶段则与执行规划相关，对应规划基于每个 DataNode 从规划阶段中获取，并在后台运行且不会影响用户的其他活动。

在执行了平衡操作后，针对调试和验证目的，HDFS 磁盘均衡器为每个 DataNode 生成两种报告类型，一种称作<datanode>.before.json，另一种则称作<datanode>.after.json。这一类报告包含了运行该工具前后的、与每个 DataNode 相关的磁盘存储状态信息。用户可比较两种报告，进而判断是否需要重新运行均衡器，或者在任意给定的时间点一切已经完备。表 2.1 显示了运行 hdfs diskbalancer 的一些命令。

表 2.1

命　　令	描　　述
hdfs diskbalancer -plan datanode1.haoopcluster.com -out <file_folder_location>	规划命令针对 Hadoop 集群上的 datanode1 运行。<file_folder_location>可保存规划的 JSON 输出结果。该命令输出两个文件，其中，<datanode1>.before.json 捕捉磁盘均衡器运行前集群的状态；<datanode1>.plan.json 则用于执行阶段
hdfs diskbalancer -execute <file_folder_location>/<datanode1>.plan.json	该执行命令运行规划阶段生成的规划
hdfs diskbalancer -query datanode1.hadoopcluster.com	该查询命令从 DataNode 中获取磁盘均衡器的当前状态

🛈 注意：

表 2.1 在较高的层次上展示了某些 diskbalancer 命令。关于 hdfs diskbalancer 命令的详细信息，读者可访问 https://hadoop.apache.org/docs/current/hadoop-project-dist/hadoop-hdfs/HDFSDiskbalancer.html 以了解更多内容。

2.12　HDFS 中的延迟持久化写入操作

Hadoop 的企业级应用需求日益增长。据此，利用 Hadoop 实现其企业目标的应用程序类型也多种多样。某些应用程序需要处理的数据仅包含几个千兆字节。当在执行过程中涉及磁盘 I/O 写入操作时，较小的记录往往会产生更多的延迟——当无须任何磁盘 I/O 操作即可将此类数据载入内存时尤其如此。Hadoop 2.6 的发布引入了写入操作，并被用于 DataNode 的堆外内存中。最终，内存中的数据将以异步方式刷新至磁盘中。当写入操作在 HDFS 客户端进行初始化时，这将有效地减少磁盘 I/O 和校验和计算开销。这一类异步写入行为被称作延迟持久化写入操作。其间，磁盘持久化操作并不会即时发生，而是以异步方式在某段时间后出现。针对数据丢失，HDFS 提供了较好的保障。尽管如此，数据丢失仍存在较小的概率。例如，当数据节点在副本持久化至磁盘中之前重新启动时，仍然存在一定的数据丢失概率。延迟写入一个重要方面是，在重启前的一段时间内，避免此类写入操作可降低这种风险。但是，针对重启这种行为，仍无法绝对消除该行为所导致的数据丢失问题。基于这一原因，我们可针对临时数据，以及通过重新运行操作而再次生成的数据使用该特性。延迟写入另一个较为重要的方面是，应使用包含配置副本的文件。如果针对某个文件启用了多个副本，那么写入操作将无法完成，除非全部副本均被写入不同的 DataNode 中。由于复制行为涉及网络上的多次数据传输，因此这会对内存写入的低延迟目标带来负面影响。必要时，可在完成写入操作后启用文件副本（可能会采用异步方式），进而在热写（hot write）路径上启用此功能。然而，在完成数据复制之前，若磁盘发生故障，那么仍有可能导致数据丢失。

通常情况下，当在 Hadoop 中实现延迟持久化优化行为时，需要设置 RAM 磁盘。这里，RAM 磁盘可视为 RAM 内存上的虚拟硬盘。初看之下，这类似于 PC 上的常规硬盘，但会隔离一定数量的 RAM 内存，且不会用于其他进程。对于 Hadoop 内存存储支持，选择 RAM 磁盘是因为它们在 DataNode 重启时具有更好的持久化支持。RAM 磁盘可以在重新启动之前自动将内容保存到硬盘驱动器中。

ⓘ 注意：

关于 HDFS 内存存储及其配置，读者可访问 https://hadoop.apache.org/docs/r3.0.0-beta1/hadoop-project-dist/hadoop-hdfs/MemoryStorage.html#Use_the_LAZY_PERSIST_Storage_Policy 以了解更多内容。

2.13　Hadoop 3.x 中的纠删码

在默认状态下，通过复制每个数据块 3 次，HDFS 实现了相应的容错机制。然而，在大型集群中，复制因子也会随之增加。这里，复制的目的是针对机器故障解决数据丢失问题，以及提供 MapReduce 作业的数据本地化行为等。相应地，复制操作将占用更多的存储空间，这意味着，如果复制因子被设置为 3，HDFS 将占用额外的 200% 空间存储文件。简而言之，存储 1GB 的数据需要 3GB 的内存空间。此外，这还会生成 NameNode 上的元数据内存空间。

对于占用较少存储空间的数据存储，HDFS 引入了纠删码机制。其间，数据根据其访问模式被标记。当满足纠删码条件时，数据将适用于纠删码操作。这里，术语数据温度（data temperature）用于识别数据应用模式，对应的数据类型如下。

- ❑　热（hot）数据。默认状态下，全部数据均被视为热数据。具体来说，每天被访问超过 20 次且生存期小于 7 天的数据将视为热数据。位于该存储层的数据将其

全部副本均置于磁盘层中，如果复制因子为 3，那么它仍然会使用 200%的额外
存储空间。

❑ 暖（warm）数据。一周内访问频率仅有几次的数据将被置于暖数据层之下。暖
数据在磁盘层中仅持有一个副本，其余数据将进入归档层。

❑ 冷（cold）数据。一个月内仅被访问几次且生存期大于 1 个月的数据将进入冷数
据层中，此类数据适用于纠删码。

如前所述，在初始状态下，全部数据块均将按照每个复制因子的配置内容复制。如
果满足纠删码条件，那么数据块将被修改为纠删码形式。图 2.10 显示了 Hadoop 3.x 中纠
删码的流程图。

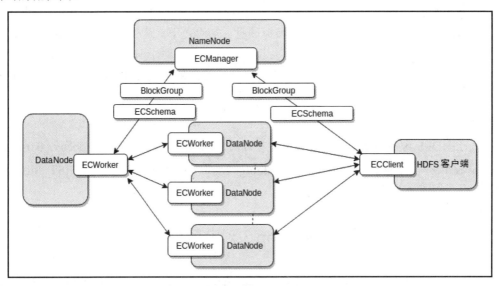

图 2.10

纠删码是通过附加的奇偶校验数据对消息进行编码的过程，即使部分数据丢失，也
可利用编码后的数值予以恢复。另外，HDFS 体系结构的改进也对纠删码提供了进一步的
支持。下列组件作为扩展内容被添加至 Hadoop 中。

❑ ECManager。ECManager 作为 NameNode 扩展被添加，并驻留在 NameNode 上。
ECManager 负责管理 EC 块分组，并执行组分配、数据块的放置、运行状况监
测以及数据块恢复的协调工作。纠删码将 HDFS 文件数据带状化，其中包含了
大量的内部块。NameNode 可能需要更多的空间存储此类数据块的元数据。通过
高效地管理这些内部块，ECManager 可降低 NameNode 上的空间消耗。

❑ ECClient。ECClient 为 HDFS 客户端的扩展，并以并行方式在多个 DataNode 之

间带状化数据。块分组由多个内部块构成，ECClient 可帮助客户端在块分组的多个内部节点上执行读、写操作。

❑ ECWorker。ECWorker 位于 DataNode 上，可用于恢复发生故障的纠删码块。ECManager 负责跟踪出现故障的纠删码块，并向 ECWorker 发出指令以恢复此类数据块。这里，DataNode 并不了解 EC 或常规的 I/O 操作期间的带状化行为。ECWorker 监听来自 ECManager 的指令，随后从对等的 DataNode 中提取数据、执行编解码计算、构建转换块，并将此类数据推送至其他 ECWorker 中。

2.13.1　纠删码的优点

纠删码的优点如下。

❑ 节省存储空间。冷数据在 HDFS 上仍然占用 200%的额外空间。纠删码将数据的存储开销减少了 50%以上。

❑ 可配置的策略。通过运行简单的命令，管理员可将数据标记为热数据或冷数据。

❑ 方便的恢复机制。即使丢失了百分之几的数据，在纠删码的帮助下，我们仍可方便地对其进行恢复。

2.13.2　纠删码的缺点

纠删码可帮助我们节省大量的存储空间，但也存在某些限制条件，如下所示。

❑ 数据局部化。纠删码针对数据块仅保留一个副本，因此像 MapReduce 这样处理数据局部性的程序需要在该数据块所在的机器上运行；否则，数据块需要在网络间进行传输。

❑ 编码和解码操作占用较大的计算开销。

❑ 不断扩展的复制操作。纠删码仅持有一个副本并对数据进行编码。如果不通过网络移动大部分编码数据，则无法对其进行读取。另外，解码、网络传输以及并行读取（数据块仅包含一个副本）也使得复制操作变得更加庞大。

2.14　HDFS 公共接口

本节将讨论 HDFS Java 接口和 API，进而与 HDFS 文件系统进行交互。此外，本节将重点介绍 FileSystem 类的方法实现，以便在必要时编写自己的方法实现。当对特定的测试用例测试程序时，这将十分有用。

2.14.1　HDFS 读取操作

本节将讨论两种文件读取方案及其应用时机。在第一种方案中，可使用 java.net 包中的 URL 类，进而读取存储于 HDFS 中的文件。此处，URL 调用 setURLStreamHandlerFactory() 方法，并接收一个 FsUrlStreamHandlerFactory()实例。该初始化过程是静态块的一部分内容，并在任何实例被创建之前运行。setURLStreamHandlerFactory()方法位于一个静态块中，由于该方法在每个 JVM 中仅可被调用一次，因此，如果第三方程序设置了 URLStreamHandlerFactory，我们将无法以此从 HDFS 中读取文件。

```
static {
 URL.setURLStreamHandlerFactory(new FsUrlStreamHandlerFactory());
 }
```

一旦 URL 被初始化完毕，它就会打开一个文件流并返回 InputStream。随后，IOUtils 可用于将流数据复制至输出流中，如下所示。

```
import java.io.InputStream;
import java.net.URL;
import org.apache.hadoop.fs.FsUrlStreamHandlerFactory;
import org.apache.hadoop.io.IOUtils;

public class HDFSReadUsingURL {
    static  {
        URL.setURLStreamHandlerFactory(new FsUrlStreamHandlerFactory());
    }

    public static void main(String[] args) throws Exception {
        InputStream fileInputStream = null;
        try {
            fileInputStream = new URL(args[0]).openStream();
            IOUtils.copyBytes(fileInputStream, System.out, 4096, false);
        } finally {
            IOUtils.closeStream(fileInputStream);
        }
    }
}
```

待程序运行完毕后，可将其打包至一个.jar 文件中，并将其部署至 Hadoop 类路径上，如下所示。

```
export HADOOP_CLASSPATH=HdfS_read.jar
```

此处，我们可将类名用作一条命令，并读取 HDFS 中的文件，如下所示。

```
hadoop HDFSReadUsingURL hdfs://localhost/user/chanchals/test.txt
```

如前所述，当前方案并不适用于各种场景。因此，我们还准备了另一种方案。其中，FileSystem 类 API 可用于读取 HDFS 文件。当采用 FileSystem 类从 HDFS 中读取文件时，其间涉及两个步骤，如下所示。

❑ 创建一个文件系统实例。这里，第一步是创建一个 FileSystem 实例。对此，HDFS
提供了不同的静态工厂方法生成 FileSystem 实例，每种方法可用于不同的场合下。

```
public static FileSystem get(Configuration conf) throws IOException
public static FileSystem get(URI uri, Configuration conf) throws
IOException
public static FileSystem get(URI uri, Configuration conf, String user)
throws IOException
```

全部方法均包含了公共的 Configuration 对象，该对象包含了客户端和服务器配置参数，对应参数通过读取 core-site.xml 和 core-default.xml 文件中的属性加以设置。在上述第二个方法中，URI 对象通知 FileSystem 采用哪一种 URI 方案。

❑ 调用 open()方法读取文件。当创建了 FileSystem 实例后，即可调用 open()方法获
取文件中的输入流。FileSystem 定义了两个 open()方法签名，如下所示。

```
public FSDataInputStream open(Path f) throws IOException

public abstract FSDataInputStream open(Path f, int bufferSize)
throws IOException
```

其中，在第一个 open()方法中，并未指定缓冲区大小并使用了默认的 4KB 缓冲区；在第二个 open()方法中，则可指定默认的缓冲区尺寸。open()方法的返回类型为 FSDataInputStream 类，这扩展了 DataInputStream 并可读取文件任意部分的内容，如下所示。

```
package org.apache.hadoop.fs;
public class FSDataInputStream extends DataInputStream
        implements Seekable, PositionedReadable {
}
```

Seekable 和 PositionedReadable 接口可从任意可搜索的位置处读取文件。这里，"可搜索的位置"是指对应的位置值不应大于文件长度，否则将导致 IOException。Seekable 接口的定义如下。

```
public interface Seekable   {
    void  seek(long pos)   throws IOException;
```

```
    long  getPos()  throws IOException;
}
```

接下来编写一个程序，并使用 FileSystem API 读取 HDFS 文件，如下所示。

```
import org.apache.hadoop.conf.Configuration;
import org.apache.hadoop.fs.FileSystem;
import org.apache.hadoop.fs.Path;
import org.apache.hadoop.io.IOUtils;

import java.io.InputStream;
import java.net.URI;

public class HDFSReadUsingFileSystem {
    public static void main(String[] args) throws Exception {
        String uri = args[0];
        Configuration conf = new Configuration();
        FileSystem fileSystem = FileSystem.get(URI.create(uri), conf);
        InputStream fileInputStream = null;
        try {
            fileInputStream = fileSystem.open(new Path(uri));
            IOUtils.copyBytes(fileInputStream, System.out, 4096, false);
        } finally {
            IOUtils.closeStream(fileInputStream);
        }
    }
}
```

当执行并测试上述程序时，需要将其打包至一个.jar 文件中，正如前面所做的那样，将其复制至 hadoop 类路径中，并按照下列方式对其加以使用。

```
hadoop HDFSReadUsingFileSystem filepath
```

2.14.2　HDFS 写入操作

FileSystem 类定义了多个文件创建方法，即 create()方法的各种重载版本，其中的一些方法如下。

```
public FSDataOutputStream create(Path f) throws IOException {
}

public FSDataOutputStream create(Path f, boolean overwrite) throws
IOException {
```

```
}

public FSDataOutputStream create(Path f, Progressable progress) throws
IOException {
}

public FSDataOutputStream create(Path f, short replication) throws
IOException {
}
```

其中，第一个 create()方法表示为最简单版本，该方法使用了 Path 对象，以便生成一个文件并返回 FSDataOutputStream。除此之外，该方法还有其他一些版本，这些版本允许覆写已有的文件、修改文件的复制因子，并调整块尺寸和文件权限。相应地，基于 Progressable 的 create()方法还可跟踪 DataNode 的数据写入操作的进程。

2.14.3　HDFSFileSystemWrite.java 文件

下列代码展示了 HDFS 写入操作的全部内容。

```
import org.apache.hadoop.conf.Configuration;
import org.apache.hadoop.fs.FSDataOutputStream;
import org.apache.hadoop.fs.FileSystem;
import org.apache.hadoop.fs.Path;
import org.apache.hadoop.io.IOUtils;

import java.io.BufferedInputStream;
import java.io.FileInputStream;
import java.io.IOException;
import java.io.InputStream;
import java.net.URI;

public class HDFSFileSystemWrite {
    public static void main(String[] args) throws IOException {
        String sourceURI = args[0];
        String targetURI = args[1];
        Configuration conf = new Configuration();
        FileSystem fs = FileSystem.get(URI.create(targetURI), conf);

        FSDataOutputStream out = null;
        InputStream in = new BufferedInputStream(new
FileInputStream(sourceURI));
        try {
```

```
                    out = fs.create(new Path(targetURI));
                    IOUtils.copyBytes(in, out, 4096, false);
            } finally {
                in.close();
                out.close();
            }
        }
}
```

FSDataOutputStream 定义了一个方法可返回文件的当前位置。与读取操作不同，在 HDFS 中写入文件则无法从任意位置处开始，且只能是文件结尾。此外，FileSystem 还定义了生成目录的方法，即 mkdirs()方法。该方法在 FileSystem 类中也包含了多个重载版本。

```
public boolean mkdirs(Path f) throws IOException
```

上述方法将生成全部父目录（如果不存在）。记住，当采用 create()方法创建一个文件时，无须显式地调用 mkdirs()方法，其原因在于，create()方法在对应路径上自动生成目录（如果不存在）。

2.14.4　HDFS 删除操作

某些时候，用户可能需要删除 HDFS 上的文件或目录。对此，FileSystem 类定义了 delete()方法，该方法用于永久性地删除文件或目录，如下所示。

```
public boolean delete(Path filePath, boolean recursive) throws IOException
```

其中，如果 filePath 为空目录或文件，那么该值和 recursive 将被忽略，同时移除相应的文件或目录；如果 recursive 为 true 值，那么 HDFS 中的全部文件和目录将被删除。

2.15　HDFS 命令参考

HDFS 提供了命令行工具，其中可以执行 HDFS Shell 命令。这一类命令与基于 Linux 的命令类似。

2.15.1　文件系统命令

文件系统命令可直接与 HDFS 进行交互。除此之外，这些命令还可在支持 HDFS 的文件系统上执行，如 WebHDFS、S3 等。下面考查一些较为基础、重要的命令。

　　❑　-ls 命令。-ls 命令列出指定路径中的全部目录和文件，如下所示。

```
hadoop fs -ls /user/packt/
```

-ls 命令返回下列信息。

```
File_Permission numberOfReplicas userid groupid filesize
last_modification_date last_modification_time
filename/directory_name
```

-ls 命令还包含了其他一些选项。例如，根据大小排列输出结果，或者是仅显示有限的信息，如下所示。

```
hadoop fs -ls -h /user/packt
```

其中，-h 选项将以可读的格式显示文件大小。例如，对应结果显示为 230.8MB 或 1.24GB，而非字节大小的文件尺寸。通过--help 选项，我们还可查看该命令的其他选项。

❑ -copyFromLocal 和-put 命令。用户可能需要从本地文件系统中复制数据至 HDFS 中。对此，可采用-copyFromLocal 和-put 命令，如下所示。

```
hadoop fs -copyFromLocal /home/packt/abc.txt /user/packt
hadoop fs -put /home/packt/abc.txt /user/packt
```

另外，还可使用这些选项将数据从本地文件系统中复制至支持 HDFS 的文件系统中。例如，-f 选项可强制性地将某个文件复制至 HDFS 支持的文件系统中，即使该文件已在目的地处存在。

❑ -copyToLocal 和-get 命令。此类命令可将数据从支持 HDFS 的文件系统中复制至本地文件系统中，如下所示。

```
hadoop fs -copyToLocal /user/packt/abc.txt /home/packt
hadoop fs -get /user/packt/abc.txt /home/packt
```

❑ -cp 命令。通过-cp 命令，可在 HDFS 位置间复制数据，如下所示。

```
hadoop fs -cp /user/packt/path1/file1 /user/packt/path2/
```

❑ -du 命令。-du 命令用于显示既定路径中文件和目录的大小。此外，还可使用-h 选项并以可读格式查看尺寸，如下所示。

```
hadoop fs -du -h /user/packt
```

❑ -getmerge 命令。-getmerge 命令使用指定源目录中的全部文件，并将其连接至单一文件中，随后将其存储至本地文件系统中，如下所示。

```
hadoop fs -getmerge /user/packt/dir1 /home/sshuser
```

❑ -skip-empty-file。该选项用于忽略空文件。

❑　-mkdir 命令。用户通常会在 HDFS 上创建目录，而-mkdir 命令可用于实现这一
　　目标。此外，还可使用-p 选项创建对应路径上的全部目录。例如，如果创建一
　　个/user/packt/dir1/dir2/dir3 目录，且目录 dir1 和 dir2 并不存在。当采用-p 选项时，
　　则会在 dir3 之前生成 dir1 和 dir2 目录，如下所示。

```
hadoop fs -mkdir -p /user/packt/dir1/dir2/dir3
```

如果不使用-p 选项，那么上述命令就需要按照下列方式编写。

```
hadoop fs -mkdir /user/packt/dir1 /user/packt/dir2
/user/packt/dir3
```

❑　-rm 命令。-rm 命令用于移除支持 HDFS 文件系统上的某个文件或目录。默认状
　　态下，全部删除的文件将被置于回收站中。然而，若该命令使用-skipTrash 选项，
　　文件将即刻从系统文件中被删除，且不会放入回收站中。另外，-r 选项可用于
　　递归地删除指定路径上的全部文件。

```
hadoop fs -rm -r -skipTrash /user/packt/dir1
```

❑　-chown 命令。某些时候，用户可能需要修改文件或目录的持有者。对此，-chown
　　命令可用于实现这一目标。注意，用户必须持有有效的权限进行此类操作（超
　　级用户除外）。-R 选项可用于修改指定路径中全部文件的拥有权。

```
hadoop fs -chown -R /user/packt/dir1
```

❑　-cat 命令。-cat 命令的作用类似于其在 Linux 中的作用，该命令可用于将文件复
　　制至标准输出中，如下所示。

```
hadoop fs -cat /user/packt/dir1/file1
```

2.15.2　分布式复制

用户可能需要在集群间复制数据，此类行为可能是旧集群被弃用，或者是出于报告
或处理目的需要使用到类似的数据。相应地，-distcp 命令可用于在支持 HDFS 的文件系
统间复制数据。

distcp 采用 MapReduce 作业执行数据分布、错误处理、恢复和报告操作，并生成特
定的映射任务。其中，每项任务负责向另一个集群中复制多个文件。

```
hadoop distcp hdfs://198.20.87.78:8020/user/packt/dir1 \
hdfs://198.89.76.34:8020/user/packt/dir2
```

此外，还可针对数据复制指定多个源，如下所示。

```
hadoop distcp hdfs://198.20.87.78:8020/user/packt/dir1 \
                hdfs://198.20.87.78:8020/user/packt/dir2 \
                hdfs://198.89.76.34:8020/user/packt/dir3
```

当指定了多个源后，若某个源出现冲突，distcp 将退出当前操作。默认状态下，如果某个文件已经存在于目标位置处，那么新文件将不会被跳过，但可采用不同的选项覆写这一目标文件。

2.15.3　管理命令

管理员负责维护集群并持续检测 DataNode 的报告内容。对于文件系统，存在一些管理员常用的命令，这些命令均以 hadoop dfsadmin command 开始。

-report 命令用于生成 DataNode 的报告结果，如基本的文件系统信息、与所用空间和空闲空间相关的统计信息等。此外，还可使用 -live 和 -dead 选项筛选活动或非活动 DataNode，如下所示。

```
hdfs dfsadmin -report -live
hdfs dfsadmin -report -dead
```

管理员使用 -report 命令检查哪个 DataNode 大于或小于平均集群应用，进而判断均衡器操作中是否需要排除或包含一个节点，或者是检查是否需要添加一个新节点。

-safemode 命令用于维护 NameNode 的状态，在此期间，NameNode 不允许对文件系统进行任何修改。

在 safemode 模式下，HDFS 集群处于只读状态，且无法复制或删除任何数据块。一般来讲，当 NameNode 启动时，将自动进入 safemode 模式，并执行下列各项操作。

❑　加载 fsimage 并将日志编辑至内存中。
❑　将编辑日志更改内容应用至 fsimage 上，这将生成一个新的 FileSystem 命名空间。
❑　接收源自 DataNode 的数据块报告，其中包含了与数据块位置相关的信息。

除此之外，管理员还可通过手动方式进入 safemode 模式，或者检查 safemode 模式的状态。当采用手动方式令 NameNode 进入 safemode 模式时，NameNode 不可自动离开 safemode 模式，而是需要通过下列命令以显式方式离开。

```
hdfs dfsadmin -safemode enter/get/leave
```

HDFS 中包含了数百条命令，讨论其全部内容则超出了本书的范围。关于 HDFS 命令的具体应用，读者可参考 HDFS 文档。

2.16　回　　顾

下面对本章所讨论的 HDFS 知识进行简要的回顾。

❑　HDFS 由两个主要组件构成，即 NameNode 和 DataNode。其中，NameNode 为存储元数据信息的主节点，而 DataNode 为存储文件块的从节点。

❑　二级 NameNode 负责执行检查点操作。其中，编辑日志的更改内容应用于 fsimage 上。该节点也被称作检查点节点。

❑　HDFS 中的文件被划分为多个块，并在 DataNode 间复制，进而避免容错故障。复制因子和块尺寸均是可配置的。

❑　HDFS 均衡器以均等方式在全部 DataNode 间分布数据。当添加了新节点并调度作业时，定期运行均衡器是一种较好的做法。

❑　在 Hadoop 3 中，高可用性体现在可一次性运行超过两个节点。如果活动 NameNode 发生故障，新的 NameNode 将从其他 NameNode 中进行选择，进而变为活动的 NameNode。

❑　QJM 将命名空间修改内容写入多个 JournalNode 中。随后，这些变化内容将被 Standby NameNode 读取，同时将此类修改内容应用至 fsimage 文件上。

❑　纠删码是 Hadoop 3 中引入的新特性，最多可减少 50% 的存储开销。注意，HDFS 中的复制因子至少占用了 200% 的空间。纠删码则通过更少的空间提供了相同的可用性保障。

2.17　本　章　小　结

本章重点讨论了 HDFS 的体系结构及其组件。其间，我们学习了 NameNode 和 DataNode 的内部机制，并解释了 Hadoop 3 中的 Quorum Journal Manager 和 HDFS 高可用性。另外，数据管理也是本章的重点内容，我们详细介绍了编辑日志和 fsimage。接下来，本章依次考查了检查点处理、HDFS 读写操作的内部机制，并通过示例讲述了 HDFS 命令界面。

第 3 章将详细讨论 YARN，其间涉及 YARN 体系结构及其组件、YARN 中不同的调度器类型及其实际应用。另外，我们还将考查 Hadoop 3 中的新特性，如 YARN 时间轴服务器和机会型容器。

第 3 章　YARN 资源管理器

自 Hadoop 发布以来即包含了两部分主要内容，即存储部分（HDFS）和处理部分（MapReduce）。前述章节讨论了 HDFS 及其体系结构和内部机制。在 Hadoop 1.0 中，唯一可提交和执行的作业是 MapReduce。在当今的数据处理时代，实时和近实时处理将优于批处理。因此，我们需要一个通用应用程序执行器和资源管理器，进而可实时（或接近实时）地调度和执行所有类型的应用程序，包括 MapReduce。本章主要讨论 YARN，其中包含了以下主题。

❑　YARN 体系结构。

❑　YARN 作业调度和不同的调度类型。

❑　资源管理器的高可用性。

❑　节点标记及其优点。

❑　YARN 时间轴服务器的改进内容。

❑　提升性能的机会型容器。

❑　作为 Docker 容器运行 YARN 容器。

❑　使用 YARN REST API。

❑　常见的 YARN 命令及其应用。

3.1　YARN 体系结构

YARN 是 yet another resource negotiator（另一种资源协调者）的简称，并在 Apache Hadoop 2.0 中被引入，旨在解决之前版本中的可伸缩性和可管理性问题。Hadoop 1.0 针对作业执行包含了两个主要组件，即 JobTracker 和任务管理器。其中，JobTracker 负责管理资源和调度作业，此外还负责跟踪每项作业的状态，并在出现故障时对其重启。任务跟踪器则负责运行任务，并向 JobTracker 发送进程报告。另外，JobTracker 还将在不同的任务跟踪器上再次调度故障任务。由于 JobTracker 可能会过载多项任务，Hadoop 1.0 在其体系结构方面进行了多项修改，以消除下列限制条件。

❑　可伸缩性。在 Hadoop 1.0 中，JobTracker 负责调度作业、监测每项作业，并在故障时对其进行重启。这意味着，JobTracker 花费了大部分时间管理应用程序的生命周期。在包含更多节点和任务的大型集群中，调度和监测的负担也会随之增加。相应地，工作开销将 Hadoop 1.0 的可伸缩性限制为 4000 个节点和 40000 项任务。

❑ 高可用性。高可用性可确保：即使服务于请求的某个节点出现故障，另一个备用活动节点仍可以承担故障节点的责任。此时，故障节点的状态应与备用活动节点的状态保持一致。JobTracker 是一个单点故障，每隔几秒，任务跟踪器将与任务相关的信息发送至 JobTracker。由于较短的时间间隔内包含了大量的变化内容，因此难以实现针对 JobTracker 的高可用性。

❑ 内存使用率。Hadoop 1.0 需要针对映射和减少任务预先配置任务跟踪器槽（slot）。注意，为映射任务保留的槽不可用于减少任务，反之亦然。根据这种设置，任务跟踪器的内存无法得到有效的利用。

❑ 非 MapReduce 作业。Hadoop 1.0 中的每项作业都需要 MapReduce 方可完成，因为调度机制仅可通过 JobTracker 完成。JobTracker 和任务跟踪器与 MapReduce 之间实现了紧密的耦合。考虑到 Hadoop 应用处于快速增长中，大量新的需求也应运而生，例如需要在相同 HDFS 存储上处理的图处理和实时分析，进而降低复杂度、基础设施、维护成本等。

接下来讨论 YARN 体系结构，并在此基础上考查如何处理上述各种限制条件。YARN 的最初理念是划分 JobTracker 的资源管理和作业调度责任。相应地，YARN 由两个主要组件构成，即资源管理器和节点管理器。其中，资源管理器为负责管理集群资源的主节点。在节点管理器上运行的每个主应用程序负责启动和监测作业的容器。集群由一个资源管理器和多个节点管理器构成，如图 3.1 所示。

图 3.1 解释如下。

❑ 资源管理器。资源管理器是负责管理提交应用程序资源的主守护进程，并包含了两个主要的组件。

  ➢ 调度器。资源管理器调度器的工作是分配每个主应用程序请求所需的资源。调度器的工作仅仅是调度作业，这意味着，调度器并不监测任何任务，且不负责重新启动任何故障应用程序容器。应用程序向 YARN 生成一项作业调度请求，而 YARN 发送详细的调度信息，包括当前作业所需的内存量。当接收到调度请求后，调度器简单地调度对应的作业。

  ➢ 应用程序管理器。应用程序管理器的工作是管理每个主应用程序。提交至 YARN 中的每个应用程序包含自己的主应用程序，应用程序管理器负责跟踪每个主应用程序。作业提交的每个客户端请求通过应用程序管理器接收，并提供相应的资源启动应用程序的主应用程序。此外，当应用程序执行结束后，管理器还将销毁主应用程序。当集群资源变得较为紧张且已处于使用状态时，资源管理器可从某个运行的应用程序中反向请求资源，以便将其分配至应用程序中。

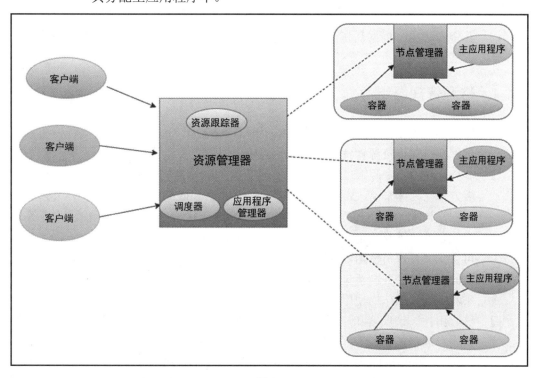

图 3.1

- ❑ 节点管理器。节点管理器是从属应用程序，运行于集群的每个 worker 节点上，并根据资源管理器中的指令启动和运行容器。节点管理器向资源管理器发送心跳信号（heart signal），其中包含了一些有用的信息，如节点管理器机器的细节信息、可用的内存空间等。一旦接收到请求，资源管理器就会定期更新每个节点管理器的信息，这将有助于规划和调度将要到来的多项任务。另外，容器在节点管理器上被启动，主应用程序也将在节点管理器容器上被启动。

- ❑ 主应用程序。应用程序的第一个步骤是向 YARN 提交作业。一旦接收到作业提交请求，YARN 的资源管理器就会针对在某个节点管理器容器上的特定作业启动主应用程序。随后，该主应用程序负责管理集群中应用程序的运行。针对每个应用程序，某些节点管理器上将运行一个专用的主应用程序，并负责协调资源管理器和节点管理器，以完成应用程序的执行。主应用程序从资源管理器中请求应用程序执行所需的资源，资源管理器将与资源容器相关的详细信息发送至主应用程序中，随后与各自的节点管理器进行协调，并启动容器执行应用程序任务。主应用程序以固定的时间间隔将心跳信号发送至资源管理器中并更新其资源应用。根据从资源管理器中接收的响应结果，主应用程序将随时修改执行规划。

3.1.1　资源管理器组件

资源管理器是 YARN 的主要核心组件。出于某些原因，每个客户端交互行为通常会涉及资源管理器。对于资源管理器，YARN 提供了以下主要组件。

- ❑ 客户端组件。资源管理器针对 RPC 与自身间的通信初始化操作公开了某些客户端方法。具体来说，YARN 资源管理器提供了 ClientRMService 类，并公开了应用程序请求 API，如提交一项新作业或新的应用程序请求、结束应用程序等。除此之外，该类还定义了相应的 API 以获取某些集群指标。AdminService 类则可供集群管理员使用，以管理资源管理器服务。管理员可检查集群的健康状态、访问相关信息并刷新集群节点。管理员可采用 rmadmin 执行任何操作。从内部来看，这些操作均使用了 AdminService 类提供的服务。
- ❑ 核心组件。调度器和应用程序管理器是资源管理器核心接口中的主要内容。下列内容展示了资源管理器提供的某些接口。
  - ➢ YarnScheduler 提供了资源分配和清除操作的 API。另外，YarnScheduler 基于可插拔策略，并根据配置将集群资源分配给应用程序。
  - ➢ RMStateStore 是另一个核心接口，提供了资源管理器状态存储的实现，以便在出现故障时资源管理器可通过所提供的实现恢复其状态。该类的一些实现包括 FileSystemRMStateStore、MemoryRMStateStore、ZKRMStateStore、NullRMStateStore。在资源管理器高可用性实现中，资源管理器的状态饰演了重要的角色。对此，ZKRMStateStore 是一类较为可靠的实现，并采用 ZooKeeper 维护状态。
  - ➢ SchedulingMonitor 提供了一个接口并定义了调度策略，以及定期编辑调度的方式。除此之外，SchedulingMonitor 还提供了一个接口并监测容器和资源的调试。
  - ➢ RMAppManager 负责管理运行于 YARN 集群上的应用程序列表，并收集和存储应用程序的实时信息，同时根据要求向 YARN 提供信息。

❑ 节点管理器组件。资源管理器是一个主节点，而节点管理器则是一个从节点。节点管理器定期向资源管理器发送心跳信号、资源信息、状态信息等。资源管理器使得每个节点管理器均处于更新状态，这有助于向主应用程序分配资源。ResourceTrackerService 负责响应节点管理器的 RPC 请求，并包含了新节点与集群间注册的 API，同时还将从节点管理器中接收心跳信号。除此之外，ResourceTrackerService 还包含了 NMLivelinessMonitor 对象，该对象可帮助监测全部活动/非活动节点。一般来讲，如果节点 10min 内未发送心跳信号，则该节点被视为非活动节点，且不会被用于启动新的容器。通过设置 YARN 配置项中的 YARN.am.liveness-monitor.expiry-interval-ms（以毫秒计算）还可进一步增加或减少时间间隔。ResourceTrackerService 类的构造方法如下。

```
public ResourceTrackerService(RMContext rmContext,
NodesListManager nodesListManager, NMLivelinessMonitor
nmLivelinessMonitor, RMContainerTokenSecretManager
containerTokenSecretManager, NMTokenSecretManagerInRM
nmTokenSecretManager
```

❑ NMLivelinessMonitor 负责跟踪所有的活动和非活动节点。如前所述，10min 内未向资源管理器发送心跳信号的任何节点管理器，都将被视为处于非活动状态，且不会在其上运行任何容器。

❑ 主应用程序组件。YARN 针对接收自某个客户端的新的应用程序请求启动一个新的主应用程序。针对应用程序的资源需求，主应用程序可视为资源管理器和节点管理器之间的调节者。资源管理器提供一个 API 管理主应用程序。下列内容展示了其中的某些类及其内部工作方式。

➢ AMLivelinessMonitor 的工作方式与 NMLivelinessMonitor 十分相似，并向资源管理器发送心跳信号。资源管理器跟踪全部活动/非活动应用程序，如果资源管理器 10min 内未从任何主应用程序中接收心跳信号，那么主应用程序都将被标记为非活动状态。随后，这些主应用程序所用的容器都将被销毁，资源管理器针对新容器上的应用程序启动一个新的主应用程序。如果主应用程序仍出现故障，那么资源管理器将重复这一过程 4 次，随后向客户端发送一条故障信息。另外，重新启动应用程序的尝试次数是可配置的。

➢ ApplicationMasterService 负责响应主应用程序的 RPC 请求，并针对新的主应用程序注册、源自所有主应用程序的容器请求等提供一个 API，随后将当前请求转发至 YARN 迭代器以供进一步处理。

3.1.2　节点管理器核心

节点管理器表示为 worker 节点，因此每个 worker 节点都包含一个节点管理器。这意味着，如果集群中包含 5 个 worker 节点，那么将会在该节点上运行 5 个节点管理器。节点管理器的任务是运行和管理 worker 节点上的容器、向资源管理器定期发送心跳信号和节点信息、管理已处于运行状态的容器、管理容器的利用率等。

下面讨论节点管理器中的一些较为重要的组件。

❑　资源管理器组件。节点管理器是一类 worker 节点，且与资源管理器紧密地协同工作。NodeStatusUpdater 负责定期将与节点管理器相关的更新信息发送至资源管理器中。NodeHealthCheckerService 与 NodeStatusUpdater 紧密地协同工作，节点运行状况中的任何更改都将从 NodeHealthCheckerService 报告给 NodeStatusUpdater。

❑　容器组件。节点管理器的主要工作是管理容器的生命周期，ContainerManager 则负责启动、终止容器或者获取运行容器的状态。ContainerManagerImpl 包含了启动或终止容器，以及检查容器状态的实现内容。下列内容表示为容器组件。

➢　主应用程序请求。主应用程序请求需要源自资源管理器的资源，随后将请求发送至节点管理器中，以启动新的容器。除此之外，主应用程序请求还将发送一个请求并终止已处于运行状态的容器。运行在节点管理器上的 RPC 服务器负责接收源自主应用程序中的请求，进而启动新的容器或终止已处于运行状态的容器。

➢　ContainerLauncher。接收自主应用程序或资源管理器的请求将发送至 ContainerLauncher。一旦接收到请求，ContainerLauncher 就会启动对应的容器，同时根据要求清除容器资源。

➢　ContainerMonitor。资源管理器向主应用程序提供资源并启动容器。相应地，容器通过提供的配置内容启动。ContainerMonitor 负责监测容器的健康状态和资源利用率，并在超出资源利用率时发送清除容器信号。当调试应用程序性能和内存利用率时，此类信息将十分有用，进而实现进一步的性能调试。

➢　LogHandler。每一个容器都将生成一个与其生命周期相关的日志，LogHandler 可在磁盘或外部存储位置指定日志的位置。此类日志可用于调试应用程序。

3.2　YARN 作业调度机制简介

前述内容介绍了 YARN 体系结构及其组件。其中，资源管理器包含了两个组件，即应用程序管理器和调度器。资源管理器根据调度策略负责向应用程序分配所需的资源。在 YARN 之前，Hadoop 从可用内存中分配 Map 和 Reduce 任务槽，这将把 Reduce 任务限制在针对 Map 任务分配的槽上运行，反之亦然。初始状态下，YARN 并未定义 Map 和 Reduce 槽。根据请求，YARN 针对相关任务启动容器。这意味着，如果空闲容器有效，那么它们将用于 Map 和 Reduce 任务。如前所述，调度器并不会执行任何应用程序的监测或状态跟踪操作。调度器通过资源需求的细节内容接收源自主应用程序的请求，并执行其调度功能。

Hadoop 可一次运行多个应用程序，并可高效地使用集群的内存。当然，选择正确的调度策略并非易事，YARN 提供了可配置的调度策略，并根据应用程序需求选取正确的策略。默认状态下，YARN 提供了 3 种调度器，如下所示。

- ❑ FIFO 调度器。
- ❑ 计算能力调度器。
- ❑ 公平调度器。

下面将逐一对此加以讨论。

3.3　FIFO 调度器

FIFO 调度器采用了简单的"先到先服务"策略，并根据请求的时间对应用程序分配内存。这意味着，队列中的第一个应用程序将被分配所需的内存空间，随后是第二个应用程序，以此类推。如果缺少足够的内存空间，那么应用程序需要进行等待，以获取足够的内存启动其作业。当对 FIFO 迭代器进行配置时，YARN 将生成一个请求队列，将应用程序添加至队列中，并逐一启动应用程序。

3.4　计算能力调度器

计算能力调度器确保用户获得 YARN 集群中最小量的配置资源。Hadoop 集群应用随着组织机构中的用例而增长。考虑到维护成本，组织机构一般不太可能针对每个用例创建各自的 Hadoop 集群。这里，一个用例可描述为，同一组织机构中的不同用户在执行其任务时希望持有特定的保留资源。计算能力调度器将采用相对经济的方式并在同一组织机构中的不同用户间共享集群资源，进而满足 SLA。也就是说，确保没有其他用户使用为集群用户配置的资源。简而言之，集群资源在多位用户分组间共享，计算能力调度器在队列这一概念上工作。集群将被划分为称作队列的多个分区，且每个队列被赋予了特定的资源百分比。当某项作业提交至队列时，计算能力调度器负责确保每个队列获取共享自集群资源池中的资源。

下面尝试通过示例对此加以解释。假设我们生成了两个队列 A 和 B，且分别被分配了 60%和 40%的共享资源。当向队列 A 中提交第一项作业时，计算能力调度器将向队列 A 中分配全部 100%的可用资源——此时并不存在其他任务或队列运行于集群中。当第一项作业处于运行状态时，假设另一位用户向队列 B 中提交了第二项作业。相应地，计算能力调度器将杀死第一项任务中的某些任务，并将其赋予第二项作业，以确保队列 B 中获取集群中最小的共享资源。

计算能力调度器支持组织机构间的资源共享，进而可启用多位租赁用户，并提升 Hadoop 集群的利用率。组织机构中的不同部门包含不同的集群需求，因而在提交作业时需要为其保留特定的资源量。相应地，所保留的内存将被隶属于对应部门的用户使用。如果不存在提交至队列中的其他应用程序，那么资源将用于当前应用程序。

配置计算能力调度器的第一步是针对 YARN-site.xml 文件中的计算能力调度器设置资源管理器调度器的相关类，如下所示。

```xml
<property>
    <name>YARN.resourcemanager.scheduler.class</name>
    <value>org.apache.hadoop.YARN.server.resourcemanager.scheduler.
capacity.CapacityScheduler
    </value>
</property>
```

队列属性在 scheduler.xml 文件的计算能力值中被设置。队列分配的定义如下。

```xml
<?xml version="1.0"?>
<configuration>
    <property>
        <name>YARN.scheduler.capacity.root.queues</name>
        <value>A,B</value>
    </property>
    <property>
        <name>YARN.scheduler.capacity.root.B.queues</name>
        <value>C,D</value>
    </property>
    <property>
        <name>YARN.scheduler.capacity.root.A.capacity</name>
        <value>60</value>
    </property>
```

```
<property>
    <name>YARN.scheduler.capacity.root.B.capacity</name>
    <value>40</value>
</property>
<property>
    <name>YARN.scheduler.capacity.root.B.maximum-capacity</name>
    <value>75</value>
</property>
<property>
    <name>YARN.scheduler.capacity.root.B.C.capacity</name>
    <value>50</value>
</property>
<property>
    <name>YARN.scheduler.capacity.root.B.D.capacity</name>
    <value>50</value>
</property>
</configuration>
```

除此之外，计算能力调度器还针对队列提供了 ACL 配置方式，以及某些高级配置。

3.5　公平调度器

在公平调度机制中，全部应用程序获取均等的有效资源量。在公平调度器中，当第一个应用程序提交至 YARN 中后，调度器将向该应用程序分配全部的有效资源，在任何场景中，如果新的应用程序被提交至调度器中，那么调度器将向新的应用程序启用资源分配操作，直至两个应用程序获得均等的资源量。与前述两种调度器不同，公平调度器避免应用程序处于资源缺失状态，同时确保队列中的应用程序获得所需的执行内存。通过公平调度器提供的配置以及调度队列，可计算最小和最大共享资源分布。应用程序将获得针对队列所配置的资源量，其中应用程序被提交，且如果新的应用程序被提交至相同的队列中，那么全部配置资源将在两个应用程序间共享。

3.5.1　调度队列

通过作业提交者的标识，调度器将应用程序分配至队列中。此外，我们还可在应用程序提交时配置应用程序配置内容中的队列。应用程序首先进入全部用户共享的默认队列中，随后，该应用程序进一步被划分为不同的队列。队列采用层次结构方式加以组织，并被赋予权重。此类权重表示集群资源的建议（proposition）。图 3.2 较好地解释了队列层次结构。

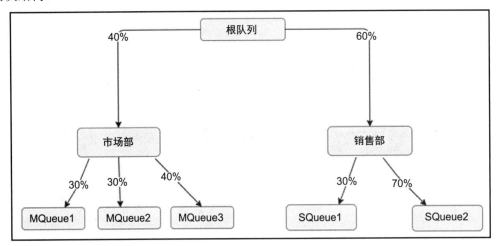

图 3.2

公平调度器确保队列的资源共享的配置最小量。记住，确认后的最小资源共享适用于提交至队列中的任何应用程序。如果应用程序未被提交至特定的队列中，那么属于该队列的资源也将被分配至运行该应用程序的队列中。这一处理过程确保资源不会被过度使用，相应地，应用程序也不会面临资源缺失等问题。

3.5.2 配置公平调度器

YARN 针对此类调度器提供了插件策略。默认状态下，计算能力调度器被配置为应用状态。本节将考查如何针对公平调度器配置和设置队列。默认时，公平调度器可运行全部应用程序，但若配置得当，每位用户和每个队列运行的应用程序数量将有所限制。某些时候，限制每位用户的应用程序数量十分重要，以便其他应用程序不会在其他用户提交的队列中等待较长的时间。

第一项配置更改位于 YARN-site.xml 文件中，用于启动 YARN 并使用公平调度器。使用公平调整器，首先需要在 YARN-site.xml 文件中配置适当的调度器类，如下所示。

```
<property>
    <name>YARN.resourcemanager.scheduler.class</name>
    <value>org.apache.hadoop.YARN.server.resourcemanager.scheduler.
fair.FairScheduler
    </value>
</property>
```

第二步是通过添加以下内容，将调度器配置文件位置指定到 YARN-site.xml 文件中。

```
<property>
    <name>YARN.scheduler.fair.allocation.file</name>
    <value>/opt/packt/Hadoop/etc/Hadoop/fair-scheduler.xml</value>
</property>
```

一旦完成，下一步就是配置调度器属性，后续更改将进入 fair-scheduler.xml 文件中进行。fair-scheduling.xml 文件中的第一项修改是制订队列分配策略，如下所示。

```
<?xml version="1.0"?>
<allocations>
    <defaultQueueSchedulingPolicy>fair</defaultQueueSchedulingPolicy>
<queue name="root">
    <queue name="dev">
        <weight>40</weight>
    </queue>

    <queue name="prod">
        <weight>60</weight>
        <queue name="marketing"/>
        <queue name="finance" />
        <queue name ="sales" >
    </queue>
</queue>
    <queuePlacementPolicy>
        <rule name="specified" create="false" />
        <rule name="primaryGroup" create="false" />
    </queuePlacementPolicy>
</allocations>
```

上述分配配置包含了一个 root 队列，表明提交至 YARN 的全部作业首先将进入 root 队列。其中，dev 和 prod 表示为 root 队列的两个子队列，并分别占有资源的 40% 和 60%。

3.6　资源管理器的高可用性

由于客户端的每个请求均经过资源管理器（RM），因此资源管理器是 YARN 集群中的单点故障。另外，资源管理器还充当为一个中心系统，并针对各项任务分配资源。资源管理器故障将导致 YARN 故障，因而客户端将无法获得与 YARN 集群相关的任何信息，或者客户端无法提交任何应用程序以供执行。因此，实现资源管理器的高可用性可避免集群故障。下列内容展示了资源管理器高可用性方面的一些重要内容。

- 资源管理器状态。持久化资源管理器状态十分重要，如果该状态存储在内存中，那么当资源管理器出现故障时可能会丢失该状态；如果资源管理器状态在发生故障时仍然有效，则可根据最近状态并从最近的故障点处重启资源管理器。
- 运行应用程序状态。资源管理器持久化状态存储允许 YARN 在资源管理器重启时以透明的方式继续运行。一旦最近一次的状态被资源管理器载入，资源管理器就会重启所有的主应用程序、杀死全部处于运行状态的容器，并从"干净"的状态中启动容器。在该处理过程中，容器已完成的工作将丢失，并导致应用程序完成时间增加。因此，有必要保存容器状态，并在出现故障时无须重启主应用程序并杀死现有的容器。
- 自动化切换。自动化切换是指故障资源管理器和备用资源管理器间的控制转移。故障转移隔离机制是实现故障转移的常用方法，因为如果满足特定的条件，其中一个控制器将触发故障转移。记住，转移控制总是需要将旧状态转移到新的资源管理器中。

3.6.1　资源管理器高可用性的体系结构

资源管理器高可用性也工作于活动/备用架构之上，其中，备用资源管理器在接收到源自 ZooKeeper 的信号后接管控制权。图 3.3 显示了资源管理器高可用性的高层设计。

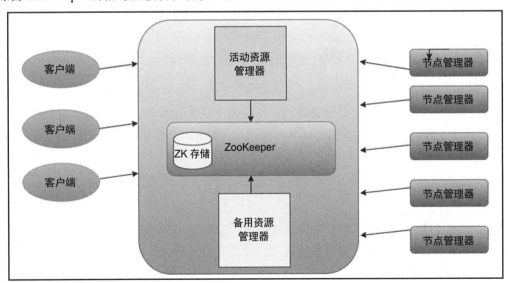

图 3.3

资源管理器高可用性的组件包含以下内容。

- ❑ 资源管理器状态存储。如前所述，资源管理器状态存储十分重要。因此，当出现故障时，备用资源管理器将在启动过程中重载存储中的状态，并从最近一个执行点开始启动。资源管理器状态存储可存储资源管理器的内部状态，如应用程序及其企图、版本、标记等。由于节点管理器向新的资源管理器发送心跳时，集群信息将被重新构建，因此无须存储集群信息。另外，资源管理器还提供了基于文件和基于 ZooKeeper 的状态存储实现。

- ❑ 资源管理器重启和切换。资源管理器加载资源管理器状态存储中的内部应用程序状态。当节点管理器发送心跳信号时，资源管理器的调度器将重构其集群信息状态。针对提交至故障资源管理器中的应用程序，资源管理器再次进行尝试。检查点处理操作允许资源管理器仅工作于故障任务、运行任务或待定任务上，以避免重启已完成的任务，进而节省时间成本。

- ❑ 切换隔离机制。在高可用性 YARN 集群中，活动/备用模式中可存在两个或多个资源管理器。某些时候，两个管理器均认为自己处于活动状态，这将导致脑裂（split brain）问题。此时，两个资源管理器将控制集群资源并处理客户端请求。切换隔离机制将启用活动的资源管理器，同时限制其他资源管理器的操作。之前讨论的资源管理器状态存储提供了基于 ZooKeeper 的状态存储 ZKResourceManagerStateStore，该状态存储一次仅允许单个资源管理器对其进行写入操作。资源管理器通过维护一个 ACL 对此予以实现，其中仅活动的资源管理器具有创建-删除访问权限，而其他资源管理器仅具有读取-管理访问权限。

- ❑ 领导选取。基于 ZooKeeper 的领导选取 ActiveStandbyElector 用于选取新的活动资源管理器，并从内部实现隔离机制。若当前活动的资源管理器出现故障，新的资源管理器将通过 ActiveStandbyElector 选取并掌握控制权。如果未启动自动切换机制，管理员需要通过手动方式将活动资源管理器转换为备用资源管理器，反之亦然。

3.6.2　配置资源管理器高可用性

下面将深入讨论资源管理器高可用性的配置方式，以及 YARN 集群所需的配置更改。YARN 配置更改在 YARN-site.xml 文件中进行，当启用高可用性时，需要实现以下更改。

- ❑ 启用高可用性。这里，第一步是针对资源管理器高可用性启用 YARN 集群，并将 YARN.resourcemanager.ha.enabled 属性修改为 true，如下所示。

```
<property>
  <name>YARN.resourcemanager.ha.enabled</name>
  <value>true</value>
</property>
```

❑ 将 ID 分配至资源管理器中。YARN 集群中的每个资源管理器需要通过唯一的 ID 进行配置以供识别。这意味着，如果包含 3 个资源管理器，则需要持有 3 个 ID，如下所示。

```
<property>
  <name>YARN.resourcemanager.ha.rm-ids</name>
  <value>rm1,rm2,rm3</value>
</property>
```

❑ 将资源管理器主机名绑定至 ID 上。配置后的 ID 将与资源管理器的主机名链接，并被唯一地分配。下列配置中的主机名需要通过用户自己的资源管理器主机名或 IP 地址予以替换。

```
<property> <name>YARN.resourcemanager.hostname.rm1</name>
<value>resourcemanager1</value> </property> <property>
<name>YARN.resourcemanager.hostname.rm2</name>
<value>resourcemanager2</value> </property><property>
<name>YARN.resourcemanager.hostname.rm3</name>
<value>resourcemanager3</value> </property>
```

❑ 配置资源管理器 Web 应用程序。下列属性设置了 RM Web 应用程序的端口。

```
<property>
  <name>YARN.resourcemanager.webapp.address.rm1</name>
  <value>resourcemanager2:8088</value>
</property>
<property>
  <name>YARN.resourcemanager.webapp.address.rm2</name>
  <value>resourcemanager2:8088</value>
</property>
<property>
  <name>YARN.resourcemanager.webapp.address.rm3</name>
  <value>resourcemanager3:8088</value>
</property>
```

❑ ZooKeeper 地址。ZooKeeper 在状态存储和领导选举中饰演了重要的角色，此外还提供了针对切换操作的隔离机制。下列属性需要通过 ZooKeeper 节点地址进行设置。

```
<property>
  <name>YARN.resourcemanager.zk-address</name>
  <value>Zkhost1:2181,Zkhost2:2181,Zkhost3:2181</value>
</property>
```

随后，可利用分配至每个资源管理器中的 ID 和 YARN 管理命令检查资源管理器的状态。例如，下列命令可显示 resourcemanager1 的状态。

```
YARN rmadmin -getServiceState rm1
```

3.7　节 点 标 记

在一段时间内，组织机构中 Hadoop 的应用将呈现整体增长，Hadoop 平台中将引入更多的用例。组织机构中的数据管线由多项作业构成。一方面，一项 Spark 作业可能需要使用包含更多 RAM 以及更强处理能力的机器；另一方面，MapReduce 则可运行于功能较弱的机器上。显然，集群可包含不同类型的机器，进而可节省基础设施成本。Spark 作业可能需要使用包含较高处理能力的机器。

YARN 标记可视为每台机器的标记，以便包含相同标记名的机器可用于特定的作业。包含较强处理能力的节点可采用相同的名称进行标记。随后，需要使用功能较强的机器的作业可在提交过程中使用相同的节点。每个节点仅包含赋予其中的一个标记，这意味着，集群包含了一组不连贯的节点，或者可以说，集群根据节点标记而划分。此外，YARN还可设置队列级别的配置项，进而定义了队列可使用的分区量。当前存在两种类型的节点标记，如下所示。

- ❑ 独占节点。独占节点确保唯一可访问节点标记的队列。由包含独占标记的队列提交的应用程序可通过独占方式访问分区，以便其他队列无法获得资源。
- ❑ 非独占节点。非独占节点标记支持与其他应用程序间的空闲资源共享。队列被赋予节点标记，提交至这些队列中的应用程序将获得各自节点标记的第一优先级。如果队列没有向这些节点标记提交应用程序或作业，那么资源将在其他非独占节点标签之间共享；如果包含节点标记的队列在处理间提交了应用程序或作业，那么资源将从运行的任务中被强占，并按照优先级分配至所关联的队列中。

接下来将讨论 Hadoop 集群中节点标记的配置方法。YARN 的每个请求均经过资源管理器，因而第一步是启用资源管理器的节点标记配置。

- ❑ 启用节点标记并设置节点标记路径。YARN-site.xml 文件包含了与 YARN 相关的配置内容，如下所示。

```
<property>
    <name>YARN.node-labels.enabled</name>
    <value>true</value>
    <description>Enabling node label feature</description>
</property>

<property>
 <name>YARN.node-labels.fs-store.root-dir</name>
 <value>http://namemoderpc:port/YARN/packt/node.labels</value>
 <description>The path to the node labels file.</description>
</property>
```

❑ 生成 HDFS 上的目录结构。接下来将生成节点标记目录，并于其中存储节点标记信息。此外还需要设置相关权限，以便 YARN 能够访问此类目录。

```
sudo su hdfs
Hadoop fs -mkdir -p /YARN/packt/node-labels
Hadoop fs -chown -R YARN:YARN /YARN
Hadoop fs -chmod -R 700 /YARN
```

❑ 向 YARN 授权。YARN 用户目录应在 HDFS 上予以呈现，否则需要创建目录，并将权限分配至 YARN 用户目录中，如下所示。

```
sudo su hdfs
Hadoop fs -mkdir -p /user/YARN
Hadoop fs -chown -R YARN:YARN /user/YARN
Hadoop fs -chmod -R 700 /user/YARN
```

❑ 创建节点标记。待上述步骤执行完毕后，即可利用下列命令创建节点标记。

```
sudo -u YARN YARN rmadmin -addToClusterNodeLabels "<node-label1>
(exclusive=<true|false>),<node-label2>(exclusive=<true|false>)"
```

默认状态下，独占属性被设置为 true。较好的做法是检查节点标记是否被创建，对此，可通过下列代码列出节点标记并对其进行验证。

```
sudo -u YARN YARN rmadmin -addToClusterNodeLabels
"spark(exclusive=true),Hadoop(exclusive=false)"

YARN cluster --list-node-labels
```

❑ 分配包含节点标记的节点。待节点标记被创建完毕后，即可向节点分配节点标记。每个节点将仅包含一个节点标记赋予其中的节点标记。下列命令可用于分配包含节点标记的节点。

```
YARN rmadmin -replaceLabelsOnNode "<nodeaddress1>:<port>=<node-label1>
<nodeaddress2>:<port>=<node-label2>"
```

下列代码显示了相应的示例。

```
sudo su YARN
YARN rmadmin -replaceLabelsOnNode "packt.com=spark
packt2.com=spark,packt3.com=Hadoop,packt4.com=Hadoop"
```

❑　队列-节点标记关联。最后一步是为每个队列分配一个节点标记，以便队列提交的作业转至分配至它的节点标记中，如下所示。

```
<property>
<name>YARN.scheduler.capacity.root.queues</name>
<value>marketing,sales</value>
</property>

<property>
<name>YARN.scheduler.capacity.root.accessible-node-labels.
    spark.capacity</name>
<value>100</value>
</property>

<property>
<name>YARN.scheduler.capacity.root.accessible-node-labels.
    Hadoop.capacity</name>
<value>100</value>
</property>

<!-- configuration of queue-a -->
<property>
<name>YARN.scheduler.capacity.root.marketing.accessible-node
    -labels</name>
<value>x,y</value>
</property>

<property>
<name>YARN.scheduler.capacity.root.marketing.capacity</name>
<value>40</value>
</property>
```

```
<property>
<name>YARN.scheduler.capacity.root.sales.accessible-node
      -labels.spark.capacity</name>
<value>100</value>
</property>

<property>
<name>YARN.scheduler.capacity.root.sales.accessible-node-labels.
      Hadoop.capacity</name>
<value>50</value>
</property>

<property>
<name>YARN.scheduler.capacity.root.marketing.queues</name>
<value>product,service</value>
</property>

<!-- configuration of queue-b -->
<property>
<name>YARN.scheduler.capacity.root.sales.accessible-node-labels</name>
<value>Hadoop</value>
</property>

<property>
<name>YARN.scheduler.capacity.root.sales.capacity</name>
<value>60</value>
</property>

<property>
<name>YARN.scheduler.capacity.root.sales.accessible-node-labels.
      Hadoop.capacity</name>
<value>50</value>
</property>

<property>
<name>YARN.scheduler.capacity.root.sales.queues</name>
<value>product_sales</value>
</property>

<!-- configuration of queue-a.a1 -->
<property>
```

```
<name>YARN.scheduler.capacity.root.marketing.product.
    ccessible-node-labels</name>
<value>spark,Hadoop</value>
</property>

<property>
<name>YARN.scheduler.capacity.root.marketing.
    product.capacity</name>
<value>40</value>
</property>

<property>
<name>YARN.scheduler.capacity.root.marketing.product.
    accessible-node-labels.spark.capacity</name>
<value>30</value>
</property>

<property>
<name>YARN.scheduler.capacity.root.marketing.product.accessible-
    node-labels.Hadoop.capacity</name>
<value>50</value>
</property>

<!-- configuration of queue-a.a2 -->
<property>
<name>YARN.scheduler.capacity.root.marketing.service.
    accessible-node-labels</name>
<value>spark,Hadoop</value>
</property>

<property>
<name>YARN.scheduler.capacity.root.marketing.service.
    capacity</name>
<value>60</value>
</property>

<property>
<name>YARN.scheduler.capacity.root.marketing.service.
    accessible-node-labels.spark.capacity</name>
<value>70</value>
</property>
```

```
<property>
<name>YARN.scheduler.capacity.root.marketing.service.
    accessible-node-labels.Hadoop.capacity</name>
<value>50</value>
</property>

<!-- configuration of queue-b.b1 -->
<property>
<name>YARN.scheduler.capacity.root.sales.product_sales.accessible-
    node-labels</name>
<value>y</value>
</property>

<property>
<name>YARN.scheduler.capacity.root.sales.product_sales.capacity</name>
<value>100</value>
</property>

<property>
<name>YARN.scheduler.capacity.root.sales.product_sales.accessible-
    node-labels.Hadoop.capacity</name>
<value>100</value>
</property>
```

❑　刷新队列。当配置和基于节点标记的队列分配结束后，接下来即可使用下列命令刷新队列。

```
sudo su YARN
YARN rmadmin -refreshQueues
```

❑　提交作业。节点标记的基本思想是生成节点分区，以便每个分区可用于特定的用例。用户可将作业提交至队列中，并指定用于执行任务的节点标记应用程序。对此，可采用下列命令。

```
Hadoop jar wordcount.jar -num_containers 4 -queue product -
node_label_expression Hadoop
```

节点可以被移除或者重新分配至另一个节点标记中。独占型设置为 false 的任何节点标记均被视为非独占型节点标记，同时也是包含非独占型节点（与其他节点标记共享）的有效资源。

3.8　Hadoop 3.x 中的 YARN 时间轴服务器

MapReduce 中的作业历史服务器提供了与当前和历史 MapReduce 作业相关的信息。作业历史服务器仅能捕捉与 MapReduce 作业相关的信息,但无法捕捉 YARN 级别的事件和指标。正如我们所知,YARN 能够运行 MapReduce 之外的应用程序,因而需要一个特定于 YARN 的应用程序捕获与全部应用程序相关的信息。YARN 时间轴服务器负责检索与应用程序相关的当前和历史信息。通过 YARN 时间轴服务器收集的指标和信息实际上是通用的,因而包含了公共结构可帮助调试日志和捕捉特定应用的其他指标。时间轴服务器捕捉两种类型的信息,如下所示。

- ❑ 应用程序信息。应用程序由用户提交至队列中,每个应用程序可包含多个应用程序尝试(attempt)。每个应用程序尝试可启动多个容器以完成作业。对于应用程序生命周期中所涉及的每个步骤,时间轴服务器捕获并提供了详细的信息和日志;此外还提供了一个 Web 页面以查看信息。
- ❑ 框架信息。YARN 可启动不同类型的应用程序,如 MapReduce、Spark、Tez 等。MapReduce 作业可能包含诸如 Map 和 Reduce 任务数量这一类信息。Spark 作业可能包含诸如执行器或内核数量这一类信息。此类信息根据框架(YARN 从中被提交)而发生变化。相应地,时间轴服务器提供了一个 Web 页面和 REST API 以访问此类信息。

在 Hadoop 3.0 中,主要变化体现在 YARN 时间轴服务器的体系结构方面。与之前的版本相比,该版本主要面临两项挑战且均已在 Hadoop 3.0 中予以解决,如下所示。

- ❑ 可伸缩性和可靠性。之前版本中的写入器和读取器受限于单一实例,由于处理能力受到限制,因此难以处理大型集群。Hadoop 3.0 中的 YARN 版本则采用了分布式写入器和可伸缩的存储机制。读取器和写入器之间呈现为松散耦合状态,读取器实例负责处理通过 REST API 接收的读取请求。时间轴服务器的当前版本为 HBase,并可针对读取和写入请求实现快速响应。
- ❑ 流和聚合。YARN 中的生命周期包含多个步骤。YARN 可能会启动一组应用程序完成一个逻辑应用程序的生命周期。单一应用程序可由多个子应用程序构成,而且需要持有应用程序的聚合指标。YARN 从全部子应用程序及其尝试中聚合对应指标,并生成有效的应用程序聚合报告。

时间轴服务器需要多项基本的配置内容予以启动,此外还针对特定目标提供了各种配置选项。接下来将考查时间轴服务器的一些配置项,如下所示。

❑   基本配置。基本配置可较好地启动时间轴服务器，通常可使客户端和资源管理
     器发布其各项指标。

```
<property>
  <description>
  If enabled, the end user can post entities using TimelineClient
library.
</description>
  <name>YARN.timeline-service.enabled</name>
  <value>true</value>
</property>

<property>
  <description>if enabled the system metrics send by Resource
Manager will be
                published on the timeline server..</description>
  <name>YARN.resourcemanager.system-metrics
publisher.enabled</name>
  <value>true</value>
</property>

<property>
  <description> if enabled Client can query application data
directly from                              Timeline server.</description>
  <name>YARN.timeline-service.generic-applicationhistory.enabled</name>
  <value>true</value>
</property>
```

❑   主机配置。时间轴服务器的主机配置通过下列配置设置，表明时间轴服务器的
     Web 地址。

```
<property>
  <name>YARN.timeline-service.hostname</name>
  <value>0.0.0.0</value>
</property>
<property>
  <description>Address for the Timeline server to start the RPC server.
</description>
  <name>YARN.timeline-service.address</name>
  <value>${YARN.timeline-service.hostname}:10200</value>
</property>

<property>
```

```
  <description>The http address of the Timeline service web application.
  </description>
  <name>YARN.timeline-service.webapp.address</name>
  <value>${YARN.timeline-service.hostname}:8188</value>
</property>

<property>
  <description>The https address of the Timeline service web application.
  </description>
  <name>YARN.timeline-service.webapp.https.address</name>
  <value>${YARN.timeline-service.hostname}:8190</value>
</property>

<property>
  <description>Handler thread count to serve the client RPC requests.
  </description>

  <name>YARN.timeline-service.handler-thread-count</name>
  <value>10</value>
</property>
```

❑　启动时间轴服务器。利用下列命令启动时间轴服务器。

```
YARN timelineserver
```

3.9　Hadoop 3.x 中的机会型容器

仅当某个节点处存在足够的未分配资源时，容器将通过调度器分配至节点处。YARN 确保一旦主应用程序向节点分发一个容器，就会立即启动执行过程。容器的执行仅当不存在公平性和计算能力冲突时方可完成。这意味着，除非其他容器请求从节点中抢占资源，否则容器可确保运行到结束。

当前的容器设计支持高效的任务执行，但也包含两个主要的限制条件，如下所示。

❑　心跳信号的延迟。节点管理器定期向其资源管理器发送心跳信号，该心跳信号包含了节点管理器的资源指标。如果运行于节点管理器上的任何容器结束了其执行过程，那么相关信息将作为下一个心跳信号中的部分请求被发送，这意味着，资源管理器知晓节点管理器上存在有效的资源，进而启动一个新的容器。这将在该节点处调度一个新的容器，请求资源的主应用程序将通过资源管理器被通知，随后主应用程序启动该节点处的容器。前述各步骤间的延迟可能较大，直至资源处于空闲状态。

❑ 资源分配和利用率。由资源管理器分配至容器中的资源可能显著地高于容器的
实际使用量。例如，6GB 的容器实际上仅使用了 3GB，但这并不意味着容器的
内存使用量不会超出 3GB。这一类问题的处理方式可描述为，容器应该仅使用
所用的内存量，并可在后期必要时获得更多的内存空间。

为了解决上述局限性，YARN 引入了新型容器，即机会型容器。当处理请求时，即
使节点管理器上不存在足够的资源，机会型容器仍可被发送至节点管理器中。机会型容
器将被添加至队列中，直至存在有效的执行资源。机会型容器的优先级低于保证容器
（guaranteed container），因此，当资源被保证容器请求时，机会型容器可能会被杀死。
针对所执行的任务，应用程序可配置机会型容器和保证容器。

相应地，存在两种方式可将机会型容器分配至应用程序中，如下所示。

❑ 中心化。容器通过 YARN 资源管理器分配，主应用程序从资源管理器中请求一
个容器。保证容器的请求将进入 ApplicatonMasterService 中，并通过调度器被处
理。机会型容器的请求则通过 OpportunisticContainerAllocator 被处理，这将把某
个容器调度至节点处。

❑ 分布式。资源通过本地调度器分配，这在每个节点管理器中均可行。YARN 的
当前版本在每个节点处均包含 AMRMProxyService。AMRMProxyService 的工作
方式类似于资源管理器和主应用程序间的代理。主应用程序并不与资源管理器
直接交互。相反，主应用程序与其运行的同一节点的 AMRMProxyService 交互。
在主应用程序事件中，将启动新的主应用程序，YARN 向其分配一个
AMRMToken。

每个节点处当前运行的保证容器、机会型容器和队列化容器的数量将在发送心跳信
号期间通过节点管理器更新至资源管理器中。资源管理器收集与每个节点相关的信息，
进而确定相对空闲的节点。这里，默认的分配方式是中心化的，因而在这种情况下，分
配行为将以集中化方式进行。

机会型容器配置位于 YARN-site.xml 文件中，第一步是即用机会型容器的分配操作，
如下所示。

```
<properties>
    <name>YARN.resourcemanager.opportunistic-container-allocation.
enabled</name>
    <value>true</value>
</properties>
```

在某个节点管理器中，可队列化的最小数量的机会型容器通过下列属性确定。

```
<properties>
 <name>YARN.nodemanager.opportunistic-containers-max-queue-length</name>
 <value>15</value>
</properties>
```

有效值由作业特征、集群配置和目标利用率决定。分配过程可通过中心化或分布式节点实现。默认状态下，YARN 采用中心化方式分配资源。当需要使用分布式分配方法时，可启用下列属性。

```
<properties>
    <name>YARN.nodemanager.distributed-scheduling.enabled</name>
    <value>true</value>
</properties>
```

下列参数告诉我们在提交作业时可以使用的内存量，以表示可以使用机会型容器运行的映射器的百分比。

```
-Dmapreduce.job.num-opportunistic-maps-percent="30"
```

3.10　YARN 中的 Docker 容器

作为各种应用程序的轻量级容器，Docker 的应用范围较广；而 YARN 则用作应用程序的资源管理器，并使用 Linux 启动容器。同时，YARN 还支持 Docker 容器化操作。对此，可指定 Docker 镜像运行 YARN 容器，而且 Docker 容器包含了自定义库运行应用程序。

Docker 环境与节点管理器环境完全不同，用户并不需要担心运行应用程序所需的额外的软件或模块，并可将注意力集中于应用程序的运行和调试方面。另外，同一应用程序的不同版本还可以并行的方式运行，且彼此间完全隔离。

抽象的 ContainerExecutor 提供了 4 种实现方式，负责提供运行应用程序所需的资源、设置环境，以及管理容器的生命周期，如下所示。

- ❑ DefaultContainerExecutor。
- ❑ LinuxContainerExecutor。
- ❑ WindowsSecureContainerExecutor。
- ❑ DocketContainerExecutor。

其中，DockerContainerExecutor 允许节点管理器在 Docker 容器内启动 YARN 容器。YARN 对 Docker 命令提供了支持，以使节点管理器可启动、监测和清除 Docker 容器（等同于它对其他 YARN 容器所做的工作），因为每个节点管理器仅可指定一个 ContainerExecutor，所以使用 DockerContainerExecutor 并非推荐做法。因此，我们将无法启动其他作业，如 Spark、Tez 或 MapReduce。在 Hadoop 的后续版本中，DockerContainerExecutor 将被移除。

3.10.1　配置 Docker 容器

第一步是在 YARN-site.xml 文件中指定 Docker 配置。用于 YARN 容器的 Docker 镜像需要满足相关需求条件，如 Java Home 变量以及 Hadoop Home 环境变量，包括 HDFS、YARN，而且需要设置 MAPRED。对应的变量名称为 JAVA_HOME、HADOOP_ COMMON_PATH、HADOOP_HDFS_HOME、HADOOP_MAPRED_HOME、HADOOP_ YARN_HOME 和 HADOOP_CONF_DIR。

```
<property>
    <name>YARN.nodemanager.docker-container-executor.exec- name</name>
    <value>docker -H=tcp://0.0.0.0:4243</value>
    <description> path to docker client </description>
</property>
<property>
   <name>YARN.nodemanager.container-executor.class</name>
<value>org.apache.Hadoop.YARN.server.nodemanager.DockerContainerExecutor
</value>
   <description> all job will be started as DockerCntainerExecutor.
</description>
</property>
```

3.10.2　运行 Docker 镜像

读者可访问 https://github.com/sequenceiq/Hadoop-docker 下载 Apache Hadoop 2.7.1 Docker。Hadoop Docker 镜像预先配置了（作为 Docker 容器）运行 YARN 容器所需的变量，如下所示。

```
docker pull sequenceiq/Hadoop-docker:2.7.1
docker run -it sequenceiq/Hadoop-docker:2.7.1 /etc/bootstrap.sh -bash
```

3.10.3　运行容器

下列命令可作为 Docker 容器运行 YARN 容器。

```
bin/Hadoop jar /share/Hadoop/mapreduce/Hadoop-mapreduce-examples-3.0.0.jar
\
```

```
teragen \
    -Dmapreduce.map.env="YARN.nodemanager.docker-container-executor.
image-name=sequenceiq/Hadoop-docker:2.7.1" \
  -Dyarn.app.mapreduce.am.env="YARN.nodemanager.docker-container-
executor.image-name=sequenceiq/Hadoop-docker:2.7.1" \
  1000 \
  output
```

3.11　YARN REST API

YARN 还引入了 REST API 进而访问集群信息、集群节点、应用程序等。此外，我们还可构建自己的应用程序，并且提供 REST API 与 YARN 服务进行交互。稍后将介绍 YARN 服务提供的较为重要的 REST API。

3.11.1　资源管理 API

资源管理器是应用程序的主要联系者，因而包含了大约 80%的信息，并可通过 YARN REST API 进行访问。YARN REST API 包含多个检索应用程序，具体解释如下。

❑　检索集群信息。基本的 API 用于访问集群信息，如集群 ID、集群的启动时间、集群的状态、Hadoop 版本、资源管理器等。REST API 上的 curl 请求如下。

```
curl -X GET http://localhost:8088/ws/v1/cluster/info
```

相应地，默认的响应结果是 JSON 格式的，但也可在请求头中指定 XML 响应结果。

❑　检索集群指标。集群指标包含了与提交的全部应用程序量、全部故障数量、处于运行状态的应用程序计数、被杀死的应用程序计数、完整的应用程序计数、内存和日期信息、活动/非活动节点数量等相关的详细信息。我们可通过下列 HTTP 请求获取此类信息。

```
curl -X GET http://localhost:8088/ws/v1/cluster/metrics
```

❑　检索应用程序信息。无论应用程序是否成功结束、被其他错误杀死、被强制杀死、执行被挂起等，YARN 均会保留其信息。通过下列 REST API，我们可方便地获取与全部应用程序相关的信息，这将返回与每个应用程序相关的信息，同时获取相应的细节内容，如 ID、用户名、开始和结束时间、资源分配、容器日志位置等。我们可利用下列命令析取应用程序信息。

```
curl -X GET http://localhost:8088/ws/v1/cluster/apps
```

　　另外，通过应用程序 ID，我们还可方便地析取上述请求中特定应用程序的信息，如下所示。

```
curl -X GET http://localhost:8088/ws/v1/cluster/apps/{APP_ID}
```

　　注意，APP_ID 应替换为真实的应用程序 ID，如 http://localhost:8088/ws/v1/cluster/apps/application_14151592305_01（请求 URL）。

　　出于多种原因，YARN 还可进行多次尝试以运行应用程序。对此，我们还可查看与尝试数量和日志位置相关的细节信息，进而调试和正确地识别故障的根源。对应的 REST API 如下。

```
curl -X GET http://localhost:8088/ws/v1/cluster/apps/{APP_ID}/
appattempts
```

　　其中，APP_ID 应替换为有效的应用程序 ID。

❑　检索节点信息。YARN 集群由多个节点构成，每个节点可能包含不同的配置和类型。此外，YARN 还提供了一个 API 可析取与集群配置的全部节点相关的信息。响应结果包括节点 ID、机架信息、状态、内存和容器信息等内容。我们可使用下列 curl 请求检索信息。

```
curl -X GET http://localhost:8088/ws/v1/cluster/nodes
```

　　另外，通过向 REST 请求提供一个节点 ID，我们还可获得特定的节点信息。当利用 ID node1 检索节点的信息时，对应的请求如下。

```
curl -X GET http://localhost:8088/ws/v1/cluster/nodes/node1
```

❑　应用程序 API。YARN 定义了一个 REST API 可创建一个新的应用程序请求，并随后使用响应结果向 YARN 资源管理器中提交新的应用程序。提交作业涉及以下两个步骤。

➢　创建新的应用程序请求。首先创建一个 YARN 应用程序请求，随后，YARN 将使用一个新的应用程序 ID（用于新的应用程序）进行响应。创建过程的 REST API 如下。

```
curl -X POST http://localhost:8088/ws/v1/
cluster/apps/new-application
```

　　上述 HTTP 请求的响应结果如下。

```
{
  "application-id":"application_1412438797841_0001",
  "maximum-resource-capability":
```

```
    {
        "memory":10456,
        "vCores":40
    }
}
```

> 提交新的应用程序。一旦持有了有效的新应用程序 ID，就可利用该应用程序 ID 和作业提交 API 提交新的应用程序。作业提交 API 的 POST 请求包含一个请求体，其中包含了与应用程序相关的详细信息，如下所示。

```
curl -v -X POST -d new_application.json -H "Content-type:
application/json"'http://localhost:8088/ws/v1/cluster/apps'
```

下列内容展示了 new_application.json 文件中应用程序 API 代码。

```
{
    "application-id":"application_1412438797841_0001",
    "application-name":"new_application",
    "am-container-spec":
    {
        "local-resources":
        {
            "entry":
            [
                {
                    "key":"AppMaster.jar",
                    "value":
                    {
                        "resource":"hdfs://hdfsnamenode:
                        9000/user/packt/DistributedShell/demo-app/
AppMaster.jar",
                        "type":"FILE",
                        "visibility":"APPLICATION",
                        "size": "43004",
                        "timestamp": "1405452071209"
                    }
                }
            ]
        },
        "commands":
        {
            "command":"{{JAVA_HOME}}/bin/java -Xmx10m
org.apache.Hadoop.YARN.applications.distributedshell.ApplicationMaster --
```

```
                    container_memory 10 --container_vcores 1 --num_containers 1 --
priority 0 1>
                <LOG_DIR>/AppMaster.stdout 2><LOG_DIR>/AppMaster.stderr"
        },
        "environment":
        {
            "entry":
            [
                {
                    "key": "DISTRIBUTEDSHELLSCRIPTTIMESTAMP",
                    "value": "1405459400754"
                },
                {
                    "key": "CLASSPATH",
                    "value":
"{{CLASSPATH}}<CPS>./*<CPS>{{HADOOP_CONF_DIR}}<CPS>{{HADOOP_COMMON_HOME}}/s
hare/Hadoop/common/*<CPS>{{HADOOP_COMMON_HOME}}/share/Hadoop/common/lib/*<C
PS>{{HADOOP_HDFS_HOME}}/share/Hadoop/hdfs/*<CPS>{{HADOOP_HDFS_HOME}}/share/
Hadoop/hdfs/lib/*<CPS>{{HADOOP_YARN_HOME}}/share/Hadoop/YARN/*<CPS>{{HADOOP
_YARN_HOME}}/share/Hadoop/YARN/lib/*<CPS>./log4j.properties"
                },
                {
                    "key": "DISTRIBUTEDSHELLSCRIPTLEN",
                    "value": "6"
                },
                {
                    "key": "DISTRIBUTEDSHELLSCRIPTLOCATION",
                    "value": "hdfs://hdfs-namenode:
9000/user/packt/example/shellCommands"
                }
            ]
        }
    },
    "unmanaged-AM":"false",
    "max-app-attempts":"2",
    "resource":
    {
        "memory":"1024",
        "vCores":"1"
    },
    "application-type":"YARN",
    "keep-containers-across-application-attempts":"false"
}
```

❑ 检索应用程序状态。通过 REST API，还可检索应用程序的当前状态，此处需要使用应用程序 ID 获取相关状态，如下所示。

```
curl -X GET 'http://localhost:8088/ws/v1/cluster/apps/
application_1412438797841_0001/state'
```

❑ 杀死应用程序。某些时候，鉴于应用程序占用了过长的时间、应用程序代码中的某些错误或者不确定的输出结果，我们可能需要杀死某个应用程序。任何处于运行状态或挂起状态的应用程序均可被杀死，对此，YARN 提供了一个 REST API 杀死应用程序。例如，上述提交后的应用程序可通过下列请求执行该操作。

```
curl -v -X PUT -d '{"state":
"KILLED"}''http://localhost:8088/ws/v1/cluster/apps/
application_1412438797841_0001'
```

3.11.2　节点管理器 REST API

节点管理器负责运行容器并在容器中执行相关任务。节点管理器 API 提供了与特定节点、运行于该节点上的应用程序及其容器相关的信息。下面考查每个 API 及其具体应用。

❑ 检索节点管理器信息。YARN 公开了 REST API 以获取与特定节点相关的信息。响应结果包含了诸如节点 ID、节点主机名、健康状态报告、容器内存和核心信息息这一类信息，如下所示。

```
curl -X GET http://nodemanagerIP:port/ws/v1/node/info
```

对应示例如下。

```
curl -X GET http://10.20.28.19:8042/ws/v1/node/info
```

❑ 节点管理器上的应用程序信息。此外，我们还可获得与节点管理器上所运行的程序及其容器方面相关的信息。记住，同一应用程序可运行于不同的节点管理器上，并包含不同的容器和任务。当获取应用程序信息时，可使用下列 REST API。

```
curl -X GET http://nodemanagerIP:port/ws/v1/node/apps
```

对应示例如下。

```
curl -X GET http://10.20.28.19:8042/ws/v1/node/apps
```

通过向 API 提供应用程序 ID，还可获得与运行于节点管理器上特定应用程序相关的信息，对应的 REST 调用如下。

```
    curl -X GET
http://nodemanagerIP:port/ws/v1/node/apps/{APP_ID}
```

对应示例如下。

```
    curl -X GET
http://10.20.28.19:8042/ws/v1/node/apps/application_1412438797813_001
```

❑ 检索容器信息。节点管理器启动容器以执行各种任务，如运行主应用程序、Map 任务、Reduce 任务等。针对 YARN 的容器 REST API 提供了与运行于节点管理器上全部容器相关的信息。响应结果则包含了与全部容器相关的信息，如容器 ID、容器日志位置、容器所需内存、容器状态、用户等。REST 调用如下。

```
curl -X GET http://nodemanagerIP:port/ws/v1/node/containers
```

对应示例如下。

```
curl -X GET http://10.20.28.19:8042/ws/v1/node/apps/containers
```

此外，还可向前述 REST 调用传递容器 ID，进而检索与特定容器相关的信息，如下所示。

```
   curl -X GET
http://nodemanagerIP:port/ws/v1/node/containers/{containerID}
```

对应示例如下。

```
curl -X GET http://10.20.28.19:8042/ws/v1/node/apps/containers/
container_1423657897651_0002_01_000020
```

当前，REST API 经配置后可返回 JSON 或 XML 格式的响应结果。相应地，默认的返回类型为 JSON。如果打算检索 XML 格式的响应结果，则需要在响应头中提及 XML 的内容类型，如下所示。

```
curl-X GET -H "Content-Type: application/xml" RESTURL
```

3.12　YARN 命令参考

与 HDFS 类似，YARN 也包含了自己的命令以管理整个 YARN 集群。YARN 提供了两个命令行界面，分别面向用户（希望在 YARN 集群上运行服务）和管理员（管理 YARN 集群）。

3.12.1　用户命令

Hadoop 集群中的用户命令可描述为，应用程序与 Hadoop 集群间的命令提交者。应用程序可能会出现故障，或者某些时候无法良好地运行，对此，日志是调试应用程序的首要步骤，YARN 存储了可通过命令行界面访问的应用程序和容器日志。

3.12.2　应用程序命令

应用程序命令用于针对提交至 YARN 集群中的应用程序执行相关操作。对应操作包括通过特定状态列出全部操作、杀死应用程序、调试应用程序日志等。下面考查其中的一些命令及其使用方式。

- ❑ -appStates。该命令与-list 命令结合使用，进而显示包含特定状态的全部应用程序。下列命令将列出处于被杀死状态的所有应用程序，可能的状态包括 ALL、NEW、NEW_SAVING、SUBMITTED、ACCEPTED、RUNNING、FINISHED、FAILED、KILLED。

```
YARN application -list -appStates killed
```

上述命令的输出结果如图 3.4 所示。

```
[root@ip-10-254-0-45 hadoop]# yarn application -list -appStates failed
18/01/18 08:08:03 INFO impl.TimelineClientImpl: Timeline service address: http://ip-10-254-0-45.ap-south-1.compute.internal:8188/ws/v1/timelin
18/01/18 08:08:03 INFO client.RMProxy: Connecting to ResourceManager at ip-10-254-0-45.ap-south-1.compute.internal/10.254.0.45:8032
Total number of applications (application-types: [] and states: [FAILED]):5
                Application-Id          Application-Name              Application-Type           User           Queue                   State
inal-State          Progress                                    Tracking-URL
application_1513582536692_0011  HIVE-dcbc8001-3339-470e-a303-b367d17fa83c                TEZ        hadoop          default
    FAILED          FAILED          0% http://ip-10-254-0-45.ap-south-1.compute.internal:8088/cluster/app/application_1513582
6692_0011
application_1513582536692_0009  select count(*) from tests3...service_region(Stage-1)            MAPREDUCE      hadoop          default
    FAILED          FAILED          0% http://ip-10-254-0-45.ap-south-1.compute.internal:8088/cluster/app/application
513582536692_0009
application_1513582536692_0010  HIVE-9a9368ef-6e76-4ddb-8d72-e8b0dccaa534                TEZ        hadoop          default
    FAILED          FAILED          0% http://ip-10-254-0-45.ap-south-1.compute.internal:8088/cluster/app/application_1513582
6692_0010
application_1513582536692_0007  select sum(transaction_amou...service_region(Stage-1)            MAPREDUCE      hadoop          default
    FAILED          FAILED          0% http://ip-10-254-0-45.ap-south-1.compute.internal:8088/cluster/app/application
513582536692_0007
application_1513582536692_0008  select sum(transaction_amount) from tests3(Stage-1)              MAPREDUCE      hadoop          default
    FAILED          FAILED          0% http://ip-10-254-0-45.ap-south-1.compute.internal:8088/cluster/app/application
513582536692_0008
[root@ip-10-254-0-45 hadoop]#
```

图 3.4

- ❑ -kill。出于某种原因，用户可能需要杀死运行中的应用程序。例如，执行过程中需要可视化某个 bug，或者应用程序占用了过长的执行时间等。-kill 命令可杀死提交后的或处于运行状态的应用程序，如下所示。

```
YARN application -kill applicationId
```

❑　　-status 命令。应用程序的状态可通过-status 命令跟踪，这将生成与应用程序相关的详细信息，如用户、开始时间、结束时间、队列名称等，如下所示。

YARN application -status applicationID

上述命令的输出结果如图 3.5 所示。

```
[root@ip-10-254-0-45 hadoop]# yarn application -status application_1513582536692_0119
18/01/18 08:20:26 INFO impl.TimelineClientImpl: Timeline service address: http://ip-10-254-0-45.ap-south-1.compute.internal:8188/ws/v1/timeline/
18/01/18 08:20:26 INFO client.RMProxy: Connecting to ResourceManager at ip-10-254-0-45.ap-south-1.compute.internal/10.254.0.45:8032
Application Report :
    Application-Id : application_1513582536692_0119
    Application-Name : HIVE-a34d1844-cdb8-4691-a289-8a53a55f9dec
    Application-Type : TEZ
    User : root
    Queue : default
    Start-Time : 1515995486809
    Finish-Time : 1515995488561
    Progress : 100%
    State : KILLED
    Final-State : KILLED
    Tracking-URL : http://ip-10-254-0-45.ap-south-1.compute.internal:8088/cluster/app/application_1513582536692_0119
    RPC Port : -1
    AM Host : N/A
    Aggregate Resource Allocation : 1337 MB-seconds, 1 vcore-seconds
    Diagnostics : Application killed by user.
[root@ip-10-254-0-45 hadoop]#
```

图 3.5

❑　　-movetoqueue 命令。当使用-movetoqueue 命令时，通过队列提交至 YARN 中的应用程序可被移至不同的队列中，如下所示。

YARN application -movetoqueue applicationID -queue queuename

3.12.3　日志命令

日志对于调试应用程序性能十分重要。通过下列命令可查看相应的日志内容。

YARN logs -applictationId applicationID

此外，还可查看特定的日志文件。例如，可采用下列命令仅查看错误日志。

YARN logs -applicationId application_15145363773_001_00 -log_files stderr

节点管理器可针对单一应用程序启动多个容器，某些时候，鉴于数据格式或应用程序代码中的错误，一些容器可能会出现故障。对此，需要在容器级别调试应用程序，进而识别相应的问题并对其进行修改。针对某个应用程序 ID，下列命令可用于列出全部容器。

YARN logs -applicationId application_151345678971_0001_001 -show_application_log_info

一旦有了可用的容器信息，就可以使用以下命令查看容器日志。

YARN logs -applicationId application_151345678971_0001_001 -containerId container_151345678652_001_001

3.12.4　管理员命令

Hadoop 管理员负责管理 YARN 集群，以及配置调度器、队列和其他属性。YARN 向管理员提供了命令行界面以管理集群。下列内容列出了一些较常使用的重要命令。

❑ nodemanager 命令。nodemanager 命令可用于 YARN 集群中的每个 worker 节点上。下列命令用于启动 nodemanager 服务。

`YARN nodemanager`

❑ -rmadmin 命令。资源管理器是 YARN 集群中的主节点，-rmadmin 命令在资源管理器级别中用于管理服务。-rmadmin 命令的语法如下。

`YARN -rmadmin option`

-rmadmin 命令的相关选项如下所示。

❑ -refreshQueues。某些时候，队列配置（如 ACL 和队列信息）需要进行适当的调整。一旦修改完毕，管理员就需要刷新队列，以便资源管理器重新载入配置文件和队列的配置内容，如 ACL、状态和调度器属性，如下所示。

`YARN rmadmin -refreshQueues`

❑ -refreshNodes。运行/终止运行一个节点可被视为任何 YARN 集群中的基本命令。此类命令将在资源管理器处刷新节点的主机信息，如下所示。

`YARN rmadmin -refreshNodes`

❑ -refreshNodesResources。节点管理器包含了与其所管理的节点的资源信息，且对应信息定期被发送至资源管理器中。管理员可通过手动方式刷新节点信息，如下所示。

YARN rmadmin refreshNodesResources

❑ -refreshAdminAcls。集群可配备多名管理员，每名管理员可持有不同的 ACL。相应地，可修改管理员 ACL，或者添加新的管理员 ACL。-refreshAdminAcls 命令将向资源管理器重新加载 ACL。

❑ -refreshServiceAcl。YARN 管理的服务可能不会被全部用户访问。-refreshServiceAcl 命令将触发资源管理器重新加载服务的 ACL 政策。

❑ -getGroups username。该命令将返回用户所属的分组名称。

❑ 服务命令。存在一个管理员可执行的服务命令列表，进而可获取服务状态、检查服务的健康状态，或者修改服务的状态（从活动状态至备用状态），如下所示。

```
YARN rmadmin -transitionToActive serviceId
YARN rmadmin -transitionToActive serviceId
YARN rmadmin -getServiceState serviceId
YARN rmadmin -checkHealth serviceId
```

❑　schedulerconf。通过该命令，可修改 YARN 集群的调度器配置。另外，通过 schedulerconf 命令，还可调整、添加和移除队列，如下所示。

```
YARN schedulerconf -add
<"queuePath1:key1=val1,key2=val2;queuePath2:key3=val3">
```

❑　移除命令。通过下列命令可移除队列。

```
YARN schedulerconf -remove
<"queuePath1;queuePath2;queuepath3">
```

3.13　本 章 小 结

本章主要讨论了 YARN 及其组件，其中涵盖了各种概念，如 YARN 体系结构和资源管理器高可用性。随后，我们学习了 YARN 调度器及其工作方式、调度器的基本配置，并解释了使用的时机和内容。其间，本章重点介绍了 Hadoop 3.0 中增加的新特性，其中涉及机会型容器和时间轴服务器。最后，本章讨论了 Docker 容器执行器和一些常用的 Hadoop 命令。

第 4 章将详细讨论 MapReduce 的处理机制，并深入考查 MapReduce 流和各项操作步骤。此外，我们还将通过示例展示某些新技术，进而改善应用程序的性能。

第4章　MapReduce 内部机制

第 3 章讨论了如何管理 Hadoop 集群上的资源，并详细介绍了 YARN 体系结构、执行方式以及相关示例。本章将探讨 MapReduce 处理架构及其随时间的演化方式。我们将尝试简化 MapReduce 整体处理机制的工作方式，并了解其中的主要步骤。本章主要涉及下列主题。

- ❏ 技术需求。
- ❏ 深入了解 Hadoop MapReduce 框架。
- ❏ YARN 和 MapReduce。
- ❏ Hadoop 框架中的 MapReduce 工作流。
- ❏ 常见的 MapReduce 模式。
- ❏ MapReduce 用例。
- ❏ 优化 MapReduce。

4.1　技术需求

首先，读者需要安装 Hadoop 3.0。

读者可访问 GitHub 查看本章的代码文件，对应网址为 https://github.com/PacktPublishing/Mastering-Hadoop-3/tree/master/Chapter04。

读者可访问 http://bit.ly/2PY4oP 观看代码的运行情况。

4.2　深入了解 Hadoop MapReduce 框架

Hadoop 始于 HDFS 和 MapReduce。Hadoop 1.0 具有在分布式平台上存储和处理数据的基本特性，随后，Hadoop 发生了显著的变化。Hadoop 2.0 的主要变化体现在 NameNode、高可用性，以及名为 YARN 的新型资源管理框架。尽管 API 不断更改，但 MapReduce 处理机制的高层流程并未出现任何变化。

MapReduce 包含两个主要步骤，即映射和归约，此外还包含作为处理流一部分内容的、映射和归约任务间的多个较小的步骤。其间，映射器负责执行映射任务，而归约器

则负责归约任务。具体来说,映射器的工作是处理存储于 HDFS 中的块,类似于分布式
存储系统。MapReduce 的流程图如图 4.1 所示。

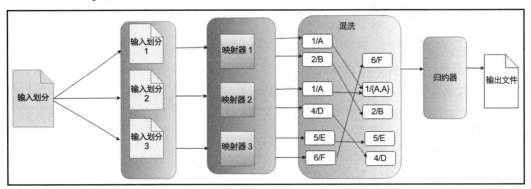

图 4.1

MapReduce 处理流程的解释如下。

❑ InputFileFormat。MapReduce 处理始于存储于 HDFS 中的文件读取。此类文件可
以是任意的特定类型,如 Text、Avro 等。文件的处理机制由 InputFormat 控制。
这里,InputFormat 存在多种实现,其中一种实现是 TextInputFormat。下列代码
定义了抽象的 InputFormat 类。

```
public abstract class InputFormat<K, V>

{

   public abstract List<InputSplit> getSplits(JobContext
    context) throws IOException, InterruptedException;
     public abstract RecordReader<K, V>
   createRecordReader(InputSplit split,
   TaskAttemptContext context) throws IOException,
   InterruptedException;

}
```

❑ RecordReader 和输入划分。输入文件被分为多个块,这些块被称作输入划分。
输入划分可被视为单独的文件块,对应尺寸由 mapred.max.split.size 和 mapred.
min.split.size 参数控制。默认状态下,输入划分尺寸等同于块尺寸,如无特殊要
求,无须对其进行修改。对于无法划分的文件格式,如.gzip,输入划分等同于
单一.gzip 文件的尺寸。这意味着,如果存在 12 个.gzip 文件,则存在 12 个输入
划分。对于每个输入划分,存在一个启动的映射器对其进行处理。

RecordReader 函数负责从存储于 HDFS 中的输入划分中读取数据。这里，默认的输入文件格式为 TextInputFileFormat，RecordReader 的分隔符为/n。这表明，一行内容将被 RecordReader 视为一条记录。记住，通过传递自己的 RecordReader 实现，还可自定义 RecordReader 的行为。

RecordReader 知道如何从输入划分中读取记录。默认状态下，RecordReader 利用 TextInputFileFormat 的换行记录分隔符读取一条记录。然而，通过传递自己的实现，还可修改 RecordReader 的具体行为。RecordReader 读取数据并将其传递至映射器中。

❑ 映射器。Mapper 类负责处理输入划分。RecordReader 函数从输入划分中读取记录，并将每条记录传递至映射器的 map()方法中。映射器包含了 map()方法，该方法接收源自 RecordReader 的输入内容并处理记录。map()方法针对每条记录执行，如果某个输入划分包含 100 条记录，那么，map()方法将执行 100 次。

此外，映射器还定义了 setup()和 cleanup()方法。其中，setup()方法在映射器开始处理输入划分记录之前方得以执行，因此，任何初始化操作（如从分布式缓存中读取，以及初始化连接）均应在 setup()方法中完成；相应地，cleanup()方法在输入划分中的所有记录处理完毕后方得以执行，因此，任何清除操作都应在该方法中执行。

❑ Mapper 处理记录并利用 context 对象输出结果。这里 context 对象将启用 Mapper 和 Reducer 并与其他 Hadoop 系统交互，如应用映射器和归约器配置、将映射器和归约器发出的记录写入文件中等。除此之外，context 对象还将启用 Mapper、Combiner 和 Reducer 之间的通信。Mapper 类的定义如下。

```java
import org.apache.Hadoop.io.IntWritable;
import org.apache.Hadoop.io.LongWritable;
import org.apache.Hadoop.io.Text;
import org.apache.Hadoop.mapreduce.Mapper;

import java.io.IOException;

public class DemoMapper extends Mapper<LongWritable,
   Text, Text, IntWritable> {

   @Override
   protected void setup(Context context) throws IOException,
     InterruptedException {
    super.setup(context);
   }
```

```
@Override
protected void map(LongWritable key, Text value, Context
context) throws IOException, InterruptedException {
    //Record Processing Logic Here
}

@Override
protected void cleanup(Context context) throws IOException,
InterruptedException {
    super.cleanup(context);
}

}
```

❑ 分区器。分区器的工作是向映射器发送的记录分配一个分区号,以便包含相同键的记录总是获取相同的分区号,这可确保包含相同键的记录总是进入同一归约器中。对于每一条记录,存在一个关联的特定分区索引,并于映射器 Context. write()中计算分区索引值。分区索引的通用计算公式表示为 $partitionIndex = (key.hashCode()$ & $Integer.MAX\_VALUE)$ %numReducers。

❑ 混洗和排序。映射器与归约器之间的数据传输处理过程被称作混洗。其间,归约器启动线程读取映射器机器中的数据,并通过 HTTP 协议读取属于其中的所有分区以供处理。这里,不同的映射器可能包含相同的记录,因而归约器通过键对记录进行合并排序。另外,混洗和排序过程以并行方式出现。这意味着,当读取输出结果时,对应结果将被合并,以便归约器作为值接收列表中相同键的多条记录。

❑ 归约器。Hadoop 框架可启用的归约器数量取决于映射输出的数量和其他参数。此外,我们也可控制可以启动的归约器数量,相应地,归约器数量计算公式表示为 1.75 * no. of nodes * mapred.tasktracker.reduce.tasks.maximum。归约器定义了 reduce()方法,该方法针对映射器发送的每个唯一键而得以执行。

```
import org.apache.Hadoop.io.IntWritable;
import org.apache.Hadoop.io.Text;
import org.apache.Hadoop.mapreduce.Reducer;

import java.io.IOException;

public class DemoReducer extends Reducer<Text, IntWritable, Text,
IntWritable> {
```

```
@Override
protected void setup(Context context) throws IOException,
InterruptedException {
    super.setup(context);
}

@Override
protected void reduce(Text key, Iterable<IntWritable> values,
Context context) throws IOException, InterruptedException {
    super.reduce(key, values, context);
}

@Override
protected void cleanup(Context context) throws IOException,
InterruptedException {
    super.cleanup(context);
}
}
```

❏　合并器。合并器也被称作最小归约器，或本地化归约器，并运行于映射器机器
　　上。合并器接收映射器发送的中间键，并在相同的机器上使用用户定义的合并
　　器的 reduce() 函数。针对每个映射器，同一台机器上仅存在一个有效的合并器。
　　合并器可显著地降低映射器和归约器间的混洗数量，因而可有效地提升性能。
　　注意，合并器无法保证总是被执行。

❏　输出格式。输出格式转换 reduce() 函数键-值对的输出结果，并由记录写入器将
　　其写入 HDFS 的文件中。默认状态下，输出的键值由制表符分隔，而记录则通
　　过换行符分隔。输出格式转换 reduce() 函数中的最终键-值对，并通过记录写入
　　器将其写入某个文件中。默认时，制表符用于分隔键和值，同时利用换行符分
　　隔记录。通过实现自己的输出格式，还可进一步修改默认行为。

至此，我们讨论了 MapReduce 框架的一些重要概念，后续小节将考查执行流的工作
方式，进而深入理解该框架。在进行任何重大更改之前，我们首先需要了解变化对哪些
内容带来影响。

4.3　YARN 和 MapReduce

前述章节讨论了与 YARN 相关的一些信息，本节将介绍 MapReduce 在 YARN 上的
执行过程。考虑到 4000 个节点这一可伸缩性限制条件，Hadoop 1.0 中的 JobTracker 包含

了某种瓶颈。Yahoo 意识到其当前需求需要扩展至 20000 个节点，由于 JobTracker 的延迟架构，这一任务难以实现。随后，Yahoo 引入了 YARN，并针对高效管理替代了 JobTracker 功能。对此，第 3 章曾讨论了详细的体系结构方面的信息。

　　YARN 中的节点管理器包含了足够的内存空间，进而可启动多个容器。主应用程序可从资源管理器中请求任意数量的容器，这将跟踪 YARN 集群中的有效资源。另外，作业类型并不仅限于 MapReduce，相反，YARN 可启动任意类型的应用程序。图 4.2 显示了 YARN 上 MapReduce 应用程序的生命周期，接下来将对此加以考查。

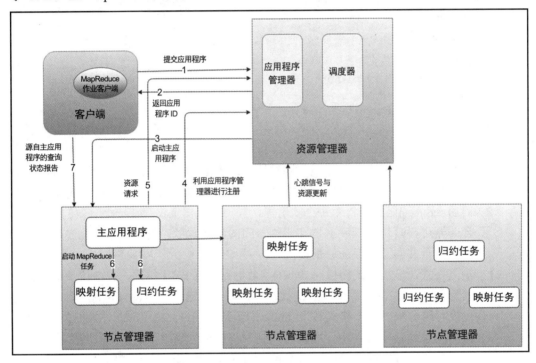

图 4.2

图 4.2 的具体解释如下。

❑ MapReduce 作业客户端从资源管理器中请求新的 ID。在验证了授权和客户端权限后，资源管理器向客户端发送唯一的应用程序 ID。MapReduce 作业客户端将应用程序元数据信息封装于 ApplicationSubmissionContext 中，其中还包含了启动主应用程序的信息。

❑ 资源管理器在节点管理器（其中之一）上启动主应用程序，这满足了主应用程序的容器需求。资源管理器调度器选择启动主应用程序的节点管理器。

❑ 主应用程序创建一个客户端对象，并与资源管理器和节点管理器通信。主应用程序将向资源管理器注册自身，后者通过访问令牌、ACL 列表等信息进行响应。

❑ MapReduce 作业客户端请求应用程序管理器以获取与主应用程序相关的信息，随后可以就状态、计数器和其他信息直接与主应用程序进行会话。

❑ 主应用程序计算划分的数量，并将映射器和归约器的资源请求发送至资源管理器调度器中。其中，请求包含了与容器所需内存和 CPU 信息相关的信息。

❑ 主应用程序接收映射任务和归约任务的容器，随后与特定的节点管理器通信以启动容器。YARN 中的节点管理器可在同一个节点管理器上启动多个容器。

❑ 除此之外，主应用程序还管理和监视各自的映射任务和归约任务，并在必要时从资源管理器中请求额外的容器，同时确认任务是否出现故障或未予响应。主应用程序可以使用新资源重新启动，直到达到重试的最大尝试次数。

❑ 在所有的映射任务和归约任务被执行完毕后，主应用程序将运行任务清除操作。最后，主应用程序向资源管理器发送未注册请求、退出执行并释放占用的容器。

4.4　Hadoop 框架中的 MapReduce 工作流

　　MapReduce 执行过程涵盖了多个步骤，每个步骤均具有一定的优化空间。前述内容讨论了 MapReduce 的组件，本节将考查 MapReduce 执行流程，以进一步理解每个组件之间的交互方式。图 4.3 显示了 MapReduce 执行流程的概览，其中，我们将该图划分为多个部分，以便使每个步骤易于查看。此外，在箭头连接符号上标注了相应的步骤号，而最后一个箭头将连接至图 4.4。

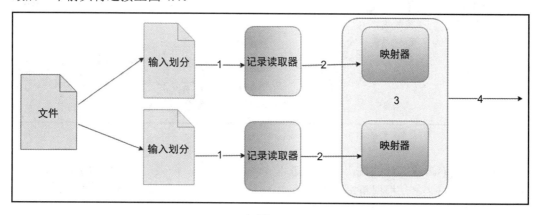

图 4.3

MapReduce 内部流程的具体解释如下。

（1）InputFormat 被定义为任何 MapReduce 应用程序的起始点并在应用程序 Driver 类的作业配置中加以定义，如 job.setInputFormatClass(TextInputFormat.class)。InputFormat 有助于理解输入类型及其读取方式，并返回输入划分和记录读取器，进而读取文件中的记录。再次强调，输入划分的尺寸取决于 InputFormat。例如，TextInputFormat 划分尺寸可能等于 hdfs 块尺寸（通过属性 dfs.blocksize 定义）。对于不可划分的文件格式，如.gzip 文件，输入划分尺寸则等于单个文件尺寸。这意味着，如果存在 10 个 gzip 文件那么将有 10 个输入划分。

（2）对于每个输入划分，可能会启动一个映射器。这意味着，如果 getsplit()方法返回 5 个划分，那么将会启动 5 项映射任务以处理划分。针对 RecordReader 返回的输入划分的每个键-值对，将会执行 Mapper 类定义的 map()函数。RecordReader 的实现取决于 InputFileFormat。对于 TextInputFormat，每个换行符均被视为一条新纪录。

（3）映射器负责处理记录。对于每条记录，可以选择发送一个或多个输出结果，并将其写入 map()函数提供的上下文对象中。这里，负责收集映射结果的类通过 mapreduce. job.map.output.collector.class 属性定义，且默认实现为 org.apache.Hadoop.mapred. MapTask.MapOutputBuffer 类。图 4.4 显示了图 4.3 的后续处理过程。

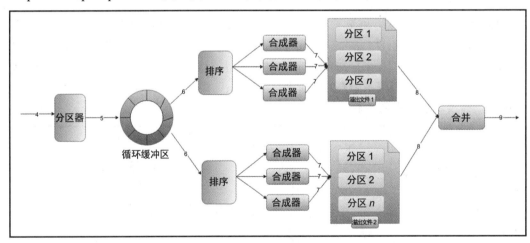

图 4.4

（4）map()函数发送的输出结果将进入 partition 类中，该类定义了一个 getPartition() 方法。getPartition()方法根据特定的算法计算分区号，并在默认状态下使用 HashPartitioner。对应代码如下。

```
package org.apache.Hadoop.mapreduce.lib.partition;
```

```
import org.apache.Hadoop.mapreduce.Partitioner;

/** Partition keys by their {@link Object#hashCode()}. */
public class HashPartitioner<K, V> extends Partitioner<K, V> {

    /** Use {@link Object#hashCode()} to partition. */
    public int getPartition(K key, V value,
                            int numReduceTasks) {
        return (key.hashCode() & Integer.MAX_VALUE) % numReduceTasks;
    }

}
```

（5）基于某个分区的发送后的输出结果被写入内存中的循环缓冲区中。默认状态下，循环缓冲区的尺寸为 100MB，并可通过将新值赋予 mapreduce.task.io.sort.mb 属性对其进行修改。如果输出数据的尺寸超出，那么存储于循环缓冲区中的数据将会溢出至磁盘中。

ℹ️ 注意：

溢出：如果数据尺寸超出 mapreduce.map.sort.spill.percentage 中指定的限制条件，那么对应数据将溢出至磁盘中。这意味着，如果 mapreduce.map.sort.spill.percent 且 mapreduce.task.io.sort.mb 为 100MB，那么数据将溢出至磁盘中。溢出处理以并行方式运行，且不会影响到 Mapper()函数。记住，如果映射器处理数据远远快于溢出行为，那么映射器处理将处于阻塞状态。其原因在于，缓冲区将占满且映射器需要等待，直至缓冲区的某些空间接收新的记录。

（6）在数据溢出至磁盘之前，将通过分区键进行排序；在每个分区内，数据则利用记录键进行排序。在排序完毕后，合成器负责处理记录以归约写入磁盘中的数据量。相应地，合成器无法确保被执行，而且，如果映射器发送的记录尺寸大于缓冲区尺寸，那么排序和合成器阶段将被忽略，数据将直接溢出至磁盘中。

（7）对于每项溢出操作，将在映射器的本地磁盘上生成一个新文件。目录的位置可通过 mapreduce.job.local.dir 属性进行配置。

（8）在处理完毕所有记录且完成溢出任务后，溢出文件可合并在一起，进而形成单一的映射输出文件，这一阶段被称作合并阶段。默认状态下，合并阶段最多可处理 100 个文件。相应地，可修改 mapreduce.task.io.sort.factor 并对该设置进行调整。

如果文件数量大于指定值，合并步骤将采用递归方式合并文件，直至所有文件被合并至单一文件中。如果全部溢出文件数量大于 min.num.spills.for.combine，将在最终的合并结果上运行合并器。MapOutput 文件连同索引文件将被写入映射器的本地磁盘中。索引文件包含了诸如分区量、分区的起始点这一类信息。图 4.5 显示了图 4.4 的后续处理过程。

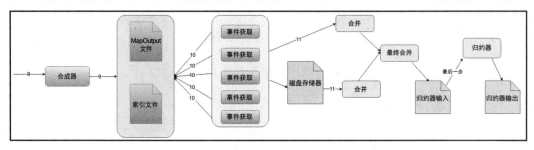

图 4.5

（9）接下来是映射器与归约器之间数据的混洗机制。归约器运行一个事件获取线程，该线程的任务是针对映射器状态轮询主应用程序。在接收到映射器的执行结束状态时，则将映射器信息传递至另一个线程，进而利用 HTTP 协议复制映射器中的数据。默认状态下，获取线程的数量为 5，并可通过向 mapred.reduce.parallel.copies 赋予新值对其进行修改。获取线程复制的数据将存储至内存中，默认时，内存的尺寸为 1GB。另外，通过调整 mapreduce.reduce.memory.totalbytes，还可增加或减少内存。当映射输出的大小超出指定的百分比 70%（通过 mapreduce.reduce.shuffle.input.buffer.percent 定义，默认为 0.7）时，获取线程将把输出结果保存至归约器的本地磁盘中。

（10）获取线程之后的下一个步骤则是合并线程。合并线程可与获取作业以并行方式运行，并合并源自获取线程的全部记录。整体处理过程中的最后一步是运行归约器任务。其间，归约器读取源自合并文件中的记录，并在 reduce()方法中对其进行处理。对于每个键，归约任务将执行一次，这意味着，如果输出合并文件中存在 55 个键，那么归约器将运行 reduce()方法 55 次。

4.5　常见的 MapReduce 模式

针对解决特定的问题，设计模式可被视为解决方案模板，而对于域间相似的问题，开发人员可复用模板，以便在问题处理过程中节省大量的时间。相信程序员都使用过抽象工厂模式、构建器模式、观察者模式等。长久以来，此类模式在解决类似问题时被挖掘。对于 MapReduce 框架，下面查看一些不同领域间较常使用的 MapReduce 设计模式。

4.5.1　求和模式

求和问题在域间广泛地使用了求和模式，主要涉及分组相似数据，随后执行某项操作，如计算最小值、最大值、计数值、平均值、中值-标准偏差，以及构建索引或者简单地根据键计数。例如，我们可能需要根据国家计算站点赚取的总金额。又如，假设希望得到用户登录站点的平均次数，以及计算各州最小和最大的用户数量。MapReduce 与键-值对协同工作，因而基于键的操作则更为常见。映射器发送键-值对，而键-值在归约器上被聚合。下列内容列举了一些较为常见的求和模式。

1. 单词计数

许多人在学习 MapReduce 开发时会将编写单词计数作为第一个程序，因而该程序也被视为 MapReduce 的 Hello World 程序。该程序的基本思想是展示 MapReduce 框架的工作方式。另外，单词计数也适用于各州的人口计数、各州犯罪数量、计算每个人的全部开销等用例。下面通过映射器、归约器和合并器示例简要地讨论单词计数程序。

（1）Mapper。

Mapper 的工作是划分记录，从记录中获取每个单词，并发送基于单词的数值 1。另外，输出键和输出值分别为 Text 和 IntWritable 类型，如下列代码所示。

```java
import org.apache.Hadoop.io.IntWritable;
import org.apache.Hadoop.io.LongWritable;
import org.apache.Hadoop.io.Text;
import org.apache.Hadoop.mapreduce.Mapper;

import java.io.IOException;

public class WordcountMapper extends Mapper<LongWritable, Text, Text,
IntWritable> {

    public static final IntWritable ONE = new IntWritable(1);

    @Override
    protected void map(LongWritable offset, Text line, Context context)
            throws IOException, InterruptedException {
        String[] result = line.toString().split(" ");

        for (String word : result) {
            context.write(new Text(word), ONE);
        }
    }
}
```

（2）Reducer。

MapReduce 使用分区确保包含相同键的全部记录进入相同的归约器中。该归约器针对对应键接收值列表，并可方便地执行诸如 count 和 sum 这一类聚合计算，如下所示。

```
import org.apache.Hadoop.io.IntWritable;
import org.apache.Hadoop.io.Text;
import org.apache.Hadoop.mapreduce.Reducer;

import java.io.IOException;

public class WordcountReducer extends Reducer<Text, IntWritable,
Text,IntWritable> {

    @Override
    protected void reduce(Text key, Iterable<IntWritable> values,
Context context)

        throws IOException, InterruptedException {

    int count = 0;
    for (IntWritable current : values) {
        count += current.get();

    }
    context.write(key, new IntWritable(count));
    }

}
```

（3）合并器。

合并器在大多数时候等同于归约器，并且将其可以添加至 Driver 类中（归约器中的同一个类）。合并器的优点可描述为，作为小型归约器，它可运行于与映射器相同的机器上，从而减少了数据的混洗量。单词计数应用程序的 Driver 类如下。

```
import org.apache.Hadoop.conf.Configuration;
import org.apache.Hadoop.conf.Configured;
import org.apache.Hadoop.fs.Path;
import org.apache.Hadoop.io.IntWritable;
import org.apache.Hadoop.io.Text;
import org.apache.Hadoop.mapreduce.Job;
import org.apache.Hadoop.mapreduce.lib.input.FileInputFormat;
import org.apache.Hadoop.mapreduce.lib.input.TextInputFormat;
import org.apache.Hadoop.mapreduce.lib.output.FileOutputFormat;
import org.apache.Hadoop.mapreduce.lib.output.TextOutputFormat;
import org.apache.Hadoop.util.Tool;
```

```java
import org.apache.Hadoop.util.ToolRunner;

public class Driver extends Configured implements Tool {

    public static void main(String[] args) throws Exception {
        int res = ToolRunner.run(new Configuration(), (Tool) new Driver(),
args);
        System.exit(res);
    }

    public int run(String[] args) throws Exception {

        Configuration conf = new Configuration();
        Job job = Job.getInstance(conf, "WordCount");
        job.setJarByClass(Driver.class);


        if (args.length < 2) {
            System.out.println("Jar requires 2 paramaters : \""
                    + job.getJar()
                    + " input_path output_path");
            return 1;
        }

        job.setMapperClass(WordcountMapper.class);

        job.setReducerClass(WordcountReducer.class);

        job.setCombinerClass(WordcountReducer.class);

        job.setOutputKeyClass(Text.class);
        job.setOutputValueClass(IntWritable.class);
        job.setInputFormatClass(TextInputFormat.class);

        job.setOutputFormatClass(TextOutputFormat.class);

        Path filePath = new Path(args[0]);
        FileInputFormat.setInputPaths(job, filePath);

        Path outputPath = new Path(args[1]);
        FileOutputFormat.setOutputPath(job, outputPath);
```

```
        job.waitForCompletion(true);
        return 0;
    }
}
```

2. 最小值和最大值

特定领域的最小值和最大值计算是 MapReduce 中的常见示例。一旦映射器完成其操作，归约器就会简单地循环访问全部键值，并获得键分组中的最小值和最大值。

❑　可写性。自定义可写性背后的思想是节省在归约器中划分数据时的额外工作，同时避免分隔符可能产生的不必要的问题。大多数时候，我们会选择记录中已出现的分隔符，但这会导致记录与字段的错误映射。

相应地，我们可采用下列 import 包。

```
import org.apache.Hadoop.io.IntWritable;
import org.apache.Hadoop.io.LongWritable;
import org.apache.Hadoop.io.Text;
import org.apache.Hadoop.io.Writable;
import java.io.DataInput;
import java.io.DataOutput;
import java.io.IOException;
```

自定义 Writable 类将细节信息封装在 Writable 对象中，可在归约器一侧使用该对象，进而获取记录值，如下所示。

```
public class PlayerDetail implements Writable {
    private Text playerName;
    private IntWritable score;
    private Text opposition;
    private LongWritable timestamps;
    private IntWritable ballsTaken;
    private IntWritable fours;
    private IntWritable six;

    public void readFields(DataInput dataInput) throws IOException
{
        playerName.readFields(dataInput);
        score.readFields(dataInput);
        opposition.readFields(dataInput);
        timestamps.readFields(dataInput);
        ballsTaken.readFields(dataInput);
```

```
        fours.readFields(dataInput);
        six.readFields(dataInput);

}

public void write(DataOutput dataOutput) throws IOException {
        playerName.write(dataOutput);
        score.write(dataOutput);
        opposition.write(dataOutput);
        timestamps.write(dataOutput);
        ballsTaken.write(dataOutput);
        fours.write(dataOutput);
        playerName.write(dataOutput);

}

public Text getPlayerName() {
        return playerName;
}

public void setPlayerName(Text playerName) {
        this.playerName = playerName;
}

public IntWritable getScore() {
        return score;
}

public void setScore(IntWritable score) {
        this.score = score;
}

public Text getOpposition() {
        return opposition;
}

public void setOpposition(Text opposition) {
        this.opposition = opposition;
}

public LongWritable getTimestamps() {
        return timestamps;
}
```

```
    public void setTimestamps(LongWritable timestamps) {
        this.timestamps = timestamps;
    }

    public IntWritable getBallsTaken() {
        return ballsTaken;
    }

    public void setBallsTaken(IntWritable ballsTaken) {
        this.ballsTaken = ballsTaken;
    }

    public IntWritable getFours() {
        return fours;
    }

    public void setFours(IntWritable fours) {
        this.fours = fours;
    }

    public IntWritable getSix() {
        return six;
    }

    public void setSix(IntWritable six) {
        this.six = six;
    }

    @Override
    public String toString() {
        return playerName +
                "\t" + score +
                "\t" + opposition +
                "\t" + timestamps +
                "\t" + ballsTaken +
                "\t" + fours +
                "\t" + six;
    }

}
```

随后将导入下列包并实现自定义 Writable 类，如下所示。

```java
import org.apache.Hadoop.io.IntWritable;
import org.apache.Hadoop.io.Text;
import org.apache.Hadoop.io.Writable;

import java.io.DataInput;
import java.io.DataOutput;
import java.io.IOException;

public class PlayerReport implements Writable {

    private Text playerName;
    private IntWritable maxScore;
    private Text maxScoreopposition;
    private IntWritable minScore;
    private Text minScoreopposition;

    public void write(DataOutput dataOutput) throws IOException {
        playerName.write(dataOutput);
        maxScore.write(dataOutput);
        maxScoreopposition.write(dataOutput);
        minScore.write(dataOutput);
        minScoreopposition.write(dataOutput);

    }

    public void readFields(DataInput dataInput) throws IOException {
        playerName.readFields(dataInput);
        maxScore.readFields(dataInput);
        maxScoreopposition.readFields(dataInput);
        minScore.readFields(dataInput);
        minScoreopposition.readFields(dataInput);

    }

    public Text getPlayerName() {
        return playerName;
    }

    public void setPlayerName(Text playerName) {
        this.playerName = playerName;
    }
```

```
    public IntWritable getMaxScore() {
        return maxScore;
    }

    public void setMaxScore(IntWritable maxScore) {
        this.maxScore = maxScore;
    }

    public Text getMaxScoreopposition() {
        return maxScoreopposition;
    }

    public void setMaxScoreopposition(Text maxScoreopposition) {
        this.maxScoreopposition = maxScoreopposition;
    }

    public IntWritable getMinScore() {
        return minScore;
    }

    public void setMinScore(IntWritable minScore) {
        this.minScore = minScore;
    }

    public Text getMinScoreopposition() {
        return minScoreopposition;
    }

    public void setMinScoreopposition(Text minScoreopposition) {
        this.minScoreopposition = minScoreopposition;
    }

    @Override
    public String toString() {
        return playerName +
                "\t" + maxScore +
                "\t" + maxScoreopposition +
                "\t" + minScore +
                "\t" + minScoreopposition;
    }
}
```

❑ Mapper 类。MinMax 算法中的 Mapper 类负责映射包含自定义 Writable 对象的记录，并利用玩家名称（作为键）和 PlayerDetail（作为值）为每名玩家发送对应的记录，如下所示。

```
import org.apache.Hadoop.io.IntWritable;
import org.apache.Hadoop.io.LongWritable;
import org.apache.Hadoop.io.Text;
import org.apache.Hadoop.mapreduce.Mapper;
import java.io.IOException;

public class MinMaxMapper extends
        Mapper<LongWritable, Text, Text, PlayerDetail> {

    private PlayerDetail playerDetail = new PlayerDetail();

    @Override
    protected void map(LongWritable key, Text value, Context
context) throws IOException, InterruptedException {

        String[] player = value.toString().split(",");

        playerDetail.setPlayerName(new Text(player[0]));
        playerDetail.setScore(new
IntWritable(Integer.parseInt(player[1])));
        playerDetail.setOpposition(new Text(player[2]));
        playerDetail.setTimestamps(new
LongWritable(Long.parseLong(player[3])));
        playerDetail.setBallsTaken(new
IntWritable(Integer.parseInt(player[4])));
        playerDetail.setFours(new
IntWritable(Integer.parseInt(player[5])));
        playerDetail.setSix(new
IntWritable(Integer.parseInt(player[6])));

        context.write(playerDetail.getPlayerName(), playerDetail);

    }
}
```

❏ Reducer 类。通过遍历玩家记录表，Reducer 类负责计算每名玩家的最小和最大分值，并利用 PlayerReport Writable 对象发送对应记录，如下所示。

```
import org.apache.Hadoop.io.IntWritable;
import org.apache.Hadoop.io.Text;
```

```
import org.apache.Hadoop.mapreduce.Reducer;
import java.io.IOException;

public class MinMaxReducer extends Reducer<Text, PlayerDetail,
Text, PlayerReport> {

    PlayerReport playerReport = new PlayerReport();

    @Override
    protected void reduce(Text key, Iterable<PlayerDetail> values,
Context context) throws IOException, InterruptedException {
        playerReport.setPlayerName(key);
        playerReport.setMaxScore(new IntWritable(0));
        playerReport.setMinScore(new IntWritable(0));
        for (PlayerDetail playerDetail : values) {
            int score = playerDetail.getScore().get();
            if (score > playerReport.getMaxScore().get()) {
                playerReport.setMaxScore(new IntWritable(score));
playerReport.setMaxScoreopposition(playerDetail.getOpposition());
            }
            if (score < playerReport.getMaxScore().get()) {
                playerReport.setMinScore(new IntWritable(score));
playerReport.setMinScoreopposition(playerDetail.getOpposition());
            }
            context.write(key, playerReport);
        }
    }
}
```

❑ Driver 类。Driver 类提供了基本的配置内容以运行 MapReduce 应用程序，并定义了 MapReduce 框架不能违反的协议。例如，Driver 类提到，输出键类作为 IntWritable，而值则作为文本，但归约器尝试将键作为文本发送，同时将值作为 IntWritable 发送。正因如此，当前作业将出现故障并抛出错误信息，如下所示。

```
import org.apache.Hadoop.conf.Configuration;
import org.apache.Hadoop.fs.Path;
import org.apache.Hadoop.io.Text;
import org.apache.Hadoop.mapreduce.Job;
import org.apache.Hadoop.mapreduce.lib.input.FileInputFormat;
import org.apache.Hadoop.mapreduce.lib.input.TextInputFormat;
import org.apache.Hadoop.mapreduce.lib.output.FileOutputFormat;
import org.apache.Hadoop.mapreduce.lib.output.TextOutputFormat;
import org.apache.Hadoop.util.Tool;
```

```
import org.apache.Hadoop.util.ToolRunner;

public class MinMaxDriver {

    public static void main(String[] args) throws Exception {
        int res = ToolRunner.run(new Configuration(), (Tool) new
MinMaxDriver(), args);
        System.exit(res);
    }

    public int run(String[] args) throws Exception {

        Configuration conf = new Configuration();
        Job job = Job.getInstance(conf, "MinMax");

        job.setJarByClass(MinMaxDriver.class);


        if (args.length < 2) {
            System.out.println("Jar requires 2 paramaters : \""
                    + job.getJar()
                    + " input_path output_path");
            return 1;
        }

        job.setMapperClass(MinMaxMapper.class);

        job.setReducerClass(MinMaxReducer.class);

        job.setCombinerClass(MinMaxReducer.class);

        job.setOutputKeyClass(Text.class);
        job.setOutputValueClass(PlayerReport.class);
        job.setInputFormatClass(TextInputFormat.class);

        job.setOutputFormatClass(TextOutputFormat.class);

        Path filePath = new Path(args[0]);
        FileInputFormat.setInputPaths(job, filePath);

        Path outputPath = new Path(args[1]);
        FileOutputFormat.setOutputPath(job, outputPath);
```

```
        job.waitForCompletion(true);
        return 0;
    }
}
```

4.5.2　过滤模式

过滤模式简单地根据指定的条件过滤记录。数据清洗是过滤模式的一个常见示例，其中，原始数据可能会包含一些不存在相关字段的记录，或者是包含了一些分析过程中无法使用的垃圾数据。过滤机制的逻辑可用于验证每条记录，并移除任何垃圾记录。其他示例还包括基于特定单词/正则表达式的 Web 文章过滤。这些 Web 文章可在分类、标记或机器学习用例中进一步使用。除此之外，一些用例还包括筛选未购买价值超过 500 美元商品的所有用户，并随后对其进行进一步处理以供其他分析使用。考查下列正则表达式过滤机制示例。

```
import org.apache.Hadoop.io.NullWritable;
import org.apache.Hadoop.io.Text;
import org.apache.Hadoop.mapreduce.Mapper;

import java.io.IOException;

public class RegexFilteringMapper extends Mapper<Object, Text,
NullWritable, Text> {

    private String regexPattern = "/* REGEX PATTERN HERE */";

    @Override
    protected void map(Object key, Text value, Context context) throws
IOException, InterruptedException {

        if (value.toString().matches(regexPattern)) {
            context.write(NullWritable.get(), value);
        }
    }
}
```

其他示例还包括数据的采样机制，许多用例均会使用此类机制，如应用程序测试数据、训练机器学习模型等。其他一些常见的用例则是根据指定条件计算前 k 个记录，重要的是，需要发现那些忠实于商家的客户，并为其提供良好的奖励机制；或者查找那些较长时间未曾使用该应用程序的用户，并为他们提供优惠折扣，以使这一类用户重新加入购买队伍中。

Top-k 归约算法是 MapReduce 中较为常见的算法。其中，映射器负责在自身级别上发送 Top-k 记录；随后，归约器在接收来自映射器的全部记录中过滤 Top-k 记录。对此，我们将使用之前的玩家分值示例予以解释，对应目标是查找包含最低分值的 Top-k 玩家。接下来讨论映射器实现，并假设每名玩家包含唯一的分值，否则当前逻辑需要进行适当的调整，且需要在值中保留一份玩家详细信息列表，并在 cleanup()方法中仅发送 10 条记录。

TopKMapper 代码如下。

```java
import org.apache.Hadoop.io.IntWritable;
import org.apache.Hadoop.io.LongWritable;
import org.apache.Hadoop.io.Text;
import org.apache.Hadoop.mapreduce.Mapper;
import java.io.IOException;
import java.util.Map;
import java.util.TreeMap;

public class TopKMapper extends
        Mapper<LongWritable, Text, IntWritable, PlayerDetail> {
    private int K = 10;
    private TreeMap<Integer, PlayerDetail> topKPlayerWithLessScore = new
TreeMap<Integer, PlayerDetail>();
    private PlayerDetail playerDetail = new PlayerDetail();

    @Override
    protected void map(LongWritable key, Text value, Context context)
throws IOException, InterruptedException {

        String[] player = value.toString().split(",");

        playerDetail.setPlayerName(new Text(player[0]));
        playerDetail.setScore(new
IntWritable(Integer.parseInt(player[1])));
        playerDetail.setOpposition(new Text(player[2]));
        playerDetail.setTimestamps(new
LongWritable(Long.parseLong(player[3])));
        playerDetail.setBallsTaken(new
IntWritable(Integer.parseInt(player[4])));
        playerDetail.setFours(new
IntWritable(Integer.parseInt(player[5])));
        playerDetail.setSix(new
```

```
IntWritable(Integer.parseInt(player[6])));

        topKPlayerWithLessScore.put(playerDetail.getScore().get(),
playerDetail);
        if (topKPlayerWithLessScore.size() > K) {
topKPlayerWithLessScore.remove(topKPlayerWithLessScore.lastKey());
        }

    }

    @Override
    protected void cleanup(Context context) throws IOException,
InterruptedException {
        for (Map.Entry<Integer, PlayerDetail> playerDetailEntry :
topKPlayerWithLessScore.entrySet()) {
            context.write(new
IntWritable(playerDetailEntry.getKey()),playerDetail);
        }
    }
}
```

TopKReducer 包含与归约器相同的逻辑，并假设玩家的分值唯一，此外，还可对重复的多名玩家分值设置逻辑，并发送相同的记录。TopKReducer 的代码如下。

```
import org.apache.Hadoop.io.IntWritable;
import org.apache.Hadoop.mapreduce.Reducer;
import java.io.IOException;
import java.util.Map;
import java.util.TreeMap;

public class TopKReducer extends Reducer<IntWritable, PlayerDetail,
IntWritable, PlayerDetail> {
    private int K = 10;
    private TreeMap<Integer, PlayerDetail> topKPlayerWithLessScore = new
TreeMap<Integer, PlayerDetail>();
    private PlayerDetail playerDetail = new PlayerDetail();

    @Override
    protected void reduce(IntWritable key, Iterable<PlayerDetail> values,
Context context) throws IOException, InterruptedException {

        for (PlayerDetail playerDetail : values) {
            topKPlayerWithLessScore.put(key.get(), playerDetail);
```

```
        if (topKPlayerWithLessScore.size() > K) {
topKPlayerWithLessScore.remove(topKPlayerWithLessScore.lastKey());
        }
    }
}

    @Override
    protected void cleanup(Context context) throws IOException,
InterruptedException {
        for (Map.Entry<Integer, PlayerDetail> playerDetailEntry :
topKPlayerWithLessScore.entrySet()) {
            context.write(new IntWritable(playerDetailEntry.getKey()),
playerDetail);
        }
    }
}
```

Driver 类包含了一项 job.setNumReduceTasks(1)配置，这意味着，仅运行一个归约器查找 Top-k 记录；否则，在多个归约器的情况下，将包含多个 Top-k 文件。TopKDriver代码如下。

```
import org.apache.Hadoop.conf.Configuration;
import org.apache.Hadoop.fs.Path;
import org.apache.Hadoop.io.Text;
import org.apache.Hadoop.mapreduce.Job;
import org.apache.Hadoop.mapreduce.lib.input.FileInputFormat;
import org.apache.Hadoop.mapreduce.lib.input.TextInputFormat;
import org.apache.Hadoop.mapreduce.lib.output.FileOutputFormat;
import org.apache.Hadoop.mapreduce.lib.output.TextOutputFormat;
import org.apache.Hadoop.util.Tool;
import org.apache.Hadoop.util.ToolRunner;

public class TopKDriver {


    public static void main(String[] args) throws Exception {
        int res = ToolRunner.run(new Configuration(), (Tool) new
TopKDriver(), args);
        System.exit(res);
    }

    public int run(String[] args) throws Exception {
```

```
Configuration conf = new Configuration();
Job job = Job.getInstance(conf, "TopK");
job.setNumReduceTasks(1);

job.setJarByClass(TopKDriver.class);


if (args.length < 2) {
    System.out.println("Jar requires 2 paramaters : \""
            + job.getJar()
            + " input_path output_path");
    return 1;
}

job.setMapperClass(TopKMapper.class);

job.setReducerClass(TopKReducer.class);


job.setOutputKeyClass(Text.class);
job.setOutputValueClass(PlayerDetail.class);
job.setInputFormatClass(TextInputFormat.class);

job.setOutputFormatClass(TextOutputFormat.class);

Path filePath = new Path(args[0]);
FileInputFormat.setInputPaths(job, filePath);

Path outputPath = new Path(args[1]);
FileOutputFormat.setOutputPath(job, outputPath);

job.waitForCompletion(true);
return 0;
    }
}
```

4.5.3　连接模式

连接通常在发布报告的公司之间使用，其间，两个数据集将被连接在一起，以析取有意义的分析结果，进而对决策者提供帮助。连接查询在 SQL 中较为简单，但在 MapReduce 中实现起来则稍显复杂。映射器和归约器均仅对单一键进行操作。由于源自两个数据集的全部数据都必须被发送至归约器以供连接，因此连接两个同尺寸的数据集需要使用两次网络带宽。

连接操作在 Hadoop 中开销较大，其原因在于，连接操作需要在网络机器间进行数据遍历，因此应确保节省网络带宽。接下来将详细考查一些连接模式。

1. 归约一侧的连接

MapReduce 中最为简单、有效的连接形式，以及 SQL 连接中的任何类型，如内连接、左外连接、全连接等，均可采用归约一侧的连接予以实现。这里，唯一的难点在于，几乎全部数据将在网络间混洗，并随后进入归约器。通过公共键，可连接两个或多个数据集，而多个大型数据集则可通过外键连接。记住，如果某个数据集适配于内存，则应采用映射一侧的连接，仅当两个数据集与内存不匹配时方可使用归约一侧的连接。

MapReduce 能够读取同一 MapReduce 程序中多个输入以及不同格式的数据，此外还可针对特定的 InputFormat 使用不同的映射器。对此，需要将下列配置添加至 Driver 类中，以便 MapREduce 程序从多个路径中读取输入，并重定向至特定的映射器处以供后续处理。

```
MultipleInputs.addInputPath(job, new Path(args[0]), TextInputFormat.class,
UserMapper.class);

MultipleInputs.addInputPath(job, new Path(args[1]), TextInputFormat.class,
PurchaseReportMapper.class);
```

下面考查归约器一侧连接的一些示例代码及其工作方式。其间，映射器发送包含键（作为 userId）和值（作为附加至整个记录中的标识符）的记录；X 被附加至记录中以便在归约器上方便地标识记录源自哪一个 Mapper。UserMapper 类定义如下。

```
import org.apache.Hadoop.io.Text;
import org.apache.Hadoop.mapreduce.Mapper;

import java.io.IOException;

public class UserMapper extends Mapper<Object, Text, Text, Text> {
    private Text outputkey = new Text();
    private Text outputvalue = new Text();

    public void map(Object key, Text value, Context context)
            throws IOException, InterruptedException {

        String[] userRecord = value.toString().split(",");
```

```
        String userId = userRecord[0];
        outputkey.set(userId);
        outputvalue.set("X" + value.toString());
        context.write(outputkey, outputvalue);
    }
}
```

类似地，第二个 Mapper 处理用户的购买记录，发送购买商品的用户 ID，并将 Y 作为标识符附加至当前值中，如下所示。

```
import org.apache.Hadoop.io.Text;
import org.apache.Hadoop.mapreduce.Mapper;

import java.io.IOException;

public class PurchaseReportMapper {
    private Text outputkey = new Text();
    private Text outputvalue = new Text();

    public void map(Object key, Text value, Mapper.Context context)
            throws IOException, InterruptedException {

        String[] purchaseRecord = value.toString().split(",");
        String userId = purchaseRecord[1];
        outputkey.set(userId);
        outputvalue.set("Y" + value.toString());
        context.write(outputkey, outputvalue);
    }
}
```

在 Reducer 一侧，其思想是仅保留两个列表，并将用户记录添加至其中的一个列表中，而将购买记录添加至另一个列表中，随后程序根据当前条件执行连接操作。Reducer 的示例代码如下。

```
import org.apache.Hadoop.io.Text;
import org.apache.Hadoop.mapreduce.Reducer;

import java.io.IOException;
import java.util.ArrayList;

public class UserPurchaseJoinReducer extends Reducer<Text, Text,
Text,Text> {
    private Text tmp = new Text();
```

```
private ArrayList<Text> userList = new ArrayList<Text>();
private ArrayList<Text> purchaseList = new ArrayList<Text>();

public void reduce(Text key, Iterable<Text> values, Context
context) throws IOException, InterruptedException {
    userList.clear();
    purchaseList.clear();

    while (values.iterator().hasNext()) {
        tmp = values.iterator().next();
        if (tmp.charAt(0) == 'X') {
            userList.add(new Text(tmp.toString().substring(1)));
        } else if (tmp.charAt('0') == 'Y') {
            purchaseList.add(new Text(tmp.toString().substring(1)));
        }
    }

    /* Joining both dataset */

    if (!userList.isEmpty() && !purchaseList.isEmpty()) {
        for (Text user : userList) {
            for (Text purchase : purchaseList) {
                context.write(user, purchase);
            }
        }
    }
}
}
```

连接操作是一种开销较大的操作，该操作需要在网络上执行数据的混洗操作。如果可能的话，那么数据应在映射器一侧进行过滤，以避免不必要的数据移动。

2. 映射一侧的连接（复制连接）

如果数据足够小以适配主内存，那么映射一侧的连接可被视为较好的选择。在映射一侧的连接中，小型数据集在映射器设置阶段被加载至内存映射中；大型数据集则作为输入被读取至映射器中，以便每条记录与小型数据集连接，随后输出结果被发送至某个文件中。此处不存在归约阶段，因而也不存在混洗和排序阶段。

映射一侧的连接被广泛用于左外连接和内连接用例中。下面考查如何针对映射一侧连接创建 Mapper 类和 Driver 类。

❑ Mapper 类。对于映射一侧的连接，Mapper 类可被视为一个模板，并以此根据输入的数据集修改当前逻辑。读取源自分布式缓存中的数据被存储于 RAM 中，因此，如果文件尺寸未与内存匹配，那么它就会抛出一个内存不足异常。解决此类问题的唯一选项则是增加内存空间。

❑　在映射器生命周期内，setup()方法仅被执行一次，而 map()方法则针对每条记录被调用。在 map()方法内部，每条记录都将针对内存中有效的匹配记录进行检查和处理，进而执行连接操作。

接下来考查 Mapper 类模板，该类的代码如下。

```java
import org.apache.Hadoop.conf.Configuration;
import org.apache.Hadoop.fs.Path;
import org.apache.Hadoop.io.LongWritable;
import org.apache.Hadoop.io.Text;
import org.apache.Hadoop.mapreduce.Job;
import org.apache.Hadoop.mapreduce.Mapper;

import java.io.*;
import java.net.URI;
import java.util.HashMap;

public class UserPurchaseMapSideJoinMapper extends
        Mapper<LongWritable, Text, Text, Text> {
    private HashMap<String, String> userDetails = new
HashMap<String, String>();

    private Configuration conf;

    public void setup(Context context) throws IOException {

        conf = context.getConfiguration();
        URI[] URIs = Job.getInstance(conf).getCacheFiles();
        for (URI patternsURI : URIs) {
            Path filePath = new Path(patternsURI.getPath());
            String userDetailFile = filePath.getName();
            readFile(userDetailFile);
        }


    }



    private void readFile(String filePath) {
```

```
        try {

            BufferedReader bufferedReader = new BufferedReader(new
FileReader(filePath));

            String userInfo = null;

            while ((userInfo = bufferedReader.readLine()) != null)
{
                /* Add Record to map here. You can modify value and
key accordingly.*/
                userDetails.put(userInfo.split(",")[0],
userInfo.toLowerCase());
            }

        } catch (IOException ex) {
            System.err.println("Exception while reading stop words
file: " + ex.getMessage());
        }

    }

    @Override
    protected void map(LongWritable key, Text value, Context
context) throws IOException, InterruptedException {
        String purchaseDetailUserId =
value.toString().split(",")[0];
        String userDetail = userDetails.get(purchaseDetailUserId);

        /*Perform the join operation here*/
    }
}
```

❑ Driver 类。在 Driver 类中,我们添加了输入文件的路径,该文件在其执行期间
  被移至映射器中。下面考查 Driver 类模板,如下所示。

```
import org.apache.Hadoop.conf.Configuration;
import org.apache.Hadoop.fs.Path;
import org.apache.Hadoop.io.Text;
import org.apache.Hadoop.mapreduce.Job;
import org.apache.Hadoop.mapreduce.lib.input.FileInputFormat;
import org.apache.Hadoop.mapreduce.lib.input.TextInputFormat;
import org.apache.Hadoop.mapreduce.lib.output.FileOutputFormat;
```

```
import org.apache.Hadoop.mapreduce.lib.output.TextOutputFormat;
import org.apache.Hadoop.util.Tool;
import org.apache.Hadoop.util.ToolRunner;

import java.util.Map;

public class MapSideJoinDriver {


    public static void main(String[] args) throws Exception {
        int res = ToolRunner.run(new Configuration(), (Tool) new
MapSideJoinDriver(), args);
        System.exit(res);
    }

    public int run(String[] args) throws Exception {

        Configuration conf = new Configuration();
        Job job = Job.getInstance(conf, "map join");

        job.setJarByClass(MapSideJoinDriver.class);


        if (args.length < 3) {
            System.out.println("Jar requires 3 paramaters : \""
                    + job.getJar()
                    + " input_path output_path
distributedcachefile");
            return 1;
        }

        job.addCacheFile(new Path(args[2]).toUri());

        job.setMapperClass(UserPurchaseMapSideJoinMapper.class);
        job.setOutputKeyClass(Text.class);
        job.setOutputValueClass(Text.class);
        job.setInputFormatClass(TextInputFormat.class);

        job.setOutputFormatClass(TextOutputFormat.class);

        Path filePath = new Path(args[0]);
        FileInputFormat.setInputPaths(job, filePath);
```

```
        Path outputPath = new Path(args[1]);
        FileOutputFormat.setOutputPath(job, outputPath);

        job.waitForCompletion(true);
        return 0;
    }
}
```

4.5.4 复合连接

在大型数据集上，映射一侧的连接被称作复合连接，其优点与之前讨论的映射一侧连接相同，也就是说，由于不存在归约器，因此可忽略混洗和排序阶段。复合连接的唯一条件是，在处理数据之前，需要利用指定的条件准备数据。

这里，条件之一是数据集必须与用于连接的键共同被存储；此外，数据集还必须通过键进行划分，且两个数据集必须包含相同数量的分区。Hadoop 提供了一个特定的 InputFormat，以利用 CompositeInputFormat 读取此类数据集。

在使用模板之前，必须处理输入数据以排序和划分，以使数据呈现为复合连接所需的格式。对此，首先准备输入数据，随后必须预处理输入数据，并通过连接键对其进行排序和划分。下面考查映射器和归约器，并对输入数据进行排序和分区。

下列 Mapper 将第一个键与索引键交换。在当前示例中，索引已位于首个位置，因而此处可能并不需要执行 getRecordInCompositeJoinFormat()方法。

```
import com.google.common.base.Joiner;
import com.google.common.base.Splitter;
import com.google.common.collect.Iterables;
import com.google.common.collect.Lists;
import org.apache.Hadoop.io.LongWritable;
import org.apache.Hadoop.io.Text;
import org.apache.Hadoop.mapreduce.Mapper;

import java.io.IOException;
import java.util.List;

public class PrepareCompositeJoinRecordMapper extendsMapper<LongWritable,
Text, Text, Text> {

    private int indexOfKey=0;
    private Splitter splitter;
    private Joiner joiner;
```

```
    private Text joinKey = new Text();
    String separator=",";

    @Override
    protected void setup(Context context) throws IOException,
InterruptedException {
        splitter = Splitter.on(separator);
        joiner = Joiner.on(separator);
    }

    @Override
    protected void map(LongWritable key, Text value, Context context)
throws IOException, InterruptedException {
        Iterable<String> recordColumns = splitter.split(value.toString());
        joinKey.set(Iterables.get(recordColumns, indexOfKey));
        if(indexOfKey != 0){
            value.set(getRecordInCompositeJoinFormat(recordColumns,
indexOfKey));
        }
        context.write(joinKey,value);
    }


  private String getRecordInCompositeJoinFormat(Iterable<String> value,
int index){
        List<String> temp = Lists.newArrayList(value);
        String originalFirst = temp.get(0);
        String newFirst = temp.get(index);
        temp.set(0,newFirst);
        temp.set(index,originalFirst);
        return joiner.join(temp);
    }
}
```

其中，归约器利用当前键（作为连接键）和值（作为整条记录）发送记录。由于在复合连接 Driver 类中，我们将针对 CompositeInputFormat 使用 KeyValueTextInputFormat 类作为输入格式类，因此对应值被保留为键，如下所示。

```
import org.apache.Hadoop.io.Text;
import org.apache.Hadoop.mapreduce.Reducer;

import java.io.IOException;

public class PrepareCompositeJoinRecordReducer extends
```

```
Reducer<Text,Text,Text,Text> {
    @Override
    protected void reduce(Text key, Iterable<Text> values, Context context)
throws IOException, InterruptedException {
        for (Text value : values) {
            context.write(key,value);
        }
    }
}
```

下列模板（复合连接模板）可被用于创建和运行复合连接示例，并可根据具体用例调整相应的逻辑。接下来考查其实现过程。

Driver 类接收 4 个输入参数。其中，前两个参数为输入数据文件，第 3 个参数为输出文件路径，第 4 个参数为连接类型。复合连接仅支持内、外连接类型，如下所示。

```
import org.apache.Hadoop.fs.Path;
import org.apache.Hadoop.io.Text;
import org.apache.Hadoop.mapred.*;
import org.apache.Hadoop.mapred.join.CompositeInputFormat;

public class CompositeJoinExampleDriver {

    public static void main(String[] args) throws Exception {

        JobConf conf = new JobConf("CompositeJoin");
        conf.setJarByClass(CompositeJoinExampleDriver.class);

        if (args.length < 2) {
            System.out.println("Jar requires 4 paramaters : \""
                    + conf.getJar()
                    + " input_path1 input_path2 output_path jointype[outer
or inner] ");
            System.exit(1);
        }


        conf.setMapperClass(CompositeJoinMapper.class);
        conf.setNumReduceTasks(0);
        conf.setInputFormat(CompositeInputFormat.class);

        conf.set("mapred.join.expr", CompositeInputFormat.compose(args[3],
                KeyValueTextInputFormat.class, new Path(args[0]), new
Path(args[1])));
```

```
    TextOutputFormat.setOutputPath(conf,new Path(args[2]));
    conf.setOutputKeyClass(Text.class);
    conf.setOutputValueClass(Text.class);
    RunningJob job = JobClient.runJob(conf);
    System.exit(job.isSuccessful() ? 0 : 1);
    }
}
```

Mapper 类采用连接键作为映射器的输入键，并将 TupleWritable 作为值。注意，连接键将从输入文件中被获取，因此输入数据应为特定格式，如下所示。

```
import org.apache.Hadoop.io.Text;
import org.apache.Hadoop.mapred.MapReduceBase;
import org.apache.Hadoop.mapred.Mapper;
import org.apache.Hadoop.mapred.OutputCollector;
import org.apache.Hadoop.mapred.Reporter;
import org.apache.Hadoop.mapred.join.TupleWritable;

import java.io.IOException;

public class CompositeJoinMapper extends MapReduceBase implements
        Mapper<Text, TupleWritable, Text, Text> {
    public void map(Text text, TupleWritable value, OutputCollector<Text,
Text> outputCollector, Reporter reporter) throws IOException {
        outputCollector.collect((Text) value.get(0), (Text) value.get(1));
    }
}
```

MapReduce 包含了多种设计模式，而介绍全部模式则超出了本书的讨论范围。

4.6　MapReduce 用例

本节将通过用例查找前 20 部高度相关的电影，并考查电影评级（100 人以上）的相关条件。对此，之前讨论的过滤模式适用于当前用例，对应的数据格式如表 4.1 所示。

表 4.1

title	averageRating	numVotes
tt0000001	5.8	1374

其中，title 代码表示特定的电影，且当前评级基于 10 分制。接下来考查映射器、归约代码和 Driver 代码。另外，当前模板也适用于类似的用例。

4.6.1　MovieRatingMapper

映射器的工作是处理记录，并针对输入划分发送所处理的前 20 条记录。另外，我们还将过滤未被评级（至少 100 人）的电影。对应代码如下。

```java
import org.apache.Hadoop.io.LongWritable;
import org.apache.Hadoop.io.Text;
import org.apache.Hadoop.mapreduce.Mapper;

import java.io.IOException;
import java.util.Map;
import java.util.TreeMap;

public class MovieRatingMapper extends
        Mapper<LongWritable, Text, Text, Text> {
    private int K = 10;
    private TreeMap<String, String> movieMap = new TreeMap<>();

    @Override
    protected void map(LongWritable key, Text value, Context context)
throws IOException, InterruptedException {

        String[] line_values = value.toString().split("\t");
        String movie_title = line_values[0];
        String movie_rating = line_values[1];
        int noOfPeople=Integer.parseInt(line_values[2]);
        if(noOfPeople>100) {
            movieMap.put(movie_title, movie_rating);
            if (movieMap.size() > K) {
                movieMap.remove(movieMap.firstKey());
            }
        }

    }

    @Override
    protected void cleanup(Context context) throws IOException,
InterruptedException {
        for (Map.Entry<String, String> movieDetail : movieMap.entrySet()) {
            context.write(new Text(movieDetail.getKey()), new
Text(movieDetail.getValue()));
        }
    }
}
```

4.6.2　MovieRatingReducer

Reducer 的工作是根据多个映射器的输出结果以及评级机制来过滤前 20 部电影。这里，Reducer 简单地遍历值，并通过评级机制维护内存中的前 20 部电影作品。一旦归约器完成其处理，记录就会被刷新至当前对应文件中，如下所示。

```java
import org.apache.Hadoop.io.Text;
import org.apache.Hadoop.mapreduce.Reducer;

import java.io.IOException;
import java.util.Map;
import java.util.TreeMap;

public class MovieRatingReducer extends Reducer<Text, Text, Text, Text> {
    private int K = 20;
    private TreeMap<String, String> topMiviesByRating = new TreeMap<>();

    @Override
    protected void reduce(Text key, Iterable<Text> values, Context context)
throws IOException, InterruptedException {

        for (Text movie : values) {
            topMiviesByRating.put(key.toString(), movie.toString());
            if (topMiviesByRating.size() > K) {
                topMiviesByRating.remove(topMiviesByRating.firstKey());
            }
        }
    }

    @Override
    protected void cleanup(Context context) throws IOException,
InterruptedException {
        for (Map.Entry<String, String> movieDetail :
topMiviesByRating.entrySet()) {
            context.write(new Text(movieDetail.getKey()), new
Text(movieDetail.getValue()));
        }
    }
}
```

4.6.3　MovieRatingDriver

配置内容将在 Driver 类中被设置，且全部归约器的数量被设置为 1，其原因在于，如果持有多个归约器，它将生成多个前 20 部电影，并且最终结果将难以满足期望条件，如下所示。

```
import org.apache.Hadoop.conf.Configuration;
import org.apache.Hadoop.conf.Configured;
import org.apache.Hadoop.fs.Path;
import org.apache.Hadoop.io.Text;
import org.apache.Hadoop.mapreduce.Job;
import org.apache.Hadoop.mapreduce.lib.input.FileInputFormat;
import org.apache.Hadoop.mapreduce.lib.input.TextInputFormat;
import org.apache.Hadoop.mapreduce.lib.output.FileOutputFormat;
import org.apache.Hadoop.mapreduce.lib.output.TextOutputFormat;
import org.apache.Hadoop.util.Tool;
import org.apache.Hadoop.util.ToolRunner;

public class MovieRatingDriver extends Configured implements Tool {

    public static void main(String[] args) throws Exception {
        int res = ToolRunner.run(new Configuration(), (Tool) new
MovieRatingDriver(), args);
        System.exit(res);
    }

    public int run(String[] args) throws Exception {

        Configuration conf = new Configuration();
        Job job = Job.getInstance(conf, "TopMoviwByRating");
        job.setNumReduceTasks(1);

        job.setJarByClass(MovieRatingDriver.class);


        if (args.length < 2) {
            System.out.println("Jar requires 2 paramaters : \""
                    + job.getJar()
                    + " input_path output_path");
            return 1;
        }

        job.setMapperClass(MovieRatingMapper.class);

        job.setReducerClass(MovieRatingReducer.class);
```

```
        job.setOutputKeyClass(Text.class);
        job.setOutputValueClass(Text.class);
        job.setInputFormatClass(TextInputFormat.class);

        job.setOutputFormatClass(TextOutputFormat.class);

        Path filePath = new Path(args[0]);
        FileInputFormat.setInputPaths(job, filePath);

        Path outputPath = new Path(args[1]);
        FileOutputFormat.setOutputPath(job, outputPath);

        job.waitForCompletion(true);
        return 0;
    }
}
```

此处并未使用合并器，其原因在于，最终仅刷新映射器中的 20 条记录，因此当前无须执行合并操作。接下来考查 MapReduce 应用程序的优化方式。

4.7 优化 MapReduce

MapReduce 框架为大型数据集的性能改进提供了诸多帮助，因而可添加更多的节点并兼顾性能问题。诸如节点、内存和磁盘这一类资源往往值得我们深入思考，因而仅添加节点并不是性能优化的主要手段。某些时候，添加更多节点并不能帮助获得更高的性能，因为应用程序的性能可能是其他因素造成的，如代码优化、不必要的数据传输等。本节将探讨一些优化 MapReduce 应用程序的最佳实践方案。

应用程序的性能通过应用程序占用的整体处理时间测量。MapReduce 以并行方式处理数据，因而在 MapReduce 应用程序上占据了一定的性能优势。除此之外，下列因素也在 MapReduce 性能优化过程中饰演了重要的角色。

4.7.1 硬件配置

硬件设置是 Hadoop 安装过程中的第一个步骤。性能往往取决于应用程序所采用的硬件配置。与处理能力较低的系统相比，包含较高处理能力的系统一般会呈现较高的性能。另外，包含更多内存的系统也会在性能方面表现得更加优异。在 Hadoop 中，网络带宽也饰演了十分重要的角色，其原因在于，MapReduce 作业需要在机器间执行混洗操作，因而需要占据更多的网络带宽尽快地完成处理工作。

4.7.2　操作系统调试

操作系统负责大多数系统级别的任务，如下所示。

❑　透明大页（transparent huge pages，THP）。Hadoop 中使用的机器需要禁用 THP，下面简要地介绍 THP 的具体含义。在大多数 Linux 系统中，默认的块尺寸为 4KB，因而较大的文件将包含更多的物理块。文件处理需要向内存中加载更多的块，且需要更多的迭代次数，这将会降低系统的性能。THP 为所有被称为大页（huge page）的块分配单一内存地址，因此读取和处理文件所需的迭代次数更少。

Hadoop 包含较大的块尺寸，即 128MB，且多个块无法被存储于连续的内存中。另外，多个块间支持 Hadoop 以并行方式处理数据。

THP 在 Hadoop 集群中无法实现良好的执行结果，同时会导致较高的 CPU 使用率。对此，建议在每个 worker 节点上禁用 THP。某些时候，这会显著地改善内存状况。相应地，可将下列代码添加至/etc/rc.local 文件中以禁用 THP。

```
if test -f /sys/kernel/mm/redhat_transparent_hugepage/defrag; then
echo never >
 /sys/kernel/mm/redhat_transparent_hugepage/defrag ;fi
```

❑　避免不必要的内存交换。在 Hadoop 中，内存交换会影响作业的性能，因而应避免内存与交换空间之间的数据交换，且仅应在必要时执行该操作。除非绝对必要，交换设置项可被定义为 0，进而避免交换行为；而值 100 则意味着，即刻将数据交换至交换空间内。当启用这一选项时，可将 vm.swappiness=0 添加至/etc/sysctl.conf 文件中。

❑　CPU 配置。在大多数操作系统中，CPU 均已被设置为节能状态，因而大多数时候，无须针对像 Hadoop 这一类系统（其中，CPU 大部分时间都忙于执行任务）进行优化。默认状态下，缩放调控器被设置为省电模式，我们需要通过运行下列命令将其更改为性能模式。

```
cpufreq-set -r -g performance
```

❑　网络调试。数据的混洗操作占用了 Hadoop 中的大量时间，因而网络带宽的优化应用可以帮助我们提升性能。另外，主节点和 worker 节点之间彼此交互，但二者每次的连接数量在 net.core.somaxconn 中是有所限制的。因此，net.core.somaxconn 应被设置为较大值。针对于此，可在/etc/sysctl.conf 文件中添加或编辑下列内容。

```
net.core.somaxconn=1024
```

❑ 选择文件系统。Linux 中包含了默认的文件系统，旨在处理较高的 I/O 密集型工作负载。最新的 Linux 版本中设置了 EXT4 作为默认的文件系统，且优于 EXT3 文件系统。该文件系统针对每次读取操作将最近的访问时间记录至文件中，进而引发磁盘的写入操作。通过向文件系统挂载选项中添加 noatime 属性，可禁用日志设置项。通过添加 noatime，某些用例可达到 20%的性能提升。

4.7.3　优化技术

较好的硬件选取方案几乎等同于完成了 30%的工作量，但是，基于应用程序需求的、优化和平衡的集群配置往往也不可或缺。下面将考查一些相关技术，以帮助我们提升 MapReduce 应用程序的性能。

❑ 使用合并器。网络上的数据混洗通常较为耗时，数据传输会导致较多的处理时间。对此，合并器可视为一个小型归约器，并运行在映射器机器上。虽然归约器无法用于全部用例中，但在大多数用例中，我们将能够使用合并器，进而在混洗阶段减少网络上的传输数据尺寸。

❑ 映射输出压缩。映射器处理输出结果并将其存储在本地磁盘中。对应的中间结果可通过 LZO 进行压缩，以便减少混洗过程中的磁盘 I/O 操作。当映射器生成大量的输出结果时，效果将更加明显。当启用 LZO 压缩时，需要将 mapred. compress.map.output 设置为 true。

❑ 过滤器记录。过滤掉映射器一侧的记录通常是一种较好的做法，这样使得映射器向本地磁盘中写入较少的数据。由于所需的操作数据较之前有所减少，因此后续步骤的运行速度也将加快。由于数据必须通过网络移至归约器中，因此混洗阶段将节省大部分时间。

❑ 避免过多的较小文件。过多的小型文件会导致应用程序占用过多的执行时间。HDFS 将此类文件作为独立块进行存储，因而会启动过多的映射器以处理此类文件——这可被视为一种开销。对此，较好的做法是将小型文件压缩至单一文件中，并在其上运行 MapReduce 应用程序。某些时候，性能甚至可提升 100%。

❑ 避免非划分文件格式。非划分文件格式（如.gzip）将一次性地被处理，而非在块中被处理。如果这些文件尺寸过小，则会占用更多的处理时间，其原因在于，针对每个文件将启动一个映射器。如果存在 200 个文件，则会启动 200 个映射器。这样，与处理文件的时间相比，启动和终止映射器将占用更多的时间。对此，较好的做法是使用可划分的文件格式，如 Text、AVRO、ORC 等。

4.7.4　运行期配置

Hadoop 内置了一组选项，并可调试内存和磁盘，以及优化 Hadoop 作业的网络性能。下面对其中几项内容进行考查。

❑ 针对任务的 Java 内存。映射和归约任务均为 JVM 处理，并在执行时占用 JVM 内存。增加内存可产生较好的性能。相应地，可通过 mapred.child.java.opts 属性设置内存大小。

❑ 映射溢出内存。映射器发出的输出记录将存储于一个循环缓冲区中，默认的缓冲区尺寸为 100MB。记住，一旦输出尺寸超出 100MB 的 70%（即 70MB），那么数据就会溢出至文件磁盘中。因此，如果存在 7 项溢出操作，则会存在 7 个溢出文件。随后，此类文件经合并后形成单一文件。当前目标是包含较少数量的溢出文件，并减少将溢出文件写入磁盘中的 I/O 时间。这可通过增加缓冲区内存予以实现，以防止映射器产生更多的溢出。对应尺寸可通过 io.sort.mb 属性进行设置。

❑ 调试映射任务。映射器的数量通过 Hadoop 框架隐式地确定，并通过 mapred.min. split.size 加以控制，其思想可描述为，控制应用程序启动的映射器数量，以便在输入数据尺寸和映射器数量之间得到某种平衡。如果存在过多的小型任务依次运行，那么较好的方法是将 mapred.job.reuse.jvm.num.tasks 设置为−1。如果存在长时间运行的任务，建议不要使用该属性，因为启动新的 JVM 所产生的开销并不会带来任何性能提升；相反，该行为可能会降低性能。在大多数时候，如果输入数据尺寸过大，那么较好的做法是将输入划分提升至一个较大的数值。

4.7.5　文件系统优化

HDFS 磁盘内置了特定的文件系统，如 Ext4、Ext3 或 XFS，调试文件系统将显著地改进处理性能。下面考查 HDFS 调试中一些较为常见的选项。

❑ 挂载选项。对于 Hadoop 集群，存在多个有效的挂载选项。正确的挂载选项可带来较好的性能收益。注意，在设置完毕后需要重启系统——仅修改配置内容并不会起到任何作用。用户需要重新挂载系统并随后重启该系统。Ext4 和 XFS 均应包含配置后的 noatime。

❑ HDFS 块尺寸。在 NameNode 性能改进和作业执行性能方面，块尺寸饰演了较为重要的角色。NameNode 保存存储在 datanode 上的每个块的元数据，如果块尺寸远远小于推荐的块尺寸，则会占用更多的内存。MapReduce 这一类处理引擎也会启动与划分尺寸相等的映射器数量，划分尺寸通常与块尺寸相等。dfs.blocksize 的建议值范围一般为 134217728～1073741824。

持有最优的 KDFS 块尺寸可以提高 NameNode 性能和作业执行性能。

❑ 短路读取。HDFS 中的读取操作会经过 DataNode，这意味着，客户端请求 DataNode 读取一个文件，DataNode 通过 TCP 套接字将文件数据发送至对应的客户端。在短路读取中，客户端直接读取文件，并在处理过程中绕过客户端，但这种情况仅在客户端和数据同处一处时才可能发生。大多数时候，短路读取在性能方面提供了显著的改善，对此，可将下列属性添加至 hdfs-site.xml 文件中，进而启动短路读取。

```
dfs.client.read.shortcircuit=true
dfs.domain.socket.path=/var/lib/Hadoop-hdfs/dn_socket
```

❑ 小型文件问题。Hadoop 针对大型文件存储提供了相应的优化措施，并建议列表中的文件尺寸应与 HDFS 块尺寸相等。如果存在过多的较小文件，这将增加 NameNode 内存开销，并在处理期间对性能带来负面影响，其原因在于，针对每个块将启动一个新的映射器。

因此，建议在此类小型文件上执行压缩操作，以使其形成一个大型文件。

❑ 过期的 DataNode。DataNode 定期向 NameNode 发送心跳信号，以便 NameNode 了解其 DataNode 仍处于活动状态。相应地，未在定义间隔内向 NameNode 发送心跳信号的 DataNode 将被视为过期状态，进而避免向此类 DataNode 发送任何读、写请求。这可通过添加下列属性予以实现。

```
dfs.namenode.avoid.read.stale.datanode=true
dfs.namenode.avoid.write.stale.datanode=true
```

4.8　本章小结

本章讨论了 MapReduce 处理机制及其内部的整体工作方式。除此之外，我们还学习了 MapReduce 作业如何提交至 YARN 中，以及 YARN 的工作方式，进而确保 MapReduce 作业高效地运行，并在成功地完成任务后向用户发送相应的状态。本章后半部分则介绍了业界常用的设计模式，以及应用此类模式的基本模板。

第 5 章将考查 HDFS 高效处理中的各种 Hadoop 组件，此外还将介绍用于数据分析和报告生成的一些 SQL 引擎。

第 2 部分

Hadoop 生态圈

第 2 部分内容主要介绍一些较为流行的工具，如 Kafka、Flume、Spark、Hive 和 Flink。

第 2 部分主要由以下 3 章构成。

- ❑ 第 5 章：Hadoop 中的 SQL。
- ❑ 第 6 章：实时处理引擎。
- ❑ 第 7 章：Hadoop 生态圈组件。

第 5 章　Hadoop 中的 SQL

Hadoop 传统上被用作一个文件系统，并能够通过分布式算法处理较大的数据量。然而，随着 Hadoop 在非程序员和商务分析师这一类人群中的不断增长，我们有必要利用简单和知名的接口读取和操控大容量记录。考虑到简单的构造和易于理解的逻辑语法，SQL 在非程序员和商业分析师中较为流行。由于 Hadoop 被用作大容量数据的存储，另外，数据在 Hadoop 上的爆炸式增长也是需要被考虑的一个关键因素，因此 SQL 是一种较为理想的方案。在此基础上，SQL 引擎用于处理和查找存储于 Hadoop 文件系统中的数据。Hadoop 上存在多个 SQL 版本，且大多数为开源软件。本章将对此进行逐一讨论。

本章主要涉及以下主题。

- ❏ 技术需求。
- ❏ Presto。
- ❏ Hive。
- ❏ Impala。

5.1　技术需求

读者需要安装 Hadoop 3.0。

读者可访问 GitHub 查看本章的源代码文件，对应网址为 https://github.com/PacktPublishing/Mastering-Hadoop-3/tree/master/Chapter05。

此外，读者还可访问 http://bit.ly/2GOVwKt 观看代码的操作视频。

5.2　Presto

大数据用例的日渐流行引发了诸多新技术和框架，且均对可伸缩性、高吞吐量和低延迟有所关注。某些公司配备了大型的数据仓库存储数百 PB 的数据，此类数据用于各种应用程序，如机器学习、批处理分析等。技术工程团队采用的数据可帮助我们获得业务洞察结果，进而改进产品和服务以创造新的竞争机会。

数据仓库的性能饰演了重要的角色，因为快速的结果有助于我们迅速地指定决策。数据仓库应能够以并行方式运行查询操作，并在较少时间内生成结果，进而提升商业生

产力和利润。除此之外，监控数据仓库的成本也十分重要，这将对组织机构的利润产生
重要的影响。Hadoop 利用大容量数据存储替代了其他一些具有延迟性的数据仓库系统，
同时还通过较低的基础设施成本提供了容错性、可伸缩性和分布式处理机制。例如，
Facebook 的数据存储量已达到 400PB，并构建了 Hadoop 集群，同时使用各种工具处理和
存储数据，如 MapReduce、Hive、Cassandra 和 Kafka。然而，诸如 Hive 这一类系统擅长
处理大量的数据，但却无法通过低延迟返回对应的结果。

　　Facebook 开发了 Presto，这是一款低延迟、分布式处理查询引擎，可查询任何源并
在较短时间内返回结果。这意味着，这是一种可交互的低延迟查询引擎。当前，Presto
在 Apache Licences 下开源。

　　Presto 可处理源自多个源的数据，并运行低延迟查询操作。Presto 可从 GB 字节扩展
到 PB 字节，而不会让应用程序停机。接下来将详细讨论 Presto 的体系结构。

5.2.1　Presto 体系结构

　　Apache Presto 是一个分布式查询引擎，并遵循主-从体系结构。其中，协调器表示为
主守护进程，而 worker 则表示为从守护进程。图 5.1 显示了 Presto 体系结构。

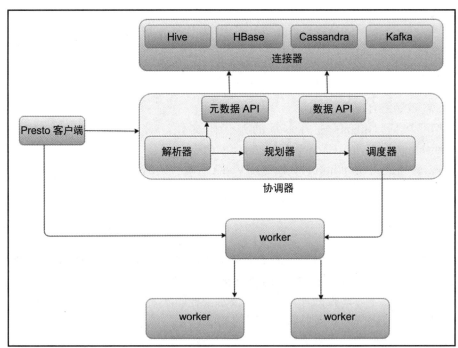

图 5.1

下面详细讨论每个组件。

❑ 协调器表示为主守护进程，该进程接收源自 Presto 客户端的请求，其中包含 3 个组件，即解析器、规划器和调度器。这里，解析器负责解析客户端提交的查询并检查语法错误（如果存在）；规划器针对某个查询执行规划，并将信息传递至调度器中以供执行；相应地，调度器负责启动 worker 节点上的 worker，并跟踪每个 worker 节点。协调器则跟踪 worker 节点的活动和查询的执行。另外，协调器针对执行查询规划生成阶段集合，随后转换为一系列的任务。

❑ worker。调度器在 worker 节点上调度任务，worker 节点的责任是针对数据处理执行一项任务。worker 节点利用连接器（如 Hive、Kafka 和 HBase）获取源中的数据，并在 worker 节点间混洗数据。连接器从 worker 节点中获取结果，并将对应结果返回 Presto 客户端。这一阶段可包含多项任务并以并行方式执行以最终完成该阶段的任务。

❑ 连接器。Presto 提供了多种连接器以连接和交互各种常用的数据源，如 Hive、HDFS 和 Kafka。Presto 已内置了多种连接器，除此之外，我们还可利用 Presto 库开发自己的连接器。连接器提供了元数据信息和数据以供查询使用。另外，协调器使用连接器获取元数据，这将有助于构建执行时的查询规划。

上述体系结构方面的内容简单且易于理解。接下来将考查 Presto 的安装方式以及如何执行查询操作。

5.2.2　安装 Presto 并执行基本的查询操作

Presto 的安装过程较为简单，且无须依赖任何工具。Java 安装是 Presto 的先决条件，因为 Presto 使用 Java 虚拟机（JVM）执行任务。下面逐步考查 Presto 的安装处理步骤。

（1）从 Maven 资源库（https://repo1.maven.org/maven2/com/facebook/presto/presto-server/）中或官方网站上下载最新的 Presto 压缩文件，并将其解压至全部节点上的所选的特定位置处。

（2）Presto 需要通过一个目录存储日志和其他应用程序数据。日志目录应在安装目录之外创建，这将有助于日后升级 Presto 时保留相关数据。

```
mkdir /var/presto/
```

（3）配置协调器和 worker 节点。其中的某个节点应针对协调器进行配置，并作为 Presto 的主守护进程。etc 目录应在 Presto 安装目录（其中包含了配置文件）内被创建，如下所示。

```
cd presto-server-0.201
mkdir etc
```

（4）在 etc 文件夹中创建下列属性文件和配置文件。

```
node.properties
jvm.config
config.properties
log.properties
```

（5）编辑 node.properties 文件，并在该文件中添加下列属性。

```
node.environment=stage
node.id=39d617c6-022a-4e13-a4cd-9718ad176818
node.data-dir=/var/presto
```

（6）每项属性的具体解释如下。

❑ node.environment 表示为 Presto 环境名称。集群中的所有 Presto 节点需要包含相同的 Presto 环境名称。

❑ node.id 表示 Presto 中节点的唯一标识符。该值可通过在 Linux 上运行 uuid 命令得到。

❑ node.data-dir 表示 data 目录的位置（文件系统路径）。此外，Presto 还将日志和其他数据存储至该目录中。

（7）编辑 jvm.config 文件并添加下列命令。该文件包含了一个命令行选项列表，用于启动 Java 虚拟机。如果堆由于内存不足问题而进入不一致状态，那么堆转储选项将针对堆执行线程转储，如下所示。

```
-server
-Xmx32G
-XX:+UseG1GC
-XX:G1HeapRegionSize=32M
-XX:+UseGCOverheadLimit
-XX:+ExplicitGCInvokesConcurrent
-XX:+HeapDumpOnOutOfMemoryError
-XX:OnOutOfMemoryError=kill -9 %p
-XX:PermSize=150M
-XX:MaxPermSize=150M
-XX:ReservedCodeCacheSize=150M
-Xbootclasspath/p:/home/presto-server-0.60/lib/floatingdecimal-
0.1.jar
```

（8）编辑 config.properties 文件，该文件包含了协调器或 worker 节点的配置内容。

Presto 服务器中的单一节点可担任协调器和 worker 两个角色，对此，一种较好的做法是
设置一个专用服务器进行协调以获取较好的性能和可管理性。协调器的 config.properties
如下。

```
coordinator=true
node-scheduler.include-coordinator=false
http-server.http.port=8080
query.max-memory=50GB
query.max-memory-per-node=1GB
discovery-server.enabled=true
discovery.uri=http://10.20.192.167:8080
```

（9）每种属性的具体解释如下。

❑　coordinator。启用 Presto 服务器作为协调器工作。协调器接收源自客户端的查询，
　　并管理执行过程。

❑　node-scheduler.include-coordinator。启用协调器节点并作为 worker 工作，进而执
　　行任务处理工作。对于大型集群，该属性应被设置为 false，其原因在于，这将
　　影响集群的整体性能——对于解析、规划、调度和监控查询执行来说，协调器
　　需要更多的内存空间。

❑　http-server.http.port。Presto 服务器的 HTTP 端口可被用于节点间的通信。

❑　query.max-memory。表示执行查询时可用的最大内存量。

❑　query.max-memory-per-node。表示在单一机器上执行查询时可用的最大内存量。

❑　discovery-server.enabled。Presto 节点利用启动时的发现服务注册自身。协调器可
　　被视为一个发现服务，但较好的做法是针对发现服务运行一台专用的机器。协
　　调器启用一个节点作为发现服务。

❑　discovery.uri。发现服务的 URI。

❑　worker 的 config.properties。下列属性应添加至 worker 的 config.properties 中。

```
coordinator=false
http-server.http.port=8080
query.max-memory=50GB
query.max-memory-per-node=1GB
discovery.uri=http://10.20.192.167:8080
```

（10）设置 Presto 日志的级别。设置 Presto 应用程序的日志级别十分重要，以便可
将正确的日志置入相应的日志文件中。对此，编辑 log.properties 文件并添加下列属性。
这里存在 4 种日志级别，即 DEBUG、INFO、WARN 和 ERROR。其中，默认级别为 INFO。

```
com.facebook.presto=INFO
```

（11）在 etc 文件夹中生成 catalog 目录。Presto 通过指定的连接器访问不同源中的数据，这些连接器被挂载至对应的目录中。在 catalog 目录中，我们可持有特定源的属性文件。例如，jmx 连接器将持有 jmx.properties 文件，其中包含下列属性。

```
connector.name=jmx
```

（12）利用下列命令启动 Presto 应用程序。

```
bin/launcher start
```

5.2.3　函数

数据库用户在查询操作中通常会使用各种函数，包括排序函数、日期函数和数学函数等。Presto 是一个分布式 SQL 查询引擎，同时设置了与其他数据库类似的内建函数。下面考查一些 Presto 中常用的函数。

1．转换函数

转换函数用于在数据类型间进行转换，可能的话，这一些函数隐式地把数字值和字符值转换为相应的数据类型。相应地，我们需要显式地调用转换函数，进而在不同的数据类型之间执行转换操作。注意，期望 varchar 值的查询无法自动将 int 值转换为 varchar。下列内容展示了不同的转换行为。

- □　cast()函数。该函数将某个值转换为指定的类型。通过该函数，可将 numeric 值转换为 varchar；或者将 varchar 转换为 numeric 值。如果转换失败，cast()函数将抛出一个错误。

```
select cast((t1*1000 +t2.1000) as varchar) from t1.
```

- □　try_cast()函数。该函数的工作方式类似于 cast()函数，唯一的差别在于，如果 cast()函数失败，查询不会出现错误，而是返回 null。

```
select try_cast((t1*1000 +t2.1000) as varchar) from t1.
```

- □　typeof()函数。针对既定的表达式，该函数返回 dataType，如下所示。

```
Select typeOf('chanchal') ;
output :-- varchar(8)
```

2．数学函数

Presto 中的数学函数与其他数据库（如 MySQL 和 Oracle）所使用的函数十分类似。

下面将考查一些常用的函数。

- □ abs(n)函数。该函数用于返回 n 的绝对值，如下所示。

```
select abs(-5.65) as abs_value;
---------------------------------
abs_value
5.65
```

- □ cbrt(n)函数。该函数用于返回给定数字 n 的立方根，如下所示。

```
select cbrt(8) as cubic_root;
---------------------------------
cubic_root
2
```

- □ ceiling(n)函数。该函数用于返回向上舍入至最近整数的 n 值，如下所示。

```
select ceiling(6.6) as ceil_value;
---------------------------------
ceil_value
7.0
```

- □ floor(n)函数：该函数用于返回向下舍入至最近整数的 n 值，如下所示。

```
select floor(6.6) as floor_value;
---------------------------------
floor_value;
6.0
```

- □ power(x, y)函数。该函数用于返回 x 的 y 次幂，如下所示。

```
select power(2,3) as power_value;
---------------------------------
power_value
8
```

3. 字符串函数

字符串函数在字符串列上执行修改、计算和析取操作。考查下列常用的函数。

- □ concat(string1, ..., stringN)函数。该函数用于将多个字符串连接至一个字符串中，如下所示。

```
select concat('packt','publication') as concat_value;
```

- □ length(string)函数。该函数用于返回某个字符串的长度。

❑ lowercase(string)函数。该函数用于将某个字符串转换为小写形式。这意味着，lowercase('CHINA')将返回 china。

❑ ltrim(string)函数。该函数用于移除字符串中前面的空格。

❑ rtrim(string)函数。该函数用于移除字符串中后面的空格。

❑ replace(sourcestring, search)：该函数用于移除字符串中全部搜索字符串实例。

❑ replace(string, searchstring, replace)函数。在原始字符串（string）中，该函数利用替换字符串（replace）替换全部搜索字符串实例（searchstring）。

❑ reverse(string)函数。该函数用于将逆置字符串。

❑ split(string, delimiter)函数。Presto 中的 split()函数类似于 Java 中的 split()函数，该函数根据 delimiter 划分字符串并返回对应的字符串数组。

❑ split(string, delimiter, limit)函数。该函数是上述 split(string, delimiter)函数的高级版本，根据 delimiter 划分字符串，并返回包含指定 limit 的 string 数组。对应数组的最后一个字符串索引包含了字符串中的剩余内容。

❑ split_part(string, delimiter, index)函数。该函数根据 delimiter 划分字符串，并返回 index 处的字符串。这里，index 始于 1，如果索引大于字段的数量，那么该函数将返回 null。

5.2.4　Presto 连接器

连接器用于启用 Presto 以获取、处理指定数据源中的数据。Presto 支持用户在单一查询中执行和处理源自两个不同源中的数据。本节将考查一些较为常用的连接器及其重要属性，如下所示。

❑ Hive 连接器。

❑ Kafka 连接器。

❑ MySQL 连接器。

❑ Redshift 连接器。

❑ MongoDB 连接器。

1. Hive 连接器

Hive 是一个数据仓库工具，可处理存储于某个分布式存储系统上的数据，如 HDFS。Hive 的默认查询引擎是 MapReduce，它利用 MapReduce 引擎处理数据。MapReduce 引擎针对中间输出结果的读写操作使用磁盘 I/O。Presto 提供了一个 Hive 连接器处理和查询存储于 Hive 中的数据。相应地，Hive 数据存储于 Hadoop 分布式文件系统中；元数据则存储于 PostgreSQL 或 MySQL 中。另外，Hive 还提供了元数据服务，可用于检索 Hive 元数据。Hive 连接器还可查询存储于 Hive 数据仓库中的数据。

Presto Hive 连接器采用 Hive 元数据存储获取与文件位置和表元数据相关的信息以处理数据。对此，首先在类别目录中生成一个 hive.properties 文件。Presto 通过内建的连接器与 Hadoop 2 协同工作。下列属性需要添加至所创建的 hive.properties 文件中。

```
connector.name=hive-hadoop2
hive.metastore.uri=thrift://localhost:9083
```

例如，一旦连接器设置完毕，就可执行下列查询来测试安装结果。

```
CREATE SCHEMA hive.test_db
WITH (location = '/home/packt/presto')

CREATE TABLE hive.test_db.test_table (
  id int,
  name varchar,
  email varchar,
  age int
)
WITH (
  format = 'TEXTFILE',
  external_location = '/user/packt/employees'
)

select * from hive.test_db.test_table;
```

2．Kafka 连接器

Apache Kafka 是一个分布式、具有容错性和可伸缩性的消息队列，在许多大型组织机构中，它也是数据管线中的一部分内容。Presto Kafka 连接器可用于处理存储于某个主题中的数据。这里，每个主题被视为 Presto 中的独立表，每条记录则表示为 Presto 中的单一行。Presto 支持 Kafka 0.8 及其后续版本。

当启用 Presto 访问 Kafka 主题时，可在类别目录中生成一个 kafka.properties 文件，并向其中添加下列属性。

```
connector.name=kafka
kafka.table-names=topic1,topic2
kafka.nodes=10.20.10.1:9092,10.20.10.2:9092,10.29.10.3:9093
```

不同配置属性如下。

❑　kafka.table-names 表示所有表的、以逗号分隔的列表。默认状态下，表名等同于

主题名，因此每个主题都可被视为 Presto 中的一张表。表描述文件可包含主题
和表名间的映射。

❑ kafka.nodes 是一个 Kafka 代理（hostname:port）的、以逗号分隔的列表。此处，
　　至少应针对 Presto 指定一个代理地址，进而与 Kafka 协同工作。

❑ kafka.connect-timeout。由于网络问题或防火墙，Presto 可能无法被连接至 Kafka。
　　该属性表示超时时间，随后将抛出一个连接超时异常。具体来说，默认值为 10s，
　　在商业集群中该值稍高。

❑ kafka.buffer-size。Presto 可被视为 Kafka 的使用者，并针对读取自 Kafka 的数据
　　维护一个缓冲区。其中，默认的缓冲区尺寸为 64KB，该值可适当增加以改进性
　　能问题。

除此之外，连同 Kafka 主题的表列，Presto 还提供了一些内部列。这些列包含了重要
的信息，如 partition_id、partition_offset 和消息。基于 Kafka 的 Presto CLI 可按照下列方
式运行。

```
./presto-cli --catalog kafka --schema schemaname
```

3. MySQL 连接器

MySQL 连接器使得 Presto 连接至 MySQL 实例，进而查询和生成外部 MySQL 数据库
中的表。Presto 可连接源自两个不同 MySQL 数据库，或 MySQL 和其他数据源之间的表。

类似于前述讨论的其他连接器，我们需要在 catalog 目录中生成一个 mysql.properties
文件，并向其中添加下列属性。

```
connector.name=mysql
connection-url=jdbc:mysql://localhost:3306
connection-user=test
connection-password=test
```

稍后将通过示例对此加以解释。当全部配置和设置完毕后，即可运行 Presto 并使用
mysql 目录运行下列查询以进行测试。其中，第一项查询将列出 mysql 中的全部有效模式；
第二项查询将生成 test_db 模式中的全部表；最后一项查询将利用所有列的列表描述表定义。

```
SHOW SCHEMAS FROM mysql;
SHOW TABLES FROM mysql.test_db;
DESCRIBE mysql.test_db.test_table;
```

4. Redshift 连接器

Amazon Redshift 是一个云端中完全管理的数据仓库服务。Redshift 集群由一组节点

集构成，其中包含了特定的配置，以处理在 Redshift 上执行的查询。Presto Redshift 连接器获取 Redshift 集群中的数据，并在 Redshift 服务器上对其进行处理。

在 catalog 文件夹中生成一个 redshift.properties 文件，并向其中添加下列属性。

```
connector.name=redshift
connection-url=jdbc:postgresql://redshift.cluster:5439/database
connection-user=test
connection-password=test
```

Redshift 的查询示例与 MySQL 非常类似，但目前尚不支持 alter（表）、delete、grant 和 revoke 等语句。

5. MongoDB 连接器

MongoDB 是一种文档型存储数据库，并提供了可扩展性、高可用性和较好的性能。Mongo 集合被用作 Presto 表，用户可在其上执行与 SQL 类似的查询。当设置 Mondo 连接器时，需要在 catalog 目录中生成一个 mongo.properties 文件，并向其中添加下列属性。

```
connector.name=mongodb
mongodb.seeds=host1,hostname:port
```

在 catalog 目录中可设置的其他属性如下。

❑ mongodb.min-connections-per-host 表示 Mongo 客户端可保留的最小连接数量。其中，默认值为 0，必要时可对该值进行调整。

❑ mongodb.max-connections-per-host 表示 Mongo 客户端所支持的最大连接数量。如果需要更多的连接，则可将其置入等待队列中，直至池中的其他服务被释放。

❑ mongodb.connection-timeout 表示连接超时时间（以毫秒计），其默认值为 10000。

5.3　Hive

Hadoop 生态圈有助于组织机构节省与大型工作集协同工作的成本。大多数 Hadoop 实现采用了商业硬件用于存储和处理，以帮助组织机构构建低成本的基础设施，进而提供高可用性和可伸缩的处理能力。然而，Hadoop 的 MapReduce 处理模型大多采用 Java 编写，现有的数据存储基础设施已在传统的关系型数据库（使用 SQL 进行数据处理）上形成。因此，有必要通过某种工具在 Hadoop 生态圈中提供相似的功能。

Hive 是一款数据仓库工具，可处理存储在分布式存储系统（如采用类似于 SQL 查询的 HDFS）上的大量数据。用户可使用 Hive 查询语言，该语言与其他 SQL 语言十分相似。

Hive 的设计目标是减轻数据仓库用户的工作，这些用户拥有丰富的 SQL 查询知识，但很难适应 Java 或其他语言实现 MapReduce。

5.3.1　Apache Hive 体系结构

Hive 查询语言（HQL）的简单性有助于 Hive 在 Hadoop 社区内提升其流行程度。Hive 已应用于大量的项目开发中，并为组织机构节省了大量的时间，这也进一步提升了其发展速度。接下来将详细介绍 Hive 的体系结构，如图 5.2 所示。

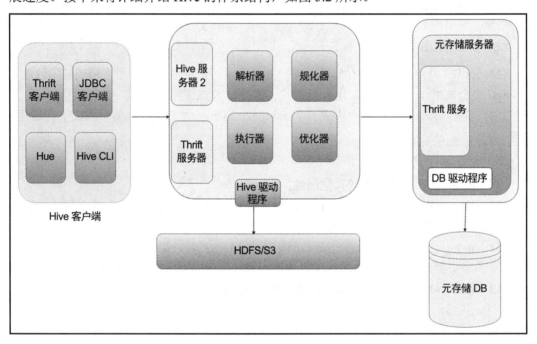

图 5.2

Hive 由多个主要的组件构成，下面将对其中的一些组件加以讨论。

- ❑ Hive client 是一个应用程序，可将查询提交至 Hive 服务器中以供执行。Hive 提供了一个客户端接口并以此与 Hive 连接。Thrift Server 可连接并向 Thrift 客户端提供请求。此外，Hive 还为客户端提供了 JDBC 和 Hive 服务器 2 连接。
- ❑ Driver 负责接收客户端提交的 Hive 请求。Driver 针对查询执行创建会话，并包含 4 个组件，即解析器、规化器、执行器和优化器，具体解释如下。
  - ➢ 解析器负责检查查询的语法错误。例如，查询可能包含 SQL 语句中错误的单词顺序，或者不属于表中的列。解析器是查询执行过程中的第一个步骤，

如果语句未通过解析器检测，则会通过驱动程序向客户端返回一条错误
信息。

> 规化器。成功解析后的查询结果将被传递至规化器中，并利用表和元存储
中的其他元数据信息生成查询执行规划。

> 优化器负责分析规划并生成新的优化 DAG 规划，优化操作可针对连接、减
少混洗数据等进行，进而对性能进行优化。

> 执行器。当解析器、规化器和优化器执行完毕后，执行器将根据依赖顺序
执行作业。其间，Executor 关注任务的生命周期，并监视其执行过程。

❑ 元存储服务器负责向驱动程序提供与某张表相关的元数据信息。元存储 DB 存
储与表、分区、模式和列等相关的细节信息。另外，存储元数据的数据库是可
插拔式的，默认状态下，Hive 使用 Derby 数据库；但大多数时候，人们更喜欢
使用 MySQL 作为元存储 DB。元存储提供了一个 Thrift 服务接口以访问元数据
信息，DB 驱动程序则用于访问其中的元数据信息。

各组件的内部详细信息则超出了本书的讨论范围。驱动程序主要负责管理查询的端
到端执行，并向客户端返回结果。

5.3.2　安装和运行 Hive

本节主要讨论 Hive 的安装方式。Hadoop 的不同版本，如 Cloudera、Hortonworks 和
MapR 均内置了 Hadoop、Hive、Pig 和 Kafka 软件包。用户可使用相关版本连同其他工具
运行 Hive。本节将介绍如何安装 Hive，以便大致了解 Hive 的设置方式。Hive 的执行过
程依赖于 Hadoop，因而需要在安装 Hive 之前在机器上安装 Hadoop。下列内容列出了不
同的操作步骤。

（1）安装过程的第一步是检查某些先决条件。这里，需要在机器上安装 Hadoop 和
Java 1.7 及其后续版本。此外，还需要在配置中设置 JAVA_HOME 和 HADOOP_HOME
属性。

（2）从官方网站中下载 Hive 执行程序压缩包，对应网址为 https://hive.apache.org/
downloads.html，随后在指定位置处执行解压操作。

```
tar -xvzf apache-hive-2.3.3-bin.tar.gz
```

（3）在 bashrc 文件中设置 Hadoop HOME 变量，并添加下列属性。

```
export HADOOP_HOME=/home/packt/hadoop3
export HIVE_HOME=/home/packt/hive
export PATH=$PATH:$HIVE_HOME/bin
```

（4）通过运行 Hive 版本命令确认 Hive 设置项，对应的 Hive 版本和细节信息如下。

```
hive --version
```

（5）当 Hive 路径设置完毕后，接下来生成一个目录，用于存储默认的表数据。运行下列命令生成 warehouse 目录，并针对两个目录设置权限，如下所示。

```
hdfs dfs -mkdir -p /user/hive/warehouse
hdfs dfs -mkdir /tmp
hdfs dfs -chmod g+w /user/hive/warehouse
hdfs dfs -chmod g+w /tmp
```

（6）Hadoop 路径应在 Hive 环境中设置。具体来说，可在 hiveenv.sh 文件中对其进行设置。

```
HADOOP_HOME=/home/packt/hadoop3
HADOOP_HEAPSIZE=2048
export HIVE_CONF_DIR=/home/packt/hadoop3/conf
```

（7）在 hive-site.xml 文件中设置配置属性。该文件包含 Hive 仓库位置和元存储地址等属性。另外，还需要将仓库位置添加至该文件中，如下所示。

```
<property>
    <name>hive.metastore.warehouse.dir</name>
    <value>/user/hive/warehouse</value>
    <description>location of default database for the
                    warehouse</description>
</property>
```

（8）运行 Hive 并执行查询操作。

```
hive
```

当前，Hive CLI 可用于生成数据库、表和执行查询操作。相应地，Hive 查询操作可在包含扩展名.hql 的文件中被编写，并可通过 hive -f filename 命令运行。

5.3.3　Hive 查询

HiveQL 与 SQL 类似，并在 Hive 中提供了一个环境，进而与表、数据库和查询协调工作。Hive 中的表创建过程不同于 RDMS 中的表生成脚本，其原因在于，Hive 并不是一个存储数据库，而是存储在 HDFS/S3 中的某个文件上的抽象层。接下来将考查如何与 Hive 协调工作。

1. Hive 表的创建过程

Hive 包含两种类型的表，即内部表（或托管表）和外部表。当删除一张表时，内部表将从存储系统删除数据，而外部表只删除表元数据，数据仍可供进一步使用。表的创建示例如下。

❑ 无分区表。Hive 表的生成脚本根据文件类型（表在其上进行操作）而变化。下列脚本可创建具有行分割记录和制表符分割列的文本文件表。

```
CREATE TABLE IF NOT EXISTS product(
product_id int,
product_name String,
product_catagory
price String,
manufacturer String
)
ROW FORMAT DELIMITED
FIELDS TERMINATED BY '\t'
LINES TERMINATED BY '\n'
STORED AS TEXTFILE
location '/user/packt/products;

CREATE EXTERNAL TABLE IF NOT EXISTS product(
product_id int,
product_name String,
product_catagory
price String,
manufacturer String
)

ROW FORMAT DELIMITED
FIELDS TERMINATED BY '\t'
LINES TERMINATED BY '\n'
STORED AS TEXTFILE
location '/user/packt/products;
```

❑ 分区表。通过降低需要搜索并执行查询的记录数量，分区表有助于优化 Hive 查询的性能。分区表的创建方式如下。

```
CREATE TABLE IF NOT EXISTS product(
product_id int,
product_name String,
product_catagory
```

```
price String,
manufacturer String
)
PARTITIONED BY (manufacturer_country STRING)
ROW FORMAT DELIMITED
FIELDS TERMINATED BY '\t'
LINES TERMINATED BY '\n'
STORED AS TEXTFILE
location '/user/packt/products;
```

如果未做特殊说明，对应位置也是可选的，并搜索 Hive warehouse 目录中的数据。如果该目录不存在，则通过表名创建一个目录。这里，默认的 warehouse 目录为/user/hive/warehouse。因此，如果该位置未被指定，那么数据应位于/user/hive/warehouse/product 目录中。

表的描述内容可通过下列命令查看。

```
describe formatted product;
```

对应的输出结果如图 5.3 所示。

```
hive> describe formatted product;
OK
# col_name              data_type               comment

product_id              int
product_name            string
product_price           double
manufacturer            string

# Detailed Table Information
Database:               default
Owner:                  hadoop
CreateTime:             Mon May 21 08:40:53 UTC 2018
LastAccessTime:         UNKNOWN
Retention:              0
Location:               hdfs://ip-10-254-0-45.ap-south-1.compute.internal:8020/user/hive/warehouse/product
Table Type:             EXTERNAL_TABLE
Table Parameters:
        EXTERNAL                TRUE
        numFiles                1
        numRows                 1
        rawDataSize             22
        totalSize               27
        transient_lastDdlTime   1526894412

# Storage Information
SerDe Library:          org.apache.hadoop.hive.serde2.lazy.LazySimpleSerDe
InputFormat:            org.apache.hadoop.mapred.TextInputFormat
OutputFormat:           org.apache.hadoop.hive.ql.io.HiveIgnoreKeyTextOutputFormat
Compressed:             No
Num Buckets:            -1
Bucket Columns:         []
Sort Columns:           []
Storage Desc Params:
        field.delim             \t
        line.delim              \n
        serialization.format    \t
```

图 5.3

2．将数据加载至表中

Hive 表定义为存储上的抽象内容，因而每张表包含一个与其关联的目录位置。每次从表中选择时，将搜索该目录中的数据并返回结果。如果该目录中不存在数据，则简单地返回一个空结果。这里，数据可通过两种方式加载至该目录中，第一种方式是将文件复制至表的目录位置处，如下所示。

```
//for file available on local system
Hadoop fs -copyFromLocal product_2018.tsv /user/packt/product

//for file available on hdfs
hadoop fs -cp /user/packt/product_2018.tsv /user/packt/product
```

另一种表数据的加载方式是通过查询操作。下列查询将本地系统中的数据加载至当前表中。

```
LOAD DATA LOCAL INPATH '/home/packt/product_2018.tsv' OVERWRITE INTO TABLE product;
```

分区表中的数据可通过之前讨论的方法加载，如果分区中的数据未通过 Hive 接口被加载，则需要运行 msck 命令以更新 Metastore DB 中的分区信息。这意味着，如果数据利用 copy 命令从某个位置复制至目标表分区中，则需要按照下列方式执行 msck。

```
msck repair table product;
```

3．select 查询

Hive 中的 select 查询与其他数据库的 select 查询操作并无太大区别。Hive 支持之前提及的 UDF 应用。语句中不同子句的顺序如下。

```
SELECT [ALL | DISTINCT] select_expr, select_expr2
FROM table_reference
[WHERE where_condition]
[GROUP BY col_list]
[ORDER BY col_list]
[CLUSTER BY col_list
| [DISTRIBUTE BY col_list] [SORT BY col_list]]
[LIMIT [offset,] rows]
```

下列查询将获得每家制造商研发的产品数量。

```
Select count(distinct product_id) , manufacturer from product group by manufacturer;
```

Explain 命令将生成 Hive 的执行规划,当针对优化操作调试查询时,这一点十分重要。Explain 命令连同查询将生成多个阶段的详细规划。

Explain Select count(distinct product_id) , manufacturer from product group by manufacturer;

上述命令将返回查询的详细执行规划,如图 5.4 所示。

```
hive> explain  Select count(distinct product_id) , manufacturer from product group by manufacturer;
OK
Plan optimized by CBO.

Vertex dependency in root stage
Reducer 2 <- Map 1 (SIMPLE_EDGE)

Stage-0
  Fetch Operator
    limit:-1
    Stage-1
      Reducer 2
      File Output Operator [FS_11]
        Select Operator [SEL_10] (rows=1 width=22)
          Output:["_col0","_col1"]
          Group By Operator [GBY_9] (rows=1 width=22)
            Output:["_col0","_col1"],aggregations:["count(_col0)"],keys:_col1
            Select Operator [SEL_5] (rows=1 width=22)
              Output:["_col0","_col1"]
              Group By Operator [GBY_4] (rows=1 width=22)
                Output:["_col0","_col1"],keys:KEY._col0, KEY._col1
                <-Map 1 [SIMPLE_EDGE]
                  SHUFFLE [RS_3]
                    PartitionCols:_col0
                    Group By Operator [GBY_2] (rows=1 width=22)
                      Output:["_col0","_col1"],keys:manufacturer, product_id
                      Select Operator [SEL_1] (rows=1 width=22)
                        Output:["manufacturer","product_id"]
                        TableScan [TS_0] (rows=1 width=22)
                          default@product,product,Tbl:COMPLETE,Col:NONE,Output:["product_id","manufacturer"]

Time taken: 0.108 seconds, Fetched: 29 row(s)
```

图 5.4

5.3.4　选择文件格式

由于数据存储于文件中,因而文件是数据管线的重要组成部分。对于数据管理、配置管理或其他应用,我们可采用不同的文件格式。例如,常见的文件格式包括 XML、JSON 和 CSV。另外,用户还可能会使用一些更加轻量级的 Hadoop 数据格式和 Web 服务。这对额外的字节处理、网络传输和存储机制,CPU 和内存往往会受到一定的限制,因而选择正确的文件格式和压缩技术将变得十分重要。接下来考查其实现方式。

1. 可划分和非可划分文件格式

Hadoop 可与可划分的文件实现良好的协调工作,其原因在于,Hadoop 首先划分数据,随后将其发送至 MapReduce 以供进一步处理。由于 Hadoop 以数据块这种形式存储和处理数据，因而应能够在文件内的任意位置处开始读取数据，同时使用 Hadoop 的分布式处理系统。这里，较为常用的文件格式包括 AVRO、ORC、Parquet 和可划分文件序列。Hadoop 可方便地将此类文件划分为相应的格式以供进一步处理。

例如，CSV 文件是可划分的，我们可在文件的任意行处开始读取操作且数据有效。然而，XML 文件由开始处的开始标签和结束处的结束标签构成，因而 XML 文件是不可划分的，我们无法在此类标签的中间处开始处理。因此，Hadoop 需要处理全部 XML 文件。

🛈 注意:

压缩文件也是不可划分的，但可在 Hadoop 中的块级别上使用压缩逻辑，以确保整个块一次性地由 Hadoop 进行处理，这将会显著地提升性能。

当针对表选择文件格式时，下列因素需要引起格外重视。

- ❑　查询性能。
- ❑　磁盘应用和压缩。
- ❑　模式变化。

下面将对此进行逐一考查。

2. 查询性能

Hadoop 中的查询操作主要体现在 HDFS 中的数据读取，或者将数据写入 HDFS 中。通过选择非压缩格式的文件，写入性能可得到显著地提升——压缩将占用更多的时间；而读取性能可能会采取一种折中方案，因为在处理过程中，压缩数据可在单一映射器中处理更多的数据。Hadoop 的设计理念是"一次写入，多次读取"，因而需要考虑到压缩问题，毕竟文件的读取行为是一种较为常见的操作。其他因素还包括数据的读取数量，这意味着，可选择读取一整行，或者若干列。对于读取部分数据的情况，像 ORC 这样的列式文件格式是一种更好的选择方案。

3. 磁盘应用和压缩

在 Hadoop 中，大型文件往往占用更多的空间；另外，考虑到复制因子，处理过程可能会需要 3 倍以上的时间。减少空间可能是另一个需要考虑的问题，对此，可在数据上采用相应的压缩技术，以便在存储数据时获取处理过程中速度方面和较低的存储空间的益处。某些时候，无压缩的 AVRO 可将磁盘空间减少 10%；而基于压缩方案的 AVRO 则可将磁盘空间减少 40%～50%；Parquet 格式可将磁盘空间进一步减少 80%。而且，压缩技术还有助于降低网络 I/O 操作。在混洗阶段，Hadoop 网络 I/O 饰演了一个重要的角色。

4．模式变化

具有灵活结构的数据可以随时间添加、更新或删除字段，甚至可以随并发摄入的记录而变化。几乎所有的文件格式选择方案都会关注管理灵活的结构化数据。AVRO 文件格式通过前向和后向模式兼容可处理模式变化这一类问题。因此，用户主要关注数据处理机制即可，而模式部分则留与 AVRO。除此之外，AVRO 文件格式还有助于在两个完全不同的平台间共享数据。

5.3.5　HCatalog 简介

HCatalog 定义为一张表和存储管理服务。HCatalog 可启用 Hadoop 工具读取表数据，如 Pig、MapReduce 和 Hadoop。HCatalog 构建于 Hive Metastore 服务之上，因而支持可实现 Hive SerDe（序列化和反序列化）的文件格式。HCatalog 可使用户查看诸如关系表这一类数据，而无须担心数据的存储位置和文件的格式。HCatalog 支持 Text File、ORC FileSequence File 和 RCFile 格式，Serde 可针对 AVRO 等文件格式编写。图 5.5 显示了 HCatalog 体系结构。

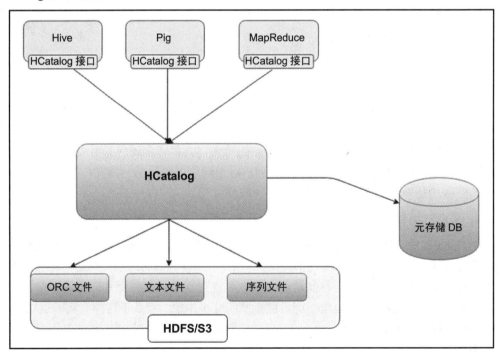

图 5.5

HCatalog 提供了一个接口并可使用其服务。Apache Pig 可使用 HCatLoader 和 HCatStorer 接口，并通过 HCatalog 读取和写入数据。HCatalog 采用一张表作为输入，针对 Metastore DB 中的表搜索元数据，并从该表中读取数据。用户可在 LOAD 语句之后根据分区过滤掉相关记录，如下所示。

```
test_table = LOAD 'test_table' using
org.apache.hive.hcatalog.pig.HCatLoader();

test_table_filter = FILTER test_table BY year == '2018' AND month == '07'
and day == '21';
```

类似地，HCatStorer 则通过 HCatalog 将数据写入集群中。下列语句将数据推送至 test_filter 表中。该表和数据库应在执行下列语句之前创建完毕。

```
store test_table_filter into 'test_db.test_filter' using
org.apache.hive.hcatalog.pig.HCatStorer();
```

HCatalog 中的表是不可变的，这意味着表和分区中的数据是无法被添加的。对于分区表，数据可被添加至新的分区中，且不会对原分区产生任何影响；但对于非分区表，表必须在执行 Pig 脚本之前删除。

HCatInputFormat 和 HCatOutputFormat 被定义为 MapReduce 应用程序的 Hcatalog 接口；HCatInputFormat 和 HCatOutputFormat 则被定义为 Hadoop 的 InputFormat 和 OutputFormat 的类实现。HCatalog 仍处于发展中，相信未来还会扩展更多的接口，进而与 Hadoop 生态圈的其他组件进行交互。

5.3.6　HiveServer2 简介

HiveServer2 允许客户端通过 JDBC、类 Thrift 协议对 Hive 执行查询。HiveServer2 针对多用户并发和授权提供了相应的支持；此外还对开放 API 客户端予以较好的支持，如 JDBC 和 ODBC。另外，新的 Thrift RPC 接口还使其可处理并发客户端问题，并支持高级的安全特性，如 Kerberos 和 LDAP。相应地，元数据可通过 JDBC/ODBC 客户端予以访问。

除此之外，HiveServer2 还针对执行引擎提供了容器资源，并针对每个 TCP 连接分配一个 worker 线程。此类连接的缺点是，即使连接处于空闲状态，一个线程也将会被分配至该连接上，从而导致性能降低。这里，我们也希望这一问题在未来能够得以解决。

5.3.7　Hive UDF

Hive 定义了内建函数，并可在包含特定数据类型的列上执行操作。例如，日期函数可帮助处理日期列；字符串函数可析取或修改字符串；数学函数可针对数字数据进行计算。虽然 Hive 向用户提供了多个内建函数，但某些时候，用户可能希望定义自己的函数（位于 Hive 内建函数列表之外）。对此，Hive 支持用户定义的函数（UDF）。Hive UDF 能够构建 Hive 函数库之外的函数。另外，Hive UDF 采用 Java 语言进行编写，并可通过实现 Hive 接口提供的指定类加以创建。

下面创建一个 UDF，并从输入字符串中移除 HTML，如从网站中抓取的 API，这些数据中包含 HTML 标签和其他列。

这里需要通过移除数据中的标签，并在最终表中存储数据以清除相关列。相应地，可创建一个 UDF 并通过第三方库移除 HTML 标签。

首先生成一个 Maven 项目，并在配置文件 pom.xml 中添加依赖关系，如下所示。

```xml
<?xml version="1.0" encoding="UTF-8"?>
<project xmlns="http://maven.apache.org/POM/4.0.0"
         xmlns:xsi="http://www.w3.org/2001/XMLSchema-instance"
         xsi:schemaLocation="http://maven.apache.org/POM/4.0.0
http://maven.apache.org/xsd/maven-4.0.0.xsd">
    <modelVersion>4.0.0</modelVersion>

    <groupId>com.packt</groupId>
    <artifactId>masteringhadoop3</artifactId>
    <version>1.0-SNAPSHOT</version>
    <dependencies>
        <!--
https://mvnrepository.com/artifact/org.apache.hadoop/hadoop-client -->
        <dependency>
            <groupId>org.apache.hadoop</groupId>
            <artifactId>hadoop-client</artifactId>
            <version>3.0.0</version>
            <scope>provided</scope>
        </dependency>
        <!-- https://mvnrepository.com/artifact/org.apache.hive/hive-exec -->
        <dependency>
            <groupId>org.apache.hive</groupId>
            <artifactId>hive-exec</artifactId>
            <version>2.3.3</version>
            <scope>provided</scope>
        </dependency>

        <!-- https://mvnrepository.com/artifact/org.jsoup/jsoup -->
        <dependency>
```

```xml
            <groupId>org.jsoup</groupId>
            <artifactId>jsoup</artifactId>
            <version>1.11.3</version>
        </dependency>


    </dependencies>
    <build>
        <plugins>
            <!-- build for Java 1.8. This is required by HDInsight 3.6 -->

            <plugin>
                <groupId>org.apache.maven.plugins</groupId>
                <artifactId>maven-compiler-plugin</artifactId>
                <version>3.3</version>
                <configuration>
                    <source>1.8</source>
                    <target>1.8</target>
                </configuration>
            </plugin>
            <plugin>
                <groupId>org.apache.maven.plugins</groupId>
                <artifactId>maven-shade-plugin</artifactId>
                <version>2.3</version>
                <configuration>
                    <transformers>
                        <transformer
implementation="org.apache.maven.plugins.shade.resource.ApacheLicenseResour
ceTransformer">
                        </transformer>
                        <transformer
implementation="org.apache.maven.plugins.shade.resource.ServicesResour
ceTransformer">
                        </transformer>
                    </transformers>
                    <filters>
                        <filter>
                            <artifact>*:*</artifact>
                            <excludes>
                                <exclude>META-INF/*.SF</exclude>
                                <exclude>META-INF/*.DSA</exclude>
                                <exclude>META-INF/*.RSA</exclude>
```

```
                            </excludes>
                        </filter>
                    </filters>
                </configuration>
                <executions>
                    <execution>
                        <phase>package</phase>
                        <goals>
                            <goal>shade</goal>
                        </goals>
                    </execution>
                </executions>
            </plugin>
        </plugins>
    </build>

</project>
```

HTMLTagRemover 的解释如下：创建一个扩展了 org.apache.hadoop.hive.ql.exec.UDF 的基类，其中定义了重载后的 evaluate()方法。

其中，evaluate()方法传递一个包含 HTML 标签的字符串，并使用 jsoup 日期库移除 HTML 标签。

```
package com.packt;

import org.apache.hadoop.hive.ql.exec.UDF;
import org.jsoup.Jsoup;

public class HTMLTagRemover extends UDF {

    public String evaluate(String column) {
        if (column == null)
            return null;
        return Jsoup.parse(column).text();
    }
}
```

shade 插件可帮助创建包含全部依赖关系的 JAR。随后执行下列命令。

```
mvn clean package
```

当使用 hive 查询中的 UDF 时，一旦创建了 JAR，就可在 hive 查询中按照下列方式对其加以使用。

```
hive> ADD JAR /home/packt/htmlremover.jar;
hive> CREATE TEMPORARY FUNCTION removehtml as 'com.packt.HTMLTagRemover';
hive> SELECT source,newstype,removehtml(article) FROM news LIMIT 10;
```

查询将返回移除 HTML 标签后的结果。此外，我们还可通过修改 evaluate()方法的返回类型，进而针对客户端需求条件定义其他 UDF。接下来讨论将 Hive 用作数据仓库工具时的一些最佳实践方案。

5.3.8　理解 Hive 中的 ACID

ACID 是指原子性、一致性、隔离性和持久性。其中，原子性意味着事务应成功完成，否则即视为完全失败，也就是说，不应存在部分遗留的内容；一致性确保任何事务都将使数据库从一个有效状态转至另一个有效状态；隔离性表明每项事务均应独立无关，也就是说，一项事务不应影响另一项事务；持久性的含义是，如果事务完成，即使机器状态丢失，或者系统出现故障，该事务也应被存储于数据库中。

ACID 属性对于某项事务来说是不可或缺的，每项事务应确保满足这些属性。

❑　数据的流式摄取。许多用户通过相关工具实现了 Hadoop 集群的流式数据，如 Apache Flume、Apache Storm 或 Apache Kafka。此类工具以每秒数百条（或更多）记录的速率写入数据，因此 Hive 仅可每 15min～1h 添加一个分区。过于频繁地添加分区将导致表中过多的分区。此类工具将数据流化至现有的分区中，但可能会导致读取器获得"脏"读取结果（也就是说，在启动查询后无法看到写入的数据），同时还会在目录中留下许多琐碎文件，进而增加 NameNode 的压力。通过这个新功能，读取器可获得一致性的数据视图，同时避免了过多的文件。

❑　较慢的变化维度。在典型的星型模式数据仓库中，维度表会随着时间缓慢变化。例如，零售商会开启新的商店，且需要添加至商店表中。或者，已有的商店可能会更改其建筑面积或其他已记录的特征，此类变化会导致单一记录的插入操作或记录的更新操作（取决于所选择的策略）。自 0.14 版本以来，Hive 已开始支持此类行为。

❑　数据重述。某些时候，所采集的数据并不正确且需要进行适当的修正。或者，数据的第一个实例可能是一个近似值（服务器报告的 90%），并随后提供完整的数据；或者，业务规则要求特定的事务应根据后续事务予以重新表述（例如，在购买结束后，客户可有资格成为会员，进而享受折扣价，包括之前购买的商品）。或者，在交易关系结束后，用户可能需要移除他们的数据。自 Hive 0.14

起，这些用例可通过 insert、update 和 delete 得以支持。

❑ 利用 SQL MERGE 语句的块更新操作。

BEGIN、COMMIT 和 ROLLBACK 目前尚未得到支持。另外，所有语言操作均为自动提交。在第一个发布版本中，仅支持 ORC 文件格式。该特性的构建使得事务可被任何存储格式使用，这些格式可确定更新和删除如何应用于基本目录（基本上是指具有显式或隐式行 ID 的记录）上。但截至目前，集成工作仅针对 ORC 得以实现。默认状态下，事务被设置为关闭状态。另外，当使用这些特性时，表必须被分桶（bucketed）；而同一系统中未使用事务和 ACID 的表则无须被分桶。由于外部表上的变化超出了压缩器的控制范围（HIVE-13175），因而外部表无法生成 ACID。另外，从非 ACID 会话中读、写 ACID 表则不被支持。换而言之，Hive 事务管理器需要被设置为 org.apache.hadoop.hive.ql.lockmgr. DbTxnManager，进而与 ACID 表协同工作。

另外，LOAD DATA...语句也未得到事务表的支持（直至 HIVE-16732 才被正确执行）。Hive 中的事务在 Hive 0.13 中被引入，但仅可部分满足 ACID 属性，如分区级别的原子性、一致性和持久性。这里，可以通过打开 ZooKeeper 或内存中可用的某种锁定机制来提供隔离性。但是，Hive 0.14 添加了新的 API，并在执行事务的同时完全满足 ACID 属性。

在 Hive 0.14 中，事务在行级别上予以提供，不同的行级别事务包括 insert、delete 和 update。

下面考查 Hive 中的 ACID 示例。

（1）确保 Hive 支持 ACID。在命令提示符中输入下列命令。

```
hive--version
```

对应的输入结果如图 5.6 所示。

```
↑ ravishankarnair — -bash — 80×7
ravion:~ ravishankarnair$ hive --version
Hive 2.3.2
Git git://stakiar-MBP.local/Users/stakiar/Desktop/scratch-space/apache-hive -r 8
57a9fd8ad725a53bd95c1b2d6612f9b1155f44d
Compiled by stakiar on Thu Nov 9 09:11:39 PST 2017
From source with checksum dc38920061a4eb32c4d15ebd5429ac8a
ravion:~ ravishankarnair$
```

图 5.6

 提示：

Hive 版本应大于 0.14。

（2）确保设置了下列属性，有开启 Hive 上的事务操作。

```
set hive.support.concurrency = true;
set hive.enforce.bucketing = true;
set hive.exec.dynamic.partition.mode = nonstrict;
set hive.txn.manager =
org.apache.hadoop.hive.ql.lockmgr.DbTxnManager;
set hive.compactor.initiator.on = true;
set hive.compactor.worker.threads = 1;
```

对应结果如图 5.7 所示。

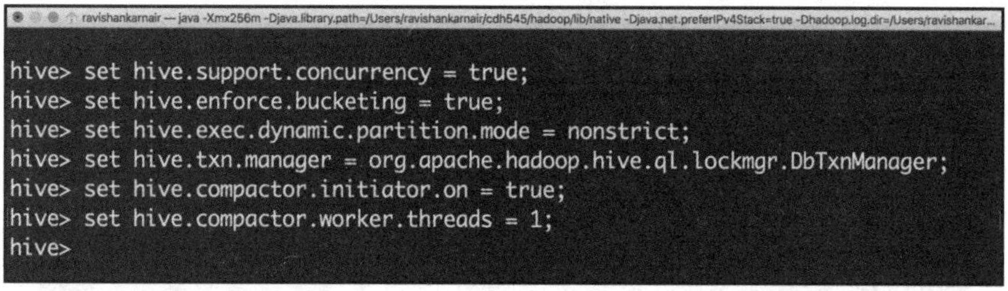

```
ravishankarnair — java -Xmx256m -Djava.library.path=/Users/ravishankarnair/cdh545/hadoop/lib/native -Djava.net.preferIPv4Stack=true -Dhadoop.log.dir=/Users/ravishankar...

hive> set hive.support.concurrency = true;
hive> set hive.enforce.bucketing = true;
hive> set hive.exec.dynamic.partition.mode = nonstrict;
hive> set hive.txn.manager = org.apache.hadoop.hive.ql.lockmgr.DbTxnManager;
hive> set hive.compactor.initiator.on = true;
hive> set hive.compactor.worker.threads = 1;
hive>
```

图 5.7

注意：

输入 set hive.enforce.bucketing;可查看设置值。

（3）创建一张表，其事务属性为 true，对应语法如下。

```
create table tschools(school_id int,
                  school_name string,school_loc string)
                  clustered by (school_id) into 5 buckets
stored as ORC TBLPROPERTIES ('transactional'
                          = 'true');
```

对应结果如图 5.8 所示。

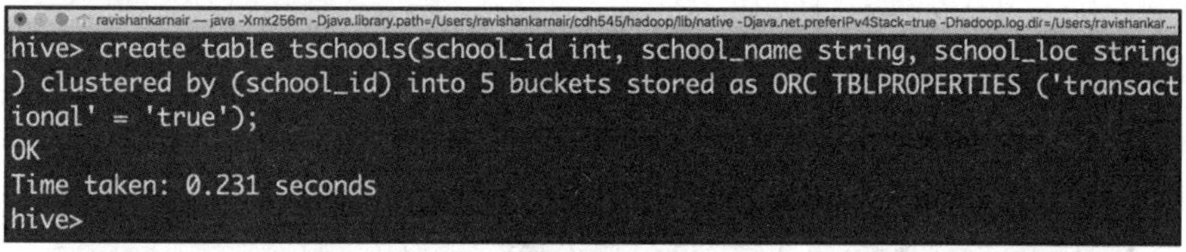

```
ravishankarnair — java -Xmx256m -Djava.library.path=/Users/ravishankarnair/cdh545/hadoop/lib/native -Djava.net.preferIPv4Stack=true -Dhadoop.log.dir=/Users/ravishankar...
hive> create table tschools(school_id int, school_name string, school_loc string
) clustered by (school_id) into 5 buckets stored as ORC TBLPROPERTIES ('transact
ional' = 'true');
OK
Time taken: 0.231 seconds
hive>
```

图 5.8

（4）插入值并运行两次，如下所示。

```
insert into tschools values(1, 'abc', 'acb'),
                           (2,'bcd', 'bdc'),
                           (3, 'cde', 'ced'),
                           (4, 'efg','egf'),
                           (5,'fgh', 'fhg');

insert into tschools values(1, 'abc', 'acb'),
                           (2,'bcd', 'bdc'),
                           (3, 'cde', 'ced'),
                           (4, 'efg','egf'),
                           (5,'fgh', 'fhg');
```

运行 select * from tschools 命令并查看结果，如图 5.9 所示。

```
hive> select * from tschools;
OK
5       fgh     fhg
5       fgh     fhg
1       abc     acb
1       abc     acb
2       bcd     bdc
2       bcd     bdc
3       cde     ced
3       cde     ced
4       efg     egf
4       efg     egf
Time taken: 0.298 seconds, Fetched: 10 row(s)
hive>
```

图 5.9

ℹ️ 注意：

可在/user/hive/warehouse/tschools 中查看 HDFS 的布局，其中显示了 delta 文件和事务表的内部表达。

（5）根据分桶后的列（即 school_id）更新值，如下所示。

```
update tschools set school_id = 10 where school_id = 5;
```

上述命令的输出结果如图 5.10 所示。

```
hive> update tschools set school_id = 10 where school_id = 5;
FAILED: SemanticException [Error 10302]: Updating values of bucketing columns is
 not supported.  Column school_id.
hive>
```

图 5.10

💡 提示：

无法更新一个正在分桶中的列。

（6）执行下列 update 命令，并查看更新后的结果。

```
update tschools set school_name='MIT' where school_id=5;
```

随后运行 select * from tschools 命令，并查看更新后的行，如图 5.11 所示。

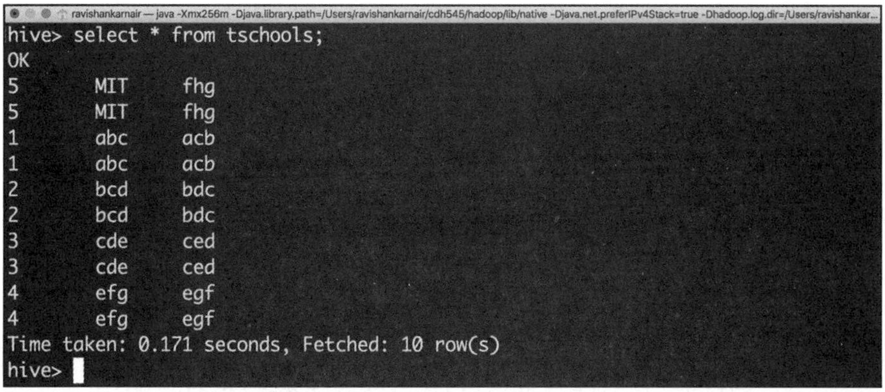

图 5.11

（7）运行 delete 命令并查看结果。

```
delete from tschools where school_id =5;
```

对应结果如图 5.12 所示。

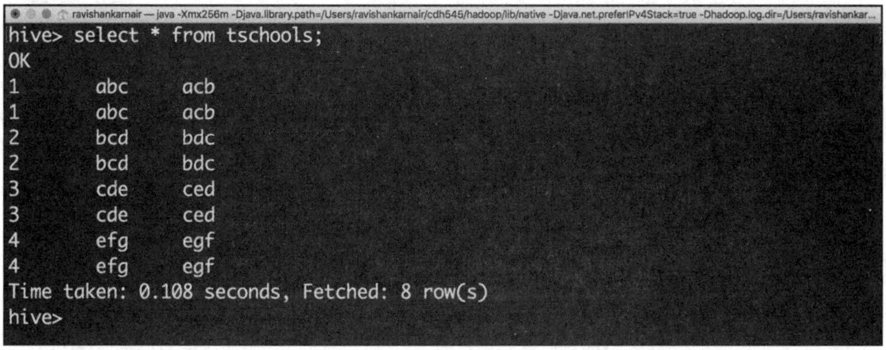

图 5.12

通过这种方式，在 Hive 上启用 ACID 使得用户在管理行级别的事务中具有更大的灵活性。

5.3.9　分区机制和分桶机制

本节将讨论分区机制和分桶机制的基本概念。

1. 先决条件

分区数据常用于水平方向上的分布式加载中，进而获得性能方面的收益，同时有助于以逻辑方式组织数据。例如，如果正在处理一个较大的 employee 表，同时频繁地使用 WHERE 子句执行查询，进而将对应结果限定于特定的国家或部门中。对于快速的查询响应，Hive 表可采用 PARTITIONED BY (country STRING, DEPT STRING)。

分区表改变了 Hive 对数据存储的构建方式，Hive 将创建一个反映分区结构的子目录，如.../employees/country=ABC/DEPT=XYZ。如果查询限定在 employee from country=ABC，那么这将扫描目录 country=ABC 中的内容，从而显著地改进查询性能，但前提条件是分区模式反映了通用的过滤机制。

分区特性在 Hive 中十分有用，然而，生成过多的分区仅会优化某些查询，却会对其他一些重要的查询带来负面影响。此外，另一个缺点是包含过多的分区意味着大量不必要的 Hadoop 文件和目录，以及针对 NameNode 的开销（需要针对内存中的文件系统保留全部元数据）。分桶机制则是另一种技术，进而将数据集划分为多个可管理的部分。例如，假设采用 date 作为顶级分区的一张表和作为次级分区的 employee_id 导致过多的较小分区。对此，如果分桶 employee 表并将 employee_id 用作 bucketing 列，该列值将通过用户定义的桶号被哈希化。包含相同 employee_id 的记录总是被存储于相同的桶中。假设 employee_id 数量远远大于桶的数量，每个桶将包含多个 employee_id。当创建表时，可指定"CLUSTERED BY (employee_id) INTO XX BUCKETS;"这一类语句。其中，XX 表示桶的数量。分桶机制包含多个优点，这里，桶数量是固定的，因而不会随数据而波动。如果两张表通过 employee_id 实现了分桶，Hive 则可在逻辑上创建一个正确的采样机制。除此之外，桶机制还有助于映射一侧的高效的连接行为等。

2. 分区机制

根据表列值，分区将大量的数据划分为多个切片。假设我们存储了全世界的个人信息，遍布 196 多个国家，收录了大约 50 亿个条目。如果需要从特定的国家（如梵提冈）查询个人信息，则需要扫描全部 50 亿个条目，进而获取该国家的 1000 个条目。如果根据国家对该表进行分区，仅针对单一国家分区检查数据即可优化查询处理过程。Hive 分区针对一个或多个列值创建了独立的目录。在数据量较小的分区中，水平方向上的分布式执行加载可更快地执行查询。也就是说，查询可快速地从梵提冈获取人口信息，而无须执行查询操作。如果存在较多的小型分区，对于既定分区的低容量数据来说，这是十分有效的。但某些查询仍会占用较长的时间，如大容量数据的 GROUP BY 操作。也就是说，与梵提冈人口分组机制相比，中国的人口分组过程将占用更长的时间。注意，分区不能解决数据向特定分区值倾斜时的响应性问题。

假设 employee_details 表包含了公司的员工信息，如 employee_id、name、department 和 year。当根据 department 列执行分区操作时，属于 department 的所有员工的信息将一起被存储于该分区中。从物理角度上讲，Hive 中的分区仅是 table 目录中的一个子目录。例如，假设持有 employee_details 表中 3 个部门（即 Technical、Marketing 和 Sales 部门）的数据，因而可针对每个部门生成共计 3 个分区，针对每个分区，我们将把对应部门的所有数据放在这张表目录下的一个单独的子目录中。

3．分桶机制

分桶机制将数据划分为更具管理性的部分或相等的部分。当采用分区机制时，可能会根据列值生成多个较小的分区；而对于分桶机制，我们将限制存储数据的桶数量。这一数字在表创建脚本中加以定义。桶机制的优点是，由于每个分区内的数据容量相等，因此在映射一侧的连接操作将更加迅速。除此之外，桶机制还可通过快速的查询响应，如分区。

5.3.10　最佳实践

Hadoop 生态圈由多种工具构成，每种工具包含自身特定的功能。如前所述，Hive 是一个数据仓库工具，用于分析大量的数据。在任何处理机制中，应用程序的性能都是需要重点考查的因素。对此，下列内容提供了一些标准的最佳实践方案。

❑　执行引擎。Hive 采用 MapReduce 作为默认的处理引擎，并针对执行查询操作于后台运行 MapReduce 作业。MapReduce 的高 I/O 时间并没有在查询响应方面提供令人满意的延迟时间。对此，建议将默认引擎设置为 Tez。Apache Tez 是一个分布式执行引擎，旨在优化 Hive 查询响应时间，且并未采用 MapReduce 引擎执行 Hive 查询。相反，Tez 准备并优化 DAG 规划进而执行查询操作。通过下列命令，Tez 可针对查询操作进行设置。

```
set hive.execution.enginer=tez
```

❑　避免使用内部表。Hive 包含两种类型的表，即内部表和外部表。当在产品中加以使用时，内部表可导致数据丢失。如果用户丢弃某张表，那么数据也将在目标位置（之前在该位置生成 Hive 表）处被删除。对此，建议在产品中采用外部表，以避免出现数据丢失问题。

❑ 选择文件格式。文件格式在性能和模式演化管理中饰演了重要的角色。用于生成报告的表应使用列文件格式，如 ORC。对于某些查询行为，这可将查询响应时间提升 10 倍（在较大数据尺寸的常规文本文件上采用了压缩技术）。列文件格式提供了列和带状（strip）级别的压缩，并在不影响查询性能的前提下节省存储空间。AVRO 文件格式可处理模式演化问题，且不会破坏原有的实现。

❑ 分区机制。Hive 可用于处理 TB 至 PB 级别的数据。Hive 中的表可在必要时对其进行分区，但大多数时候，我们都应对其进行分区。分区后的表有助于优化性能，也就是说，使得 Hive 仅在特定的分区内搜索数据。例如，假设 HDFS 存储了 10 年以来的数据，并在其上创建一张销售表。相应地，用户需要执行查询以获取最近 1 年的数据报告。如果未在该表上进行分区，Hive 将搜索全部 10 年的数据并生成结果；而对于分区表，Hive 仅搜索当前年份分区内的数据（假设分区已在 year 列上完成）。

❑ 规范化。Hive 中的连接操作是一项较为耗时的操作，且需要在网络上混合数据。Hive 中的表不应呈现为规范化形式（范式），其原因在于，当获取 Hive 中的报表时，需要执行连接操作，这将产生较长的响应时间。相应地，Hive 表应呈现为平面和规范化形式，以便用户尽可能地避免连接操作。

另外，容器优化和查询优化也可被视为一类最佳实践方案。

5.4　Impala

Impala 是一个现代开源大规模并行处理（MMP）引擎，旨在与 Hadoop 环境协同工作，同时提供了基于低延迟的队列执行功能。Hive 无法满足多用户环境下的交互式分析用例。相应地，Impala 集成于 Hadoop 环境中，并使用了大量的标准 Hadoop 组件，如 Metastore、HDFS、HBase、YARN 和 Sentry。与 Hive 不同，Impala 并不运行 MapReduce 获取相应的结果。Hive 使用 MapReduce 引擎用于执行操作，中间输出结果则存储于磁盘中，并用作另一个作业的输入内容。

5.4.1　Impala 体系结构

Impala 是一个大规模并行处理（MPP）分布式查询引擎，并使用了现有的 Hadoop 集群资源，但并未使用 MapReduce。然而，Impala 采纳了 Hadoop 处理机制的数据本地化特性。下面讨论 Impala 的体系结构及其组件。

Impala 的体系结构如图 5.13 所示。

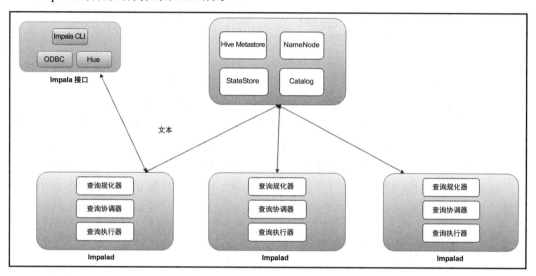

图 5.13

Impala 的体系结构由下列 3 个主要组件构成。

❑ Impala 守护进程。在 Hadoop 集群中，Impala 守护进程被部署于每个数据节点上，
这有助于 Impala 利用数据的本地化特性。Impala 守护进程负责接收 Impala 客户
端接口的查询请求，并在集群间规划查询的执行操作。用户向 Impala 守护进程
提交查询，因而该进程可被视为查询的协调器。协调器在集群间分配执行任务。
其他 Impala 守护进程执行查询操作，并将查询中间结果传回中央协调器节点处。
协调器节点负责聚合结果，并将其发送回客户端。

ℹ️ 注意：

在 Impala 2.9 及其后续版本中，我们可事先确定协调器的数量，这样就只有少数节点
充当协调器，而其他节点则作为执行器工作。这消除了为非协调器的所有 Impala 保留
RAM 的一切开销。

❑ StateStore 守护进程。StateStore 守护进程负责检查集群中 Impala 的健康状态。
如果任何 Impalad 节点由于任何故障（如硬件故障、网络或软件错误）而宕机，
那么 StateStore 将通知所有其他 Impala 守护进程，以便后续查询不会向故障节
点发出任何请求。Statesstore 守护进程可运行于任何一台机器上，但并不被认为

是高可用性的。如果 Statesstore 守护进程出于某种原因出现故障，Impala 守护进程将会像往常一样工作，但会在其间分布工作以完成用户的查询。如果 Statesstore 守护进程未处于运行状态，那么集群的健壮性将有所下降，这也可被视为 Statesstore 守护进程的唯一缺点。当 Statesstore 守护进程再次运行时，将重新建立与其他 Impala 之间的连接。

❑ 目录守护进程。该进程负责利用 Statesstore 服务向其他 Impala 守护进程提供元数据信息。其间，目录守护进程将从其他元数据存储中获取信息，如 Hive Metastore，并将其转换为支持 Impala 的聚合目录结构。如果生成了新表或表的模式被更新，则需要利用 REFRESH 和 INVALIDATE METADATA 语句刷新 Impala 守护进程，这将向运行在集群上的全部 Impala 发送更新后的信息。

Impala 的整体执行通过上述 3 个组件予以处理。接下来考查 Impala 中的作业执行工作流。

5.4.2　了解 Impala 接口和查询

Impala 接口可使用户针对查询操作与其进行交互。具体来说，用户通过 Impala 接口提交查询；Impala 将执行查询并通过同一接口返回响应结果。下列内容展示了 Impala 中一些常用的接口。

❑ Impala Shell。Impala Shell 是一个基本的常用接口，用于设置数据库和表、将数据插入表中并为生成报表发布查询。对此，存在多个选项可与 ImpalaShell 协同工作。通过执行下列命令，用户可运行交互式 Impala。

impala-shell

impala-shell 命令包含多个选项，下列内容展示了其中的一些选项。

❑ -f: 包含 Impala 查询的文件可利用-f 选项运行。该文件可能包含多个 Impala SQL 语句，或者创建、删除、修改表结构的语句。

❑ -q：该选项可用于运行单一 Impala 查询，且无须打开一个 Impala 交互式查询 Shell。

❑ -o：该选项可用于设置 Impala 查询结果的输出文件位置。通常情况下，该选项与-f 选项结合使用。

Hue Web 接口和 JDBC/ODBC 接口的解释内容如下。

❑ Hue 向用户提供了较好的 Web GUI，并可运行 DDL、DML 或 Impala 上的 select 查询操作。用户无须登录服务器即可运行 Impala Shell。也就是说，用户可在 GUI

中输入其查询,并通过单击 Run 按钮运行该查询操作。最终,查询结果将返回 GUI。

❑ JDBC/ODBC 接口。Cloudera JDBC 驱动程序可利用 Impala 的 JDBC/ODBC 端口连接至 Impala,进而执行查询操作。此外,还可通过支持 JDBC 语言编写的软件从商业 BI 工具中访问 Impala。默认状态下,Impala 服务器通过 21050 端口生成 JDBC 连接。因此,用户应确保该端口可有效地与网络上的其他主机进行通信。

Impala 守护进程可通过多个端口处理源自前述接口请求的监听任务。另外,命令行界面和基于 Web 的界面共享同一接口,而 JDBC 和 ODBC 则采用不同的端口监听输入的请求。

5.4.3　Impala 实战

本节将展示如何在陌生的(可能是空的)Impala 实例中查找表和数据库。当首次连接至 Impala 实例时,可使用 SHOW DATABASES 和 SHOW TABLES 实例查看最为常见的对象类型。另外,还可调用 version()函数确认正在运行的 Impala 版本。当查看文档或处理技术支持等问题时,版本号将变得十分重要。

全空的 Impala 实例不包含任何表,但会持有以下两个数据库。

❑ 默认时,在没有指定任何数据库时创建新表的位置。

❑ _impala_builtins:用于加载全部内置功能的系统数据库。

下列示例展示了如何查看有效的数据库和表。如果表或数据库列表较长,则可使用通配符表示法并通过名称定位特定的数据库或表。在 Cloudera 虚拟机的命令提示符中输入下列命令。

```
impala-shell -i localhost --quiet
```

对应的输出结果如图 5.14 所示。

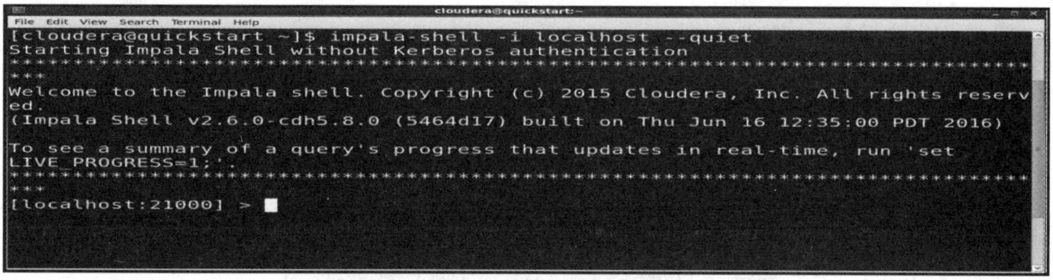

图 5.14

version()函数和 show databases 将生成如图 5.15 所示的结果。

随后即可利用"select current_database();"查询获取表,如图 5.16 所示。

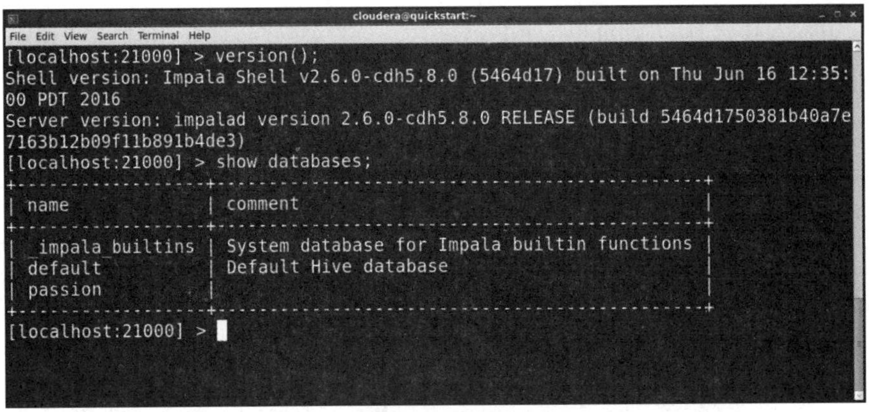

图 5.15

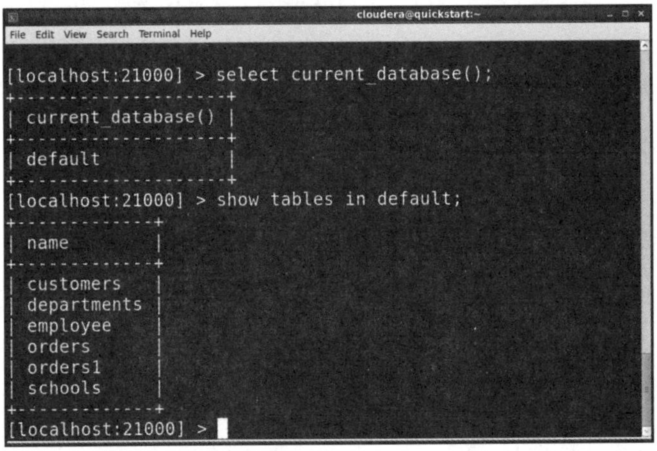

图 5.16

执行 select 查询，如图 5.17 所示。

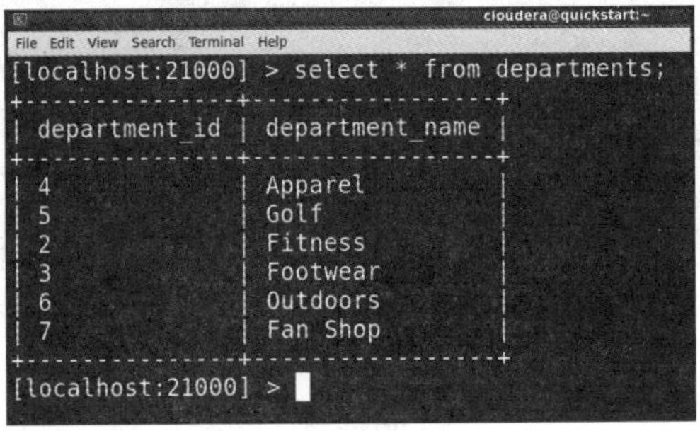

图 5.17

此外，还可利用下列命令查看列名，如图 5.18 所示。

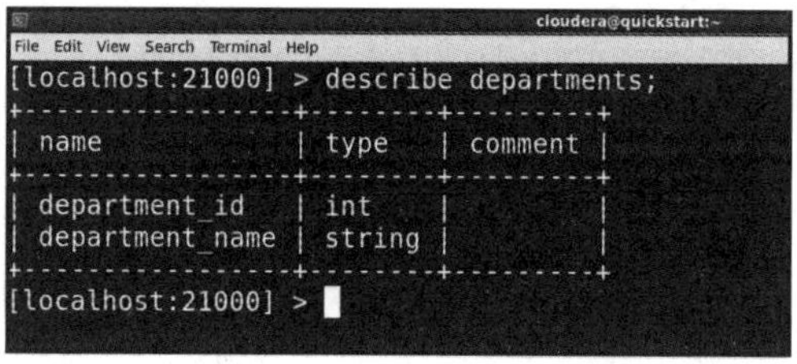

```
[localhost:21000] > describe departments;
+-----------------+--------+---------+
| name            | type   | comment |
+-----------------+--------+---------+
| department_id   | int    |         |
| department_name | string |         |
+-----------------+--------+---------+
[localhost:21000] >
```

图 5.18

甚至还可在两张表上编写 join 条件，如下所示。

```
select word from emp join dept on (emp.deptno = dept.deptno);
```

USE 命令可用于切换数据库。例如，如果打算使用名为 passion 的数据库，则可编写“use passion;”语句。

5.4.4　加载 CSV 文件中的数据

下面在 HDFS 的名为 passion 的目录中生成两个子目录 sample1 和 sample2。随后使用-p 选项创建父级目录，并从 http://www.forourson.com/passion/impala/data/处下载数据（data1.csv 和 data2.csv）。这里，需要将 data1.csv 置于 passion/sample1 目录中，并将 data2.csv 置于 passion/sample2 HDFS 目录中。

相关步骤如图 5.19 所示。

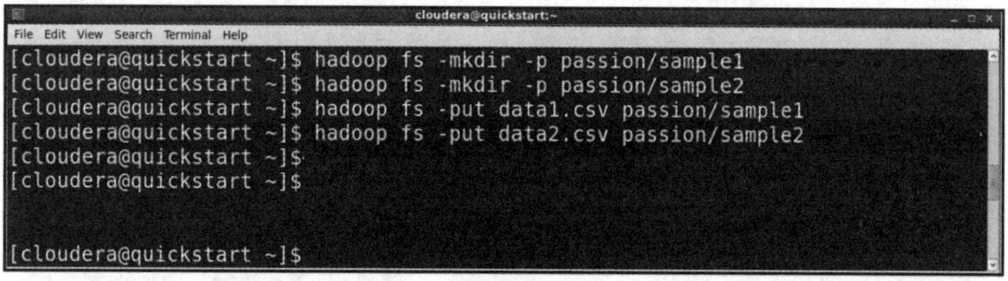

```
[cloudera@quickstart ~]$ hadoop fs -mkdir -p passion/sample1
[cloudera@quickstart ~]$ hadoop fs -mkdir -p passion/sample2
[cloudera@quickstart ~]$ hadoop fs -put data1.csv passion/sample1
[cloudera@quickstart ~]$ hadoop fs -put data2.csv passion/sample2
[cloudera@quickstart ~]$
[cloudera@quickstart ~]$


[cloudera@quickstart ~]$
```

图 5.19

随后创建 3 张表（两张外部表和一张内部表），如下所示。

```
CREATE EXTERNAL TABLE table1
(
id INT,
col_1 BOOLEAN,
col_2 DOUBLE,
```

```
col_3 TIMESTAMP
)
ROW FORMAT DELIMITED FIELDS TERMINATED BY ','
LOCATION '/user/cloudera/passion/sample1';
CREATE EXTERNAL TABLE table2
(
id INT,
col_1 BOOLEAN,
col_2 DOUBLE
)
ROW FORMAT DELIMITED FIELDS TERMINATED BY ','
LOCATION '/user/cloudera/passion/sample2';
CREATE TABLE table3
(
id INT,
col_1 BOOLEAN,
col_2 DOUBLE,
month INT,
day INT
)
ROW FORMAT DELIMITED FIELDS TERMINATED BY ',' ;
```

从这些表中所选的数据如图 5.20 所示。

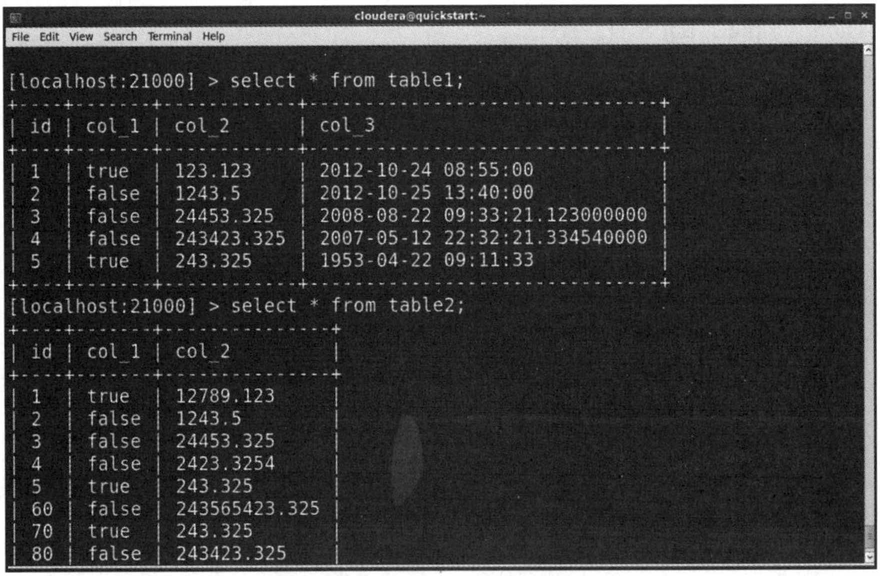

图 5.20

Impala 提供了一种方便的方法运行外部 SQL 文件。例如，如果生了一个名为 myfile.sql 的文件，那么可按照下列方式执行该文件。

```
impala-shell -i localhost -f myfile.sql
```

5.4.5　最佳实践方案

Impala 旨在针对存储于分布式文件系统（如 HDFS）上的数据执行低延迟的查询操作。Impala 的性能优于使用 MapReduce 的 Hive。对于良好的性能实现，下列内容展示了一些最佳实践方案。

- ❑ 文件格式。前述内容讨论了文件格式的重要性。Impala 通过 Parquet 文件格式（列文件格式）体现了较好的性能，其中以列格式存储数据，并采用压缩技术最小化存储空间。多项基准测试表明，与其他文件格式相比，基于 Parquet 文件格式的 Impala 将提升 3 倍的性能。
- ❑ 统计计算。Impala 提供了计算表统计数据的能力，如数据量和行、列数。Impala 使用这些统计数据优化查询操作，尤其是两张或多张表间存在连接时。另外，Impala 查询规划器在整张表和分区上使用统计数据，其中包括一些物理特征，如行数、数据文件数、数据文件的全部尺寸和文件格式。对于分区后的表，统计信息是按每个分区计算的，并作为整张表的汇总结果。这一类元数据信息被存储于 Hive Metastore 数据库中。另外，表计算的统计行为可通过下列命令触发。

```
compute stats parquet_snappy;
show table stats parquet_snappy;
```

- ❑ 分区机制。分区的工作机制与之前讨论的 Hive 最佳实践方案较为类似。分区有助于过滤记录，这意味着，可减少查询执行时 Impala 处理的记录数量。Impala 读取元数据表中的分区信息，并制订规划过滤查询执行过程中不需要的分区。
- ❑ 避免小型文件。大量的小型文件可降低 Impala 的性能（高达 100 倍）。如前所述，Kafka 和 HDFS 之间会存在大量的小型文件，查询过程花费了大约 15min 处理 6 个月以来的数据（200GB）。针对这一问题，我们合并了对应分区中的文件，最终查询时间降至 2min。除此之外，我们还优化了 MapReduce 作业，进而使性能提升了 100 多倍。这里建议使用较大的文件尺寸，以避免包含过多的基于较小文件尺寸的分区。例如，如果数据量不是很大，应避免按小时分区，相应地，可将分区设置为一年、一个月或一天。
- ❑ 表结构。曾有人针对表中的所有列使用字符串数据类型，并随后在计算过程中进行转换。这种方式将导致查询性能下降。针对于此，建议针对表中的列采用适宜的数据类型。关于表结构的第二种推荐方案是，必要时使用非标准化表。如前所述，连接操作是一项较为耗时的操作，且需要混洗数据，因而表结构应为非标准化表。

❑　协调器的数量。Impala 的初始版本曾强制用户将所有 Impala 守护进程作为协调器和执行器。但在最新的版本中，我们可以配置协调器和执行器节点的数量。此类节点仅执行协调器工作。此处，建议在初始状态下启用两个或 3 个协调器，以便资源可通过较好的方式加以利用。

5.5　本章小结

本章主要讨论了用于 Hadoop 生态圈中的常见 SQL 组件。此外，我们还学习了 Hive、Presto 和 Impala 的体系结构。接下来本章介绍了使用这些工具的最佳实践方案。

第 6 章将讨论处理引擎，并以此处理大量的数据。其中涉及内部体系结构和每个组件的幕后工作机制。除此之外，第 6 章还将考查相关示例以帮助读者设计自己的应用程序。

第 6 章　实时处理引擎

当前，大数据处理在各家公司间已变得十分流行，且存在许多工具和框架可处理此类数据。MapReduce 则是第一个分布式框架，随后围绕该框架开发出了大量的工具，如 Hive 和 Pig。快速处理大型数据集这一类需求直接导致了 Apache Spark 的出现，并以实时方式处理数据。之前我们曾使用了 Apache Storm，本章将讨论一些流行的处理框架，如 Apache Spark、Apache Flink 和 Apache Storm。

本章主要包含以下主题。

❑ Apache Spark 体系结构及其内部机制。

❑ 运行 Spark 应用程序的示例。

❑ Apache Flink 体系结构及其生态圈。

❑ Apache Flink API。

❑ Apache Storm 及其继任者 Heron。

6.1　技术需求

读者需要安装 Hadoop 3.0。

读者可在 GitHub 上查看本章的代码文件，对应网址为 https://github.com/PacktPublishing/Mastering-Hadoop3/tree/master/Chapter06。

读者可访问 http://bit.ly/2H7LWBV 观看代码操作视频。

6.2　Spark

在过去的 10 几年中，Hadoop 针对大型数据集用作处理框架，进而为组织机构带来了可观的价值，并节省了大量的成本。MapReduce 经过一段时间的演化后，对于某些用例仍缺乏高效性，如准实时计算、多路计算（迭代处理）等。每次处理数据时，数据都需要写入磁盘中，并从磁盘中选取数据以供进一步处理。除此之外，如果需要通过其他库添加附加用例，如 Mahout 和 Apache Storm，则需要在 Hadoop 集群中进行单独集成。

Spark 是一个分布式数据处理框架，针对大规模操作数据、内存中的数据缓存和数据集的可重用性提供了功能性 API。Spark 借助于直接无环图（DAG）这一概念，这里，DAG 是一种数据"血缘"（lineage）关系图，在出现故障时有助于重新计算任务。Spark 支持多种文件格式和丰富的 API 集，并以分布模式处理各种数据。

通过减少 I/O 时间和混洗数据的开销，Spark 消除了 MapReduce 框架中的缺陷。与 MapReduce 框架相比，内存数据存储和准实时计算使得 Spark 的计算速度提升了数倍。具体来说，内存存储能力具有迭代用例的优势，其中，同一数据集将在不同的计算过程中使用多次。另外，延迟评估特性和丰富的 API 集也有助于优化作业流。下面考查 Spark 体系结构及其内部工作方式。

6.2.1 Apache Spark 内部机制

Apache Spark 是一个分布式处理引擎，并遵循于主、从原则。Apache Spark 体系结构由各种组件构成，我们需要对每种组件有所了解，进而熟悉 Spark 应用程序执行的内部机制，这一点十分重要。图 6.1 显示了 Spark 的体系结构。

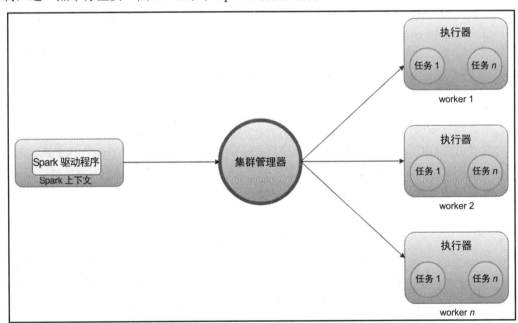

图 6.1

1．Spark 驱动程序

Spark 驱动程序是 Spark 体系结构中的主要组件，表示为 Spark 应用程序的入口点，同时负责执行下列任务。

- ❑ Spark 上下文。Spark 上下文在 Spark 驱动程序中被创建，对应的上下文对象负责初始化应用程序配置。
- ❑ 创建 DAG。Spark 驱动程序根据 RDD 操作创建对应关系，并将其提交至 DAG 调度器。这里，对应关系即为 DAG。也就是说，非循环图当前被提交至 DAG 调度器。
- ❑ 创建多个阶段。Spark 驱动程序还负责根据关系图将任务划分为多个阶段。
- ❑ 任务调度器和执行。驱动程序中的任务调度器利用集群管理器调度任务，如 YARN 和 Mesos，并控制各个阶段的执行。
- ❑ RDD 元数据。RDD 的元数据及其分区由 Spark 驱动程序维护，这将在发生故障时重新计算 RDD。

2. Spark worker

Spark worker 负责管理运行在自身机器上的执行器，并生成与主节点之间的通信，如下所示。

- ❑ 后台处理。运行于每个 worker 节点上的后台处理负责启动执行器。
- ❑ 执行器。每个执行器包含一个线程池，其中每个线程以并行方式执行任务。执行器读取和处理文件中的数据，并将数据写入目标位置处。
- ❑ 缓存。执行器还包含了缓存区域，可用于在内存中持久化 RDD。缓存机制有助于优化需要迭代方案的作业。全部 RDD 匹配于内存可能并无必要，因而需要选择正确的缓存机制，以确保程序执行不会破坏执行器的内存限制。

3. 集群管理器

集群管理器负责接收源自 Spark 驱动程序的作业提交请求，并管理资源以运行 Spark 集群中的作业。Spark 支持添加任何所支持的集群管理器类型。稍后将讨论不同的集群管理器及其详细内容。基本上讲，存在 3 种常用的集群管理器，即 Spark 独立集群管理器、Mesos 和 YARN。

4. Spark 应用程序作业流

Spark 应用程序的生命周期涉及各种中间步骤，每个步骤负责处理特定的职责。本节将详细介绍 Spark 作业流以及各个操作步骤。

（1）任何应用程序的第一步是提交作业。具体来说，客户端利用 Spark-submit 选项提交 Spark 应用程序。

（2）在作业提交期间指定的 main 类被调用，随后启动 Spark 驱动程序。该驱动程序在主节点上启动，负责管理应用程序的生命周期。

（3）驱动程序请求集群管理器中的资源，并根据应用程序配置启动执行器。

（4）集群管理器代表 Spark 驱动程序在 worker 节点上启动执行器，Spark 驱动程序现在获得应用程序生命周期的所有权。

（5）Spark 驱动程序根据 RDD 转换和动作创建 DAG。这里，所创建的任务数量与 RDD 转换和动作相关。随后，对应任务被划分为不同的阶段。

（6）Spark 驱动程序将任务发送至执行器，随后执行器执行任务。

💡 提示：

　　记住，执行器包含了一个线程池，线程池中的每个线程以并行方式执行任务。

（7）执行器将任务完成请求通过集群管理器发送至驱动程序。当所有执行器中的全部任务被执行完毕后，驱动器将向集群管理器发送一个完成状态。

6.2.2　弹性分布式数据集

弹性分布式数据集（RDD）可被视为分布式内存抽象，它以容错方式启动内存计算。MapReduce 应用程序存在一定的性能瓶颈，这与迭代方案相关。也就是说，由于同一数据集被读取多次，因而一个数据集将在多次计算中加以使用。针对迭代处理机制，RDD 可用于计算和持久化内存中的中间结果。中间查询（其中，用户在同一个数据库上运行多个特定的查询）还可通过内存持久化进行优化。RDD 被划分至一个记录集合中，实际上仅具有只读特性。其创建过程还可被描述为，从存储系统中读取数据，或者在另一个 RDD 上执行转换操作。相应地，RDD 构成了某种关系，可用于计算或重新计算源自数据的分区。用户针对持久化的 RDD 拥有了控制权，并可对 RDD 定义多个分区。

1. RDD 特性

不同 RDD 特性的解释内容如下。

❑ 分布式数据集。RDD 是一个分布式数据集集合，该集合可在分布式机器集中进行处理。RDD 内置了丰富的运算符集合，使得用户可编写优化和高效的处理代码，且无须担心其分布式处理、容错机制和数据混洗机制。

❑ 不可变性。RDD 本质上是不可变的，这意味着，转换行为并不能影响现有的 RDD。相反，新的 RDD 将被创建。RDD 由多个分区构成，每个分区包含了一个数据逻辑集合（也具备不可变性）。这里，不可变性有助于实现一致性，这对于分布式处理机制来说不可或缺。

❑ 容错性。故障在分布式处理机制中是一种常见问题，对于应用程序来说有必要

对其进行处理。Spark 应用程序构造了 RDD 的相应关系，进而可在出现关系故
障时恢复丢失的分区。这也是故障处理的快速方式之一，且无须在集群间复制
数据。

❑ 延迟评估。RDD 上的转换实际上具有延迟特性，这意味着，除非（直至）动作
在 RDD 上被调用，否则执行过程不会被启动。一旦 action 操作在 RDD 被调用，
关系中所需的 RDD 就会被计算，对应结果将返回当前驱动程序中。

2．RDD 操作

RDD 操作可分为以下两类。

❑ 转换。RDD 上的转换操作将生成新的 RDD，这意味着，每次执行转换操作时，
将创建新的 RDD。RDD 上的转换形成了 RDD 关系，进而呈现 RDD 与其父 RDD
间的依赖关系图。记住，RDD 本质上是不可变的，因而向 RDD 应用任何转换
均不会改变现有的 RDD；相反，这将对所构成的关系生成新的 RDD。全部转换
均被延迟评估，也就是说，除非（直至）某项动作在关系中的 RDD 上被调用，
否则转换操作不会被执行。下面考查一些转换函数。

➢ map()函数。map()函数转换将函数内的既定变化应用于 RDD 中的每个元素
上，并返回一个新的 RDD 数据集。下列 RDD 返回 map(元组)，其中每个
记录值为 1。

```
flatten_data.map(s => (s,1))
```

➢ filter()函数。filter()函数针对返回 false 值的函数从输入 RDD 中过滤记录。
下列 RDD 将移除长度小于 10 的全部记录。

```
val filtered_records = input_records.filter(x => x.length < 10)
```

➢ flatMap()函数。flatMap()函数应用于每条记录上，每条记录可生成多条记录。
下列代码源自单词计数程序。flatMap()函数利用空格分隔符划分每条记录，
并从单一记录中输出多条记录。

```
var flatten_data = input_file.flatMap(s => s.split(" "));
```

➢ union()函数。union 与 set union 运算符类似。union()函数联合两个 RDD 值，
并返回另一个 RDD。下列示例联合两个 RDD，并返回一个新的 RDD。其
中，元素的数量需要等于两个 RDD 中元素数量的总和。

```
        val first =
sc.parallelize(List("india","america","nepal","bhutan"))
        val second =
```

```
sc.parallelize(List("india","australia","russia"))
        val result = first.union(second)
```

其他 set 操作（如交集和差集）也可采用类似方式执行。此类运算符的工作方式类似于 set()函数，如下所示。

- ❑ join 操作。join 操作与数据库中的 join 基本相同，它根据键列连接表。两个 RDD（表示为元组的 RDD）可根据元组键匹配连接在一起。
- ❑ coalesce()函数。RDD 的分区表示为 Spark 中的并行单元，但过多的分区并不会总是带来益处。鉴于较少的处理时间和较高的记录混洗时间，这可能导致性能的降低。针对于此，coalesce()函数可用于减少分区的数量。

```
val coalesceRDD = input_rdd.coalesce(2)
```

- ❑ action()函数。action()函数针对 RDD 执行而触发。实际上，转换操作具有延迟特性，Spark 并不会对其触发任何执行行为。一旦遇到 action 操作，Sprak 就会根据 DAG 开始处理 RDD，并返回结果以驱动程序。下面考查一些较为常见的 action 操作。
  - ➢ count()函数。count 操作返回 RDD 中记录的数量。这对于检查 RDD 包含的记录数量十分有帮助，进而可验证、确认和比较结果。

```
inputRDD.count()
```

  - ➢ collect()函数。collect 操作将所有的 RDD 元素返回驱动程序中，该操作用于测试目的。记住，RDD 包含了大量的记录，且不应针对驱动程序而收集，其原因在于，如果数据尺寸超出了机器的内存，驱动程序则会崩溃。

```
rddResult.collect()
```

  - ➢ take(n)函数。该函数从 RDD 中返回 n 条记录，但我们并不了解那一条记录是返回结果的一部分内容。

```
processedRDD.take(5)
```

  - ➢ saveAsTextFile(Path)函数。该函数将 RDD 记录保存至一个文本文件中。通常情况下，处理后的最终记录一般被保存至一个文本文件中。

```
processedRecord.saveAsTextFile("/user/packt/result");
```

6.2.3　安装并运行第一个 Spark 作业

在 Spark 之前，我们一般采用较早的 Hadoop MapReduce 作业处理数据。当运行 MapReduce 程序时，一般需要设置一个 Hadoop 集群。对于开发人员来说，在缺少 Hadoop

集群的情况下测试 MapReduce 应用程序是一项非常枯燥的任务。相比较而言，Spark 可在本地和集群模式下运行应用程序。通过修改 Spark 配置，同一应用程序可运行于本地和集群模式下。接下来考查如何使用 Spark 学习、开发和测试应用程序。

1. Spark-shell

Apache Spark 通过 Spark-shell 提供了运行和测试 Spark AP 的快速方法。Spark-shell 是 Apache Spark 的内置特性，并针对用户设置了 SparkContext 对象。

🛈 注意：

读者可访问 https://Spark.apache.org/downloads.html 下载最新的 Apache Spark 库。

在下载了相关库之后，可使用下列命令执行解压操作，并运行 Spark-shell 命令。

```
tar -xvf Spark-2.3.1-bin-hadoop2.7.tgz
mv Spark-2.3.1-bin-hadoop2.7.tgz Spark
cd Spark/bin
./Spark-shell
```

对应输出结果如图 6.2 所示。SparkContext 对象 sc 通过 Spark-shell 创建，并运行于本地模式下（local[*]）。

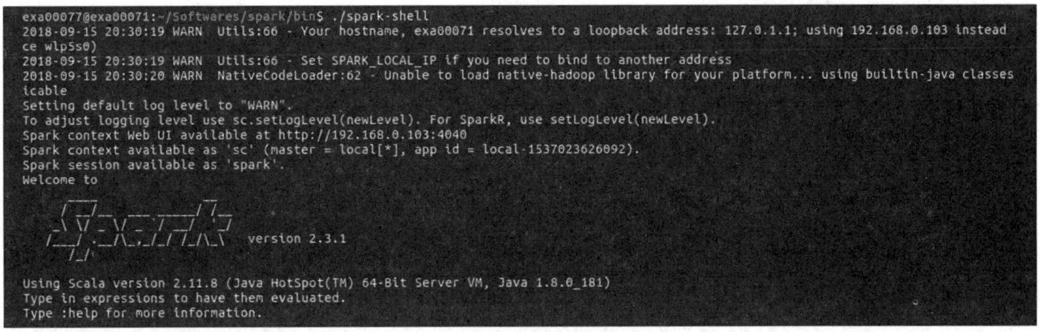

图 6.2

一旦登录了 Spark-shell，就可以测试 Spark API。下面在 Spark-shell 上运行一个单词计数程序，对应的输出结果被保存至 output 目录中。

```
scala> var input_file = sc.textFile("/home/packt/india.txt");
input_file: org.apache.Spark.rdd.RDD[String] = /home/hduser/india.txt
MapPartitionsRDD[1] at textFile at <console>

scala> var flatten_data = input_file.flatMap(s => s.split(" "));
flatten_data: org.apache.Spark.rdd.RDD[String] = MapPartitionsRDD[2] at
```

```
flatMap at <console>

scala> var number_assigned_words = flatten_data.map(s => (s,1))
number_assigned_words: org.apache.Spark.rdd.RDD[(String, Int)] =
MapPartitionsRDD[3] at map at <console>

scala> var word_count_sum = number_assigned_words.reduceByKey((a, b) =>
a + b)
word_count_sum: org.apache.Spark.rdd.RDD[(String, Int)] =
ShuffledRDD[4] at reduceByKey at <console>

word_count_sum.saveAsTextFile("/home/packt/wordcount")
```

2．Spark 提交命令

对于初学者而言，Spark-shell 适用于快速的代码测试和 Spark 学习。但对于产品级应用程序和长时间运行的 Spark 流式应用程序，我们需要使用 Spark-submit 脚本。

接下来将开发和运行第一个 Spark 单词计数应用程序。对此，我们将开发一个 Spark Maven 项目，并将应用程序打包至一个 JAR 文件中，随后利用 Spark-submit 脚本将其提交至 Spark 集群中。

3．Maven 依赖关系

开发 Spark 单词计数程序所需的唯一依赖关系是 Spark 内核。另外，build 插件可帮助我们将应用程序打包至一个 JAR 文件中。

```xml
<?xml version="1.0" encoding="UTF-8"?>
<project xmlns=" http://maven.apache.org/POM/4.0.0"
        xmlns:xsi="http://www.w3.org/2001/XMLSchema-instance"
        xsi:schemaLocation="http://maven.apache.org/POM/4.0.0
http://maven.apache.org/xsd/maven-4.0.0.xsd">
    <modelVersion>4.0.0</modelVersion>
    <parent>
        <artifactId>mastering-hadoop-3</artifactId>
        <groupId>com.packt</groupId>
        <version>1.0-SNAPSHOT</version>
    </parent>

    <artifactId>chapter6</artifactId>

<dependencies>
        <!-- https://mvnrepository.com/artifact/org.apache.Spark/Spark-core
-->
        <dependency>
```

```xml
            <groupId>org.apache.Spark</groupId>
            <artifactId>Spark-core_2.11</artifactId>
            <version>2.3.1</version>
        </dependency>

    </dependencies>
    <build>
        <plugins>
            <plugin>
                <groupId>org.apache.maven.plugins</groupId>
                <artifactId>maven-compiler-plugin</artifactId>
                <version>2.0.2</version>
                <configuration>
                    <source>1.8</source>
                    <target>1.8</target>
                </configuration>
            </plugin>
            <plugin>
                <groupId>org.apache.maven.plugins</groupId>
                <artifactId>maven-jar-plugin</artifactId>
                <configuration>
                    <archive>
                        <manifest>
                            <addClasspath>true</addClasspath>
                            <classpathPrefix>lib/</classpathPrefix>
<mainClass>com.packt.masteringhadoop3.Spark.wordcount.SparkWordCount
</mainClass>
                        </manifest>
                    </archive>
                </configuration>
            </plugin>
            <plugin>
                <groupId>org.apache.maven.plugins</groupId>
                <artifactId>maven-dependency-plugin</artifactId>
                <executions>
                    <execution>
                        <id>copy</id>
                        <phase>install</phase>
                        <goals>
                            <goal>copy-dependencies</goal>
                        </goals>
                        <configuration>
<outputDirectory>${project.build.directory}/lib</outputDirectory>
```

```
            </configuration>
          </execution>
        </executions>
      </plugin>
    </plugins>
  </build>
</project>
```

❑ SparkWordCount。单词计数程序通过定义 Spark 配置和创建一个 SparkContext
   对象即可启动。SparkContext 被定义为 Spark 应用程序的起始点，而且，RDD
   的创建也始于上下文对象。考查下列单词计数程序。

```java
import java.util.Arrays;
import java.util.Iterator;
import java.util.regex.Pattern;

import org.apache.Spark.api.java.*;
import org.apache.Spark.api.java.function.*;
import org.apache.Spark.SparkConf;
import scala.Tuple2;

public class SparkWordCount {

 private static final Pattern SPACE = Pattern.compile(" ");

 public static void main(String[] args) throws Exception {

 if (args.length < 1) {
 System.err.println("Usage: JavaWordCount <file>");
 System.exit(1);
 }

 SparkConf sparkConf = new SparkConf().setAppName("JavaWordCount");
 JavaSparkContext javaSparkContext = new JavaSparkContext(sparkConf);
 JavaRDD<String> lines = javaSparkContext.textFile(args[0], 1);

 JavaRDD<String> wordsRDD = lines.flatMap(new FlatMapFunction<String,
String>() {
 @Override
 public Iterator<String> call(String s) throws Exception {
 return Arrays.asList(SPACE.split(s)).iterator();
 }
 });
```

```
JavaPairRDD<String, Integer> numberedAssignedRDD = wordsRDD.mapToPair
(new PairFunction<String, String, Integer>() {
@Override
public Tuple2<String, Integer> call(String s) {
return new Tuple2<>(s, 1);
}
});

JavaPairRDD<String, Integer> wordCountRDD =

numberedAssignedRDD.reduceByKey(new Function2<Integer, Integer, Integer>()
{
@Override
public Integer call(Integer i1, Integer i2) {
return i1 + i2;
}
});

wordCountRDD.saveAsTextFile(args[1]);
javaSparkContext.stop();
}
}
```

❑ Building package。下列 Maven 命令可生成一个 JAR 文件。

```
mvn clean install
```

❑ Spark-submit。下列 Spark 提交命令可在本地模式下运行 Spark 应用程序（基于 3 个内核）。记住，--master 必须通过集群地址或 YARN 进行修改。

```
#Run application locally on three cores
./bin/Spark-submit \
 --class com.packt.masteringhadoop3.Spark.wordcount.SparkWordCount \
 --master local[3] \
 /home/packt/wordcount-1.0-SNAPSHOT.jar inputdir outputdir

#Running Spark in client mode
./bin/Spark-submit \
 --class com.packt.masteringhadoop3.Spark.wordcount.SparkWordCount \
  --master Spark://ipadress:port \
  --executor-memory 4G \
  --total-executor-cores 10 \
```

```
    /home/exa00077/wordcount-1.0-SNAPSHOT.jar inputdir outputdir

#Running in yarn cluster mode
./bin/Spark-submit \
 --class com.packt.masteringhadoop3.Spark.wordcount.SparkWordCount \
 --master yarn \
 --deploy-mode cluster \
 --executor-memory 4G \
 --num-executors 10 \
 /home/exa00077/wordcount-1.0-SNAPSHOT.jar inputdir outputdir
```

Spark-submit 包含多个选项，读者可查看 Spark 文档查看全部选项，对应网址为 https://Spark.apache.org。

6.2.4　累加器和广播变量

Spark 是一个分布式处理框架，其中，数据集以并行方式处理。程序中使用的变量值并未处于共享状态，其范围仅限定于相关机器中。例如，如果希望跟踪出现在数据集中的特定记录计数结果，且无须执行任何 RDD 聚合操作，或者如果希望创建 Spark 程序调整的中心变量，对此，一种方法是在不同的 worker 间共享变量。Spark 提供了两种特定的共享变量类型，如下所示。

❏　广播变量。广播变量在整个集群间被共享，这意味着，运行于某个 worker 节点上的程序可读取广播变量。这里，唯一的限制条件是内存。记住，如果 worker 节点未包含足够的内存可匹配内存中的广播变量，那么程序将出现故障。实际上，广播变量是不可变的，也就是说，其值无法被修改。通常情况下，在 RDD 计算期间需要执行任何种类的查找操作时，即可使用广播变量。

```
Broadcast<String[]> broadcastVar = sc.broadcast(new String[]
 {"Delhi", "Mumbai", "Kolkata"});

broadcastVar.value();
```

❏　累加器。累加器与 MapReduce 中的计数器类似，即包含两项操作（加和重置）的一种变量。针对数字累加器，Spark 提供了内建支持，此外也可以使用自定义累加器。
　　例如，可创建和使用一个双重累加器，并随后在 RDD 操作中对其加以使用。这里，累加器的计数结果为 4（内存中包含 4 个值）。

```
val accum = sc.doubleAccumulator("double counters")
```

```
sc.parallelize(Array(1.444, 2.6567, 3.8378, 4.93883)).foreach
  (x => accum.add(x))

  accum.count;

====================
 4
```

某些时候，我们可能需要构建自定义累加器，这可通过扩展 AccumulatorV2 进行创建。随后，自定义累加器需要通过 Spark 上下文进行注册，如下所示。

```
sc.register(myCustomAcc, "MyCustomAcc")
```

❑ 累加器上的更新操作应在 RDD 操作中完成，这可确保每项任务一次性地针对累加器进行更新。仅当 RDD 上存在相关动作时，累加器值方可被更新；否则将返回 0 作为结果。

对于程序员来说，共享变量可跟踪计数结果，同时提供内存中的查找服务（无须单独实现）。

6.2.5 理解数据框和数据集

RDD 是 Spark 框架的核心内容，一切事物均开始和结束于此处。这意味着，我们启动向 RDD 中加载数据，并将 RDD 保存至某个文件，或者是外部系统中，如数据库。

1．数据框

Spark 在版本 1.3 中引入了数据框，并以分布方式存储结构化数据，这与 RDD 较为类似。数据库作为现有的 RDD（包含命名列）扩展被引入，数据框这一概念源自 Python（pandas）和 R 语言。

数据框是一个经组织后的数据的分布集合，类似于关系数据库中的表，其中包含了丰富的优化特征集。由于数据框也是 RDD 类型，因此拥有不可变性、内存计算和延迟评估等特征，这一点与 RDD 类似。下面考查数据框的一些特性。

❑ 模式。数据框是一个分布式数据集合，该数据集合被整合至某个命名列中。读者可将数据框假设为数据库表，且处理过程于内部进行优化。

❑ 不可变性。数据框可视为 RDD 的抽象，并包含命名列。此外，数据框还包含与 RDD 类似的不可变性特征，这意味着，数据框上的转换将会生成另一个数据框。

❑ 灵活的 API。数据框可处理多种文件格式，包括 CSV、AVRO、OCR 和 Paraquat。此外，数据框还可从存储系统中读取数据，如 HDFS、Hive 等。

❑ 催化剂优化器。数据框使用 Spark 催化剂优化器实现性能优化。相应地，存在不
　　同的规则集可应用于 4 个查询执行步骤上，即分析、逻辑优化、物理规划和代
　　码生成，进而将查询部分编译为 Java 字节码。

❑ 内存管理。数据模式已定义完毕，因而有效地避免了 Java 序列化问题，并以二
　　进制格式存储对外数据，这有助于节省内存空间并改进垃圾回收操作。

除了数据框提供的丰富的特征集之外，还存在一些限制条件，如无法保证类型安全
的操作。这意味着，如果存在类型不匹配，程序的执行过程可能会出现故障。接下来考
查一些程序接口示例。

❑ 创建数据框。通过读取文件中的数据，或者在 RDD 上执行转换操作，即可创建
　　数据框。下列示例显示了如何从文件中创建数据框；而另一个数据框则通过转
　　换操作被创建。

```
val rawDF = Spark.read.json("/user/packt/author.json")
salaryFiltered = rawDF.filter(rawDF.salary > 30000)
```

❑ 将数据框注册为表。数据框可被注册为 Spark 中的临时表，随后用户可在其上执
　　行 SQL 查询，如下所示。

```
rawDF.createOrReplaceTempView("author")
val selectDF = sparkSession.sql("SELECT * FROM author");
selectDF.show()
```

❑ 保存数据框结果。经处理的数据框结果可被保存为表或外部文件系统。相应地，
　　保存模式可被设置为 append、overwrite 等。

```
salaryFiltered.write.bucketBy(10,
"name").sortBy("salary").saveAsTable("author_salary")

salaryFiltered.write.partitionBy("age").format(
"parquet").save("salary_filtered.parquet")
```

这里，建议读者参考 Spark 数据库 API，以了解与 API 集合相关的更为深入的信息，
从而加深理解其中的相关概念。

2．数据集

Spark 数据框包含了某些限制条件，如类型安全。因此，Spark 1.6 中引入了数据集
API。这里，数据集可被视为数据框的高级版本，同时也是一个强类型的 JVM 对象集合，
并采用编码器以表格格式表示。另外，RDD 特性同样适用于数据集，如不可变性、容错
性、延迟评估等。这里，编码器负责数据的序列化和反序列化行为，这有助于 JVM 对象

与 Spark 内部二进制格式间的数据转换，反之亦然。下面考查数据集中的一些特性。

❑ 处理能力。数据集可在结构和非结构数据集上进行操作，此外还可作为数据框工作，即无类型的数据集操作。同时，数据集也可通过强类型模式定义提供类型安全的操作。

❑ 优化行为。数据集也采用了 Spark 查询催化剂优化器和 Tungsten。根据规则设置，优化应用于不同的级别。通过观察可知，在某些场合下，这可在常规 RDD 上获得多重性能收益。

❑ 强类型安全。数据集可将数据与 Java 对象进行绑定，这有助于在编译期识别任何错误操作或语法错误。

❑ 可变性。通过转换 API，数据集 API 可将数据集转换为一个数据框。此外，RDD还可通过此类 API 转换为数据集或数据框。然而，在 Spark 最新版本中，数据框 API 与数据集合并，全部操作可通过数据集 API 完成。

接下来考查如何在 Spark 中创建数据集，以及可应用于数据集的一些常用转换和动作。

❑ 创建数据集。数据集的创建与数据框十分类似。在最新版本的 Spark 中，由于数据框 API 与数据集合并，因此我们仅获得数据集作为输出结果，而非数据框。

```
case class Author(name: String, salary:
 Long, email: String,age: String)


val authorDataset= sparkSession.read.json(
"/user/packt/author.json").as[Author]
```

❑ 转换。数据集 API 还提供了与 RDD 类似的函数 API，如 map()、filter()、groupby()等。接下来通过数据框查看单词计数示例。

```
import org.apache.Spark.sql.SparkSession

object WordCountWithDataset {

    def main(args: Array[String]) {

        val sparkSession = SparkSession.builder.
                master("local[*]")
                .appName("wordcount")
                .getOrCreate()

    import sparkSession.implicits._
     val inputDataset =
     sparkSession.read.text("/home/packt/test.data").as[String]
```

```
        val workdsDataset =
        inputDataset.flatMap(value => value.split("\\s+"))

        val groupedWordsDataset =
        workdsDataset.groupByKey(_.toLowerCase)

        val wordcountsDataset =
        groupedWordsDataset.count()
        wordcountsDataset.show()
    }
}
```

记住，非类型化数据即是数据框，而类型化数据集则是提供丰富功能的实际数据集。除此之外，还存在与数据集协同使用的大量其他功能，如 sort、partition 和 save 数据集。关于每种方法的具体使用方式，读者可访问 http://Spark.apache.org/。

6.2.6　Spark 集群管理器

Spark 中的 Spark 驱动程序与集群管理器进行交互，进而提交和调度任务。Spark 针对集群管理器支持插件策略，这意味着，我们可以根据应用程序需求条件在不同的 Spark 集群中采用不同的集群管理器。接下来我们将考查一些常见的规则，以帮助我们处理这一问题。Spark 应用程序的执行由 Spark 驱动程序管理，针对资源和作业调度，Spark 与集群管理器协同工作。

Spark 集群包含一个主节点和多个 worker 节点，如前所述，驱动程序将任务运行至执行于 worker 节点上的执行器中。这些执行器针对状态更新和资源需求与驱动程序进行交互。相应地，资源管理器负责调度和资源的分配。所有类型的集群管理器都具有基本功能，但是我们如何知道并决定使用哪一个集群管理器？对此，我们制订了一些规则，以帮助我们选择正确的集群管理器。

❑　高可用性。Spark 独立集群管理器通过 ZooKeeper 支持主服务器的高可用性。在出现任何故障时，备用主服务器接管故障主服务器。此处需要在主服务器上运行一个故障转移控制器，这会向 ZooKeeper 发送一个关于其活动状态的信号。如果一段时间以来 ZooKeeper 并未从 FailOverController 获得任何信号，那么就会使备用主服务器节点处于活动状态，并从所有 worker 节点中断开与故障节点之间的连接。如果除了 Spark 之外并未运行其他服务，那么，较好的做法是在初始状态下即使用 Spark 集群管理器。

Apache Mesos 集群管理器与独立集群管理器类似，对于主服务器故障具有同样的弹性。对于主服务器转移，现有任务将包含其执行过程。Apache YARN 分别支持使用命令行工具和 ZooKeeper 进行手动恢复和自动恢复。资源管理器设置了一个 ActiveStandByElector，这将在当前活动主服务器出现故障时选出新的主服务器。

❑ 安全性。通过共享密钥 SSL 和访问控制列表（ACL），可启用 Spark 独立集群安全控制。其中，共享密钥在 Spark 集群的每个节点上配置。通过启用 SSL 可实现数据加密；利用 ACL，对 Web UI 的访问也将受到限制。针对与集群交互的所有实体，Mesos 提供了相应的授权。这里，默认的权限模块是 Cyrus SASL，该模块也可被其他的自定义权限模块替换。线上数据的数据加密可通过 SSL/TSL 完成，而 UI 访问则可利用 ACL 加以控制。

在安全性方面，如针对身份验证和授权的 Kerberos，YARN 包含了丰富的功能集。此外，YARN 还提供了服务级别的授权，以确保用户在获取相应的权限后使用所需服务。另外，线上数据可通过 SSL 协议进行加密。

❑ 监测机制。几乎所有的集群管理器均设置了 Spark 作业监测 UI。其中，Web UI 显示了各种信息，如当前运行的 Spark 任务、所用的执行器数量、存储和内存利用率、故障任务、日志访问等。完整的应用程序详细信息则可通过 Spark 历史服务器进行访问。Apache Mesos 和 YARN 针对监测和调试机制提供了多种可用的指标。

❑ 调度能力。集群管理器的作业调度方式是十分重要的。Spark 独立集群针对作业调度和执行采用了 FIFO 调度器。默认状态下，Spark 应用程序使用全部执行节点，但通过相关配置，我们仍可限制 CPU、执行器和相关资源。

相应地，Mesos 向应用程序提供资源，应用程序可根据具体需求接收或拒绝请求。Mesos 同时提供细粒度和粗粒度的资源分配方案，这意味着，在单一集群中，一个应用程序可使用细粒度方案，而另一个应用程序则可选择使用粗粒度资源分配方案。

YARN 提供了可插拔的调度器策略，且在默认状态下采用计算能力调度器，以使多位用户可安全地共享一个大型集群，以便其应用程序在分配能力的限制下实现资源分配。此外，YARN 还提供了公平调度器实现方案，以确保应用程序队列间公平的资源分布。

6.2.7　最佳实践

在数据处理方面，由于相对完整的生态圈以及大型数据集的快速处理能力，因此 Spark 已成为被广泛使用的应用程序之一。同时，我们可通过一些基本的规则使 Spark 应用程序更加健壮、高效且较少地出现错误，如下所示。

❑　避免向启动程序发送大型数据集。分配于 Spark 驱动程序的内存一般会受到一定的限制，并可在运行 Spark 作业时进行配置。RDD 上执行的操作（如 collect() 函数）将结果数据集整体复制至驱动程序机器上，如果数据集的尺寸超出内存机器上的可用内存，则会抛出一个内存异常。此处建议使用 take() 操作获取一个样本数据集，这将限制从数据集获取的记录数量。

❑　避免使用 GroupByKey。混洗操作是性能优化过程中的一个主要问题。减少数据传输量将会提升应用程序的性能。GroupByKey 是一种聚合操作，它可导致数据在 worker 节点间混洗，且不存在任何分区级别上的聚合。这一过程与 MapReduce 中的归约操作类似，只是缺少了合并器。

❑　正确地使用广播变量。广播变量是一类共享变量，该共享变量可用于查找操作。在 RDD 的实际执行过程开始之前，广播变量在每个 worker 节点上均为有效。第一种情况是，数据集足够小且与内存适配，这可用于执行映射一侧的连接操作。我们可将小型数据集转换为一个广播变量，并以此与较大的数据集进行连接。

第二种情况是，数据集不够大且并不与数据集适配，但较小数据集的键与内存适配。对此，可根据较小数据集的键执行过滤操作，进而过滤掉较大数据集中的记录。通过这种方式，我们将持有的较大数据集中的记录至少有一个键位于较小数据集中。

❑　内存调试机制。集群资源的正确使用通常有助于提升应用程序的性能。Spark 支持驱动程序和执行器的配置行为。Spark 应用程序应针对其资源使用率进行调试，并根据其统计结果增加或减少执行器的内存。

❑　并行机制。分区表示为 Spark 中的并行单元。默认状态下，Spark 生成的分区数量等同于输入文件的块数量。根据作业所采集的统计结果，我们可针对 RDD 设置分区，也就是说，等于 worker 节点上的内核数量。如果存在 10 个 CPU 内核，则可通过并行方式处理 10 个 RDD 分区，且每个分区不应占用超出 150ms 的执行时间，否则需要增加分区的数量。

❑　缓存 RDD。Spark 提供了内存中的 RDD 缓存能力，但这并不意味着应在内存中缓存每个 RDD。经验表明，如果 RDD 在转换操作中被多次使用，那么 RDD 应予以持久化；如果不确定 RDD 是否适合于内存，则不应采取 memory_only 缓存，因为 Spark 必须动态地重新计算未缓存的 RDD 的分区。

当与 Apache Spark 应用程序协同工作时，较好的做法是不断进行代码尝试并修改相应的配置内容。

6.3　Apache Flink

当前，市场上存在大量的数据处理工具。其中，大多数为开源工具，而少数为商业化工具。这里的问题是，有多少处理工具或引擎可供我们使用？是否存在一种框架可满足包含不同处理模式的各种用例的处理需求？针对此类问题，Apache Spark 应运而生，它构建了统一的系统体系结构，相关用例包括批处理、准实时处理、机器学习模型等，并可通过丰富的 Spark API 予以解决。

Apache Spark 并不适用于实时处理用例（需要处理逐个事件）。除了实时处理能力之外，Apache Flink 还包含了一些新的设计模型，以解决 Spark 尝试处理的类似问题。

针对流式和批处理，Apache Flink 是一个开源的分布式处理框架。数据流引擎是 Flink 的内核，并提供了分发、通信和容错等功能。Flink 与 Spark 十分相似，但涵盖了一些自定义内存管理、实时数据处理方面的 API，因而与 Spark 稍有不同。后者工作于微批处理上，而非实时处理。

6.3.1　Flink 体系结构

与其他分布式处理引擎类似，Apache Fink 也遵循主-从体系结构。其中，作业管理器为主处理过程，而任务管理器为 worker 处理过程。Apache Fink 体系结构如图 6.3 所示。

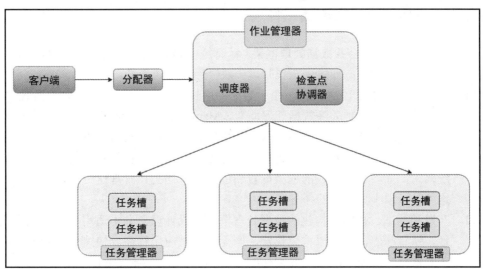

图 6.3

❑ 作业管理器。作业管理器是 Flink 集群的主处理过程并作为协调器工作。作业管理器不仅负责管理整个数据流的生命周期，同时还将跟踪每个数据流和操作者的进程和状态。除此之外，作业管理器还将在容错存储系统中维护检查点元数据。如果处于活动状态的作业管理器出现故障，备用作业管理器将使用检查点恢复数据流的执行状态。

❑ 任务管理器。任务管理器是 Flink 中的 worker 节点，并负责执行作业管理器分配的任务。Flink 集群由多个 worker 节点构成，且任务管理器在每个 worker 节点上均为有效。每个任务管理器包含了多个负责执行任务的任务槽（slot）。同时，每个任务管理器可执行多项任务（等同于包含的任务槽的数量）。相应地，任务槽通过资源管理器进行注册，以便在作业管理器请求任务槽时，资源管理器知晓哪一个槽分配与相关任务。执行同一应用程序任务的任务管理器还可彼此间通信，并在必要时交换信息。

❑ 分配器。分配器提供了 REST 接口，客户端可以此提交所执行的应用程序。当接收此类请求时，分配器将相同信息发送至作业管理器，并随后利用任务管理器执行应用程序。在接收到应用程序后，将启动一个作业管理器并处理应用程序；此外还将运行一个 Web 仪表板，并可于其中查看之前执行的应用程序。

前述内容讨论了 Apache Flink 体系结构中的一些主要组件，这些组件在其中饰演了主要的角色。当然，详细介绍每种组件则超出了本书的讨论范围。

6.3.2　Apache Flink 生态圈组件

Apache Flink 是一个合并数据处理框架，针对统一的生态圈体系结构，该框架涵盖了多种功能。当与大数据生态圈协同工作时，一般会遇到下列场景。

❑ 多个框架。最近 10 年以来，由于数据的增长势头迅猛，许多公司已开始针对快速的数据报告机制关注数据处理框架。MapReduce 在批处理方面占据了一定的市场；Apache Storm 则更多地集中于实时处理；而 Apache Mahout 则偏向于分布式机器学习等。对于每一种新的数据处理类型，取决于相应的体系结构和系统需求，需要针对对应的框架配置新的集群。当公司管理这一类基础设施时，这将是一项十分枯燥的任务。

❑ 开发和测试。初始时构建的数据处理框架的设计理念并不适用于以本地模式运行，这意味着，如果未构建集群，则无法测试应用程序。快速开发和测试是一项非常枯燥的任务，如模拟 MapReduce 框架来测试 MapReduce 应用程序。

❑ 资源和目标连接器。从资源系统中获取数据并将其推送至目标系统需要付出额外的开发代价。

图 6.4 显示了 Apache Flink 生态圈及其组件。

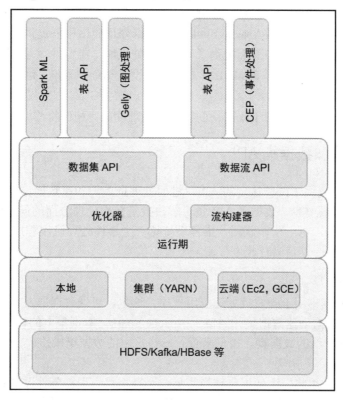

图 6.4

图 6.4 的解释内容如下。

❑　存储层。每个存储框架均基于存储系统加以设计。但是，Apache Flink 不包含任何存储系统。Apache Flink 可在存储或流数据源之间读取和写入数据，它提供了一个 API 向 HDFS、Kafka、RabbitMQ 等中写入数据。

❑　部署模式。Apache Flink 应用程序可运行于多个节点上，这意味着，通过调整配置，应用程序可运行于本地、单机、YARN 或云端上。因此，无须构建 Flink 集群，即可在本地机器上开发和测试应用程序，这有助于节省大量的开发时间。

❑　运行期。Apache Flink 的运行期层由多个小型组件构成，这有助于准备执行图并对其进行优化。运行期层是 Apache Flink 的核心，它提供了容错、分布式处理、迭代处理等特性。

❑ 数据集和数据流 API。Apache Flink 提供了一个数据集和数据流 API，以分别处理批处理和流数据。这里，数据集 API 支持 3 种语言，即 Java、Scala 和 Python；而数据流 API 仅支持 Java 和 Scala 语言，稍后将对此加以详细讨论。

❑ Apache Flink 工具。Apache Flink 针对数据处理应用程序提供了统一的平台。对于图处理，Apache Flink 提供了 Gelly 图处理库。类似地，对于机器学习用例，Apache Flink 提供了 FlinkML。对于基础设施和维护来说，这些统一的系统设计有效地降低了开销。

Apache Flink 社区正致力于添加新的特性和处理功能，稍后将简要地介绍 Flink API。

6.3.3　数据流和数据集 API

Apache Flink 提供了两种特定的 API，进而处理批处理和流数据。当处理诸如映射、过滤连接、分组等操作时，数据集 API 负责解决批量数据处理方面的问题；而数据流 API 则负责处理流事件，对于欺诈监测、推荐系统这一类事件处理应用程序来说，此类 API 十分有用。下面将通过示例对此进行逐一考查。

1. 数据集 API

Flink 中的数据集用于开发批处理应用程序。这里，可通过读取文件、分布式存储系统、集合等中的数据创建数据集。类似于 Apache Spark，数据集上的转换操作（如 map、flatMap）也会返回新的数据集。接下来查看一些常用的数据集操作。

❑ 转换。

转换数据集 API 将一个数据集转换为另一个数据集。根据条件过滤数据、连接两个数据集、分组数据集中的记录、联合均是常用的转换行为。接下来对此进行简单扼要的阐述。

➢ map()函数。map()函数转换针对数据集中的每条记录应用一个定义后的函数，在转换后将返回一个元素。下列 map()函数将数据集中的每条记录转换为大写形式。

```
DataStream<String> parsed = input.map(new MapFunction<String,
  String>() {
    @Override
    public String map(String value) {
        return value.toUpperCase();
    }
});
```

➢ flatMap()函数。与 map()函数不同，flatMap()函数从单一记录转换中返回多

　　个值。flatMap()函数转换应用于数据集中的每条记录上。下列 flatMap()函
　　数根据空格划分每一行，并将一行中的每个单词转换为大写形式，返回类
　　型为集合。

```
public class RecordSplitter implements FlatMapFunction<String,
  String> {
    @Override
    public void flatMap(String value, Collector<String> out) {
        for (String word : value.split(" ")) {
            out.collect(word.toUpperCase());
        }
    }
}
```

　　➢　filter()函数。filter()函数转换应用于数据集中的每个元素上，并移除函数返
　　　　回 false 值的全部记录。下列 filter()函数过滤掉长度大于 100 的所有记录。

```
public class RecordLenthFilter implements FilterFunction<String>
  {
    @Override
    public boolean filter(String record) {
        return record.length() >= 100;
    }
}
```

　　➢　distinct()函数。distinct()函数转换从数据集操作中移除所有的重复项，如下
　　　　所示。

```
dataset.distinct();
```

　　➢　join()函数。join()函数转换连接两个数据集，并根据匹配条件返回记录。下列
　　　　join()函数转换将根据相等条件连接 dataset1 和 dataset2。

```
outputdataset = dataset1.join(dataset2)
        .where(0)
        .equalTo(1);
```

💡 提示：

Flink 中定义了多个转换函数，建议读者查看 Flink 文档获取更多信息。

　　❑　数据接收器。

　　数据集操作中的数据接收器使用转换后的数据集，并将其保存至一个文件中，或者
将其返回控制台中，如下所示。

> ➤ writeAsText()函数。writeAsText()函数将数据集作为字符串保存至一个文件
> 中，如下所示。

```
transformmedData.writeAsText("path_to_outputfile");
```

> ➤ writeAsCsv()函数。writeAsCsv()函数将元组分隔为包含分隔符的文件。下列
> writeAsCsv()函数根据#分隔元组。

```
transformmed.writeAsCsv("file:///path/to/the/result/file", "\n", "#");
```

> ➤ print()函数。数据接收器操作将输出结果输出至控制台中。较好的做法是，
> 在开发过程中输出较小的测试输出结果，如下所示。

```
transformmed.print()
```

2. 数据流 API

Flink 中的数据流 API 可帮助我们处理基于事件的流数据。流数据集的创建来自各种
源，如 Kafka 这一类消息队列、日志流、点击流等。实时流用例，如推荐引擎、欺诈检
测、传感器和警告机制，需要事件无任何延迟进行。与 Spark 不同（以微批量方式处理事
件），Flink 在逐个事件的基础上处理数据，这意味着，数据在接收后即刻被处理；此外
还可根据窗口时间处理事件。

事件数据上的操作与转换 API 十分类似。Apache Flink 还提供了窗口函数处理流数
据。具体来说，流处理机制包含 3 个部分，如下所示。

❑ 源。Apache Flink 提供了多个常用的源连接器库，如 Kafka、Cassandra、Amazon
Kinesis 数据流、Apache Nifi、Twitter 流等。下列代码展示了 Kafka 作为源的 Flink
连接示例。

```
Properties kafkaProperties = new Properties();
    kafkaProperties.setProperty("bootstrap.servers", "localhost:9092");
    kafkaProperties.setProperty("zookeeper.connect", "localhost:2181");
    kafkaProperties.setProperty("group.id", "test");
    DataStream<String> kafkaStream = env
            .addSource(new FlinkKafkaConsumer08<>("topic",
    new
SimpleStringSchema(), kafkaProperties));
```

❑ 事件处理。当接收到事件后，下一步是在其上执行操作，如查找操作。例如，
如果开发了一个 IP 欺诈检测 Flink 应用程序，则需要检查事件数据、过滤掉 IP，
并在欺诈数据库中执行匹配查找操作；又如，我们可能只想过滤掉不符合欺诈检

查条件的记录等。对此，可在事件流上执行映射、过滤、归约和其他转换操作。

❑ 接收器。类似于源，Apache Flink 常会使用到接收器连接器。接收器连接器有助于将处理后的或过滤后的事件存储至目标系统中，如 Kafka、Cassandra、HBase 或文件系统。

Apache Flink 包含了丰富的 API 用于处理实时或准实时数据。对此，社区正在致力于添加更多的连接器并简化已有的 API。

6.3.4　表 API

表 API 提供了类似 SQL 的语言处理数据的能力，它可与批处理和流处理协同工作。目前，表 API 得到了 Scala 和 Java 的支持。如果仅需要编写查询语句，而非复杂的处理算法时，类似 SQL 的查询机制可向开发人员提供相应的帮助。通过数据集或数据流，即可创建 Flink 中的表。当表被创建完毕后，即可对其进行注册以供后续操作进一步使用。这里，每张表将与特定的表环境绑定。其中，较为常用的表连接操作符包括 select、where、groupBy、intersect、union、join、leftOuterJoin、rightOuterJoin 等。

下列示例展示了如何从 CSV 文件中读取数据、向其分配一个命名列，并随后针对数据执行 SQL 操作。

```
public class FlinkTableExample{
public static void main(String args()){
    //set up execution environment
      val env = StreamExecutionEnvironment.getExecutionEnvironment
      val tEnv = TableEnvironment.getTableEnvironment(env)

//configure table source
      val employee_records = CsvTableSource.builder()
            .path("employee_monthly.csv")
            .ignoreFirstLine()
            .fieldDelimiter(",")
            .field("id", Types.LONG)
            .field("name", Types.STRING)
            .field("last_update", Types.TIMESTAMP)
            .field("salary", Types.LONG)
            .build()

//name your table source
      tEnv.registerTableSource("employee", employee_records)
```

```
//define your table program
    val table = tEnv
            .scan("employee")
            .filter('name.isNotNull && 'last_update > "2018-30-01
00:00:00".toTimestamp)
            .select('id, 'name.lowerCase(), 'prefs)

  val ds = table.toDataStream[Row]
  ds.print()
  env.execute()
}
}
```

接下来考查一些较为常用的表操作及其应用时机。

❑ select 操作符。当打算从注册后的 Flink 表中析取记录时，可使用 select 操作符，
其工作方式与 SQL select 语句十分类似，如下所示。

```
Table tablename = tableEnv.scan("tableName");
Table result = tablename.select("column1, column2 as col");

//* will fetch all the columns of registered table.
Table tablename = tablename.select("*")
```

❑ where 操作符。where 操作符根据过滤器条件过滤记录，其工作方式与 SQL where
子句相同，如下所示。

```
Table tablename = tableEnv.scan("tablename");
Table result = orders.where("columnname === 'value'");
```

❑ GroupBy 操作符。GroupBy 操作符根据分组键对记录进行分组，该操作符与 SQL
中的 groupby 工作方式类似，如下所示。

```
    Table tablename = tableEnv.scan("tablename");
    Table result =
    orders.groupBy("column1").select("column1, column2.max as
maxsal");
```

❑ join 操作符。join 操作符可根据连接条件连接表，并从预测结果为 true 的表中获
取记录。其中，两张表应具有不同的字段名以及至少一个连接条件。

```
Table table1 = tableEnv.fromDataSet(dataset1, "col1, col2, col3");
Table table2 = tableEnv.fromDataSet(dataset2, "col4, col5, col6");
```

```
Table result = table1.join(table2).where("col1 = col4").
                select("col1, col5, col6");
```

通过修改函数名，fullOuterJoin、leftOuterJoin 和 rightOuterJoin 也可以像前面的脚本一样使用。

❏　设置操作符。设置操作符可用于在两张表上执行设置操作。常用的设置操作符包括 union、intersect、union all、minus 等。

```
Table table1 = tableEnv.fromDataSet(dataset1, "col1, col2, col3");
Table table2 = tableEnv.fromDataSet(dataset2, "col4, col5, col6");
Table result = table1.union(table2);
```

Table API 包含了特定的窗口函数，可用于窗口级别的操作。

6.3.5　最佳实践

无论使用哪一种语言和框架，我们都应遵循一些开发和编码的最佳实践方案，如命名标准、注释、模块化结构、函数等。除此之外，还存在一些特定于语言和框架的最佳实践方案。下列内容展示了与 Apache Flink 相关的一些方法。

❏　使用参数工具。ParameterTool 是 Flink 提供的 API 特性之一。如果读者是一名程序员，那么很可能会遇到这样的情况：当忘记在 Properties 对象中添加一些属性时，这会修改程序并重新构建包；而 ParameterTool 则可通过命令行参数添加任意数量的属性。当设置 Flink 中的属性时，可采用 ParameterTool 特性，这将有助于处理动态属性，如下所示。

```
ParameterTool parameterTool = ParameterTool.fromArgs(args);
```

另外，ParameterTool 应采用全局方式在当前环境中进行注册，如下所示。

```
env.getConfig().setGlobalJobParameters(parametersTool);
```

❏　避免较大的 TupleX 类型。向函数中传递多个参数这一思想也适用于此处。当返回多个值或接收超过 4 个值时，通常推荐使用 Java POJO 函数。另外，使用包含多个参数的元组常会导致代码的可读性降低且难以调试。

```
//Initiate MultiArgumentTuple Tuple
    MultiArgumentTuple multiArgumentTuple =
    new MultiArgumentTuple(val0, val1,
    val2, val3, val4, val5, val6, val7, cal8, val9, val10);

//Define MultiArgumentTuple which can be used instead of Tuple11
```

```
public static class MultiArgumentTuple extends Tuple11<String,
String, Integer, String, Integer, Integer, Integer,
Integer, String, String, String> {

    public MultiArgumentTuple() {
        super();
    }

    public MultiArgumentTuple(String val0,
    String val1, Integer val2, String val3,
    Integer val4, Integer val5,
    Integer val6, Integer val7, String val8, String
val9, String val10) {
    super(val0, val1, val2, val3, val4, val5, val6,
val7, val8, val9, val10);
    }
}
```

❑　监测机制。应用程序的性能可通过查看运行期不同的参数进行调试。通常，较好的做法是针对 Apache Flink 配置应用程序的监测机制。例如，我们有可能处理回压（back pressure）问题，其中，与生产者操作符相比，使用操作符工作起来较慢。记住，这一类回压问题可能会导致错误的输出结果或作业故障。虽然 Flink 可从内部处理此类问题，但并不适用于每种场合。

在 API 的帮助下，配置调试和编写优化代码一般具备了最佳实践的指导方向。

6.4　Storm/Heron

Apache Storm 是一个分布式实时计算系统，用于处理大容量高速数据。与 Spark 不同，Apache Storm 并不创建微批处理，而是以实时模式处理事件。对于那些即使几秒钟延迟也会造成巨大损失的应用程序，则无法使用 Spark 这一类的准实时处理引擎。

针对某些用例，如欺诈检测、推荐引擎、识别可疑行为等，许多公司采用了 Apache Storm 实时地处理事件。

ⓘ 注意：

Apache Storm 是一个分布式实时处理引擎，并可在事件到达节点时及时对其进行处理。其处理速度十分迅速，并可在每台机器上处理数百万个事件。Storm 在处理有界和无界事件流方面均表现得十分可靠。

6.4.1　Storm/Heron 体系结构

类似于其他分布式处理引擎，Apache Storm 也采用主-从体系结构加以构建。其中，Nimbus 表示为主节点，而 Supervisor 则表示为从节点。

- ❑ Nimbus 表示为主节点，它饰演了与 JobTracker 相同的角色，后者用于 Hadoop 的初始版本中。基本上讲，Nimbus 充当了 Storm 集群和用户间的主通信点。

  - ➢ 用户提交拓扑作为应用程序构建的一部分内容。作为提交后的应用程序的一部分内容，一旦接收到拓扑提交请求，对应代码就会被存储于 Nimbus 本地磁盘中，拓扑则作为 Thrift 对象被存储于 ZooKeeper 上。

  - ➢ Supervisor 向 Nimbus 发送定期的心跳信号，此类心跳信号请求也包含了某些其他信息，如运行任务的有效资源、所运行的拓扑的详细状态等。由于 Nimbus 包含了与 Supervisor 相关的全部信息，因此可简单地将待定拓扑调度至 Supervisor 上。

  - ➢ 记住，Nimbus 和 Supervisor 均是无状态的，二者在 ZooKeeper 上维护其所有状态。即使 Nimbus 出现故障，worker 仍可正常工作，并将其状态持续更新至 ZooKeeper 上。Nimbus 和 Supervisor 之间的协调性通过 ZooKeeper 完成，如果 worker 出现故障，那么 Supervisor 将对其进行重启。

  - ➢ 但是，如果 Nimbus 停止运作，用户则无法提交任何拓扑。Nimbus 跟踪每一个 worker，并在出现故障时将任务重新分配至其他 worker 节点上。这意味着，如果 Nimbus 出现故障，运行 worker 任务的机器也将终止工作，进而无法将任务再次分配至另一个 worker 节点上。

- ❑ Supervisor。Supervisor 被定义为从节点，并运行于每个 worker 节点上。Nimbus 将分配发送至 Supervisor，并随后启动其机器上的 worker。此外，Nimbus 还将跟踪每个 worker 并在发生故障时重新启动 worker。Supervisor 定期将心跳信号发送至 Nimbus，默认状态下，Supervisor 每隔 15s 通知 Nimbus 其处于活动状态，如图 6.5 所示。

如前所述，Storm 是无状态的，而 Nimbus 和 Supervisor 将其状态保存至 ZooKeeper 上。当 Nimbus 接收到一个 Storm 应用程序执行请求时，将从 ZooKeeper 中请求有效的资源，并随后在有效的 Supervisor 上调度任务。此外，Nimbus 还将相关进程元数据保存至 ZooKeeper 上，因此当出现故障时，如果 Nimbus 重启，那么它会知晓再次启动的对应位置。

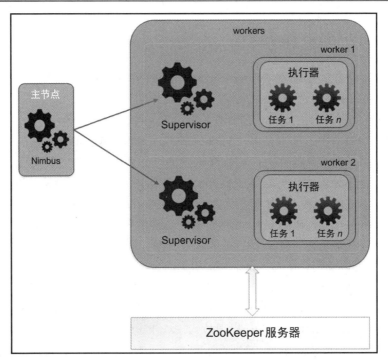

图 6.5

1．Storm 应用程序的概念

Apache Storm 应用程序由 3 个组件构成，如下所示。

- ❑ Spout。Spout 负责从外部源系统中读取事件流，并将其发送至对应的拓扑以供进一步处理。基本上，这里存在两种 Spout，即可靠型和不可靠型，如下所示。
  - ➢ 可靠型 Spout。可靠型 Spout 可在数据出现故障时重播数据，其工作方式可描述为，Spout 发送一条消息，并在退出事件之前等待确认。事件处理的保障过程可能会导致延迟时间的增加，但对于流应用程序（如信用卡欺诈检测）来说，这将是十分有用的，同时也是必须具备的功能。
  - ➢ 不可靠型 Spout。不可靠型 Spout 的执行速度较快且不会等待任何确认，其原因在于出现故障时不会重播 Spout，并重新发送事件。如果某些事件的丢失在可容忍的范围内，且不会导致严重的业务问题，那么不可靠型 Spout 也存在其用武之地。
- ❑ Bolt。Spout 发送的记录由 Bolt 进行处理。另外，全部操作均在 Bolt 下完成，如过滤、分组、查找和其他业务计算。随后，处理结果存储至支持速写的存储系统中，如 HBase。

❑ 拓扑。拓扑是 Spout 和 Bolt 的 DAG 表达。拓扑只是应用程序流的一种表示，它将 Spout 和 Bolt 绑定在一起以实现业务目标。拓扑在 Spark 应用程序中创建并被提交至集群中。默认情况下，提交的每个拓扑都必须永远运行，直到在应用程序中强制终止或处理为止。

图 6.6 显示了拓扑的表达方式。

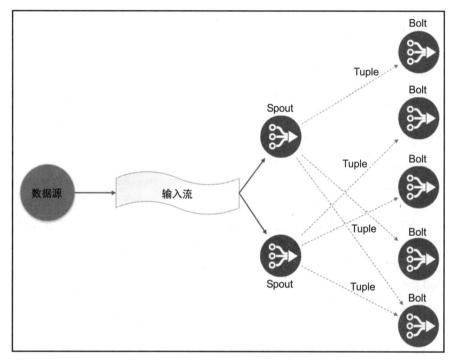

图 6.6

一个 Spout 可一次向多个 Bolt 发送数据，并可针对所有的 Bolt 跟踪确认结果。

2．Apache Heron 简介

Apache Heron 是新一代的实时处理引擎，并向后兼容于 Apache Storm。Apache Heron 的改进主要体现在，在吞吐量、延迟和处理速度上提供了较好的折中方案。Twitter 针对其用例采用了 Apache Storm，但也感受到了 Apache Storm 在设计上的某些瓶颈，因而思考采用一种新型的流处理引擎，同时支持之前编写的 Apache Storm 应用程序。下列内容列出了 Storm 的一些瓶颈现象。

❑ 相对难以调试。Apache Storm 应用程序面临的主要挑战是调试代码错误、硬件故障、应用程序错误等，其原因在于，计算逻辑单元和物理处理之间不存在明

确的映射关系。

❑ 按需扩展。按需扩展目前是每个应用程序的要求。我们知道，Apache Storm 需
要独立的专用集群资源和硬件运行 Storm 拓扑。由于一切事物都需要采用手动
方式进行设置，且不存在设计实现可按需扩展 Storm 集群，因此上述要求难以
实现。记住，Strom 集群所用的资源无法通过其他应用程序（如 Spark）来共享，
因而限制了资源共享能力。

❑ 管理集群。运行新的 Storm 拓扑需要手动隔离机器。除此之外，终止拓扑还需
要令分配与该拓扑的机器结束运行。当在产品环境中思考这一问题时，这将在
基础设施成本、管理成本以及用户生产力方面投入更多消耗。

针对上述各项限制条件，Twitter 决定构建一个全新的流处理引擎，并克服这些限制
条件，同时高效地运行原有的 Storm 拓扑。

3．Heron 体系结构

Apache Storm 中的各种限制条件促进了 Apache Heron 的形成。当前，我们的主要关
注点是，采用 Apache Storm 构建的所有应用程序应可工作于 Heron 上，因而与 Apache
Storm 之间的兼容性是 Apache Heron 开发过程中首要考查的问题。Heron 采用了 Aurora
调度器，并于其中提交拓扑以供执行。Aurora 调度器启动多个容器运行拓扑，其中，拓
扑由多项任务或作业构成。图 6.7 显示了 Heron 的体系结构。

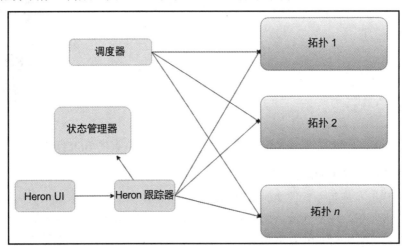

图 6.7

Heron 拓扑与 Storm 拓扑类似，也是由两个重要的组件构成，即 Spout 和 Bolt。这里，
一方面，Spout 使用源系统中的事件，并随后进行传递以供后续处理；另一方面，Bolt 负

责处理 Spout 发送的事件。图 6.8 显示了 Apache Heron 的核心组件。

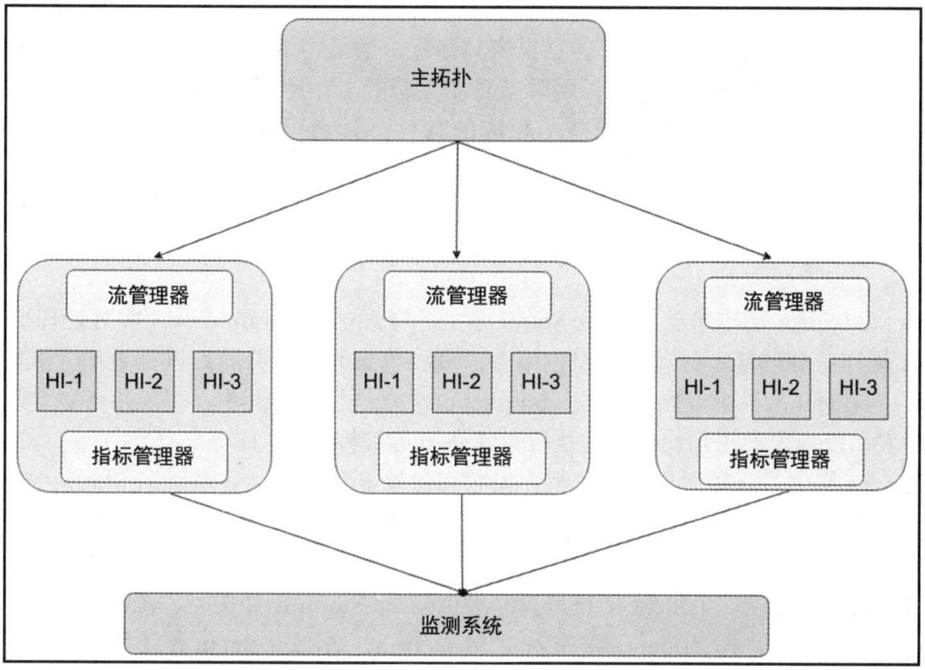

图 6.8

Apache Heron 组件的具体解释内容如下。

❑ 主拓扑。回忆一下，第 3 章曾讨论到，当作业提交至资源管理器以供执行时，资源管理器针对应用程序启动主应用程序。随后，应用程序管理器管理该应用程序的生命周期。类似地，当提交新的拓扑请求时，Heron 也会启动主拓扑（TM）。这里，TM 负责管理应用程序的全部生命周期。TM 在 ZooKeeper 中创建了一个包含详细信息的条目，据此，针对其所管理的同一拓扑将不会存在其他 TM。

❑ 容器。容器的概念类似于 YARN 的容器概念，其中，一台机器上可持有运行于自身 JVM 上的多个容器。每个容器包含单一的流管理器（SM）、单一的指标管理器和多个 Heron 实例（HI）。每个容器与 TM 通信以确保拓扑的正确性。

❑ 流管理器。顾名思义，流管理器管理拓扑内流的路由。所有的流管理器彼此连接以确保高效地处理回压（back pressure）问题。如果 Bolt 的流处理速度十分缓慢，流管理器将对处理数据的 Spout 进行管理，并切断 Bolt 的输入。

❑ Heron 实例。容器中的每个 Heron 实例被连接至一个流管理器上，负责运行实际的拓扑 Spout 和 Bolt。Heron 实例有助于方便地调试处理过程，因为每个 Heron

实例都是一个 JVM 进程。

❑ 指标管理器。如前所述，每个容器均包含了一个指标管理器。流管理器和所有的 Heron 实例向指标管理器报告其指标，随后将这些指标发送至监测系统。这简化了拓扑的监测机制，同时节省了大量的工作和研发时间。

Heron 拓扑的每个组件均涵盖了相应的特性，读者可访问 https://apache.github.io/incubator-heron/以了解更多内容。

6.4.2　理解 Storm Trident

Storm Trident 层构建于 Apache Storm 之上。与 Apache Storm 不同（实时处理事件），Trident 操作批处理流，这意味着将占用若干毫秒收集元组，并随后以批处理方式处理这些元素。Trident 的概念等同于事务（transaction）这一概念，其中，每项事务包含了一个语句列表，仅当全部语句均被成功执行，事务方可被视为成功。

Trident 提供了连接、聚合、分组、函数和过滤器等功能，且难以在 Storm 中精确地实现一个语义。但 Trident 的微批处理能力使其可方便地实现一个语义，这在某些用例中十分有用，如下所示。

❑ Trident 拓扑。Trident 拓扑是另一种 Apache Storm 拓扑类型，其中包含了两个主要的组件，即 Trident Spout 和 Trident Bolt。Trident Spout 使用源中的事件并随后将其发送；而 Trident Bolt 则负责执行元组上的操作，如过滤、聚合等。

```
TridentTopology topology = new TridentTopology();
```

❑ 状态。Trident 维护每项事务的状态，因而可方便、精准地完成一项语义处理。相应地，拓扑可存储状态信息，但用户也可选择将存储保存至独立的数据库中。状态有助于在发生故障时重新处理元组。Trident 提供了多种机制可维护拓扑的状态，其中一种方式是在拓扑自身中存储状态信息；另一种方式是在某些持久化数据库中存储状态。状态信息有助于对事件处理提供保障，如果元组的处理由于某种原因失败，则可以使用状态信息进行重试。这也是重试时所面临的另一个问题——如果某个元组在更新状态信息后失败，然后因为重试，那么它将再次更新状态并增加计数。该过程将再次使得状态变得缺乏稳定性，因而应确保元组仅更新信息一次。下列内容提供了一些建议方案，以确保事件或元组仅处理一次。

➢ 采用少量的批处理处理元组。

➢ 使用唯一的 ID 分配每项批处理，即 BatchID。如果批处理出现故障并进行重试，则将利用相同的 BatchID 进行分配。

➢ 状态更新应根据批处理进行排序，也就是说，如果第一项批处理出现故障，且还没有更新状态，那么该项批处理将无法更新对应的状态。

6.4.3　Storm 集成

每个处理引擎均包含源和目标系统，且大多数引擎针对系统集成提供了相应的连接器。Apache Storm 可连接各种源系统和目标系统，如 Kafka、HBase、HDFS 等。下面考查如何使用其中的某些系统。

❑ Kafka 集成。Apache Kafka 可用作几乎全部处理系统的公共源。由于其能够可持久保存数据并提供了重播（replay）能力，因此 KafkaSpout 可辅助 Storm 连接至任何 Kafka 主题。另外，Kafka 配置可通过 SpoutConfig 对象进行传递；Kafka 还可针对 Apache Storm 充当目标系统；同时，KafkaBolt 也可用于同样的目的，如下所示。

```
KafkaSpout kafkaSpout = new KafkaSpout(spoutConfig);
```

❑ HBase 集成。由于随机读写功能，Apache HBase 被广泛地用作 Storm 应用程序中的目标系统。大多数应用程序需要针对已处理的数据实现快速的读写和更新操作，在吞吐量和延迟方面，HBase 可满足此类需求。HBase Bolt API 可用于将HBase 与 Storm 集成。记住，较好的吞吐量和延迟可通过将数据推送至 HBase这一微批处理方案予以实现。如果针对每条记录执行 HBase 的读写操作，则需要在吞吐量和延迟方面进行妥协。

```
HBaseBolt hbase = new HBaseBolt("appname", HbaseMapperobject)
```

❑ HDFS 集成。如前所述，Storm 可与多个源和目标系统集成，同时也提供了一组已经构建完毕的连接器。Apache Storm 提供了 HDFS Bolt 将数据写入类 HDFS分布式文件系统中。当使用 HDFS Bolt 时，建议考查下列场景。

➢ 文件格式。用于 Storm 中的 HDFS Bolt 并未包含丰富的功能集。其中，较早的版本仅支持文本和序列文件，稍后则引入了 AVRO 文件方面的支持。在使用 HDFS Boit 之前，建议针对某个版本检查文件格式支持。

➢ 故障处理机制。已处理的元组根据配置的时间周期刷新至 HDFS 中。例如，如果将配置时间设置为 10s，那么每隔 10s 数据将被刷新至 HDFS 文件系统中。记住，如果在将数据写入 HDFS 中之前 Bolt 发生故障，则存在数据丢失的可能，且需要在应用程序中处理这一问题。

针对 Storm，我们已构建了多个 Spout 和 Bolt，在编写自定义 Spout 和 Bolt 之前，建议进行有效的检查。

6.4.4　最佳实践

Apache Storm 可以并行方式每秒处理数百万个事件，这对业务性能带来了显著的影响，因而 Apache Storm 被广泛地用作实时流处理引擎。下列内容列出了一些最佳实践方案。

❑ 故障处理机制。对于每秒数百万个事件而言，事件处理故障十分常见。事件处理的丢失可导致巨大的业务损失。必要时，至少应遵循某种处理机制或一种处理模式。仅当对事件进行处理时，才应该将确认发送至事件生成系统。这可能会在某种程度上增加延迟时间，但仍可帮助我们获取一定的业务价值。

❑ 使用检查点。Storm 应用程序故障可能来自方方面面，如机器故障、难以预料的拓扑终止行为等。这里的问题是，在尝试恢复时，如果并不知道已处理数据量的查看位置，那么将会发生什么情况？在处理此类问题时，检查点饰演了重要的角色。Storm 提供了默认的检查点间隔，但也可根据具体的应用程序修改 topology.state.checkpoint.interval.ms。

❑ 管理吞吐量和延迟。应用程序应具备低延迟和高吞吐量特征，但实际情况则是，需要在二者间实现正确的折中方案。记住，对于一些延迟非常关键的应用程序（如欺诈检测），为了吞吐量而妥协延迟并非最佳方案。如果延迟并不是应用程序所关注的主要问题，则应选择微批处理方案处理事件。对此，Spark 中的 Trident 拓扑提供了相关特性，进而可采用微批处理方式处理事件，并随后整体处理事件。注意，微批处理机制可根据事件和尺寸进行选择，但仍需要基于具体需求选择正确的方案。

❑ 日志机制。数据遍历 Storm 拓扑中的 Spout 和 Bolt，如果拓扑流中出现任何错误，向应用程序中添加相应的日志机制则有助于跟踪应用程序逻辑并对其进行调试。日志级别应在外部日志配置文件中进行配置，进而可方便地对其进行修改。

6.5　本章小结

本章讨论了 3 种较为流行的框架，即 Apache Spark、Apache Flink 和 Apache Storm，同时简要地介绍了其体系结构、内部工作机制和 API 集。除此之外，我们还学习了处理引擎的最佳实践方案及其重要性。

第 7 章将讨论一些广泛使用的组件，如 Apache Pig、Apache Kafka、Apache Flume 和 Apache HBase，其间涉及每种组件的内部机制和特定的示例。第 7 章主要关注的领域是应用程序应何时使用哪一种组件和最佳实践方案。

第 7 章 Hadoop 生态圈组件

自 Hadoop 出现以来,围绕 Hadoop 生态圈开发了许多工具,通过解决 Hadoop 初期包含的某些问题,这些工具常用于数据摄取、数据处理和存储。本章主要关注 Apache Pig,它是一个构建于 MapReduce 之上的分布式处理工具。除此之外,本章还将介绍广泛使用的某些摄取工具,如 Apache Kafka 和 Apache Flume,以及如何从多个源中获取数据。最后,我们还将阐述 HBase 及其体系结构方面的细节信息,以及 HBase 与 CAP 理论间的适配方式。本章主要涉及以下主题。

❑ Apache Pig 体系结构。
❑ 在 Pig 中编写自定义用户函数(UDF)。
❑ Apache HBase 工作机制。
❑ CAP 理论。
❑ Apache Kafka 内部机制。
❑ 构建生产者和使用者应用程序。
❑ Apache Flume 及其体系结构。
❑ 构建自定义源、接收器和解释器。
❑ Twitter 源获取数据示例。

7.1 技 术 需 求

读者需要了解 Linux 和 Apache Hadoop 3.0 方面的基本知识。

读者可访问 GitHub 查看本章的代码文件,对应网址为 https://github.com/PacktPublishing/Mastering-Hadoop-3/tree/master/Chapter07。

读者可访问 http://bit.ly/2NyN1DX 观看代码的操作视频。

7.2 Pig

在开始阶段,Hadoop 将 MapReduce 用作处理引擎,而 Java 则是用于编写 MapReduce 作业的主要语言。由于 Hadoop 主要被用作分析处理框架,因此大量的用例涉及遗留数据仓库上的数据挖掘。这些数据仓库应用程序经移植后将使用 Hadoop。使用遗留系统的大多数用户均会涉及 SQL，且 SQL 可被视为其中的核心内容。学习一种新的编程语言需要花费一定的时间，因而较好的做法是使用某种框架，并可协助 SQL 编程人员在类似于 SQL 的语言中编写 MapReduce 作业，这也是 Apache Pig 的用武之地。除此之外，Apache Pig 还解决了编写多项 MapReduce 管线作业时所涉及的复杂度问题，其中，某项作业的输入变为另一项作业的输出。

ⓘ注意：

Apache Pig 是一个分布式处理工具，同时也是 MapReduce 上的一个抽象层，用于处理体现数据流的大型数据集。另外，Apache Spark 上的 Apache Pig 也是开源社区致力于的一种选择方案，并已针对某些用例测试完毕。

基本上讲，Apache Pig 由两个组件构成，即 Pig Latin 和 Pig 执行引擎。其中，Pig Latin 是一种语言，它被用于编写 Pig 应用程序，而 Pig 执行引擎则负责 Pig 应用程序的执行任务。

7.2.1　Apache Pig 体系结构

Apache Pig 采用 Pig Latin 作为编程语言，同时还提供了与 SQL 类似的 API 来编写 MapReduce 程序。Pig 由 4 个主要的组件构成，如图 7.1 所示。

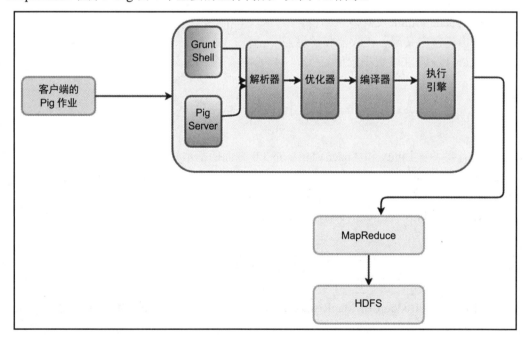

图 7.1

图 7.1 的解释内容如下。

（1）解析器。解析器负责接收 Pig 脚本，并对该脚本执行必要的验证工作。其间首先检查该脚本是否包含语法错误。若是，则即刻抛出一个异常。除此之外，解析器还执行类型检测和其他一些检测工作，以确保测试通过进而生成该脚本的 DAG。当 DAG 生成完毕后，其中的节点表示为逻辑运算符，而连接两个节点的边则表示为数据流。

（2）优化器。解析器创建的 DAG 表示 Pig 脚本的逻辑规划，该规划被传递至逻辑优化器中。优化器通过不同的优化技术制订优化后的执行规划。Pig 优化器是基于规则的，且非基于开销的优化器。Apache Pig 基本上包含了两个优化器层，如下所示。

❑　逻辑层。如前所述，一旦 Pig 脚本被成功解析，就会被转换为称为 DAG 的逻辑规划。Pig 应用各种优化规则划分、合并、重新排序和转换运算符。最后，优化后的逻辑规划转换为 MapReduce 规划。大多数时候，逻辑层优化规则旨在减少混洗阶段的数据量，或者连续 MapReduce 作业间的临时文件。下列技术可用于逻辑优化。

　　➢　PushUpFilter。使用上推（push up）过滤器可减少管线中的数据量。如果过滤器中存在多项条件且过滤器处于可划分状态，那么 Pig 将划分条件并分别上推每项条件。

　　➢　PushDownForEachFlatten。它将尝试使用诸如 FLATTEN 这一类操作，该操作生成单一大型元组中的更多条记录，并在管线中保持较低的记录数量。

　　➢　ColumnPruner。对于优化而言，选择较少的列数量是一种较好的做法。ColumnPruner 将忽略逻辑规划中不再使用的列。

　　➢　MapKeyPruner。它将忽略不再使用的映射键。

　　➢　LimitOptimizer。对于给定的逻辑规划，运算符将尽可能快地使用限定运算符，这将限制可通过网络遍历的记录数量。

❑　MapReduce 层。该层旨在优化 MapReduce 作业属性，如管线中的 MapReduce 作业数量、选择合并器等。与优化规则相比，MapReduce 规划将被转换为更加高效的规划。

（3）编译器。编译器负责将优化后的逻辑规划编译为一系列的 MapReduce 作业。某个 MapReduce 作业的输出结果可能会变为管线中另一个 MapReduce 作业的输入内容。

（4）执行引擎。Apache Pig 执行引擎负责编译器生成的 MapReduce 作业的实际执行过程。这里，Pig 默认的引擎是 MapReduce。当前，Apache Pig 也可采用 Tez 和 Spark 作为作业的执行引擎，与使用遗留的执行引擎相比，这将提升 Pig 的执行速度。

7.2.2 安装并运行 Pig

Apache Pig 作为客户端应用程序运行,同时需要 Hadoop 和 Java 作为执行的先决条件。

💡 提示:

应确保 Linux 机器上已经安装了 Hadoop 和 Java。

在满足了某些先决条件后,Apache Pig 的安装过程则较为简单,且仅涉及几个步骤,如下所示。

(1)确保已在 Linux 系统中设置了 HADOOP_HOME 和 JAVA_HOME。如果未设置 HADOOP_HOME,那么 Apache Pig 将在 Hadoop 的嵌入式版本中运行。

(2)下载 Apache Pig 的稳定版本。对此,可访问 http://pig.Apache.org/releases.html,并将压缩包解压至特定位置处,如下所示。

```
mkdir /opt/pig
tar xvf pig-0.17.0.tar.gz
mv pig-0.17.0/* /opt/pig
```

(3)设置 PIG_HOME 并将其配置至系统路径中,如下所示。

```
export PIG_HOME=/opt/pig
export PATH=$PATH:$PIG_HOME/bin
```

至此,Apache Pig 安装完毕。接下来可对安装的正确性进行检查,下列命令用于查看系统中安装的 Pig 版本。

```
pig -version
```

当查看 Pig 中的应用时,可使用-help 命令,如下所示。

```
pig -help
```

当安装过程验证完毕后,即可启动 Pig 脚本的执行过程,或者运行 Grunt Shell 执行、测试 Pig 命令和功能。Pig 程序的运行和执行存在不同的方式,如下所示。

❑ Grunt Shell。Grunt Shell 是运行 Pig 命令和函数的交互式 Shell,一般用于调试和测试程序逻辑,或者供学习 Pig 使用。

❑ 嵌入式模式。Apache Pig 提供了 PigServer 类从 Java 程序中运行 Pig,并以此执行 Pig 逻辑。

❑ 脚本。一种广泛使用的技术是将 Pig 程序写入脚本文件中,并通过 Pig 命令 pig testscript.pig 在命令行中执行该程序。其中,-e 选项可用于执行命令行中指定为字符串的 Pig 脚本。

7.2.3　Pig Latin 和 Grunt

Pig Latin 是一种编程语言，最初由 Yahoo Research 发布。Pig Latin 提供了与 SQL 类似的语法，以及底层过程式语言语法。用户可通过 Pig Latin 编写程序，编写该程序与编写查询规划类似。

Apache Pig 程序由一系列的语句构成，这些语句负责在数据上应用某些转换。每条语句可被视为一条独立的命令。另外，语句必须以分号结束，且语句可被划分为多个行，而无须任何额外的语法或符号。Pig 将一直读取一条语句，直至遇到分号为止。这里，分号可被视为语句结束的标志。

下面考查 Pig Latin 语言中的一些重要内容。

❑ 数据类型。类似于其他编程语言，Apache Pig 包含了内建数据类型的定义集，每种数据类型包含自身的应用。此处，可将数据类型分为两类，即简单数据类型和复杂数据类型。具体来说，简单数据类型包含 Boolean、int、float、double、long、biginteger、bigdecimal、chararray、bytearray 和 datetime，而复杂数据类型则被定义为 tuple、bag 和 map。

❑ 语句。Pig 程序执行 Pig 语句，并按顺序执行每条语句。如果 Pig 解析器发现 Pig 脚本中的语法错误或语义错误，则会直接抛出一条错误消息。如果语句被成功解析，那么它将被添加至逻辑规划步骤中，随后解释器将移至下一条语句上。除非脚本中的全部语句均被添加至执行规划中，否则不会发生执行。另外，Apache Pig 语句还可被分为不同的类别，如下所示。

➢ 加载和存储语句：Load、store 和 dump。

➢ 过滤语句：Filter、generate 和 distinct。

➢ 分组和连接语句：Join、group、co-group、cross 和 cube。

➢ 排序语句：Order、rank 和 limit。

➢ 合并和划分语句：Union 和 split。

➢ 其他操作符：Describe、explain、register、define 等。

❑ 表达式。Pig Latin 提供了一组表达式，在与语句结合使用时可在数据上执行某些操作，如利用关系操作符比较两个值，在数值集上进行算数运算等。考查下列示例。

```
youngPeople= Filter population BY age>18;
youngMalePeople = Filter youngPeople where gender=='male';
```

另外，表达式还可以是返回某个值的函数、UDF 函数或关系操作。

❑　模式。如前所述，Pig 使用与 SQL 相似的语法。对此，必须存在与对应数据关联的模式。Pig Latin 可针对载入 Pig 脚本中的数据集定义某种模式。如果未提供任何模式，那么 Pig 将创建默认模式，其中全部字段均采用 charaaray 类型定义，如下所示。

```
input_records = LOAD 'employee.csv' USING PigStorage(',')
AS (employee_id:int, age:int, salary:int);
DESCRIBE input_records;
```

描述语句的输出结果如下。

```
input_records: {employee_id:int, age:int, salary:int}
```

如果未定义列名，那么 Pig 将分配一个默认名称，如$0、$1 等，对应的数据类型为 chararray。

❑　函数。Pig Latin 包含了一组常用的内置函数，同时还可构建用户自定义函数，这些函数可应用于数据集的记录上。相应地，存在不同类型的函数，如 eval()、Load()、store()等。

7.2.4　编写 Pig 中的 UDF

Apache Pig 涵盖了一组范围较广的函数和运算符，大多数时候，用户需要自定义函数以处理数据。对此，Apache Pig 提供了一个 API 可编写用户自定义函数。此外，Apache Pig 还提供了通过不同的语言来编写 UDF 的能力，如 Java、Python、Groovy 等。由于 Pig 社区所支持的可扩展性，因此 Java 是编写自定义 Pig UDF 时被广泛使用的语言。Pig 中存在不同类型的 UDF，下面将对此予以考查。

如果当前项目是一个 Maven 项目，则可将下列依赖关系添加至该项目中。

```
<dependency>
    <groupId>org.Apache.pig</groupId>
    <artifactId>pig</artifactId>
    <version>0.17.0</version>
</dependency>
```

1．eval()函数

eval()函数负责循环访问数据集中的每个元组，并将 eval 类型的函数应用于元组上。一些内建的 eval()函数包括 min()、max()、count()、sum()、avg()等。

全部 eval()函数均扩展了 Java 类 EvalFunc，该类使用 Java 泛型，并通过 UDF 的返回类型参数化。因此，自定义 UDF 类需要扩展该函数，并实现 exec()方法，该方法接收一条记录并返回单一结果。

下列代码展示了编写 eval()函数的示例模板。当运行该程序时，exec()方法的返回类型等同于传递至类定义中的 EvalFunc 的参数。

```java
import org.Apache.pig.EvalFunc;
import org.Apache.pig.data.Tuple;

import java.io.IOException;

public class CustomEvalUDF extends EvalFunc<String> {

    @Override
    public String exec(Tuple tuple) throws IOException {

        //Logic to extract or modify tuple here
        return null;
    }
}
```

eval()函数 UDF 可通过前述模板创建。接下来生成一个 UDF，它可以去除空格并将字符串转换为大写形式，如下所示。

```java
import org.Apache.pig.EvalFunc;
import org.Apache.pig.data.Tuple;
import java.io.IOException;

public class UpperCaseWithTrimUDF extends EvalFunc<String> {
    @Override
    public String exec(Tuple tuple) throws IOException {

        if (tuple == null || tuple.size() == 0)
            return null;

        try {
            String inputRecord = (String) tuple.get(0);
            inputRecord = inputRecord.trim();
            inputRecord = inputRecord.toUpperCase();
            return inputRecord;
        } catch (Exception ex) {
            throw new IOException("unable to trim and convert to upper case",
```

```
ex);

        }
    }
}
```

2. filter()函数

filter()函数根据用户定义函数的、exec()方法中定义的条件筛选记录。FilterFunc 类经扩展后可构建任何自定义过滤函数。例如，下列模板可用于创建自定义过滤函数。

```
import org.Apache.pig.FilterFunc;
import org.Apache.pig.data.Tuple;

import java.io.IOException;

public class CustomFilterFuncUDF extends FilterFunc {
    @Override
    public Boolean exec(Tuple tuple) throws IOException {
        //condition to filter the record
        return null;
    }
}
```

下面考查如何构建和使用 filter()函数，该函数可过滤掉长度小于 50 的全部记录。

```
import org.Apache.pig.FilterFunc;
import org.Apache.pig.data.Tuple;

import java.io.IOException;

public class IsLengthGreaterThen50 extends FilterFunc {
    @Override
    public Boolean exec(Tuple tuple) throws IOException {

        if (tuple == null || tuple.size() == 0)
            return false;

        String inputRecord = (String) tuple.get(0);

        return inputRecord.length()>=50;
    }
}
```

3．如何使用 Pig 中的自定义 UDF

当使用 Pig 中的自定义 UDF 时，需要在 Pig 中注册 UDF，或者将 UDF 置于 Apache Pig 类路径中，以使 Apache Pig 可搜索到路径中的 UDF 类。记住，UDF 类名充当 Pig 脚本中的函数名，如下所示。

```
Register udfname.jar;

filtered_records = FILTER records BY IsLengthGreaterThen50(recordcolumn);
```

7.2.5　Pig 和 Hive

在大多数用例中，Apache Pig 与 Apache Hive 可结合使用。其中，Apache Pig 作为处理引擎，而 Apache Hive 则充当 Hadoop 上数据仓库的数据库系统。Apache Pig 提供了一个 API，以使用称之为 HCatalog 的元数据存储集成 Apache Hive。基本上，利用 Apache Pig 在 Hive 上执行操作主要包括以下两项内容。

❑ 从 Hive 表中读取/加载记录。Apache Pig 可从 Hive 表中加载数据，以供进一步处理。针对于此，HCataLoader()函数可将数据从 Apache Hive 表中加载至 Pig 关系中。记住，如果 Hive 元数据存储中未包含关于该表的信息，那么将无法从 Hive 中加载数据——此时将抛出一个异常以表明该表不存在。下列代码展示了将 employee 表从 dev 数据库加载至 employeeRecord 关系中。

```
employeeRecrods = LOAD 'dev.employee' USING
org.Apache.HCatalog.pig.HCatLoader();
```

上述语句将 employee 表从 dev 数据库加载至 employeeRecord 关系中。数据类型和列名将从 Hive 元数据存储中读取，以供进一步处理。

❑ 将记录存储至 Hive 表中。处理或转换后的记录最终可被加载至 Hive 表中，以执行某些分析操作。关系中的数据类型和列数量应与 Hive 表匹配。在简单的情形中，如果 Hvie 表中包含 10 个列，那么 Pig 关系也应包含相同数量的列，以及兼容的数据类型。通过 Pig 脚本，HCatStorer 可用于将数据存储至 Hive 表中，如下所示。

```
    STORE filteredEmployeeStats INTO 'default.employeeStats' USING
org.Apache.HCatalog.pig.HCatStorer();
```

上述语句仅是 Pig 脚本中的一部分内容，当使用 HCatLoader 和 HCatStorer 时，需要利用下列命令运行 Pig 脚本。

```
pig -useHCatalog employeeprocess.pig
```

如果未使用-useHCatalog 选项，那么 Pig 将会抛出一个异常，即未识别 HCatLoader 或 HCatStorer。记住，函数名是大小写敏感的，如果不匹配，则会抛出异常。

7.2.6　最佳实践

取决于尝试处理的用例，以及 Pig Latin 如何对其进行查找，Apache Pig 涵盖了多种优化方式。下列内容展示了一些常见的最佳实践方案，进而可有效地提升性能。

- ❑ 过滤记录。分组和连接操作涉及数据节点间的数据混洗机制，这将增加处理时间，进而降低整体执行时间。针对于此，建议过滤掉数据中一些无意义的记录。例如，可能仅需要针对某些分类连接记录，或者无须考查包含 null 值的记录等。筛选记录可降低数据尺寸，且有助于提升处理速度。
- ❑ 避免过多的小型文件。应避免处理过多的小型文件，因为这将导致大量的 MapReduce 作业。由于仅开始、终止映射器并减少处理进程，因此并无太多实际意义。对此，建议避免过多的小型文件，或者运行整合作业，该作业将此类小型文件转换为单个或多个大型文件。
- ❑ 显式的数据类型声明。Apache Pig 提供了一种方式可加载数据并为其定义相应的模式。如果未指定类型声明，Pig 将对列自动分配默认的数据类型，这可能会占用额外的内存空间并降低性能。通常，在加载数据时应显式地定义模式和列类型，这可将处理时间将至 20%；在某些情况下，甚至可节省两倍的时间。
- ❑ 数据采样。Apache Pig 提供了延迟评估特性，如果仅出于验证输出结果或调试目的转储数据，那么一般可将语句与 limit 操作符结合使用，进而仅获取少量记录，而非转储全部记录。
- ❑ 压缩。大多数时候，压缩可提升性能。Apache Pig 脚本可能会涉及 MapReduce 操作链，每项作业的中间结果将被写入临时存储中，并随后在网络间进行混洗。此处应开启 pig.tmpfilecompression()函数，并针对中间 MapReduce 结果使用压缩机制，进而节省空间，并在下游系统进一步处理时增加读取时间。

7.3　HBase

虽然 Hadoop 自发布一来十分流行，但仅适用于批处理用例。其中，大型数据集可以单一批处理方式进行。Hadoop 源自谷歌发布的一篇研究论文 *Hadoop Distributed File System*（HDFS），该论文在谷歌文件系统研究论文和谷歌 MapReduce 研究论文的基础上完成。除此之外，谷歌还推出了另一项较为流行的产品 Big Table，以支持大型数据集上的随机读写访问，即 HBase。HBase 运行于 Hadoop 之上并借助于其守护进程 HDFS，以及基于键值存储的实时数据访问应用 Hadoop 的可扩展性。

🛈 注意：

Apache HBase 是一个开源的、分布式的 NoSQL 数据库，它通过 HDFS 实现了大型数据集的实时、随机读写访问。

7.3.1　HBase 体系结构及其概念

Apache HBase 是一个分布式列存储数据库，它同样遵循主/从体系结构。图 7.2 显示了 HBase 体系结构及其组件的示意图。

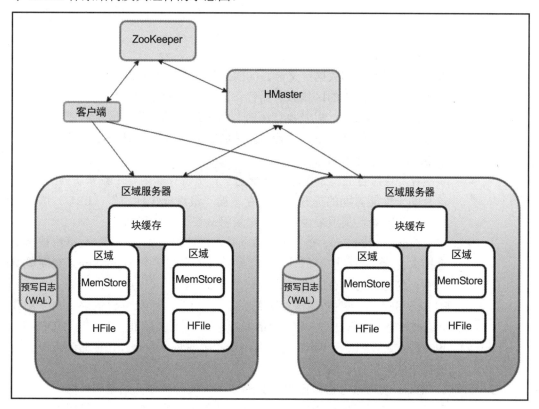

图 7.2

HBase 体系结构包含 4 个主要的组件，如下所示。

❑ HMaster。HMaster 进程负责向 Hadoop 集群中的区域服务器分配区域，以实现负载平衡。同时，HMaster 还负责监测 HBase 集群中的所有区域服务区实例，并充当所有元数据修改的接口。通常情况下，主服务器运行于分布式系统的 NameNode 上。这里的问题是，主服务器发生故障时会出现何种情况？在分布式 HBase 集群中，还存在处于备用模式下的其他主服务器可接管当前主服务器。经选举后 ZooKeeper 负责关注此类事务。一种可能的情况是，主服务器在一段时间内出现故障，HBase 集群需要在缺少主服务器的环境下工作。这种情形是完全可能的，其原因在于，客户端直接与区域服务器交互，且集群可在稳定状态下工作。尽管如此，较好的做法是令主服务器尽快启动并处于运行状态，因而它负责处理一些关键的功能，如下所示。

➢ 管理和监测 Hadoop 集群。

➢ 启动时向区域服务器分配区域，或向区域服务器重新分配区域（以供恢复）或负载平衡。

➢ 监测集群中的全部区域服务器并处理其故障。

➢ 源自客户端的全部数据定义语言（DDL）由 HMaster 处理。

❑ 区域服务器。HBase 中的区域服务器包含多个 HMaster 分配的区域。区域服务器负责处理客户端通信，以及执行所有与数据相关的操作。区域的任何读写请求均由包含该区域的区域服务器处理。区域服务器运行于 HBase 集群中的每个数据节点上，并包含下列组件。

➢ 块缓存。块缓存驻留于区域服务器之上，负责存储内存中频繁访问的数据，这有助于性能方面的提升。块缓存遵循"最近最少使用"（LRU）这一概念，这意味着，最近最少使用的记录将从块缓存中移除。

➢ MemStore。MemStore 充当所有输入数据的临时存储。随后，数据将被提交至持久化存储系统中。另外，HBase 集群中存在多个 MemStore。在简单情形中，这将针对所有的输入数据充当写缓存。

➢ HFile。HFile 表示为数据写入的实际文件或单元。当 MemStore 内存处于满载状态时，将会把数据写入磁盘上的 HFile 中。另外，HFile 被存储于 HDFS 上。

➢ 预写日志（WAL）。WAL 用于在出现故障时恢复数据，它存储尚未提交至磁盘中的新数据。

❑ 区域。HBase 表通过行键范围被划分为多个区域。区域开始键和区域结束键之间的所有行在该区域中均为有效。其中，每个区域被分配一个区域服务器，并管理该区域的读写请求。区域是 HBase 中基本的可扩展块，相应地，每个区域服务器中应包含较少数量的区域，以确保性能得到应有的保障。

❑ ZooKeeper。ZooKeeper 是一项分布式协调服务，它负责向区域服务器中分配区域；此外，ZooKeeper 还负责在区域服务器崩溃时恢复区域，也就是说，将区域加载至其他区域服务器上。如果客户端需要共享或交换区域，首先应考查 ZooKeeper。这里，主服务 HMaster 和所有的区域服务器应在 ZooKeeper 服务上进行注册。客户端访问 ZooKeeper 集群并连接区域服务器和 HMaster。当 HBase 集群中的节点出现故障时，ZooKeeper 的 ZKquoram 将激活错误消息，并随后开始修复故障节点。

ZooKeeper 服务负责跟踪 HBase 集群中的所有区域服务器并收集相关信息，如区域服务器的数量、绑定至区域服务器的数据节点等。HMaster 连接至 ZooKeeper 以获取区域服务器的详细信息。除此之外，HMaster 还负责构建与区域服务器间的连接通信、跟踪服务器故障和网络分区、维护配置信息等。

7.3.2　CAP 理论

如果读者在应用程序中一直使用 NoSQL 数据库，那么一定听说过 CAP 理论。CAP 理论认为，任何数据库均无法实现可用性、一致性和分区容错性 3 个特性，而且需要同时妥协其中的两个特性。

可用性、一致性和分区容错性的解释内容如下。

❑ 可用性。可用性是指提交查询请求的每个客户端必须获得响应，且与系统中的个体节点状态无关。仅当系统始终保持运行状态时，这种情况才有可能出现。简而言之，无论结果中是否包含了对数据库的最新写入操作，可用性将确保对数据库的每个请求都将得到响应。

❑ 一致性。一致性确保分布式系统中的每个节点必须返回与结果相同的数据。仅当客户端启动的事务成功完成时，系统才可处于一致性状态。这意味着，该事务应用于系统中的所有节点上。如果在事务执行期间出现任何错误，那么事务将整体回滚。简而言之，如果系统中的每个非故障节点都可返回包含最近写入数据库系统中的数据，则系统处于一致性状态。

❑ 分区容错。分区容错表明，即使网络问题导致节点之间的消息数量出现延迟，系统也将继续运行。如果网络整体无故障，分区容错网络则可承受任意数量的网络故障。全部记录在足够数量的节点上被复制，这有助于为客户端请求提供服务，即使一个或两个节点宕机。在全部现代分布式系统中，分区容错不可或缺，可用性和一致性应对此做出一定的妥协。

ⓘ 注意:

　　针对客户端请求服务，当一个或多个节点的隔离不会影响系统的一致性时，系统可被视为具备一定的分区容错性。

　　由于分区容错性一般是 NoSQL 现代数据库中的一部分内容，因此每个数据库故障可分为两类，即可用性和分区容错性，以及一致性和分区容错性。图 7.3 根据 CAP 理论展示了一些常用的数据库及其故障。

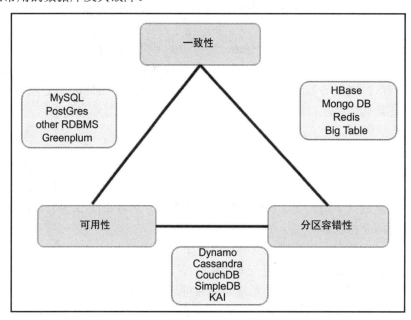

图 7.3

　　一致性和分区容错性（CP）。CP 表明，系统可同时包含两种故障，即一致性和分区容错性，但不涉及可用性。如果尝试向包含 CP 属性的系统中添加可用性，那么至少需要针对一个节点消除分区容错性；此外，如果链接中断，还需要正确地处理从系统中全部节点接收最近一次写入的查询操作。

　　可用性和分区容错性（AP）。AP 表明，系统可包含可用性和分区容错性属性，但不涉及一致性。如果尝试向 AP 系统中添加一致性，则需要消除可用性，其原因在于，系统必须等待且无须响应任何查询，直至系统中的全部节点在最近的写入操作上同步。

　　可用性和一致性（AC）。AC 表明，系统可同时持有可用性和一致性，但不涉及分区容错性。如果尝试向 AC 系统中添加分区容错性，那么需要消除一致性特征，其原因在于，当节点链接中断时，最近一次写入将无法被发送至全部节点中。

7.3.3　HBase 操作机器示例

每种数据库均包含了一组基本的操作集，一般称作创建、读取、更新和删除（CRUD）操作。大多数时候，考虑到 HBase 常与采用不同编程语言的应用程序结合使用，因而需要考查使用编程 API 时 CRUD 操作的实现方式。

在任何数据库中，第一步是创建表。在 HBase 中，表的创建语法如下。

```
create '<table name>','<column family>'
```

考查下列示例。

```
create 'testtable', 'colfamily1', 'colfamily2'
```

下面讨论一些利用 Java API 在 HBase 上运行的创建操作。

1. Put 操作

记录与 HBase 间的插入操作可通过 Put 对象完成。对此，需要提供一行以创建 Put 实例。这里，某一行可通过唯一的行键进行标识，同时也包含了 HBase 中的最多值，即 Java byte[]数组，如下所示。

```
import org.Apache.Hadoop.conf.Configuration;
import org.Apache.Hadoop.hbase.HBaseConfiguration;
import org.Apache.Hadoop.hbase.client.HTable;
import org.Apache.Hadoop.hbase.client.Put;
import org.Apache.Hadoop.hbase.util.Bytes;

import java.io.IOException;

public class HBasePutExample {

    public static void main(String[] args) throws IOException {
        Configuration conf = HBaseConfiguration.create();
        HTable table = new HTable(conf, "testtable");
        Put recordPuter = new Put(Bytes.toBytes("samplerow"));
        recordPuter.addColumn(Bytes.toBytes("colfamily1"),
Bytes.toBytes("col1"),
                Bytes.toBytes("val1"));
        recordPuter.addColumn(Bytes.toBytes("colfamily1"),
Bytes.toBytes("col2"),
                Bytes.toBytes("val2"));
```

```
        table.put(recordPuter);
    }
}
```

利用 put()方法，存在多种方式可将记录置于 HBase 表中，此处仅讨论了一种基本方法。除此之外，还可创建 Put 实例列表，并将批量记录插入 HBase 表中。

2．Get 操作

Get 调用用于检索已存储于 HBase 表中的数据，该表从 HBase 表中读取数据。对此，我们需要提供一个行键，代表希望从 HBase 表中访问的行，如下所示。

```java
import org.Apache.Hadoop.conf.Configuration;
import org.Apache.Hadoop.hbase.HBaseConfiguration;
import org.Apache.Hadoop.hbase.client.Get;
import org.Apache.Hadoop.hbase.client.HTable;
import org.Apache.Hadoop.hbase.client.Result;
import org.Apache.Hadoop.hbase.util.Bytes;

import java.io.IOException;

public class HBaseGetExample {

    public static void main(String[] args) throws IOException {
        Configuration conf = HBaseConfiguration.create();
        HTable table = new HTable(conf, "testtable");
        Get get = new Get(Bytes.toBytes("samplerow"));
        get.addColumn(Bytes.toBytes("colfamily1"), Bytes.toBytes("col1"));
        Result result = table.get(get);
        byte[] val = result.getValue(Bytes.toBytes("colfamily1"),
                Bytes.toBytes("col2"));
        System.out.println("Value: " + Bytes.toString(val));
    }
}
```

与 Put 类似，HBase 也可通过批量方式获取数据。对此，仅需提供一个 Get 实例列表即可完成作业。

3．Delete 操作

从 HBase 表中删除记录与某些用例十分类似。Delete 调用可用于删除一行或列族。除此之外，还可删除多行或一个列族，也就是说，将 Delete 对象列表传递至表的 delete()方法中，如下所示。

```
import org.Apache.Hadoop.conf.Configuration;
import org.Apache.Hadoop.hbase.HBaseConfiguration;
import org.Apache.Hadoop.hbase.client.Delete;
import org.Apache.Hadoop.hbase.client.HTable;
import org.Apache.Hadoop.hbase.util.Bytes;
import java.io.IOException;
import java.util.ArrayList;
import java.util.List;

public class HBaseDeleteExample {

    public static void main(String[] args) throws IOException {

        Configuration conf = HBaseConfiguration.create();
        HTable table = new HTable(conf, "testtable");
        List<Delete> deletes = new ArrayList<Delete>();
        Delete delete1 = new Delete(Bytes.toBytes("samplerow"));
        delete1.setTimestamp(4);
        deletes.add(delete1);

        Delete delete2 = new Delete(Bytes.toBytes("row2"));
        delete2.addColumn(Bytes.toBytes("colfam1"), Bytes.toBytes("col1"));
        delete2.addColumn(Bytes.toBytes("colfam2"), Bytes.toBytes("col3"), 5);
        deletes.add(delete2);
        Delete delete3 = new Delete(Bytes.toBytes("row3"));
        delete3.addFamily(Bytes.toBytes("colfamily1"));
        delete3.addFamily(Bytes.toBytes("colfamily1"), 3);
        deletes.add(delete3);
        table.delete(deletes);

    }
}
```

4．批处理操作

至此，我们已经了解了一些基本的 HBase API，并可从 HBase 表中添加、检索和删除记录。记住，Row 是 Get、Put 和 Delete 对象的父接口，因而可采用批量方式执行全部 3 项操作，也就是说，将 Row 对象操作列表传递至表 API 中，如下所示。

```
List<Row> batchOperation = new ArrayList<Row>();
batchOperation.add(put);
batchOperation.add(get);
batchOperation.add(delete);
```

```
Object[] results = new Object[batch.size()];
table.batch(batchOperation, results);
```

7.3.4　安装

HBase 的安装过程可通过多种模式实现，即本地模式、伪分布式模式以及分布式模式。本节将主要介绍 HBase 集群的本地模式和分布式模式设置。

1. 本地模式安装

本地模式不需要设置任何 Hadoop 路径，且便于安装和测试应用程序，下面将逐步对此加以讨论。

（1）访问 http://www.Apache.org/dyn/closer.lua/hbase/，下载稳定版本并将其置于相应的文件夹中。

（2）解压 HBase 压缩文件，并将所有文件置于 hbase 目录中，如下所示。

```
tar -xvf hbase-2.1.1-bin.tar.gz
mkdir /opt/hbase
mv hbase-2.1.1/* /opt/hbase
```

（3）设置并保存 JAVA_HOME in conf/hbase-env.sh 文件，如图 7.4 所示。

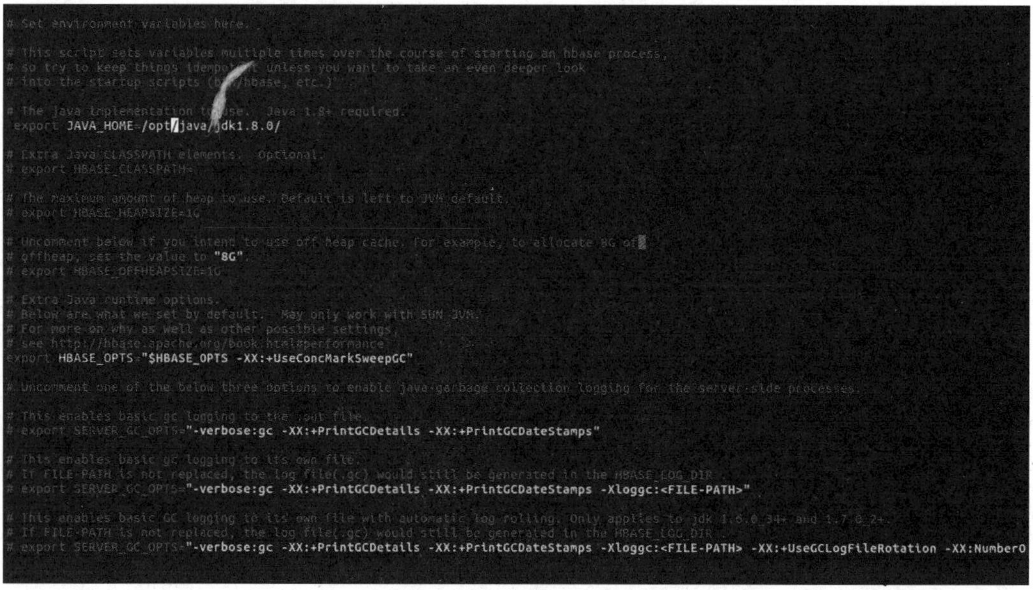

图 7.4

（4）将 HBASE_HOME 添加至类路径中。在 Ubuntu 系统中，可将下列代码行添加
至~/.bashrc 文件中。

```
export HBASE_HOME=/opt/hbase
export PATH= $PATH:$HBASE_HOME/bin
```

（5）调整 hbase-site.xml 文件，向其中添加 hbase.root 和 hbase.zookeeper.property.
dataDir 属性，并设置它们的响应值，如下所示。

```
<property>
        <name>hbase.rootdir</name>
        <value>file:///home/packt/hbase</value>
</property>

<property>
        <name>hbase.zookeeper.property.dataDir</name>
        <value>/home/packt/zookeeper</value>
</property>
```

（6）运行 hbase shell 命令并验证安装结果。

2．分布式模式安装

与本地模式的 HBase 配置相比，分布式模式安装稍有变化。其中，HBASE_HOME 的
设置步骤与分布式模式相同，唯一的差别在于主/从配置。下面对各种配置情形加以考查。

（1）主节点配置。

主节点也称作 HMaster，负责管理从节点，即区域服务器。对此，下列代码需要被添
加至 hbase-site.xml 主文件中。

```
<configuration>
<property>
    <name>hbase.rootdir</name>
    <value>hdfs://Namenode-ip:9000/hbase</value>
</property>
<property>
    <name>hbase.cluster.distributed</name>
    <value>true</value>
 </property>
 <property>
    <name>hbase.zookeeper.property.dataDir</name>
    <value>hdfs://Namenode-ip:9000/zookeeper</value>
</property>
 <property>
```

```
    <name>hbase.zookeeper.quorum</name>
    <value>Namenode-ip, Datanode1, Datanode2</value>
 </property>
<property>
    <name>hbase.zookeeper.property.clientPort</name>
     <value>2181</value>
</property>
</configuration>
```

待细节信息被添加完毕后，还需要向 conf/resgionservers 文件中添加所有从节点信息，如下所示。

```
Namenode-ip
Datanode1
Datanode2
```

（2）从节点配置。

区域服务器充当 HBase 集群中的从节点，全部节点均驻留于数据节点上。另外，每个 HBase 从节点需要在其 hbasesite.xml 文件中包含下列信息。这里，确保在每个从节点上都将 hbase.cluster.distributed 属性设置为 true，以便对应节点被设置为 hbase 守护进程节点，如下所示。

```
<configuration>
<property>
    <name>hbase.rootdir</name>
    <value>hdfs://Namenode-NN:9000/hbase</value>
 </property>
<property>
    <name>hbase.cluster.distributed</name>
    <value>true</value>
</property>
</configuration>
```

当主/从节点被设置完毕后，即可在主节点上运行 start-hbase.sh 脚本，该脚本负责执行其余工作。当前，我们已经拥有了自己的 HBase 集群，可于其中创建 HBase 表，并将其与应用程序结合使用。

7.3.5　最佳实践

为了进一步提升性能，我们可遵循一些最佳实践方案，如下所示。

❑　选择区域数量。当在 HBase 中创建表时，可针对某张表显式地定义区域的数量。

否则，HBase 将根据某些算法进行计算，而相关算法可能并不适用于对应表。通常，较好的做法是，分配表的区域数量，这有助于实现良好的性能。

❑ 选择列族（family）的数量。大多数时候，我们仅持有一个行键和一个列族；但某些时候，我们可能选择将重要的列置于某个列族中，而将另一个列置于另一个列族中。无论如何，HBase 中的每张表不应多于 10 个列族。对此，读者可尝试将这一数字维持在较低水平。

❑ 平衡集群。若每个区域服务器包含基本等同数量的区域时，HBase 可被称作平衡集群。对此，我们可能会开启平衡器，且每隔 5s 平衡集群。

❑ 避免在 HBase 集群上运行其他作业。对于 HBase，我们往往会采用某个集成框架，如 Cloudera、Hortonworks、BigInsight 等。集成框架也包含了诸如 Hive、Pig、Spark 等其他工具。HBase 是 CPU 和内存密集型的，且不定时会出现大型的连续 I/O 访问。因此，运行其他作业将导致性能显著降低。

❑ 避免主压缩并执行划分操作。HBase 涵盖两种类型的压缩：一种是小型压缩，并压缩定义良好的默认配置文件，且有助于提高性能；另一种则是主压缩，并使用区域中的全部文件，随后将其合并为一个文件。由于压缩过程较为耗时，因此无法在压缩作业结束之前向区域中执行任何写入操作。针对于此，一种较好的做法是，尽可能地避免主压缩。另外，在到达所定义的大小后（如 4GB～5GB），还可根据区域容量对区域进行划分。

7.4　Kafka

LinkedIn 门户网站是专业开发人员较为常用的站点，而 Kafka 系统则是由 LinkedIn 技术团队首先推出的。LinkedIn 利用内部自定义组件构建了软件度量工具，并对现有的开源工具提供了较低限度的支持。该系统收集站点上的用户活动数据，并向站点上的每位用户展示相关信息。最初，该系统打造为传统的、基于 XML 的日志服务，并采用不同的提取转换加载（ETL）工具进行处理。然而，由于这一类安排方式缺乏有效性，因此问题也接踵而来。对此，LinkedIn 技术团队开发了一个名为 Kafka 的系统，并将其打造为一个分布式的、容错性的、发布/订阅系统。该系统将整合后的消息记录为主题（topic）。应用程序可创建或使用主题中的消息。另外，全部消息作为日志被存储于持久化文件系统中。Kafka 是一个 WAL 系统，它在使用者应用程序可用之前将全部发布的消息写入日志文件中。订阅者/使用者在必要时可在相应的时间框中读取这些写入的文件。Kafka 的构建目标包含以下内容。

❑　消息生产者和消息使用者间的松散耦合。
❑　消息数据的持久化支持各种数据使用场景和故障处理机制。
❑　基于低延迟组件的最大的端-端吞吐量。
❑　利用二进制数据格式管理各种数据格式和类型。

💡提示：

稍后将详细讨论 Kafka，读者将会了解 Kafka 的常见应用之一位于其流处理体系结构中。借助于可靠的消息传送语义，Kafka 有助于实现较高的事件率。而且，Kafka 还提供了重播功能，并支持不同的使用者类型。

这可进一步提升流体系结构的容错性，并支持各种警告和通知服务。

7.4.1　Apache Kafka 体系结构

Kafka 主题中的全部消息可被视为一个数组表示的字节集合。其中，生产者被定义为主应用程序，它将信息存储于 Kafka 队列中，并将消息发送至存储全部消息类型的 Kafka 主题中。所有主题将进一步被划分为分区，其中，每个分区以序列方式存储所到达的消息。基本上讲，这里存在两种可执行的主要操作，即 Kafka 中的生产者和使用者。其中，生产者添加于预写日志文件的尾部，而使用者则从隶属于给定主题分区中的日志文件中获取消息。从物理角度来看，每个主题遍布于不同的 Kafka 代理上，这些代理驻留于每个主题的一个或两个分区上。理想状态下，Kafka 管线中每个代理应包含均等数量的分区和每台机器上的全部主题。使用者则表示订阅主题或从这些主题接收消息的应用程序或进程。图 7.5 显示了 Kafka 集群的概念性布局。

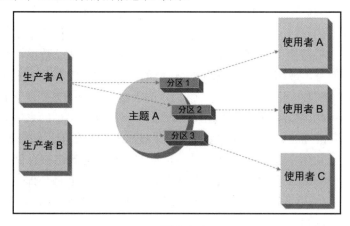

图 7.5

图 7.5 解释了 Kafka 的逻辑体系结构，以及不同的逻辑组件之间如何一致性地协同工作。尽管从逻辑角度理解 Kafka 体系结构十分重要，但我们还应了解 Kafka 的物理体系结构，这将有助于后续章节的学习。Kafka 集群基本上由一个或多个服务器（节点）构成，图 7.6 显示了一个多节点 Kafka 集群。

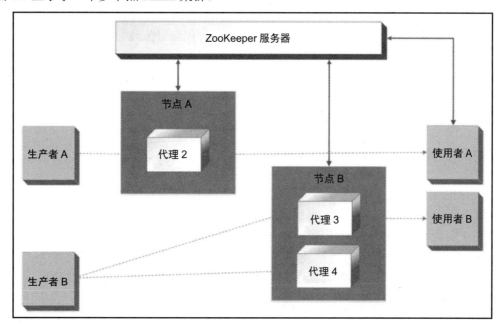

图 7.6

常见的 Kafka 集群由多个代理构成，这有助于集群的负载平衡消息的读取和写入。其中，每个代理均是无状态的，但它们采用 ZooKeeper 维护其状态。另外，每个主题分区包含一个代理作为领导者，以及 0 或多个代理作为跟随者。这里，领导者管理各自分区的读或写请求；而跟随者则在后台复制领导者，且不会主动干扰领导者的工作机制。此处，可将跟随者视为领导者的备份，当领导者出现故障时，可将某个追随者选举为领导者。

ℹ️注意：

Kafka 集群中的每个服务器可以是某些主题分区的领导者，也可能是其他分区的跟随者。通过这种方式，每个服务器上的负载处于均等的平衡状态。另外，Kafka 领导者选举一般在 ZooKeeper 的帮助下实现。

ZooKeeper 是 Kafka 集群中的重要组件，负责管理和协调 Kafka 代理和使用者。ZooKeeper 跟踪新代理的添加操作，或者 Kafka 集群中的代理故障。相应地，ZooKeeper

将有关集群状态通知与 Kafka 队列中的生产者或使用者，这有助实现生产者和使用者与活动代理之间的协同工作。除此之外，ZooKeeper 还将记录哪一个代理是相应分区的领导者，并将该信息传递至生产者或使用者以读写消息。此时，读者必须熟悉与 Kafka 集群相关的生产者和使用者应用程序。尽管如此，简要地介绍这一主题仍可帮助读者验证对问题的理解程度。生产者将数据推送至代理处，其间，生产者搜索对应主题分区的选举领导者（代理），并自动将一条消息发送至该领导者代理服务器。类似地，使用者从代理中读取消息。由于 Kafka 代理是无状态的，因此使用者借助于 ZooKeeper 记录其状态。这种设计模式有助于对 Kafka 实现较好的扩展。另外，使用者偏移值通过 ZooKeeper 进行维护。通过分区偏移，使用者将记录所使用的消息量，最终向 ZooKeeper 确认消息偏移。这意味着，使用者已经使用了之前的全部消息。

7.4.2　安装和运行 Apache Kafka

Apache Kafka 的安装过程与之前讨论的配置行为有所不同。Apache Kafka 是一个独立的、分布式的、容错性的、可扩展的消息系统，且不依赖于 Hadoop。当今，Apache Kafka 不仅用于大数据生态圈，还用于构建各种微服务应用程序，皆因其高吞吐量的读写能力。Apache Kafka 可方便地解决生产者/使用者问题，并可帮助生产者和使用者独立地执行任务。

本节将考查如何以本地模式和分布式模式安装 Apache Kafka。下面首先讨论 Apache Kafka 本地模式的配置过程。

1．本地模式安装

本地模式的 Kafka 的安装和运行大约需要 5min～10min。此处应确保已经在系统中安装了 Java。

（1）访问 https://kafka.Apache.org/downloads 下载最新版本的 Kafka 压缩程序。

（2）在压缩程序下载完毕后，利用下列命令对其进行解压。

```
tar -xvf kafka_2.11-2.0.0.tgz
```

（3）在常用位置处创建 Kafka 目录，将全部 Kafka 文件复制至该目录中，如下所示。

```
mkdir /opt/kafka
mv kafka_2.11-2.0.0/* opt/kafka
```

（4）利用已有的属性文件启动 ZooKeeper，这将在 2181 端口上运行 ZooKeeper，如下所示。

```
bin/zookeeper-server-start.sh config/zookeeper.properties
```

（5）一旦 ZooKeeper 准备就绪并处于运行状态，就可设置 Kafka 代理服务器。在单台机器中，通过提供不同的配置文件，可运行多个 Kafka 服务器。config/server.properties 文件中包含了代理属性，且默认端口为 9092。此外，每个代理包含与其关联的唯一 ID，且默认 ID 为 0。代理的运行方式如下。

```
bin/kafka-server-start.sh config/server.properties
```

当创建服务器属性文件时，可修改 broker-id、端口和日志目录，并在同一台机器上运行新的代理。

（6）当前，Kafka 集群准备就绪并处于运行状态。我们可创建一个主题并将数据推送于其中。主题的创建方式如下。

```
bin/kafka-topics.sh --create --topic testtopic --zookeeper
localhost:2181 --partitions 1 --replication-factor 1
```

（7）使用控制台生产者和使用者快速测试配置结果。这里，生产者运行于一个控制台中，使用者则运行于另一个控制台中。相应地，控制台 1 如下。

```
bin/kafka-console-producer.sh --broker-list localhost:9092
 --topic testtopic
```

控制台 2 如下。

```
bin/kafka-console-consumer.sh --bootstrap-server localhost:9092
--topic testtopic --from-beginning
```

在生产者控制台中输入消息，随后可在使用者控制台中即可查看到对应消息。此外，还可利用 API（如 Java）编写生产者和使用者程序。

2. 分布式模式安装

Kafka 集群的配置过程涉及运行两个主要的组件，即 ZooKeeper 和 Kafka 代理。全部 Kafka 代理需要与 ZooKeeper 服务器保持同步。因此，唯一的变化（以使分布式多节点 Kafka 集群工作）是修改 ZooKeeper 和 Kafka 服务器配置。

❑　确保每个节点上持有 Kafka 压缩程序并解压。

❑　修改 zookeeper.properties 文件，并添加下列与 ZooKeeper 服务器相关的 3 项内容。

```
#zoo servers
server.1=broker1ip:2888:3888
server.2=broker2ip:2888:3888
server.3=broker3ip:2888:3888
```

其他一些需要修改的属性还包括 clientPortAddress 和 datadir。

❑　修改每台代理机器的 server.properties，并向其中添加 ZooKeeper 客户端，如下所示。

```
zookeeper.connect=broker1ip:2181,broker2ip:2181,broker3ip:2181
```

此外，还应确保每个代理包含唯一的 ID，即通过修改 server.properties 中的 broker.id 进行设置。同时，log.dirs 值还应被设置为唯一位置。例如，在 broker1 ir 上，该值可被设置为/tmp/kafka-logs-1；在 broker2 上，该值可被设置为/tmp/kafka-logs-2 等。

❑　待一切被设置完毕后，在每个节点上运行下列命令。

```
./bin/zookeeper-server-start.sh -daemon config/zookeeper.properties

./bin/kafka-server-start.sh -daemon config/server.properties
```

❑　利用 jps 命令验证配置结果，并开始与分布式 Kafka 集群协同工作。

7.4.3　生产者和使用者的内部机制

本节将详细讨论 Kafka 生产者和使用者之间的不同职责。

1. 生产者

当编写生产者应用程序时，可使用在抽象层上公开了某些方法的生产者 API。在发送数据之前，需要通过这些 API 执行多项步骤。因此，应理解内部操作步骤以深入了解 Kafka 生产者，本节将对此加以阐述。

除发布消息外，我们还需要理解 Kafka 生产者的职责，如下所示。

❑　引导 Kafka 代理 URL。生产者应至少连接一个代理以获取与 Kafka 集群相关的元数据。一种可能的情况是，生产者打算连接的第一个代理出现故障。为了确保故障转移，生产者实现过程将接收多个代理 URL 构成的列表以便进行引导。生产者循环访问 Kafka 代理地址列表，直至找到一个连接地址以获取集群元数据。

❑　数据序列化。Kafka 采用二进制协议在 TCP 上发送和接收数据。这意味着，在向 Kafka 写入数据时，生产者需要向定义后的 Kafka 代理网络端口发送有序字节数列，并随后以相同顺序从 Kafka 代理中读取响应后的字节序列。Kafka 生产者将每个消息数据对象序列化至字节数组中，并随后通过网络将记录发送至相应的代理中。类似地，Kafka 生产者将从代理接收的字节序列作为响应结果转换至消息对象中。

❑ 确定主题分区。Kafka 生产者的一项职责是确定发送哪一个主题分区数据。如果分区由调用者程序指定，那么生产者 API 并不确定主题分区，并直接将数据发送至其中。一般情况下，这基于消息数据对象的键。此外，读者还可针对自定义分区进行编码。

❑ 确定分区的领导者。生产者直接向分区的领导者发送数据。对此，针对于此，生产者从 Kafka 代理处请求元数据。生产者负责确定将要写入消息的分区领导者。代理会在此时响应与活动服务器和主题分区领导者相关的元数据的请求。

❑ 故障处理/重试能力。处理故障响应或重试次数需要通过生产者应用程序加以控制。我们可通过生产者 API 配置设置重试次数，并根据企业标准予以制订。异常处理则应通过生产者应用程序组件加以实现。取决于异常类型，我们可制订不同的数据流。

❑ 批处理机制。对于高效的消息传输而言，批处理是一种十分有用的机制。通过生产者 API 配置，我们可以控制是否需要以异步模式使用生产者。批处理机制可确保降低 I/O 操作的次数并优化生产者的内存空间应用。当确定批处理的消息数量时，需要考虑端-端延迟。相应地，端-端延迟随着批处理中消息数量的增加而增加。

向 Kafka 主题中发布消息始于生产者 API 调用，并借助于相应的细节信息，如字符串格式的消息、主题、分区（可选）和其他配置详细信息，如代理 URL 等。生产者 API 使用传递后的信息形成嵌套键-值对形式的数据对象。当数据对象构建完毕后，生产者将其序列化至字节数组中。对此，我们可采用内建的序列化器，或者也可开发自定义序列化器。Avro 即是一种常用的数据序列化器。序列化可确保支持 Kafka 二进制协议以及高效的网络传输。

接下来需要确定数据发送的分区。如果分区信息被传递至 API 调用中，那么生产者将直接使用该分区；否则，生产者负责确定数据应发送的分区。通常情况下，这由数据对象中定义的键决定。当记录分区被确定完毕后，生产者将决定连接哪一个代理以发送消息。该过程通常由选择生产者时的引导过程完成，随后根据获取的元数据确定领导者代理。另外，生产者还需要确定 Kafka 代理所支持的 API 版本，而这可通过 Kafka 集群公开的 API 版本予以实现。最终目标可描述为，生产者将支持不同的生产者 API 版本。当与各自的领导者代理通信时，应使用生产者和代理均支持的最高 API 版本。生产者将所采用的 API 版本发送至其写请求中。如果在写请求中没有反映兼容的 API 版本，那么代理可以拒绝写请求。此类设置可确保 API 呈递增式发展，同时支持旧版本的 API。

当序列化数据对象被发送至所选择的代理后，生产者从这些代理中接收一个响应结果。如果接收到与各自分区相关的元数据以及新的消息偏移，那么可被视为成功的响应结果。如果响应结果中收到错误码，那么生产者将抛出一个异常，或者根据接收到的配置信息进行重试。

2．使用者

如前所述，Kafka 中的消息使用机制与其他消息系统有所不同。然而，当利用使用者API 编写使用者应用程序时，全部细节信息均被抽象，且大多数内部工作均通过应用程序所用的 Kafka 使用者库完成。这里的重点不在于大多数使用者内部工作的编码，而是需要理解其工作机制。这些概念有助于调试使用者应用程序，并做出正确的应用程序决策。

在之前的 Kafka 生产者论述中，我们了解了 Kafka 使用者的不同职责，其中涉及以下几项内容。

❑ 订阅一个主题。使用者操作通过订阅一个主题而被初始化。如果当前使用者隶属于使用者分组中的一部分内容，它将从对应主题中分配一个分区子集。使用者处理过程将从分配的分区中读取数据，我们可以将主题订阅视为注册过程，进而从主题分区中读取数据。

❑ 使用者偏移位置。Kafka 并不维护消息偏移，相应地，所有使用者负责维护其自身的使用者偏移。具体而言，使用者偏移通过使用者 API 进行维护，且无须对此执行任何额外的编码操作。然而，在某些用例中，可能需要对偏移予以更多的控制。对此，可针对偏移提交编写自己的逻辑内容。稍后将对此加以讨论。

❑ 重播/回卷/忽略消息。Kafka 使用者可完整控制起始偏移，进而从主题分区中读取消息。当采用使用者 API 时，任何使用者应用程序均可传递偏移以读取主题分区中的消息。也就是说，可以从开始位置或者某个指定的整数偏移处读取消息，而无须考虑分区的当前偏移值。通过这种方式，使用者可根据特定的业务情况重播或忽略消息。

❑ 心跳信号。使用者负责向 Kafka 代理（使用者分组的领导者）发送规则的心跳信号，进而确认指定分区的成员或持有者。如果分组领导者未在固定的时间间隔内接收到心跳信号，则会向使用者分组中的其他使用者重新分配分区的持有者。

❑ 偏移提交。Kafka 并不跟踪使用者应用程序读取的消息的位置或偏移，使用者应用程序负责跟踪分区偏移并对其进行提交。这种方式包含了两个优点：首先，考虑到无须跟踪每个使用者的偏移，因而可改善代理的性能；其次，考虑到某些特定场合下的偏移管理，这也为使用者应用程序提供了一定的灵活性。例如，可在结束批处理之后提交偏移，或者也可在大型批处理之间提交偏移，进而减少再平衡的副作用。

❑ 反序列化。Kafka 生产者在将对象发送至 Kafka 之前将对象序列化为字节数组，类似地，Kafka 使用者将这些 Java 对象反序列化至字节数组中。其间，Kafka 使用与生产者应用程序中所采用的序列化器相同的反序列化器。

在使用者工作流程中，使用 Kafka 中的消息的首要步骤是主题订阅，使用者应用程序首先会订阅一个或多个主题。随后，使用者应用程序轮询 Kafka 服务器以获取记录。通常情况下，这一过程被称作轮询循环，该循环关注服务器协调、记录检索、分区再平衡，并保持使用者心跳信号的活动状态。

ℹ️ **注意：**

对于首次读取数据的新使用者，轮询循环首先将该使用者注册于相应的使用者分组中，并于最终接收分区元数据。分区元数据基本上包含了主题的分区和领导者信息。

当检索元数据时，使用者将针对赋予其中的分区开始轮询各自的代理。如果发现新的记录，则被检索并反序列化。这些记录最终将被处理，在执行了一些基本的验证操作后，记录将被存储于某些外部存储系统中。在少数场合下，记录将在运行期内被处理并被传递至某些外部应用程序中。

最后，使用者提交消息的偏移。另外，轮询还定期将活跃的心跳信号发送至 Kafka 服务器中，以确保不间断地接收消息。

7.4.4　编写生产者和使用者应用程序

Kafka 提供了丰富的 API 集，进而可编写自己的生产者或使用者应用程序。Kafka 包含了一些常用的连接器形式的使用者和生产者。本节将考查如何利用 Kafka API 编写生产者和使用者应用程序。

下面讨论如何编写自己的生产者和使用者应用程序。在编码之前，应满足下列各项条件。

❑ IDE。建议使用 Java 和支持 Scala 的 IDE，如 IDEA、NetBeans 或 Eclipse。此处将采用 JetBrains IDEA。读者可访问 https://www.jetbrains.com/idea/以了解与此相关的更多信息。

❑ 构建工具。此处采用 Maven 作为项目的构建工具。当然，读者也可根据个人喜好选择 Gradle 或其他工具。

❑ Maven 项目。通过 Intellij 创建新的 Maven 项目。

❑　Kafka 依赖关系。可向 pom.xml 文件中添加 Maven 依赖关系。

下列代码显示了 Maven 依赖关系。

```xml
<dependency>
    <groupId>org.Apache.kafka</groupId>
    <artifactId>kafka_2.11</artifactId>
  <version>1.1.0</version>
</dependency>
```

1. 生产者示例

生产者应用程序可利用 KafkaProducer 类 API（接收配置的 Kafka 属性对象，并将数据发送至 Kafka 代理上的经配置后的主题）将数据推送至 Kafka 主题中。Future 对象包含了发送至 Kafka 代理上的每条消息的响应代码，我们可利用响应结果检查消息是否被成功传递，并在发生故障时再次发送消息以保证传送过程成功执行，如下所示。

```java
import java.util.Properties;
import java.util.concurrent.Future;

import org.Apache.kafka.clients.producer.KafkaProducer;
import org.Apache.kafka.clients.producer.ProducerRecord;
import org.Apache.kafka.clients.producer.RecordMetadata;


public class CustomProducer {

    public static void main(String[] args) {
        Properties producerProps = new Properties();

        producerProps.put("bootstrap.servers", "localhost:9092");
        producerProps.put("key.serializer",
"org.Apache.kafka.common.serialization.StringSerializer");
        producerProps.put("value.serializer",
"org.Apache.kafka.common.serialization.StringSerializer");
        producerProps.put("acks", "all");
        producerProps.put("retries", 1);
        producerProps.put("batch.size", 20000);
        producerProps.put("linger.ms", 1);
        producerProps.put("buffer.memory", 24568545);
        KafkaProducer<String, String> producer = new KafkaProducer <String,
String>(producerProps);

        for (int i = 0; i < 2000; i++) {
```

```
        ProducerRecord data = new ProducerRecord<String,
String>("test1", "Hello this is record " + i);
        Future<RecordMetadata> recordMetadata = producer.send(data);
    }
    producer.close();
  }
}
```

2. 使用者应用程序

Kafka 使用者采用 KafkaConsumer 类 API 使用 Kafka 主题中的数据。使用者应用程序负责向 Kafka 返回消息，这表明使用者成功地将消息读取至提交的偏移处，随后 Kafka 针对使用者递增其偏移量值，以便服务下一组消息。记住，这取决于使用者打算如何使用和处理消息，因此消息语义均取决于使用者实现，如下所示。

```
import org.Apache.kafka.clients.consumer.*;
import org.Apache.kafka.common.TopicPartition;
import java.util.*;

public class CustomConsumer {

    public static void main(String[] args) throws Exception {

        String topic = "test1";
        List<String> topicList = new ArrayList<>();
        topicList.add(topic);
        Properties consumerProperties = new Properties();
        consumerProperties.put("bootstrap.servers", "10.200.99.197:6667");
        consumerProperties.put("group.id", "Demo_Group");
        consumerProperties.put("key.deserializer",
"org.Apache.kafka.common.serialization.StringDeserializer");
        consumerProperties.put("value.deserializer",
"org.Apache.kafka.common.serialization.StringDeserializer");

        consumerProperties.put("enable.auto.commit", "true");
        consumerProperties.put("auto.commit.interval.ms", "1000");
        consumerProperties.put("session.timeout.ms", "30000");

        KafkaConsumer<String, String> customKafkaConsumer = new
KafkaConsumer<String, String>(consumerProperties);

        customKafkaConsumer.subscribe(topicList);
        int i = 0;
```

```
        try {
            while (true) {
                ConsumerRecords<String, String> records =
customKafkaConsumer.poll(500);
                for (ConsumerRecord<String, String> record : records)
                    //TODO : Do processing for data here
                    customKafkaConsumer.commitAsync(new
OffsetCommitCallback() {
                        public void onComplete(Map<TopicPartition,
OffsetAndMetadata> map, Exception e) {

                        }
                    });

            }
        } catch (Exception ex) {
            //TODO : Log Exception Here
        } finally {
            try {
                customKafkaConsumer.commitSync();

            } finally {
                customKafkaConsumer.close();
            }
        }
    }
}
```

　　上述代码显示了 Kafka 生产者和使用者应用程序的基本示例。通过对代码进行修改，我们还可编写更加复杂的生产者和使用者应用程序。

7.4.5　Kafka 的 ETL 连接

　　ETL 表示为从源系统中析取数据，进行一些转换，并将数据加载至目标系统中的处理操作。近些年来，围绕 Kafka 的开发势头十分迅猛，旨在使得 Kafka 成为构建 ETL 管线的统一模型。Kafka 连接（Kafka connect）和 Kafka 流（Kafka stream）即是其中的两项内容，它们可帮助我们打造 ETL 管线。Kafka 连接包含两种类型：一种是源连接器，另一种则是接收器（sink）连接器。其中，源连接器负责将数据传送至 Kafka，而接收器连接器则用于将数据移出 Kafka。图 7.7 显示了更为丰富的信息。

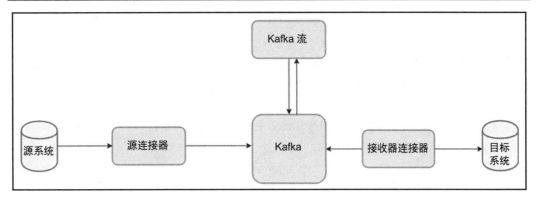

图 7.7

图 7.7 展示了 ETL 处理过程中的 3 个主要步骤。下面考查每个 ETL 步骤中 Kafka 如何向我们提供帮助。

❑ 析取机制。Kafka 提供了某些预置连接器，这些连接器可连接至某些常用的源系统，并在将数据推送至 Kafka 主题之前将数据从源系统中析取出来。Kafka 源连接器提供了相应的 API 以构建自定义源连接器，进而从自定义源中析取数据。下列内容展示了一些连接器示例。

JDBC 源连接器。JDBC 源连接器可从 JDBC 兼容的数据库中获取数据，如 MySQL、Postgre 等。当前示例将采用 sqlite3，其使用方式如下。

（1）安装 TRMMJUF，如下所示。

```
sudo apt-get install sqlite3
```

（2）启动控制台，如下所示。

```
sqlite3 packt.db
```

（3）创建数据库表并插入记录，如下所示。

```
sqlite> CREATE TABLE authors(id INTEGER PRIMARY KEY
                             AUTOINCREMENT NOT NULL,
                             name VARCHAR(255));

sqlite> INSERT INTO authors(name) VALUES('Manish');

sqlite> INSERT INTO authors(name) VALUES('Chanchal');
```

（4）创建 sqlite-source-connector.properties 并添加相关内容，如下所示。

```
name=test-source-sqlite-jdbc-autoincrement
connector.class=
```

```
io.confluent.connect.jdbc.JdbcSourceConnector
tasks.max=1
connection.url=jdbc:sqlite:packt.db
mode=incrementing
incrementing.column.name=id
topic.prefix=test-
```

（5）运行源连接器并将数据置入 Kafka 主题中，如下所示。

```
./bin/connect-standalone etc/schemaregistry/
connect-avro-standalone.properties
etc/sqlite-source-connector.properties
```

（6）通过在 test-authors 主题中运行使用者进行确认，如下所示。

```
bin/kafka-avro-console-consumer --new-consumer
--bootstrap-server localhost:9092 --topic test-authors
--from-beginning
```

上述代码的输出结果如图 7.8 所示。

```
SLF4J: Class path contains multiple SLF4J bindings.
SLF4J: Found binding in [jar:file:/home/chanchal/projects/confluent-3.2.2/share/
StaticLoggerBinder.class]
SLF4J: Found binding in [jar:file:/home/chanchal/projects/confluent-3.2.2/share/
aticLoggerBinder.class]
SLF4J: See http://www.slf4j.org/codes.html#multiple_bindings for an explanation.
SLF4J: Actual binding is of type [org.slf4j.impl.Log4jLoggerFactory]
{"id":1,"name":{"string":"Manish"}}
{"id":2,"name":{"string":"Chanchal"}}
```

图 7.8

❑ 转换机制。Kafka 流用于转换 Kafka 主题中的有效数据，并将转换后的结果推送回另一个主题中。虽然 Kafka 流可用于处理事件流，但如果开发得当，也可将其用作一个批处理应用程序。Kafka 流应用程序不需要运行任何特定的集群，它们可运行于执行 Java 应用程序的任何机器上，Kafka 流将处理后的数据从可用位置处推送回 Kafka 主题中，以供另一个进程（如 Kafka 接收器连接器）使用，该进程随后将数据推送至目标系统中。

❑ 加载机制。加载机制是指将转换后的数据从可用位置处载入目标系统中（以供后续使用）的处理过程。Kafka 接收器连接器可帮助我们将数据从 Kafka 主题中加载至某些常用的目标系统中，如 RDBMS、HDFS 等。下面使用 JDBC 接收器连接器将推送至 Kafka 主题中的数据进一步加载至新的 sqlite3 表中。JDBC 接收器连接器可将数据从 Kafka 主题中加载至任何 JDBC 兼容的数据库中。下列内容展示了运行 JDBC 连接器的各项步骤。

（1）设置 jdbc-sqlite-sinkconnector.properties，并向其中添加下列详细信息。

```
connector.class=io.confluent.connect.jdbc.JdbcSinkConnector
tasks.max=1
topics=authors_sink
connection.url=jdbc:sqlite:packt_author.db
auto.create=true
```

（2）利用下列命令运行接收器连接器。

```
./bin/connect-standalone etc/schema-registry/connect-avro-
standalone.properties etc/jdbc-sqlite-sinkconnector.properties
```

（3）如果持有一个自定义使用者将数据推送至主题中，则可使用该自定义生产者或下列控制台生产者进行测试。

```
./bin/kafka-avro-console-producer \
--broker-list localhost:9092 --topic authors_sink \
--property value.schema='{"type":"record",
                          "name":"authors","fields":
[{"name":"id","type":"int"},{"name":"author_name",
  "type": "string"}, {"name":"age", "type": "int"},
 {"name":"popularity_percentage", "type": "float"}]}'
```

（4）一旦生产者准备就绪，就可将下列记录粘贴至 Kafka 生产者控制台中。

```
{"id":1,"author_name":"Chanchal",
 "age":"26", popularity_percentage":60)

{"id":1,"author_name":"Manish", "age":"33",
 popularity_percentage":80)
```

（5）检查 sqlite3 数据库表中的记录，如下所示。

```
    sqlite3 packt_authors.db;
select * from author_sink;
```

上述代码的输出结果如图 7.9 所示。

图 7.9

提示：

Kafka 连接自身并非是一个 ETL 框架，但却是 ETL 管线的一部分内容，并于其中使用 Kafka。当前我们主要关注如何在 ETL 管线中使用 Kafka 连接，以及如何通过 Kafka 连接从 Kafka 中导入和导出数据。

7.4.6　最佳实践

Apache Kafka 涵盖了不同的组件，如生产者、使用者和代理。针对每种组件，我们应遵循某些最佳实践方案，如下所示。

- ❑ 数据验证。当编写生产者系统时，数据验证主要针对 Kafka 集群上编写的数据执行基本的数据验证测试。相关示例包括模式匹配以及键字段的非 null 值验证。如果不进行数据验证，就可能会中断下游使用者应用程序，并影响代理的负载平衡，因为数据可能未被适当地分区。

- ❑ 异常处理机制。生产者和使用者的唯一职责是确定与异常相关的程序流。当编写一个生产者或使用者应用程序时，应定义不同的异常类，并根据业务需求决定需要执行的动作。清晰的异常定义不仅有助于调试机制，还可适当地缓解风险。例如，当采用 Kafka 编写诸如欺诈检测这一类应用程序时，应该捕捉相关的异常并将警告邮件发送给运维工程师以寻求解决方案。

- ❑ 重试次数。总体而言，生产者应用程序中存在两种类型的错误：第一种错误是生产者可重试的错误，如网络超时和无效的领导者；第二种错误则需要通过生产者程序进行处理，前述内容已对此有所介绍。考虑到 Kafka 集群错误或网络错误，配置重试次数有助于降低与消息丢失相关的风险。

- ❑ 引导 URL 的次数。生产者应用程序的引导代理配置中通常会列出多个代理，这可帮助生产者对故障进行调节，其原因在于，如果某一个代理无效，生产者可尝试使用所列出的所有代理，直至获得一个可连接的代理。理想状况是，我们应列出 Kafka 集群中的全部代理，以适应最大数量的代理连接故障。然而，在大型集群中，可选择较少的集群代理数量，毕竟，重试次数将对端–端延迟产生影响，并导致 Kafka 队列中的重复消息。

- ❑ 避免向已有的主题添加新的分区。对于消息分配来说，当采用基于键的分区时，应避免向已有的主题中添加分区。由于主题将分区数量用作输入内容之一，因此加入新的分区将改变每个键计算后的哈希码。对于相同的键，建议使用不同的分区。

❑ 处理再平衡问题。当新的使用者连接使用者分组时，或者早期的使用者出现故障时，将会触发 Kafka 集群上的分区再平衡行为。如果使用者丧失了其分区持有者身份，则应提交接收自 Kafka 的最近事件的偏移。例如，在丢失分区持有者身份之前，应处理和提交内存缓冲数据集。类似地，还应关闭任何处于开启状态的文件处理程序和数据库连接对象。

❑ 在正确的时刻提交偏移。当针对消息选择提交偏移时，需要在正确的时刻完成这项操作。处理源自 Kafka 的一批消息的应用程序可能会花费较多的时间完成批处理操作。虽然这并非经验之谈，但如果处理时间超过 1min，则应尝试定期提交偏移，以避免在应用程序故障时的重复数据处理。对于更为严格的应用程序，其中，处理重复数据将会导致巨大的损失，如果吞吐量并非重要因素，那么提交偏移的时间应尽可能的短。

7.5　Flume

任何数据管线中的第一个步骤都是数据的摄取工作，这将从源系统中获取数据以供后续处理。相应地，存在不同类型的源系统，当从源系统中获取数据时，还存在不同的专用工具。大数据生态圈包含了自身的工具设置方式，进而从此类系统中获取数据。例如，Sqoop 可用于从关系数据库中获取数据；Gobblin 则可从关系数据库、REST API、FTP 服务器中获取数据等。

Apache Flume 是一个基于 Java 的具有可扩展性、容错性的分布式系统，并使用流式源中的数据，如 Twitter 日志服务器等。曾经，Apache Flume 被广泛地用于不同用例的应用程序中；今天，仍有大量的管线使用 Flume（特别是 Kafka 的生产者）。

7.5.1　Apache Flume 体系结构

生产者和使用者问题在 Hadoop 之前就已出现。生产者/使用者面临的常见问题是，生产者生产数据的速度比使用者消费的速度快。针对这一问题，消息系统已经存在了很长一段时间，但考虑到业务中生成的大量数据，系统应在不影响吞吐量的前提下使用生产者中的数据，并将其传送至目标系统中。本节将讨论与 Apache Flume 相关的更多内容，以及如何利用其可扩展、分布式和容错模式处理大量的流数据。图 7.10 显示了 Flume 体系结构示意图。

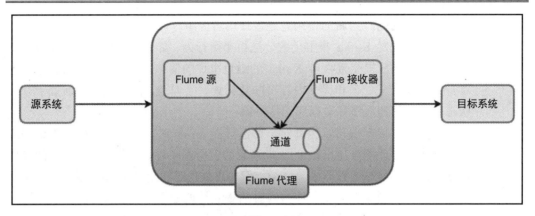

图 7.10

图 7.10 显示了 Apache Flume 代理的 3 个组件，但是，Flume 还由一些子组件构成，如下所示。

❑ 事件。单行或记录可被称作一个事件，同时也是单个数据单位。Flume 在源和接收器之间传输数据。其中，每个事件由事件头和事件体构成，而事件头包含了元数据信息，事件体则涵盖了实际的记录内容。Flume 采用 Java 编写，因而可将事件体视为一个字节缓冲区。

❑ 源。Flume 中的源组件负责从源系统中接收事件数据，并将该事件推送至某个通道中。Flume 中存在以下两种类型的源。

　➢ 可轮询的源。可轮询的源需要一个外部驱动程序轮询事件，进而确定是否存在可从源中摄取的有效事件。对此，序列生成器则是一个常见的可轮询源示例，并以升序生成整数值。

　➢ 事件驱动源。事件驱动源支持基于推送的数据摄取方法，该方法可控制将事件推送至通道中的速率。对应的示例是 HTTP 源，用户可在必要时生成 HTTP API 调用，并可控制并发和延迟问题。

❑ 接收器。接收器对应于 Flume NG 中的数据目标源。某些内建接收器表示为 Hadoop 分布式文件系统接收器，它将事件写入 HDFS 中；日志接收器则简单地记录所有接收的事件；null 接收器则表示为/dev/null 的 Flume NG 版本。另外，接收器表示为一位用户可访问的 API 扩展点。

❑ 通道。通道定义为源和接收器之间的事件中间缓冲区，这意味着，接收自源的数据将被推送至某个通道中，而接收器则使用该通道中的数据。这里，内存可被用作一个通道，但无法保障故障时的消息传送，进而可能导致数据的丢失。对此，建议使用完全持久的通道以防止数据丢失，如文件通道。

❑ 源和接收器运行程序。源运行程序和接收器运行程序供 Flume NG 使用。其中，运行程序可被视为内部组件，且对于终端用户而言是不可见的。它们负责驱动源和接收器。

❑ 代理。Flume 中的代理是一个 JVM 进程，负责托管源、通道和接收器等组件，以支持端-端的事件流。如果包含足够数量的源以托管此类组件，代理可运行任意数量的源、通道和接收器。

❑ 配置提供程序。Flume NG 提供了一个称作配置提供程序的可插拔配置系统。默认状态下，Flume NG 包含了基于 Java 属性文件的配置系统，并可方便地通过编程方式生成。Flume 早期版本设置了一个集中的配置系统，其中包含了一个主程序和 ZooKeeper 以供协调使用——对于大多数用户而言，这可被视为一项开销。另外，用户还可实现其他插件，以与任意类型的配置系统集成，如 JSON 文件、共享 RDBMS、基于 ZooKeeper 的中央系统等。

❑ 客户端。客户端负责向 Flume 源发送数据，且有可能是一个 Flume 组件。通常，将数据发送至 Flume 源中的任何事物均可被视为一个客户端，这可以是 log4j 添加程序、Twitter 流等。

7.5.2　深入理解源、通道和接收器

Flume 组件由 3 个主要的组件构成，即源、通道和接收器。其中，源负责从源系统中获取数据，并将其推送至配置后的通道中；通道则是 Flume 中的临时存储，并于其中存储源所推送的数据，直至接收器从中读取数据并确认读取成功；接收器则负责从通道中读取数据，并将其推送至目标系统中。本节将详细讨论每种组件。

1. 源

源负责使用客户端中的数据，并将其推送至 Flume 通道中。Flume 包含了公共的内置源，同时也允许构造自己的源。另外，源还可使用日志生成系统、消息系统或 Flume 接收器中的数据，并可通过 RPC 调用将数据发送至另一个 Flume 代理中。简而言之，源可接收源自两种客户端类型的事件，即外部系统和其他 Flume 代理。

ConfigurationProvider 负责向 Flume 源系统提供配置内容。每个源至少需要一个通道并以此进行配置。其中，源负责写入数据。下列内容展示了配置源所需的一些属性。

❑ type。源类型定义了将数据发送至 Flume 源的客户端。该源可被定义为完全限定的类名，或者定义为别名。这里，别名可针对某些内建源加以定义，而完全限定名则可用于自定义源。

❑ channel。通道负责源编写的缓冲事件。此处必须为源配置至少一个通道，以便源可以向其写入数据。除此之外，还可在配置中指定由逗号分隔的多个通道，源将把数据写入指定配置的通道中。

除此之外，还存在一些可选的参数可与全部源结合使用，稍后将对此予以介绍。在继续讨论之前，下面首先查看两种不同的源类型。

（1）轮询源。

外部系统负责驱动轮询源，这意味着，源并未运行于任何服务器上，而是轮询外部系统进而接收数据。接下来考查如何构建自定义轮询源。

轮询源实现了 PollableSource 类和可配置的接口，以接收系统或外部配置内容。下列代码显示了自定义轮询源的示例模板。

```
import org.Apache.flume.Context;
import org.Apache.flume.EventDeliveryException;
import org.Apache.flume.FlumeException;
import org.Apache.flume.source.AbstractPollableSource;

public class CustomPollableSource extends AbstractPollableSource {

    @Override
    protected Status doProcess() throws EventDeliveryException {

      //Logic to generate or convert stream to flume event here
        return Status.READY;
    }

    @Override
    protected void doConfigure(Context context) throws FlumeException {
     //read and set external configuration here
    }

    @Override
    protected void doStart() throws FlumeException {
     //initialise the external connection for client here
    }

    @Override
    protected void doStop() throws FlumeException {
     //Close any connection open in start method here
    }
}
```

上述模板可用于创建自定义轮询源。读者可访问 https://github.com/Apache/flume/blob/trunk/flume-ng-sources/flume-jmssource/src/main/java/org/Apache/flume/source/jms/JMSSource.java 查看 Jmx 源代码，其中涵盖了使用该模板构建自定义连接器的详细信息。记住，源运行于名为 SourceRunner 的自身线程上，而 PollableSourceRunner 则运行一个轮询源。其间，对应线程重复地调用 doprocess()方法，每次调用 doprocess()方法时，都会生成一个新的事件集合，并将其传递至通道处理程序中。

无论源是否可成功地生成一个事件，都将向 Flume 框架返回一个状态。当接收到该事件状态后，Flume 将执行相应的动作。具体来说，当成功地生成了事件后，将返回 READY 状态；当事件创建失败后，则返回 BACKOFF 状态。一旦处理过程返回 READY 状态，运行程序就会调用 backoff，而 runner()方法仅在配置超时后被调用。

（2）事件驱动源。

事件驱动源控制推送至通道中的事件的速率，此外还负责控制并发和延迟问题。事件驱动源实现了 EventDrivenSource 接口，该接口在选择相应的 SourceRunner 时充当一个标记接口。事件驱动源通过 EventDrivenSourceRunner 运行。

相应地，存在两种方式编写自定义事件驱动源，如下所示。

❑　实现 EventDrivenSource 接口。

❑　扩展 AbstractEventDrivenSource 类。

此处采用创建事件驱动源的第一种方案而非使用模板。考查下列 TwitterSource 类示例（https://github.com/Apache/flume）。

```java
import java.io.ByteArrayOutputStream;
import java.io.IOException;
import java.text.DecimalFormat;
import java.text.SimpleDateFormat;
import java.util.ArrayList;
import java.util.Arrays;
import java.util.List;

import org.Apache.avro.Schema;
import org.Apache.avro.Schema.Field;
import org.Apache.avro.Schema.Type;
import org.Apache.avro.file.DataFileWriter;
import org.Apache.avro.generic.GenericData.Record;
import org.Apache.avro.generic.GenericDatumWriter;
import org.Apache.avro.generic.GenericRecord;
import org.Apache.avro.io.DatumWriter;
import org.Apache.flume.Context;
```

```java
import org.Apache.flume.Event;
import org.Apache.flume.EventDrivenSource;
import org.Apache.flume.annotations.InterfaceAudience;
import org.Apache.flume.annotations.InterfaceStability;
import org.Apache.flume.conf.BatchSizeSupported;
import org.Apache.flume.conf.Configurable;
import org.Apache.flume.event.EventBuilder;
import org.Apache.flume.source.AbstractSource;
import org.slf4j.Logger;
import org.slf4j.LoggerFactory;

import twitter4j.MediaEntity;
import twitter4j.StallWarning;

import twitter4j.Status;
import twitter4j.StatusDeletionNotice;
import twitter4j.StatusListener;
import twitter4j.TwitterStream;
import twitter4j.TwitterStreamFactory;
import twitter4j.User;
import twitter4j.auth.AccessToken;

/**
 * Demo Flume source that connects via Streaming API to the 1% sample
twitter
 * firehose, continuously downloads tweets, converts them to Avro format
and
 * sends Avro events to a downstream Flume sink.
 *
 * Requires the consumer and access tokens and secrets of a Twitter
developer
 * account
 */

@InterfaceAudience.Private
@InterfaceStability.Unstable
public class TwitterSource
    extends AbstractSource
    implements EventDrivenSource, Configurable, StatusListener,
BatchSizeSupported {

  private TwitterStream twitterStream;
```

```
private Schema avroSchema;

private long docCount = 0;
private long startTime = 0;
private long exceptionCount = 0;
private long totalTextIndexed = 0;
private long skippedDocs = 0;
private long batchEndTime = 0;
private final List<Record> docs = new ArrayList<Record>();
private final ByteArrayOutputStream serializationBuffer =
    new ByteArrayOutputStream();
private DataFileWriter<GenericRecord> dataFileWriter;

private int maxBatchSize = 1000;
private int maxBatchDurationMillis = 1000;

//Fri May 14 02:52:55 +0000 2010
private SimpleDateFormat formatterTo =
    new SimpleDateFormat("yyyy-MM-dd'T'HH:mm:ss'Z'");
private DecimalFormat numFormatter = new DecimalFormat("###,###.###");

private static int REPORT_INTERVAL = 100;
private static int STATS_INTERVAL = REPORT_INTERVAL * 10;
private static final Logger LOGGER =
    LoggerFactory.getLogger(TwitterSource.class);

public TwitterSource() {
}

@Override
public void configure(Context context) {
  String consumerKey = context.getString("consumerKey");
  String consumerSecret = context.getString("consumerSecret");
  String accessToken = context.getString("accessToken");
  String accessTokenSecret = context.getString("accessTokenSecret");

  twitterStream = new TwitterStreamFactory().getInstance();
  twitterStream.setOAuthConsumer(consumerKey, consumerSecret);
  twitterStream.setOAuthAccessToken(new AccessToken(accessToken,
                                        accessTokenSecret));
  twitterStream.addListener(this);
  avroSchema = createAvroSchema();
```

```
    dataFileWriter = new DataFileWriter<GenericRecord>(
        new GenericDatumWriter<GenericRecord>(avroSchema));

    maxBatchSize = context.getInteger("maxBatchSize", maxBatchSize);
    maxBatchDurationMilliscontext.getInteger("maxBatchDurationMillis",
                                              maxBatchDurationMillis);
}

@Override
public synchronized void start() {
  LOGGER.info("Starting twitter source {} ...", this);
  docCount = 0;
  startTime = System.currentTimeMillis();
  exceptionCount = 0;
  totalTextIndexed = 0;
  skippedDocs = 0;
  batchEndTime = System.currentTimeMillis() + maxBatchDurationMillis;
  twitterStream.sample();
  LOGGER.info("Twitter source {} started.", getName());
  //This should happen at the end of the start method, since this will
  //change the lifecycle status of the component to tell the Flume
  //framework that this component has started. Doing this any earlier
  //tells the framework that the component started successfully, even
  //if the method actually fails later.
  super.start();
}

@Override
public synchronized void stop() {
  LOGGER.info("Twitter source {} stopping...", getName());
  twitterStream.shutdown();
  super.stop();
  LOGGER.info("Twitter source {} stopped.", getName());
}

public void onStatus(Status status) {
  Record doc = extractRecord("", avroSchema, status);
  if (doc == null) {
    return; // skip
  }
  docs.add(doc);
  if (docs.size() >= maxBatchSize ||
```

```
      System.currentTimeMillis() >= batchEndTime) {
    batchEndTime = System.currentTimeMillis() + maxBatchDurationMillis;
    byte[] bytes;
    try {
      bytes = serializeToAvro(avroSchema, docs);
    } catch (IOException e) {
      LOGGER.error("Exception while serializing tweet", e);
      return; //skip
    }
    Event event = EventBuilder.withBody(bytes);
    getChannelProcessor().processEvent(event); // send event to the flume
sink
    docs.clear();
  }
  docCount++;
  if ((docCount % REPORT_INTERVAL) == 0) {
    LOGGER.info(String.format("Processed %s docs",
                              numFormatter.format(docCount)));
  }
  if ((docCount % STATS_INTERVAL) == 0) {
    logStats();
  }
}

private Schema createAvroSchema() {
  Schema avroSchema = Schema.createRecord("Doc", "adoc", null, false);
  List<Field> fields = new ArrayList<Field>();
  fields.add(new Field("id", Schema.create(Type.STRING), null, null));
  fields.add(new Field("user_friends_count",
                    createOptional(Schema.create(Type.INT)),
                    null, null));
  fields.add(new Field("user_location",
                    createOptional(Schema.create(Type.STRING)),
                    null, null));
  fields.add(new Field("user_description",
                    createOptional(Schema.create(Type.STRING)),
                    null, null));
  fields.add(new Field("user_statuses_count",
                    createOptional(Schema.create(Type.INT)),
                    null, null));
  fields.add(new Field("user_followers_count",
                    createOptional(Schema.create(Type.INT)),
```

```
                              null, null));
      fields.add(new Field("user_name",
                              createOptional(Schema.create(Type.STRING)),
                              null, null));
      fields.add(new Field("user_screen_name",
                              createOptional(Schema.create(Type.STRING)),
                              null, null));
      fields.add(new Field("created_at",
                              createOptional(Schema.create(Type.STRING)),
                              null, null));
      fields.add(new Field("text",
                              createOptional(Schema.create(Type.STRING)),
                              null, null));
      fields.add(new Field("retweet_count",
                              createOptional(Schema.create(Type.LONG)),
                              null, null));
      fields.add(new Field("retweeted",
                              createOptional(Schema.create(Type.BOOLEAN)),
                              null, null));
      fields.add(new Field("in_reply_to_user_id",
                              createOptional(Schema.create(Type.LONG)),
                              null, null));
      fields.add(new Field("source",
                              createOptional(Schema.create(Type.STRING)),
                              null, null));
      fields.add(new Field("in_reply_to_status_id",
                              createOptional(Schema.create(Type.LONG)),
                              null, null));
      fields.add(new Field("media_url_https",
                              createOptional(Schema.create(Type.STRING)),
                              null, null));
      fields.add(new Field("expanded_url",
                              createOptional(Schema.create(Type.STRING)),
                              null, null));
      avroSchema.setFields(fields);
      return avroSchema;
  }

  private Record extractRecord(String idPrefix, Schema avroSchema, Status
status) {
      User user = status.getUser();
      Record doc = new Record(avroSchema);
```

```java
    doc.put("id", idPrefix + status.getId());
    doc.put("created_at", formatterTo.format(status.getCreatedAt()));
    doc.put("retweet_count", status.getRetweetCount());
    doc.put("retweeted", status.isRetweet());
    doc.put("in_reply_to_user_id", status.getInReplyToUserId());
    doc.put("in_reply_to_status_id", status.getInReplyToStatusId());

    addString(doc, "source", status.getSource());
    addString(doc, "text", status.getText());

    MediaEntity[] mediaEntities = status.getMediaEntities();
    if (mediaEntities.length > 0) {
      addString(doc, "media_url_https",
mediaEntities[0].getMediaURLHttps());
      addString(doc, "expanded_url", mediaEntities[0].getExpandedURL());
    }

    doc.put("user_friends_count", user.getFriendsCount());
    doc.put("user_statuses_count", user.getStatusesCount());
    doc.put("user_followers_count", user.getFollowersCount());
    addString(doc, "user_location", user.getLocation());
    addString(doc, "user_description", user.getDescription());
    addString(doc, "user_screen_name", user.getScreenName());
    addString(doc, "user_name", user.getName());
    return doc;
  }

  private byte[] serializeToAvro(Schema avroSchema, List<Record> docList)
      throws IOException {
    serializationBuffer.reset();
    dataFileWriter.create(avroSchema, serializationBuffer);
    for (Record doc2 : docList) {
      dataFileWriter.append(doc2);
    }
    dataFileWriter.close();
    return serializationBuffer.toByteArray();
  }

  private Schema createOptional(Schema schema) {
    return Schema.createUnion(Arrays.asList(
      new Schema[] { schema, Schema.create(Type.NULL) }));
```

```
  }

  private void addString(Record doc, String avroField, String val) {
    if (val == null) {
      return;
    }
    doc.put(avroField, val);
    totalTextIndexed += val.length();
  }

  private void logStats() {
    double mbIndexed = totalTextIndexed / (1024 * 1024.0);
    long seconds = (System.currentTimeMillis() - startTime) / 1000;
    seconds = Math.max(seconds, 1);
    LOGGER.info(String.format("Total docs indexed: %s, total skipped
docs:%s",
                numFormatter.format(docCount),
numFormatter.format(skippedDocs)));
    LOGGER.info(String.format(" %s docs/second",
                numFormatter.format(docCount / seconds)));
    LOGGER.info(String.format("Run took %s seconds and processed:",
                numFormatter.format(seconds)));
    LOGGER.info(String.format(" %s MB/sec sent to index",
                numFormatter.format(((float) totalTextIndexed / (1024 *
1024)) / seconds)));
    LOGGER.info(String.format(" %s MB text sent to index",
                numFormatter.format(mbIndexed)));
    LOGGER.info(String.format("There were %s exceptions ignored: ",
                numFormatter.format(exceptionCount)));
  }

  public void onDeletionNotice(StatusDeletionNotice statusDeletionNotice) {
    //Do nothing...
  }

  public void onScrubGeo(long userId, long upToStatusId) {
    //Do nothing...
  }

  public void onStallWarning(StallWarning warning) {
    //Do nothing...
  }
```

```
public void onTrackLimitationNotice(int numberOfLimitedStatuses) {
  //Do nothing...
}

public void onException(Exception e) {
  LOGGER.error("Exception while streaming tweets", e);
}

@Override
public long getBatchSize() {
  return maxBatchSize;
}
}
}
```

上述类并未包含任何 process()方法或 do-process()方法。相反，start()方法具有相关代码来启动源，以使用来自 Twitter 流中的事件。另外，配置内容初始化 configure()方法，其中，全部授权和所需的字段均针对 TwitterStream 类进行设置。

第二种方案则简单地扩展 AbstractEventDrivenSource，它从内部实现 configurable、EventDrivenSource 和其他接口，并提供覆写 doStart()、doStop()和 doConfigure()方法的能力。下列代码表示为使用了 AbstractEventDrivenSource 的类创建模板示例。

```
import org.Apache.flume.Context;
import org.Apache.flume.FlumeException;
import org.Apache.flume.source.AbstractEventDrivenSource;

public class CustomEventDrivenSource extends AbstractEventDrivenSource {
    @Override
    protected void doConfigure(Context context) throws FlumeException {

    }

    @Override
    protected void doStart() throws FlumeException {

    }

    @Override
    protected void doStop() throws FlumeException {

    }
}
```

针对包含类型和通道属性的代理配置，本节开始时曾讨论了一些所需的配置内容。下列内容展示了可与源结合使用的一些可选配置项。

❑ Interceptors。当事件到达通道或于通道中被使用后，拦截器可用于过滤或调整事件。通过该属性，拦截器链可与源进行绑定。

❑ selector。选取器可针对源选择一个目标通道。默认状态下，如果未指定选取器，则使用复制的选取器。

据此，源的配置内容如下。

```
agent.sources = testsource
agent.channels = memorychannel

//requied
agent.sources.testsource.type =
com.packt.flumes.sources.CustomPollableSource

agent.sources.testsource.channels = memorychannel

//intercptor
agent.sources.testsource.interceptors = filterinterceptor
agent.sources.testsource.interceptors.filterinterceptor.type =
com.packt.flumes.interceptor.Filterinterceptor

agent.sources.testsource.selector.type = multiplexing
agent.sources.testsource.selector.header = priority
agent.sources.testsource.selector.mapping.1 = memorychannel
```

2．通道

对于 Flume 源生成的事件，通道可被视为一个缓冲区。源向通道中生成事件，而接收器则使用通道中的事件。另外，通道可使源以自身的速率生成事件；而使用者也以自身的速率使用事件——事件缓存至临时存储中，在接收器从通道中对其移除前此类事件将一直存在。简而言之，当数据缓存至通道中后，即可供接收器使用；经接收器使用后，事件将从通道中被移除。如果接收器无法使用通道中的数据，则会再次回滚至通道处，以供同一接收器或其他接收器继续使用。

🛈 注意：

每个事件仅供单一接收器使用，这意味着，相同通道中的同一事件无法被两个接收器使用。

Flume 中存在不同类型的通道。下面考查一些广泛使用的通道及其配置内容。

（1）内存通道。

内存通道将事件保存至堆内存中。由于事件被缓存于内存中，因此它提供了实现高吞吐量的能力，但在内存通道故障的情况下数据丢失的风险也会随之提升。另外，由于所有事件均被缓存于内存中，因此任何系统或内存故障原因都将导致数据丢失。如果数据丢失并不是大问题，那么可采用内存通道方案。但在大多数 Flume 产品用例中，内存通道都不是首选选项。

对于之前讨论的各种源，通道配置方案如下。

```
agent.channels.memorychannel.type = memory
agent.channels.memorychannel.capacity = 1000
agent.channels.memorychannel.transactionCapacity = 100
agent.channels.memorychannel.byteCapacity = 800000
```

上述功能体现了给定时间点通道可承载的事件数量。如果源生成的事件和接收器使用的事件之差超出了所配置的限定值，那么 Flume 将抛出 ChannelException。另外，transactionCapacity 表明一次可提交至通道中的事件数量。

（2）文件通道。

文件通道可被视为 Flume 的持久缓冲。这里，事件被写入磁盘中，因此任何故障（如处理故障、机器关闭系统失败或系统崩溃）均可能会导致数据丢失。因此，持久的文件通道可确保提交至其中的事件不会从通道中被移除，直至接收器使用事件并向通道中发送确认消息。

文件系统可包含与其绑定的多个磁盘（抽象于通道），这意味着，通道不包含与其相关的直接信息。相应地，磁盘在不同的挂载点上被挂载，而通道经配置后将以轮询方式将数据写入磁盘目录中，如下所示。

```
agent.channels.testfilechannel.type = file
agent.channels.testfilechannel.checkpointDir=/etc/flume-file/checkpoint
agent.channels.testfilechannel.dataDirs=/etc/flume-file/data,=/etc/
flume-file/data2,=/etc/flume-file/data3
agent.channels.testfilechannel.transactionCapacity=100000
agent.channels.testfilechannel.capacity=500000
agent.channels.testfilechannel.checkpointInterval=500000
agent.channels.testfilechannel.checkpointOnClose=true
agent.channels.testfilechannel.maxFileSize=1036870912
```

（3）Kafka 通道。

Apache Kafka 是一个分布式消息系统，可针对 Apache Flume 用作持久通道。Apache

Kafka 的容错、分布式、复制等特性使得 Kafka 通道提供了持久性和事件持久化能力。即使 Flume 不包含任何使用数据的接收器，常规的使用者应用程序也可使用 Kafka 通道中的数据，这也使得通道数据可被多个接收器所使用，而内存通道或文件通道则无法实现这些特征。Kafka 通道的基本配置如下。

```
agent.channels.testkafkachannel.type =
org.Apache.flume.channel.kafka.KafkaChannel
agent.channels.testkafkachannel.kafka.bootstrap.servers =
broker1:9092,broker2:9092,broker3:9092
agent.channels.testkafkachannel.kafka.topic = testtopic
agent.channels.testkafkachannel.kafka.consumer.group.id = flume-
channel-consumer
```

3．接收器

接收器负责使用通道上的有效事件，并在成功读取后对其进行移除。此外，接收器还将事件写入外部系统中，或将事件传递至管线中的另一个代理中。这里存在一些可用的公共内建接收器，但用户也可利用 Flume 的接收器 API 编写自己的接收器。

通道的数据读取机制以批处理方式呈现，每一项批处理可被视为接收器读取的一项事务。通道将批量读取事件，并将事务提交回通道，进而成功地移除读取事件。同时，每个接收器仅可使用一个通道中的数据，如果该通道未经配置，那么代理将忽略该接收器。SinkRunner 负责运行接收器处理过程，同时调用接收器类的 process()方法。当事件成功地被读取并写入目标系统中，该方法将返回 Status.READY，这表明当前接收器已准备使用另一次批处理；或者该方法将返回 Status.BACKOFF，这表明在再次调用 process()方法之前，根据配置的时间间隔回退 process()方法。

下列模板可用于创建自定义 Flume 接收器。

```
import org.Apache.flume.*;
import org.Apache.flume.conf.Configurable;
import org.Apache.flume.sink.AbstractSink;

public class CustomFlumeSink extends AbstractSink implements Configurable {

    @Override
    public synchronized void start() {
        super.start();
    }

    @Override
```

```
public void configure(Context context) {

}

@Override
public Status process() throws EventDeliveryException {
    Status status = null;
    Channel sourceChannel = getChannel();
    Transaction transaction = sourceChannel.getTransaction();
    transaction.begin();
    try {
        //logic to process event here

        Event event = sourceChannel.take();

        transaction.commit();
        status = Status.READY;
    } catch (Throwable tx) {
        transaction.rollback();
        status = Status.BACKOFF;
        if (tx instanceof Error) {
            throw (Error) tx;
        }
    }
    return status;

}

@Override
public synchronized void stop() {
    super.stop();
}
}
```

当创建自定义接收器时，还需要定义一个 process()方法，并由 SinkRunner 根据该方法接收的状态反复调用。外部配置内容可在 configure()方法中读取，而连接或对象初始化则可在 start()方法中完成。

7.5.3　Flume 拦截器

Flume 拦截器是 Flume 源和通道间的中间件。Flume 生成的事件可通过拦截器进行调整和过滤。而且，作为输出的事件数量一般应等于或小于拦截器所使用的事件数量。

　　同时，我们还可设置一个拦截器链，并在每个事件到达目标通道之前对其进行调整和过滤。另外，还可通过拦截器并根据特定的条件针对来自相同源的事件选择通道。Apache Flume 内置了一些公共接口，接下来将对此逐一考查。本节稍后还将介绍如何利用 Apache Flume API 编写自定义拦截器。针对源事件，可按照下列方式添加拦截器。

```
agent.sources.testsource.interceptors = testInterceptor
agent.sources.testsource.interceptors.testInterceptor.type =
interceptorType
```

1．时间戳拦截器

　　添加记录的时间戳是数据仓库应用程序中最为常见的操作之一，这有助于跟踪后期操作中不同的度量指标。在 Flume 中，大多数时候事件在默认状态下一般不会绑定来自源的时间戳。对此，时间戳拦截器可将事件时间戳添加至事件头中（以时间戳为键）。记住，如果时间戳已存在于事件头中，拦截器将覆写该值，除非 preserveExisting 属性被设置为 true。

```
agent.sources.testsource.interceptors = testInterceptor
agent.sources.testsource.interceptors.testInterceptor.type = timestamp
```

2．通用唯一标识符（UUID）拦截器

　　大多数应用程序都需要唯一的键处理 Flume 接收器摄取的事件。对于 Flume 源生成的每个事件，UUID 可用于生成唯一的标识符键。下列示例模板适用于 UUID 拦截器。

```
agent.sources.testsource.interceptors = uuidInterceptor
agent.sources.testsource.interceptors.uuidInterceptor.type = \
org.Apache.flume.sink.solr.morphline.UUIDInterceptor$Builder
agent.sources.testsource.interceptors.uuidInterceptor.headerName = uuid
agent.sources.testsource.interceptors.uuidInterceptor.prefix = test
```

3．Regex 过滤器拦截器

　　某些时候，源生成的事件可能对绑定至 Flume 接收器的下游系统并无用处。如果数量较大，这一类事件还可能会在后续阶段降低处理速度。对此，较好的做法是根据数据和过滤条件排除或接纳此类事件。相应地，Regex 拦截器可对事件进行筛选，并可及时纳入或丢弃事件。

　　下列模板可用于 Regex 过滤拦截器。其中，参数 excludeEvent 负责将事件传递至通道或下一个 Flume 组件中。具体而言，如果将参数 excludeEvent 设置为 false，则会包含

匹配的 Regex 事件，随后将该事件传递至某个通道或下一个 Flume 事件组件中。如果将该参数设置为 true，则丢弃与 Regex 模式匹配的所有事件，如下所示。

```
agent.sources.testsource.interceptors = testFilterInterceptor
agent.sources.testsource.interceptors.testFilterInterceptor.type =
regex_filter
agent.sources.testsource.interceptors.testFilterInterceptor.regex =
.*cricket.*
agent.sources.testsource.interceptors.testFilterInterceptor.
excludeEvents = false
```

除此之外，还存在其他内建拦截器和 Host 拦截器，可用于向事件头中添加主机的细节内容。

4．编写自定义拦截器

除了 Apache Flume 库中的内建拦截器之外，某些时候，还需要使用其他拦截器以满足用例需求。Apache Flume 提供了相应的 API，进而可编写自定义拦截器，并根据自定义逻辑调整/过滤事件。这里，自定义 interceptor 类应实现包含 initialize()、intercept()和 close()方法的连接器接口，如下所示。

```
import org.Apache.flume.Event;
import org.Apache.flume.interceptor.Interceptor;
import java.util.ArrayList;
import java.util.List;
import java.util.Map;
import org.Apache.flume.Context;

public class CustomEventInterceptor implements Interceptor {

    public CustomEventInterceptor(Context context) {

    }

    @Override
    public void initialize() {

    }

    @Override
    public Event intercept(Event event) {
        Map<String, String> eventHeaders = event.getHeaders();
```

```
        byte[] eventBody = event.getBody();

        //Add Modify or Filter logic here

        return null;
    }

    @Override
    public List<Event> intercept(List<Event> eventList) {
        List processedEvent = new ArrayList(eventList.size());
        for (Event event : eventList) {
            event = intercept(event);
            if (event != null) {
                processedEvent.add(event);
            }
        }
        return processedEvent;
    }

    @Override
    public void close() {

    }

    public static class Builder implements Interceptor.Builder {

        private Context context;

        public Builder() {
        }

        @Override
        public CustomEventInterceptor build() {
            return new CustomEventInterceptor(context);
        }

        @Override
        public void configure(Context context) {
            this.context = context;
        }
    }

}
}
```

上述模板可用于编写自定义接口。其间，每个事件将进入 intercept()方法，且此处定义了两个 intercept()方法。第一个 intercept()方法接收事件，而另一个 intercept()方法则接收一个事件列表。包含事件列表的 intercept()方法也将调用基于单一事件的 intercept()方法。Builder 类则用于执行初始化操作，并构造拦截器类，同时还将当前上下文对象提供至拦截器中。

Apache Flume 源代码中的 UUIDInterceptor 参考代码（https://github.com/Apache/flume）如下。

```java
package org.Apache.flume.sink.solr.morphline;

import java.util.ArrayList;
import java.util.List;
import java.util.Map;
import java.util.UUID;

import org.Apache.flume.Context;
import org.Apache.flume.Event;
import org.Apache.flume.interceptor.Interceptor;

/**
 * Flume Interceptor that sets a universally unique identifier on all
events
 * that are intercepted. By default this event header is named "id".
 */
public class UUIDInterceptor implements Interceptor {

  private String headerName;
  private boolean preserveExisting;
  private String prefix;

  public static final String HEADER_NAME = "headerName";
  public static final String PRESERVE_EXISTING_NAME = "preserveExisting";
  public static final String PREFIX_NAME = "prefix";

  protected UUIDInterceptor(Context context) {
    headerName = context.getString(HEADER_NAME, "id");
    preserveExistingcontext.getBoolean(PRESERVE_EXISTING_NAME, true);
    prefix = context.getString(PREFIX_NAME, "");
  }
```

```java
@Override
public void initialize() {
}

protected String getPrefix() {
  return prefix;
}

protected String generateUUID() {
  return getPrefix() + UUID.randomUUID().toString();
}

protected boolean isMatch(Event event) {
  return true;
}

@Override
public Event intercept(Event event) {
  Map<String, String> headers = event.getHeaders();
  if (preserveExisting && headers.containsKey(headerName)) {
    //we must preserve the existing id
  } else if (isMatch(event)) {
    headers.put(headerName, generateUUID());
  }
  event.setHeaders(headers);
  return event;
}

@Override
public List<Event> intercept(List<Event> events) {
  List results = new ArrayList(events.size());
  for (Event event : events) {
    event = intercept(event);
    if (event != null) {
      results.add(event);
    }
  }
  return results;
}

@Override
```

```
public void close() {
}

public static class Builder implements Interceptor.Builder {

  private Context context;
  public Builder() {
  }

  @Override
  public UUIDInterceptor build() {
    return new UUIDInterceptor(context);
  }

  @Override
  public void configure(Context context) {
    this.context = context;
  }

}
}
```

7.5.4　用例——Twitter 数据

社交媒体情感分析是一类多家公司均已实现的常见用例，理解用户在不同社交网站上的情感即可对其进行画像，这对提升公司的利润十分有用。Twitter 是一个较为流行的社交网站，用户可表达与商品、新闻等事物相关的意见与建议。本节将讨论如何利用 Flume 获取 Twitter 数据，并在此基础上执行批处理或实时分析。图 7.11 显示了 Twitter 情感分析的体系结构。

图 7.11 展示了 Twitter 情感分析的整体体系结构的示意图，该图还可根据具体需求实现进一步的调整。接下来考查 Flume 代理配置并将 Twitter 数据置入 HDFS 中。对此，首先在 https://dev.twitter.com/apps/ 上进行注册，随后生成下列对应的密钥。

❑ consumerKey。
❑ consumerSecret。
❑ accessToken。
❑ accessTokenSecret。

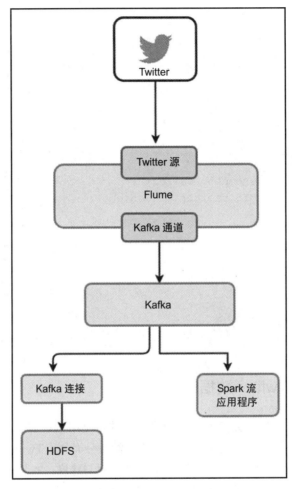

图 7.11

在得到有效的密钥后，可采用下列 Twitter 配置以确保 com.cloudera.flume.source.TwitterSource 类在 flume 库中生效。

```
TwitterAgent.sources = Twitter
TwitterAgent.channels = MemChannel
TwitterAgent.sinks = HDFS

TwitterAgent.sources.Twitter.type = com.cloudera.flume.source.TwitterSource
TwitterAgent.sources.Twitter.channels = MemChannel
TwitterAgent.sources.Twitter.consumerKey = <consumerKey>
TwitterAgent.sources.Twitter.consumerSecret = <consumerSecret>
```

```
TwitterAgent.sources.Twitter.accessToken = <accessToken>
TwitterAgent.sources.Twitter.accessTokenSecret = <accessTokenSecret>

TwitterAgent.sources.Twitter.keywords = samsung, apple, LG, sony, MI

TwitterAgent.sinks.HDFS.channel = MemChannel
TwitterAgent.sinks.HDFS.type = hdfs
TwitterAgent.sinks.HDFS.hdfs.path = hdfs://yourPath
TwitterAgent.sinks.HDFS.hdfs.fileType = DataStream
TwitterAgent.sinks.HDFS.hdfs.writeFormat = Text
TwitterAgent.sinks.HDFS.hdfs.batchSize = 1000
TwitterAgent.sinks.HDFS.hdfs.rollSize = 0
TwitterAgent.sinks.HDFS.hdfs.rollCount = 10000

TwitterAgent.channels.MemChannel.type = memory
TwitterAgent.channels.MemChannel.capacity = 100000
TwitterAgent.channels.MemChannel.transactionCapacity = 1000
```

此处，可将 Apache Kafka 用作应用程序的通道，这将把数据持久化至 Kafka 主题中，并随后用于同一数据上的实时分析和批处理分析中，如图 7.11 所示。如果配置了 Apache Kafka 作为通道，则无须配置 Flume 接收器——可采用 Kafka 使用者并根据需要使用通道中的数据。

7.5.5　最佳实践

Apache Flume 已在许多用例中得到广泛使用，在实施具体应用之前，我们有必要考查一些最佳实践方案。

❑ 避免使用内存通道。当在产品中使用 Flume 时，不建议使用内存通道。当机器出现故障时，内存中的数据将会丢失。虽然内存通道快于 Flume 中的其他通道，但在大多数时候数据比实现速度更加重要。

❑ 使用批处理机制。对于吞吐量和性能来说，采用批处理机制读、写数据块是一种较好的选择方案。Apache Flume 还可通过批量方式读取通道中的数据，同时接收器还可在配置文件中定义单一批次读取记录的数量。

❑ 过滤事件。某些时候，我们可能并不需要处理所有事件，或者由于政策或安全问题需要忽略某些事件。对此，应在将事件写入 Flume 通道中之前对其进行过滤。Apache Flume 拦截器可实现这一目标。拦截器可过滤掉不需要的事件，且仅推送满足过滤条件的事件。

7.6 本 章 小 结

本章学习了与体系结构相关的知识，以及 Hadoop 常用组件的使用方式，如 Apache Pig、Apache HBase、Apache Kafka 和 Apache Flume。此外，我们还讨论了一些相关示例，如在 Apache Pig 中编写自定义 UDF、编写自定义源、接收器、Apache Flume 中的拦截器、在 Apache Kafka 中编写生产者和使用者等。另外，本章重点还包括如何安装和设置这些组件以供实际应用。

第 8 章将考查大数据中某些高级主题，并介绍一些十分有用的技术和概念，如压缩、文件格式序列化技术以及数据管理方面的一些重要内容。

第 3 部分

Hadoop 的实际应用

第 3 部分内容假设读者已经深入理解前述章节所讨论的 Hadoop 生态圈和组件,并讨论用户所面临的实际问题及其解决方案。除此之外,本部分内容还将介绍机器学习、数据管理、集群分析和云。

第 3 部分主要包含以下 5 章。

- ❑ 第 8 章:定义 Hadoop 中的应用程序。
- ❑ 第 9 章:Hadoop 中的实时流处理。
- ❑ 第 10 章:Hadoop 中的机器学习。
- ❑ 第 11 章:云端中的 Hadoop。
- ❑ 第 12 章:Hadoop 集群分析。

第 8 章　定义 Hadoop 中的应用程序

前面章节讨论了数据处理中的多种常用组件，包括批处理框架、Apache Pig 及其体系结构、分布式列存储数据库 HBase、分布式消息系统 Kafka（存储和持久化实时事件）和 Apache Flume（获取实时数据以供进一步处理）

本章将讨论应用程序处理语义中的设计问题，并涉及以下主题。

- ❑　不同的文件格式。
- ❑　压缩编码解码的优点。
- ❑　数据摄取最佳实践方案。
- ❑　应用程序的设计思路。
- ❑　数据治理及其重要性。

8.1　技　术　需　求

读者应具备 Linux 和 Apache Hadoop 3.0 方面的基础知识。

读者可访问 GitHub 查看本章代码文件，对应网址为 https://github.com/PacktPublishing/Mastering-Hadoop-3/tree/master/Chapter08。

读者可访问 http://bit.ly/2IICbMX 观看代码操作视频。

8.2　文　件　格　式

文件已在大数据处理机制中存在了几十年，并可被视为数据的持久化存储。很长时间以来，程序员一直使用文件交换或存储数据。相应地，每种文件都包含关联的格式，表明数据与文件之间的读、写方式。例如，当考查.csv 文件时，可假定每条记录被行所分隔；每一列则被分隔符分隔。如果写入器未将数据设置为指定的格式，那么读取器可能会错误地读取数据，处理逻辑很可能会出现中断。同时，每种文件格式都包含特定的数据存储机制，其中存在不同的参数可帮助用户确定文件与应用程序间的最佳适用方式。本节将介绍一些常见的文件格式及其内部机制。

8.2.1　了解文件格式

在深入讨论各种大数据格式的详细内容之前，首先需要定义一个评估方法。在本节中，当选择某种文件格式时，我们将考查、使用不同的参数。对此，我们针对每种指定的文件格式选取了 4 个参数。

1．行格式和列格式

当选择文件格式时，这也是重要的目标之一，进而表明行格式还是列格式最适合我们的目标。当执行分析查询，且仅需要在大型数据集上分析列的子集时，列存储文件可实现较好的性能。

在列格式中，数据从左至右、自上至下按列的方式顺序存储。如果数据按列分组，则可高效、方便地令计算过程仅关注特定的数据列。访问相关的数据列将节省大量的计算开销——无用的列均已被忽略。此外，列存储特别适用于稀疏的数据集，其中存在大量的空值。

如果采用行格式，这将收集所有行和每行中的所有列，进而会产生不必要的开销（某些列并非最终结果的必需内容）。当分析数据中的所选列时，列文件格式可被视为一种更为清晰的选择方案。

2．模式进化

模式进化是指底层数据的模式在一定时间内的变化。其中，模式存储了每个属性及其类型的细节信息。除非确定模式保持不变，否则需要考查模式进化问题，或者数据模式随时间的变化方式。那么，特定的文件格式如何处理所添加、修改或删除的字段？

当选择数据的文件格式时，其中一个较为重要的设计思考因素是，如何管理模式进化。

3．可划分与不可划分

当今，数据量处于快速增长之态，每个数据集由数百万条记录和数千个文件构成。当利用分布式计算处理这一类文件时，需要将这些文件划分为多个块，并在不同的机器间进行发送以供处理。本质上，所有的文件格式均是不可划分的，当采用 MapReduce 这一类分布式批处理引擎时，这将对高效的并行实现能力产生一定的限制。例如，XML 或 JSON 记录文件是不可划分的，这意味着，这些文件无法被分割为可单独处理的小型记录。

因此，我们将查看支持可划分功能的全部文件格式，这在 Hadoop 生态圈中饰演了重要的角色。也就是说，需要将大型文件块划分为较小的、更具可处理性的数据块。

4. 压缩

数据压缩减少了给定数据集在网络间的存储和传输数量，从而间接节省了处理时间和存储成本。压缩在数据源处以及频繁重复使用的数据上采用了相应的编码技术，随后将其存储于磁盘中或者在网络间进行传输。与行数据相比，列数据可实现较好的压缩率——该方案存储彼此相邻的列值。虽然压缩可节省存储成本，但仍需要考查其他参数，如计算成本和资源。另外，数据解压缩也会花费大量的处理时间，进而增加计算成本。对此，较好的做法是在存储和计算性能之间选取较好的折中方案。

8.2.2　文本

Hadoop 的常见用例是两种主要日志的存储和分析，即 Web 日志和服务器日志。文本数据涵盖了多种形式，如 CSV 文件或电子邮件。当在 Hadoop 中存储文本数据时，应重点考查文件系统中文件的排列方式，稍后将对此加以详细讨论。由于文本文件可在 Hadoop 集群上占用一定的空间，因此需要针对此类文件选择压缩格式。另外还需要记住的是文本上下文环境中与数据存储关联的类型转换的开销。例如，将 1234 存储至文本文件中并将其用作整数需要在读取阶段使用字符串-整数转换；在写入操作时则会面临整数-字符串之间的转换。对于频繁的转换和大型的数据存储而言，开销也将随之增加。

压缩格式的选取取决于数据的应用方式。出于归档目的，我们可选取最为紧凑的压缩格式；但如果数据用于处理 MapReduce 这一类作业，则需要选取可划分的格式，进而启用 Hadoop 将文件划分为多个数据块以供处理，这对于高效的并行处理机制而言是十分重要的。

8.2.3　序列文件

序列文件可被视为一个容器，其中包含了二进制键-值对。序列文件中的每条记录包含了一个键及其关联的值。序列文件的常见应用是将多个小型文件合并为一个大型文件——较小的文件往往会导致显著的性能问题，因而应予以避免。作为一种容器文件格式，可通过各种编码解码机制实现数据压缩，如 Snappy 和 LZO。

序列文件中的每条记录包含了与记录相关的元数据，如记录的长度和键长度，随后是键值字节，当针对序列文件启用记录压缩时，值字节将通过配置后的编码解码机制被压缩，且不会修改记录的结构。除此之外，压缩还可应用于数据块级别，即块压缩——通过设置 io.seqfile.compress.blocksize 属性还可进一步配置块尺寸。在记录级别的压缩中，键并不会被压缩，但在块级别压缩中，键也将被压缩。下列示例展示了如何写入、读取序列文件。

　　下列代码显示了序列文件的写入操作。

```java
package com.packt.hadoopdesign;

import java.io.File;
import java.io.IOException;

import org.apache.commons.io.FileUtils;
import org.apache.hadoop.conf.Configuration;
import org.apache.hadoop.fs.FileSystem;
import org.apache.hadoop.fs.Path;
import org.apache.hadoop.io.IntWritable;
import org.apache.hadoop.io.SequenceFile;
import org.apache.hadoop.io.SequenceFile.Writer;
import org.apache.hadoop.io.Text;
import org.apache.hadoop.io.compress.GzipCodec;
public class PacktSequenceFileWriter {
    public static void main(String[] args) {
        Configuration conf = new Configuration();
        int i =0;
        try {
            FileSystem fs = FileSystem.get(conf);
            File file = new File("/home/packt/test.txt");
            Path outFile = new Path(args[0]);
            IntWritable key = new IntWritable();
            Text value = new Text();
            SequenceFile.Writer sequneceWriter = null;
            try {
                //creating sequneceQriter
                sequneceWriter = SequenceFile.createWriter(fs, conf,
outFile, key.getClass(), value.getClass());
                for (String line : FileUtils.readLines(file)) {
                    key.set(i++);
                    value.set(line);
                    sequneceWriter.append(key, value);
                }
            }finally {
                if(sequneceWriter != null) {
                    sequneceWriter.close();
                }
            }
```

```
        } catch (IOException e) {
            //TODO Auto-generated catch block
            e.printStackTrace();
        }
    }
}
```

下列代码显示了 Hadoop 中的文件读取操作。

```
package com.packt.hadoopdesign;

import org.apache.hadoop.conf.Configuration;
import org.apache.hadoop.fs.Path;
import org.apache.hadoop.io.IOUtils;
import org.apache.hadoop.io.SequenceFile;
import org.apache.hadoop.io.Writable;
import org.apache.hadoop.util.ReflectionUtils;

import java.io.IOException;

public class PacktSequenceFileReader {
    public static void main(String[] args) throws IOException {


    String uri = args[0];
    Configuration conf = new Configuration();
    Path path = new Path(uri);
    SequenceFile.Reader sequenceReader = null;
  try {
        sequenceReader = new SequenceFile.Reader(conf,
SequenceFile.Reader.file(path), SequenceFile.Reader.bufferSize(4096),
SequenceFile.Reader.start(0));
        Writable key = (Writable)
ReflectionUtils.newInstance(sequenceReader.getKeyClass(), conf);
        Writable value = (Writable)
ReflectionUtils.newInstance(sequenceReader.getValueClass(), conf);
        while (sequenceReader.next(key, value)) {
            String syncSeen = sequenceReader.syncSeen() ? "*" : "";
            System.out.printf("[%s]\t%s\t%s\n", syncSeen, key, value);
        }
    } finally {
```

```
        IOUtils.closeStream(sequenceReader);
    }
}
}
```

8.2.4　Avro

Apache Avro 是一种序列化文件格式，旨在移除 Hadoop 可写的语言依赖关系。Apache Avro 支持不同语言间的可移植性，这意味着，采用某一种语言编写的数据可方便地读取并被其他格式所处理。Avro 支持的一些高级特性如下。

❑ 语言可移植性。Avro 数据附带了一个本质上独立于语言的模式，因此便于用户读取，而不必担心编写者是谁。大多数应用程序都需要使用到跨语言通信，其中，一种微服务可能采用 Java 编写，而另一种微服务则采用 Python 编写，且需要通过某些数据实现彼此间的通信。

❑ 模式进化。模式进化是大多数用例寻求的重要特性之一。一种可能的情况是，源模式变化多次，在下一次运行摄取操作时，可能会得到一个新的数据结构。模式变化可能是数据的添加或删除操作，并可对处理管线或表上触发的查询产生影响。模式进化特性可在读取数据时使用不同的模式版本，在读取期间，新的字段或删除后的文件将被忽略。

❑ 可划分和压缩。诸如 Hadoop 这一类分布式处理系统的重要需求条件之一是，文件应可被划分，通过将较大的文件划分为可管理数据块的配置后的尺寸，进而以并行方式处理文件。Avro 支持划分和压缩操作。当采用较好的压缩编码解码机制（基于 Avro 压缩）时，我们可在处理阶段获得较好的性能，并在存储期间节省合理的开销。

下列代码显示了 Avro 文件的写入操作示例。

```
package com.packt.hadoopdesign.avro;
import java.io.File;
import java.io.IOException;

import org.apache.avro.file.DataFileWriter;
import org.apache.avro.io.DatumWriter;
import org.apache.avro.specific.SpecificDatumWriter;
import packt.Author;

public class PacktAvroWriter {
    public static void main(String args[]) throws IOException{
```

```
        Author author1=new Author();
        author1.setAuthorName("chanchal singh");
        author1.setAuthorId("PACKT-001");
        author1.setAuthorAddress("Pune India");

        Author author2=new Author();

        author2.setAuthorName("Manish Kumar");
        author2.setAuthorId("PACKT-002");
        author2.setAuthorAddress("Mumbai India");

        Author author3=new Author();

        author3.setAuthorName("Dr.Tim");
        author3.setAuthorId("PACKT-003");
        author3.setAuthorAddress("Toronto Canada");


        DatumWriter<Author> empDatumWriter = new
SpecificDatumWriter<Author>(Author.class);
        DataFileWriter<Author> empFileWriter = new
DataFileWriter<Author>(empDatumWriter);

        empFileWriter.create(author1.getSchema(), new
File("/home/packt/avro/author.avro"));

        empFileWriter.append(author1);
        empFileWriter.append(author2);
        empFileWriter.append(author3);

        empFileWriter.close();

        System.out.println("Succesfully Created Avro file");
    }
}
```

下列代码显示了 Avro 文件的读取操作示例。

```
package com.packt.hadoopdesign.avro;

import org.apache.avro.file.DataFileReader;
import org.apache.avro.io.DatumReader;
import org.apache.avro.specific.SpecificDatumReader;
```

```
import packt.Author;

import java.io.File;
import java.io.IOException;

public class PacktAvroReader {

    public static void main(String args[]) throws IOException{

        DatumReader<Author> authorDatumReader = new
SpecificDatumReader<Author>(Author.class);

        DataFileReader<Author> authorFileReader = new
DataFileReader<Author>(new
                File("/home/packt/avro/author.avro"), authorDatumReader);
        Author author=null;

        while(authorFileReader.hasNext()){

            author=authorFileReader.next(author);
            System.out.println(author);
        }
    }
}
```

8.2.5　优化的行和列（ORC）

ORC 的研发始于 Hortonworks，用于对 Hive 中的存储和性能、汇总的数据仓库、查询和 Hadoop 之上的分析进行优化。Hive 针对查询和分析而设计，并使用了查询语言 HiveQL（类似于 SQL）。当 Hive 读取、写入和处理数据时，ORC 文件则面向高性能的操作加以设计。ORC 以列的形式存储行数据。对于压缩和存储来说，这种行-列形式十分高效，同时支持集群间的并行处理。此外，针对更快的处理和压缩，列格式还可忽略不必要的列。ORC 文件在无须压缩的情况下（相比于压缩的文本文件）即可更加高效地存储数据。类似于 Parquet，ORC 对于较大的读取负载来说是一种较好的选择方案。

考虑到索引系统的存在，这种高级压缩是可行的。另外，ORC 文件包含了数据带（stripes of data）或 10000 个数据行。这些数据带表示为针对给定查询所需的数据构造块。在每个数据带中，读取器可以仅关注所需的列。页脚文件则针对数据带中的每列涵盖了描述性统计信息，如 count、sum、min、max 和 if null 值。ORC 的设计宗旨在于最大化存储和高效的查询行为。

Facebook 通过 ORC 在其数据仓库中节省了数十拍字节的数据，并指出 ORC 的速度明显优于 RC 文件或 Parquet。

——Apache 基金会

类似于 Parquet，ORC 文件格式同样支持模式进化，但其效率取决于数据存储所支持的内容。近期，在 Hive 上进行了相应的改进，允许添加列、类型转换和名称映射。

8.2.6　Parquet

Parquet 由 Cloudera 和 Twitter 于 2013 年联袂推出（其灵感源自谷歌的 Dremel 查询系统），并作为 Hadoop 上优化的列数据存储。由于数据以列方式存储，因此可被更好地压缩和划分（具体原因前述内容已有所介绍）。Parquet 常与 Hadoop 分析数据库 Apache Impala 结合使用，Apache Impala 针对 Hadoop 上的低延迟和高并发查询而设计。Parquet 文件的列元数据被存储于文件的尾部，支持快速的单路写入机制。其中，元数据可包含数据类型、压缩/编码模式（如果存在）、统计数据、元素名称等信息。因此，Parquet 特别适用于包含多个列的宽数据集分析。每个 Parquet 文件包含了由行分组予以组织的二进制数据。

对于每个行分组，数据值通过列加以组织，如前所述，这充分发挥了压缩的优势。对于大量的读取负载，Parquet 是一种较好的选择方案。通常情况下，Parquet 文件类型中的模式进化都会得到相应的支持。但是，并非所有的系统都会优先选用 Parquet 支持模式进化。例如，Impala 这一类列存储通常难以支持模式进化——其数据库需要针对数据持有两个模式版本（早期版本和新版本）。

8.3　数　据　压　缩

我们当中的许多人都在从事大数据项目开发，并通过多种框架和工具处理某些定制问题。对于数据处理而言，首先需要将数据置入分布式存储中。如果对析取、转换、加载（ETL）或析取、加载、转换（ELT）进行查看，可以发现第一步是析取数据，并将其置入存储系统中以供处理。相应地，存储系统也存在与此相关的成本问题，我们通常希望在较少的存储空间内存储更多的数据。大数据处理机制构建于大量的数据之上，这可能会产生 I/O 和网络瓶颈。另外，网络间的数据混洗也是一个复杂、耗时的处理过程，常会消耗大量的处理时间。

下列内容描述了压缩机制不同的辅助方式。

❑ 较少的存储。存储系统也会伴随着一定量的开销。当今，各家公司已逐步转向云计算，但仍需要为云存储支付少量的费用。对此，一种较好的做法是压缩数据以降低存储费用。某些时候，压缩可将数据从 GB 级别降至 MB 级别。

❑ 减少处理时间。我们需要了解压缩究竟是如何减少处理时间的，因为在数据操作前处理数据将会占用一定的时间。当数据尺寸较小，且分布式集群间不存在大量的混洗操作时，即会存在这种情况。考查以下情形，其中，GB 或 TB 级别的数据需要在网络间进行混洗，并随后用于处理，其间存在大量的 I/O 操作并占用一定的带宽，这将对性能产生显著的影响。相比之下，压缩则能够有效地缓解此类问题。

❑ CPU 和 I/O 折中方案。压缩可减少 I/O 所占用的时间，但同时也需要处理更多的数据，即解压缩后的操作结果。在数据尺寸较大的情况下，将会看到整体作业处理时间显著增加。

❑ Hadoop 中的块压缩。Hadoop 定义了可划分和不可划分文件格式这一类概念。大多数时候，首选使用可划分文件格式，进而可通过并行方式处理每个块以改善处理时间。在可划分的文件格式中，不建议对大型文件进行压缩以供后续处理。对此，块压缩则是一种十分有效的方案。在块压缩中，存储于 HDFS 上的数据将被压缩，以供后续 MapReduce 或其他工具所用。

8.3.1　Hadoop 中的数据压缩类型

Hadoop 框架针对输入和输出数据支持多种压缩格式。压缩格式或编码解码器（codec）表示为一组编译后的可用 Java 库，程序员可通过编程方式对其加以调用，并在 MapReduce 作业中执行数据的压缩和解压缩操作。其中，每个编码解码器针对压缩和解压缩实现了一个算法，且包含不同的特性。

在不同的数据压缩格式中，某些格式是可划分的并可在处理大型压缩文件时进一步提升性能。因此，当单一大型文件被存储于 HDFS 中时，该文件被划分为多个数据块并分布于多个节点之间。如果该文件通过可划分算法进行压缩，那么数据块可利用多项 MapReduce 任务并以并行方式进行解压缩。但是，若文件采用非划分算法进行压缩，Hadoop 则需要整合数据块，并使用单项 MapReduce 任务对其进行解压缩。稍后将对某些压缩技术予以介绍。

1. Gzip

Gzip 是一款基于 GNU 项目的压缩工具，并可生成压缩文件，读者可访问 https://

www.gnu.org/software/gzip/ 了解该项目的详细信息。Gzip 的实现采用了 DEFLATE 算法，该算法整合了哈夫曼编码和 LZ77。相比之下，Gzip 提供了较高的压缩率，但也导致更多的 CPU 资源被占用。此外，Gzip 也非常适用于冷数据。这里，冷数据是指不经常被访问的数据。大多数时候，Gzip 的压缩性能是 Snappy 的两倍之多。下列代码说明了执行 MapReduce 作业时压缩操作的设置方式。

```
hadoop jar mapreduce-example.jar sort "-
Dmapreduce.compress.map.output=true"
    "-
Dmapreduce.map.output.compression.codec=org.apache.hadoop.io.compress.
GzipCodec"
    "-Dmapreduce.output.compress=true"
    "-
Dmapreduce.output.compression.codec=org.apache.hadoop.io.compress.GzipCodec
" -outKey
    org.apache.hadoop.io.Text -outValue org.apache.hadoop.io.Text
input output
```

2. BZip2

BZip2 文件压缩程序基于 Burrows-Wheeler 算法加以实现，该算法由 Julian Seward 于 1996 年 7 月 18 日发布。该程序可压缩文件，但却无法对其进行归档，并且可工作于几乎所有的主要操作系统上。BZip2 的功能如下。

❑　文件扩展名：bz2。
❑　媒体类型：互联网上的 application/x-bzip2。
❑　统一类型标识符：public.archive.bzip2。

BZip2 具有较好的性能，但就处理性能而言，BZip2 明显慢于 Snappy。一个简单的规则是，压缩质量越好，则读取性能就越差。对于 Hadoop 存储而言，所占用的读取时间超出期望值并非理想编码解码器应有的行为，除非当前需求是降低存储空间。这对于归档频繁访问的数据来说是一种较好的选择方案。

3. Lempel-Ziv-Oberhumer

Lempel-Ziv-Oberhumer（LZO）压缩格式提供了适中的压缩比，此外在压缩和解压缩方面也提供了较快的速度。LZO 由多个小型压缩数据块组成，允许作业沿块边界方向进行划分。而且，LZO 还是支持可划分压缩的文件格式之一，这有助于实现基于分布式处理作业的、压缩文本文件划分的并行处理，如 MapReduce。LZO 在压缩文件时将生成一个索引，进而通知分布式处理（如 MapReduce）文件的划分位置。

LZO 针对较好的压缩过程和解压缩速度而优化，从而进一步改善处理时间。LZO 的许可证不允许它直接用于 Hadoop 中，而是需要单独进行安装。但大多数集成平台均已内置了安装过程，许可机制已得到了有效的处理。下列代码描述了当使用 LZO 压缩时的配置修改示例。

❑　core-site.xml 文件。

```
<property>
   <name>io.compression.codecs</name>
   <value>org.apache.hadoop.io.compress.GzipCodec,org.apache.hadoop
.io.compress.DefaultCodec,com.hadoop.compression.lzo.
LzoCodec,com.hadoop.compression.lzo.LzopCodec,org.apache.
hadoop.io.compress.BZip2Codec</value>
</property>
<property>
   <name>io.compression.codec.lzo.class</name>
   <value>com.hadoop.compression.lzo.LzoCodec</value>
</property>
```

❑　mapred-site.xml 文件。

```
<!-- Add LZO Codecs details -->
<property>
   <name>mapreduce.map.output.compress</name>
   <value>true</value>
</property>
<property>
   <name>mapreduce.map.output.compress.codec</name>
   <value>com.hadoop.compression.lzo.LzoCodec</value>
</property>
```

❑　hadoop-env.sh 文件。

```
export
HADOOP_CLASSPATH="$HADOOP_HOME/lib/hadoop-
lzo.jar:$HADOOP_CLASSPATH:$CLASS_FILES"

#For 32-bit machines
export
JAVA_LIBRARY_PATH=$HADOOP_HOME/lib/native/Linux-i386-32:
$HADOOP_HOME/lib/native
#For 64-bit machines
export
JAVA_LIBRARY_PATH=$HADOOP_HOME/lib/native/Linux-amd64-64:
$HADOOP_HOME/lib/native
```

LZO 压缩技术在 Hadoop 中生成了可划分的压缩文件，且在采用该压缩技术时无须使用外部索引，同时可用于 Hadoop 中的任何速度/压缩比级别，包括快速模式（500MB/s 的压缩速度）和高/超高模式（提供更高的压缩比），几乎可与 Gzip 媲美。

4．Snappy

Snappy 是另一项压缩和解压缩技术，其定位不在于最大限度的压缩质量，以及与其他压缩技术的兼容性，其设计目标在于较高的速度和合理的压缩质量。Snappy 的压缩速度大约为 240MB/s，而解压速度在 Core i7 64 处理器上大约是压缩速度的两倍。

Snappy 并非一种 CPU 密集型压缩技术，从而确保同时运行的映射和归约（reduce）处理不会因 CPU 时间而减少（或受到影响）。注意，Snappy 自身是可划分的并与容器文件格式结合使用，如序列文件、Avro、Paraquat 等。下列代码描述了 Snappy 的属性。

```
<property>
    <name>mapred.compress.map.output</name>
     <value>true</value>
 </property>
<property>
    <name>mapred.map.output.compression.codec</name>
    <value>org.apache.hadoop.io.compress.SnappyCodec</value>
</property>
```

表 8.1 对某些压缩技术进行了解释。

表 8.1

编码解码器	可 划 分	压 缩 程 度	压 缩 速 度
Gzip	否	中	中速
BZip2	是	高	慢速
Snappy	否	中	快速
LZO	否（除非索引化）	中	快速

8.3.2　压缩格式

本书开始处曾有所讨论，Hadoop 的目标旨在以并行方式处理大型数据集，并通过压缩技术实现较高的处理性能。这里，压缩技术的选取方式完全取决于用例的目标，以及处理过程中采用哪一种工具。

当选择压缩格式时，需要考查以下 3 项内容。

❑　使用容器文件格式。可划分的且支持压缩的容器文件格式对于应用程序来说是一种较好的选择方案。借助于容器文件格式，我们一般可采用诸如 Snappy、LZ4 这一类快速的压缩算法。

❑ 压缩文件尺寸。分布式存储系统（如 HDFS）的主要特性是将文件划分为可配置的块尺寸，文件压缩后的块尺寸应近似等于或小于 HDFS 块，这将有助于实现较好的读取性能，其原因在于，单一映射器将能够处理更多的解压缩数据。

❑ 非可划分文件。在本质上不可划分的文件上使用压缩是没有任何意义的，因为全部文件将由单一映射器处理。在这种情况下，我们将丢失数据的局部性特征。

8.4　序　列　化

序列化是将结构化数据转换为字节流的过程，这一过程将通过网络进行传输，或者被写入某个持久化存储中。相应地，反序列化则是将字节流转换回结构化对象。

对此，一些基本的常见问题包括，为什么要使用序列化？简而言之，每种语言或应用程序包含自身的数据表达方式。例如，Java 利用对象表示数据，Spark 采用 RDD 表示数据，而 MapReduce 则通过可写的对象表达数据等。这些表达方式仅框架知晓，并在内存中进行处理。但是，这些数据无法在不同的处理或应用程序（包含不同的数据表达方式）之间共享。我们已经知道，在将数据写入存储系统中或在网络间共享以供不同的应用程序使用时，此类数据需要某些公共的表达方式。大多数时候，将数据写入序列化文件格式中可有效地解决这些问题。诸如 Avro、ORC、RC、Paraquat 等文件格式是一类公共的序列化格式，并可在大数据处理管线中加以使用。

序列化处理在分布式数据处理中呈现以下两种通信类型。

❑ 处理间的通信。分布式处理系统涉及多个中间通信过程，其中，处理间利用远程过程调用（RPC）进行通信。与 RPC 协议结合使用的序列化格式应利用更快的带宽序列化或反序列化数据。

❑ 持久化存储。大多数处理管线的最后阶段是将数据写入持久化系统中，其中，对象表达需要转换至某些常见的数据表达方式，进而可方便地被其他系统所读取。近期出现的文件格式（如 Avro）则可有效地节省处理时间。

8.5　数　据　摄　取

数据摄取是指将数据从一个或多个源中置入数据存储层中以供处理的过程。对此，首先需要构建数据管线。当考查两项处理时，即析取、转换和加载（ETL）以及析取、加载和转换（ELT），首先需要从源系统中析取数据。在大数据处理机制中，摄取过程被归类为多种类型。当在实现过程中理解此类设计模式时，我们将对某些设计理念加以考查。

8.5.1　批量摄取

批量摄取是指在较长的时间间隔内从源系统析取数据的过程。例如，将摄取过程配置为每天上午 5 点运行。批量摄取源一般是持久化系统，如数据库系统、持久化文件系统等。其中，数据已处于可用状态。图 8.1 描述了批量摄取的设计理念。

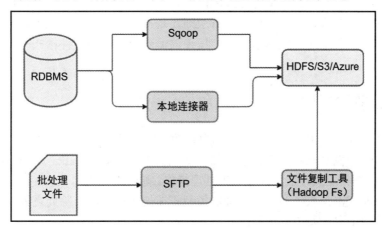

图 8.1

下列内容展示了批量摄取的不同设计因素。

❑ 批量尺寸。存在多种方式可提升摄取的性能，为应用程序配置优化的批量尺寸是十分有帮助的。需要注意的是，配置较大的批量尺寸需要任务容器分配更多的内存空间。

❑ 并行处理。当今，从源系统中析取数据的分布式系统可通过并行方式获取数据。显然，当析取较大型的数据集时，一个节点所占用的时间量通常会多于多节点并行方式的处理时间。例如，Sqoop 中的并行机制是通过增加或减少映射器的数量加以控制的，而映射器的数量则依赖于源系统针对应用程序所允许的并行连接数量。

❑ 递增式摄取。如果已经持有了需要处理的大部分数据，那么完全析取数据则没有任何意义。大多数时候，我们仅需要在第二批次运行时从系统中新建、更新或删除的记录。仅当记录在创建、更新和删除（如 date_created、date_modified 等）并需要识别某些字段时，方可采用递增式摄取；但有时候某些源并不包含此类字段，这些字段限制了增量式析取能力，因而为了实现进一步处理，需要进行完整的析取。

❑ 模式变化。如果源系统和系统中的数据管线呈松散耦合状态，那么一种可能的
情况是，源系统上的某些内容发生变化，并对下游系统（即处理步骤）产生影
响。对此，存在多种处理方式。其中，一种方法是仅从源中析取所需列；另一
种方法是使用模式进化文件格式（如 Avro），以及向后兼容特性处理此类问题。

❑ 访问模式、文件格式和压缩编码解码器。文件格式在存储空间和处理速度方面
饰演了重要的角色。文件格式的确定包含多种关联因素，如数据摄取过程中所
用的访问模式、主要目标、节省空间还是提升查询性能，或者是二者的折中方
案等。如前所述，采用基于特定压缩的编码解码器的文件格式时，速度可提高
60%以上。

8.5.2　宏批处理摄取

宏批处理摄取是指在较短的时间间隔内将数据置入目标系统中的过程，如 30min、1h
等。业界的常见用例之一是从流消息存储中卸载数据。例如，Kafka 每小时将数据置入
HDFS 中，随后在其上执行批处理或宏批处理操作。随着人们利用 Kafka 构建批处理或实
时用例（如分布式消息系统），这些摄取类型正在被迅速采用。除此之外，还存在其他
源用于宏批处理摄取，如图 8.2 所示。

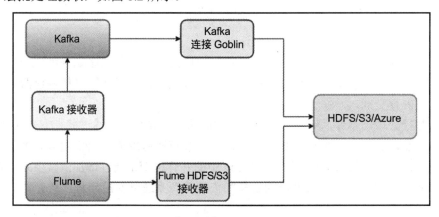

图 8.2

宏批处理摄取的解释内容如下。

❑ 数据丢失或重复数据。宏批处理摄取所面临的主要挑战是如何避免数据丢失，
或者在数据摄取期间如何处理重复数据。对于 Kafka 或 Flume 这一类源，上述
问题十分常见。对此，较好的做法是首先处理数据丢失问题，并在数据被置入

目标系统中后移除重复数据。

❑ 较小的文件。摄取至宏批处理中的数据有时会在目录/分区（基于小时或分钟）中包含多个小型文件，这可能会在处理期间导致性能瓶颈。这里，文件尺寸至少应匹配默认的块尺寸。此时，首要步骤是将小型文件合并至较大的文件中。

❑ 摄取吞吐量。摄取宏批处理数据的吞吐量应适用于结束摄取处理过程，并随后触发下一次宏批处理摄取操作。对此，较好的做法是针对宏数据摄取过程配置或生成公平的资源量，从而避免对下游系统产生进一步的问题。

❑ 历史数据。应维护摄取数据的历史内容，它适用于批处理和宏批处理。如果处理阶段存在某些问题或错误进而需要重建数据管线，那么这将提供一定的灵活性以避免进一步的摄取过程。我们可以在目录的第一个阶段维护日期分区，随后将较少使用的数据移至某些低成本的存储系统中。另外，维护历史数据还可使我们在组织机构中的多个业务用例中使用相同的数据集。

8.5.3　实时摄取

实时摄取是指在生成数据后即刻获取源中数据的过程。例如，当用户在谷歌上搜索信息，或者在亚马逊网站上搜索商品时，每秒生成的点击事件。这些事件经捕捉后可针对某些实时用例获取数据，如构建推荐系统，或消除某些欺诈活动。这里，生成实时事件的源系统一般是应用程序日志、点击流事件、传感器数据等。

摄取实时数据的目标系统应能够处理进入系统的大量的负载。除此之外，该系统还应是分布式的且易于扩展。这一类系统包括 Kafka、AWS Kinesis、Apache Flume，并可用作实时数据的存储层。诸如 Flume 这一类系统可在下游系统使用或确认数据后及时删除数据，但这并不适用于当前用例。在当前用例中，Flume 和 Kafka 用于维护某段时间内的数据。图 8.3 描述了实时摄入过程。

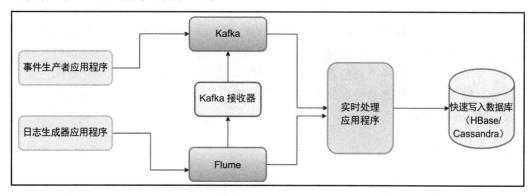

图 8.3

实时摄取的不同特性如下。

❑ 避免了数据丢失。对于信用卡欺诈检测这一类用例，丢失事件可导致较为严重的商业问题。这里，在生产者系统接收到存储系统（如 Kafka）的数据成功提交确认消息之前不应丢弃消息。

一种可能的情况是 Kafka 或一个系统产生的提交超时问题，对此，一般可再次将事件发送至目标系统中。同样重要的是，还需要将失败的生产者事件写入其他一些本地文件系统中，以避免由于目标系统故障而导致数据丢失，并在数量较高时警告用户。

❑ 保存期限。数据连续地摄取至目标系统并以较高的速度增长，这可能会导致 Kafka 这一类系统磁盘空间耗尽，或者强制用户添加更多的机器。对此，用例的适当容量规划和设计可避免这样的问题。相应地，将保存期限定义为需要在存储系统上保留实时数据的时间量。随后，如果数据不再用于实时处理，则应将其卸载至某些分布式文件系统中，如 HDFS 或 S3，以供进一步使用。

❑ 捕捉问题事件。某些时候，所生成的事件可能由于某种原因而出现故障，如解析异常、转换异常等。对此，应将这些事件捕捉至问题事件文件中，并随后在生产者一端查看问题的原因以及是否需要进行修改。

❑ 监测存储系统。系统监测在实时摄取过程中是一项非常重要的内容。其间，全部数据均处于实时状态，因而无法在更长的时间内包容节点故障以避免数据丢失。针对磁盘空间、系统故障和其他故障，监测机制和警报系统有助于避免数据丢失。

8.6　数据处理

在成功地度过摄取阶段后，下一步是数据处理过程。之前讨论的每种摄取类型均包含对等的数据处理类型。这里，数据处理一般是指分布式数据处理，且在数据处理期间需要考查多种因素。同样重要的是，分布式系统的设计目标是减少数据处理时间，并在实现数据处理应用程序之前全方位了解各种最佳实践方案。本节将讨论每种数据处理类型及其相应的最佳实践方案。

8.6.1　批处理

批处理是数据处理的类型，其中数据元素以批量分组方式进行处理。例如，考查每日到达的处理数据，我们可将一天视为一个批次，并采用单一批处理方式处理数据。相应地，批处理在预定的时间间隔内被引发，具体来说，我们可设置每天的摄取作业，并从 REBMS 中析取数据，随后在每天析取的数据上执行某些处理操作。一般情况下，批处理中所处理的数据量通常在数量上较大。

Hadoop 首先以批量方式处理数据，与一些遗留的数据处理框架相比，分布式批处理机制可在较短的时间内处理 TB 级别的数据。在 MapReduce 这一类批处理系统中，数据在处理前被累积，这将导致较长的周转时间，从而增加了存储系统使用率、内存使用率和系统的计算资源。

如果未针对处理机制按需设置集群，批处理将无法高效地利用集群资源——在数据析取/摄取期间，集群计算资源和内存均处于空闲状态。下列内容描述了批处理机制中需要注意的一些设计因素。

- ❑ 利用分区维护历史数据。一直以来，我们都在建议在输入层和黄金层（gold layer）使用历史数据。必要时，可以在所有的数据上使用相同的应用程序逻辑重新创建所有中间阶段数据。另外，利用分区维护历史数据还可以实现快速数据处理和其他用例中的数据可用性。

- ❑ 按需（on demand）集群。云技术能够在几分钟内启动新的集群，进而可在必要时启动集群。因此，我们只需要在进行数据处理时提供并启动集群，这可节省大量的成本。

- ❑ 文件格式和压缩。存储和处理大量的数据通常较为耗时且成本高昂。对此，一般建议采用（在压缩率和处理速度之间）具备较好折中方案的文件格式。在 MapReduce 这一类框架中，还应进一步考查压缩的中间结果，并在中间结果上通过压缩机制提升处理速度。

- ❑ 避免数据混洗。作为必要阶段之一，分布式系统涉及混洗操作，其中，数据在网络间传输至其他节点处以供进一步处理。另外，诸如 join、group by 这一类操作往往会涉及大量的数据移动，因而应进行过滤并运用相关逻辑，以避免数据在网络间被遍历。

- ❑ 数据质量。当消除处理过程中的无意义记录时，数据质量饰演了主要角色，因为列值可能未通过数据质量检查。对此，建议运行数据质量检查，如果未满足数据质量阈值，接下来则需要判断是否运行批处理操作。

- ❑ 高效的资源利用。大多数时候，无论是 MapReduce 还是 Apache Spark，如何高效地利用集群资源这一类问题十分常见。对此，较好的做法是分析 MapReduce 程序或 Spark 程序，进而确定批处理真正所需的映射器和分区数量。

8.6.2　微批处理

微批处理也是一种数据处理类型，其中，数据以微批处理分组方式进行，这意味着几秒钟或几分钟的批处理量。诸如 Apache Spark 这一类微批处理框架可将流事件分组为微批处理中，在对其进行处理后可获得期望的结果。例如，我们需要知晓以下事务结果：每分钟内成功的事务数量，或者数分钟或数秒内事务故障的数量。

微流处理依赖于一些流式源，这些流式源能够以之前完全相同的方式回放一批数据。其间，回放功能将在出现故障时启用数据的重计算和计算操作。前述章节中曾有所讨论，Apache Kafka 作为流事件源有助于实现期望的结果。使用者（即微批处理应用程序）需要维护读取消息的偏移量，并随后在出现故障时从同一点处进行回放。

虽然微批处理的高级方案看起来简单，但在构建或设计此类应用程序时，仍存在一些最佳实践方案，同时也会面临某些挑战，如下所示。

❑　避免不可靠的处理。微批处理应用程序拥有一个确认机制，并通知源式流已成功地采纳了消息。需要注意的是，消息的可靠性取决于何时发送确认消息。某些时候，如果应用程序在事件被成功地处理之前出现故障，那么过早地发送确认消息可能会导致数据丢失。因此，如果不希望丢失处理设计中的数据，则应在事件被成功处理之后发送源流式系统（如 Kafka）的确认消息。

❑　数据重复。数据重复是指事件的重复处理过程。考查以下情形，数据在被成功地处理并将确认消息发送回源流式提供者（如 Kafka）之前，应用程序处理突然中止。当应用程序重新启动时，将使用源自相同偏移处的数据，这将导致重复的处理过程。

❑　延迟增加。一种可能的情况是，某些批处理接收较多的事件，而另一些批处理则接收较少的事件，具体原因在于事务的高峰期和非高峰期。如果事件批处理过小，则可能会导致性能的降低；相反，如果事件批处理过大，则有可能会减缓处理速度。

❑　基于尺寸和时间的批处理。针对上述延迟问题，批处理应通过尺寸-时间元组进行配置，这将确保实现以下结果：即使批处理不包含配置的批处理尺寸，且如果等待时间超时，那么处理过程仍会继续执行。另外，即使尚未超时，但已到达批处理尺寸的上限，这也将会引发批处理过程。

❑　选择正确的框架。吞吐量和延迟在微批处理中饰演了重要的角色，因而应选择正确的框架构建和执行应用程序。作为市场的领先者，Apache Spark 在批处理和微批处理方面表现得较为出色，但 Apache Flink 和其他一些框架也拥有一定的用户。在选择框架之前，应对不同的参数（基于专家方案）、应用程序需求、框架的优缺点、已解决的用例和基准等进行评估。

8.6.3 实时处理

实时处理也是一种数据处理类型，且无须等待其他事件到达即可处理流事件。因此，即使毫秒或秒级别的延迟都可能会导致数据丢失。例如，在信用卡欺诈检测应用程序中，信用卡首先在某个国家使用，并随后即刻（或 1h 后）在第二个国家使用，这将向客户触发欺诈警报，或者在交易完成前予以阻止。

实时处理方案所面临的主要挑战是如何实时摄取数据、处理数据以及存储处理后的数据，特别是数据量较大时。这里，事件处理不应阻塞事件的摄取过程（即松散耦合）。另外，目标数据存储应支持大数据量的写入操作。下列内容列出了实时处理的不同特性。

❑ 启用检查点机制。检查点机制可被视为应用程序当前状态的元数据维护过程，它有助于构建容错的应用程序。其中，应用程序可使用检查点元数据，并在上一次故障所处的位置重新计算应用程序逻辑。诸如 Apache 这一类新一代的流处理框架提供了集成的检查点以用于检查所需的信息。

❑ 松散耦合的摄取和处理机制。实时生成事件的系统不应与处理应用程序直接集成。假设处理应用程序在一段时间内出现故障，那么在该阶段期间生成的事件有可能会丢失。此处，生成后的事件应推送至分布式消息系统（如 Kafka）中。其中，数据将被持久化一段时间，并在需要时进行回放。

❑ 多个事件的生产者。在实际用例中，多个应用程序可生成相同或不同的事件，但仍需要通过同一个流应用程序进行处理。如果两个应用程序并不是松散耦合的，那么数据丢失的概率将会大大提升，同时也会增加应用程序的延迟。

❑ 并行机制。新一代的流处理框架能够以并行方式处理实时事件，并在延迟和吞吐量方面表现良好。但大多数时候，并行机制取决于源系统的配置方式。例如，如果流式源为 Kafka，并行机制则依赖于特定主题所包含的分区数量。对此，我们需要仔细地规划所需的并行数量，也就是说，需要考查事件状态、集群容量、处理复杂度等各种因素。

❑ 目标系统能力。实时处理后的事件将进入某些目标系统中以供决策使用。例如，推荐系统将 HBase 用作目标系统，进而有助于实现快速的查找和较高的写入吞吐量。类似地，在某些场合下，我们还将 Cassandra 用作目标系统，或者将处理后的事件回推至 Apache Kafka 中。最后需要注意的是，目标系统不应成为流处理应用程序的瓶颈。

❑ 数据重复和数据丢失。数据重复和数据丢失是一类常见问题，我们应在设计过程中对此类问题加以避免。某些时候，重复事件处理可能会导致错误的报告结果，进而产生某些较为严重的业务问题。作为设计阶段的一部分内容，数据丢失并不是我们期望看到的结果。对此，应用程序应包含可靠和高效的逻辑实现，并通过持续关注延迟和吞吐量以解决数据重复和数据丢失问题。

8.7　常见的批处理模式

批处理机制已存在多年，人们在具体实现过程中往往会遇到一些较为常见的设计问题。对此，可通过一些较为成熟的设计模式处理这些问题。本节将简单地介绍一些常见的设计模式，以及如何利用这些技术处理设计问题。

8.7.1　缓时变维度

缓时变维度（SCD）是指数据的某一部分或大部分内容在不规则的时间间隔内发生变化。对此，存在多种类型的 SCD，且每种类型在 Hadoop 中包含了不同的实现。本节将介绍各种类型及其处理方式，并讨论缓时变维度中常用的 Type1 和 Type2。

1. 缓时变维度——Type1

缓时变维度 Type1 实现将利用新的和更新后的记录覆写所有旧数据，且不会维护旧数据的历史内容，这意味着，后续阶段将无法对变化进行跟踪。该方案较为简单，图 8.4 显示了 SCD Type1 的简单描述。

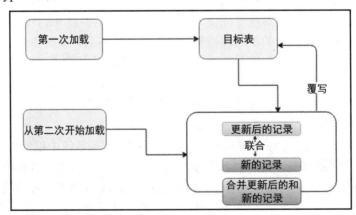

图 8.4

在编程中，存在两种方法可解决这一问题。在支持 merge 语句的数据库的帮助下，利用下列示例查询操作，可以很容易地在单次运行中执行 update 和 insert 语句。

```
merge into
 targetTable
using
 incoming_table as incoming
on
 incoming.id = targetTable.primarykey_column
when matched then
 update set col1 = value1, col2 = value2, col3 = value3, col4 = value4
when not matched then
 insert values (incoming_table.primarykey_column, incoming_table.col1,
incoming_table.col2, incoming_table.col3,incoming_table.col4);
```

与 Hadoop 类似，Have 用作仓储仓库引擎，因而更新行为是一项代价高昂的操作。对此，AWS 这一类云供应商提供了相应的管理服务，如 Redshift，从而通过更新语句提供了较好的速度。如果需要在过程式、编程语言或框架中予以实现，那么可采用 SCD type-1 图中提供的解决方案。

2. 缓时变维度——Type2

缓时变维度 Type2 与 SCD Type1 非常类似，差别在于，Type2 维护记录的历史内容。历史记录保留原始表之前的版本，而读取记录则保留最近一次更新后的表的当前版本。SCD Type2 方案如图 8.5 所示。

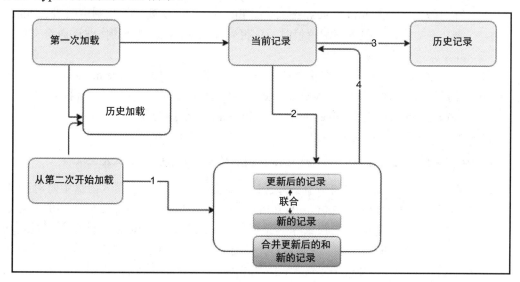

图 8.5

这里，唯一的差别可描述为，首先需要将当前记录复制至历史记录中，随后将其覆写至当前表中。当在 HDFS 上维护某个文件系统（如存储系统）时，则可将当前数据复制至当前日期分区中的历史目录中。

8.7.2　重复记录和小型文件

其他一些常见的处理模式还包括小型文件问题或重复记录。文件过小是一类常见问题，其中，数据以准实时方式摄入桶中（以小时或半小时为单位），以供后续批处理使用。类似地的问题还包括流摄取过程中重复的记录，以及源系统中重复的记录副本。

前述章节讨论了小型文件或重复记录可能导致的问题。本节将介绍如何利用 Hive 和 Apache Spark 解决这两个问题。

当使用 Hive 时，问题则变得较为简单。也就是说，可使用 distinct 查询并随后将数据加载至新表中，这将移除重复的记录。当前，在处理小型文件这一问题时，我们可遵循下列多种方案。

- ❑ 映射器和归约器数量。一种简单的方法是令映射器或归约器（取决于作业类型）的数量为 1。这将确保在 Hive 查询结束时，在 Hive 查询写入的分区或目录中至少存在一个输出文件作为结果。但对于较大数量的记录而言，该方案并不可行。
- ❑ 映射任务合并。如果希望在每项映射任务结束时合并文件，可将 hive.merge. mapfiles 设置为 true，并将 hive.merge.size.per.task 设置为所需的文件尺寸（以字节为单位）；或者将 hive.merge.smallfiles.avgsize 设置为某些期望的 threshhold 值，若文件尺寸小于该配置值时，这将确保 Hive 运行额外的作业进而将文件合并至某个较大的文件中。
- ❑ MapReduce 任务合并。与映射任务类似，当将另一个属性 hive.merge.mapredfiles 设置为 true 时，这将在 MapReduce 任务结束时合并文件，这一过程常与 hive. merge.size.per.task 和 hive.merge.smallfiles.avgsize 结合使用。
- ❑ 查询。下列 ALTER 查询也可用于在分区表中合并小型文件。

```
ALTER TABLE tablename [PARTITION partition_detail] CONCATENATE;
```

当采用 Spark 时，最为简单的小型文件合并方式是在将输出结果写入磁盘中时对 RDD 进行修复。对此，可采用 coalesce(numPartitions)方法定义 Spark 作业结束时所需的作业数量。但是需要记住，计算分区的数量并传递至 coalesce(numPartitions)方法中则稍具技巧性。某些开发人员在 Git 上发布了相关内容，进而简化了社区的开发工作，同时还针对如何计算分区数量提供了较好的思路。大多数时候，我们可复用这些代码，读者可访问 https://github.com/imduffy15/spark-avro-compactor 以了解更多内容。

8.7.3　实时查找

实时查找是指在记录处理期间执行查找操作。例如，我们可能希望查找某个记录是否属于特定的分类、IP 在报表中是否有效等。我们可能会感到奇怪，当加载数据并连接数据集时，为何需要执行查找操作。

如果查找时禁止访问数据集，且需要执行 API 调用以检查数据是否已存在于系统中，情况又当如何？又如，如果存在像 Redis 这样的数据库，每隔几分钟或几秒钟更新一次，并且数据存在于 Redis 系统中呢？

实时查找的相关流程如图 8.6 所示。

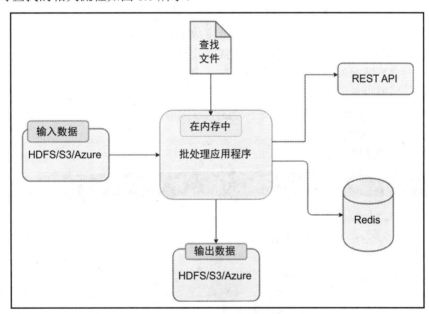

图 8.6

当执行批处理时，存在多种方式执行查找任务，如下所示。

❑ 在内存中查找。如果用于查找的数据集有效，且对应尺寸仅为若干兆字节，通常建议的做法是在内存中进行查找。在 MapReduce 中，分布式缓存使这些文件对映射器可用，进而执行内存中的查找操作或映射端的连接操作。

❑ REST API。某些时候，我们可能缺少足够的权限并从同一系统（需在其中执行查找以获取结果）中获取数据。此时，数据所有者提供了一些 REST API 以执行查找操作，或进行 REST 调用以获得结果。虽然这些操作可能会减缓处理时间，但它们有时依然是可供参考的选择方案。

❑ Redis 或数据库查找。一种可能的情形是，由于所查找的数据集较大，或者每隔几分钟或几秒数据集即被更新，因而需要一个共享查找系统。对此，推荐使用基于数据库（如 Redis）的快速查找。其中，响应延迟相对公平且不会降低批处理的性能。

8.8　针对编排的 Airflow

编排是自动化工作流/管线的过程，用于管理任务、调度任务、协调任务和管理创建的工作流。对此，存在多种工具可以用于自动化工作流，如 Oozie、Azkaban、Jenkins 等。

我们已经了解到，关于工作流编排、调度故障或返回带来的影响，人们一般不会在这些方面花费太多的时间，但这将会在后续阶段带来严重的问题且难以管理。本节将学习 Airflow，它是针对 Hadoop 应用程序的新一代编排工具。

Airflow 的用户界面较为简单且易于管理，并在工作流的使用和管理方面为用户提供了一定的灵活性。Airflow 中的管线表示为有向无环图（DAG），其中，一项任务依赖于另一项任务，直至管线结束。

Airflow UI 如图 8.7 所示。

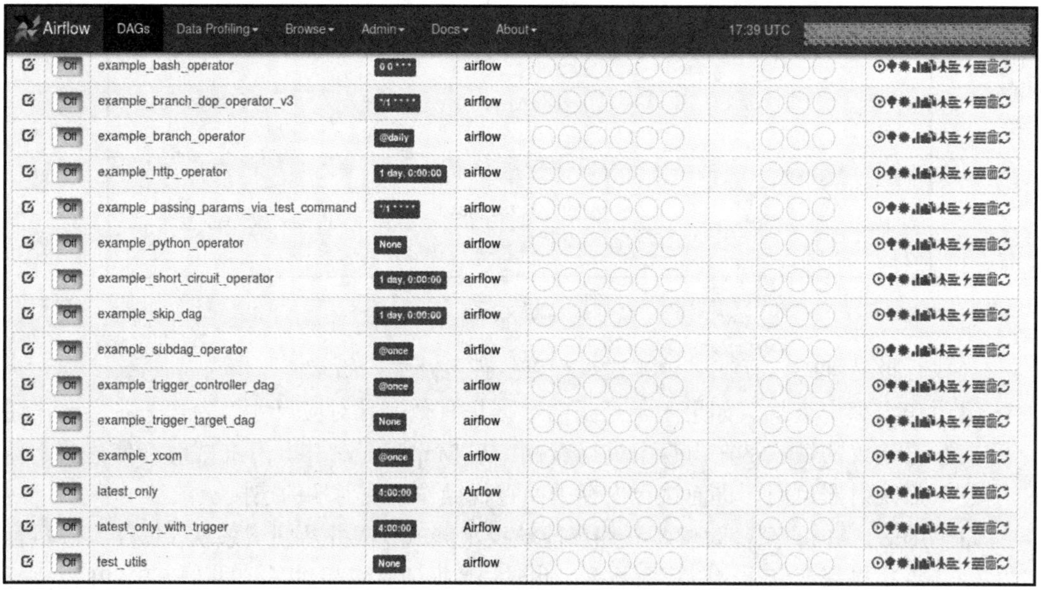

图 8.7

读者可访问 https://airflow.apache.org/以了解 Airflow 体系结构和相关示例方面的更多内容。Airflow 包含多个内建的操作符，可用于调度不同类型的任务。例如，Python 操作符可用于提交 Python 任务，bash 操作符可提交 bash 任务等。另外，读者也可利用 Python API 编写自定义操作符。

置于$AIRFLOW_HOME/plugins 下的所有 Python DAG 模块均可通过 Airflow 自动导入，并显示于 UI 上。

8.9　数　据　治　理

数据治理是确保跨组织机构所用数据的高质量、高可用性、可用性、完整性和安全性的过程。数据治理可帮助组织机构高效地管理所持有的数据，并从中获取更多的价值，同时向用户展示这些数据的重要价值。

数据治理支持并鼓励针对数据的良好行为，同时还限制了任何产生风险的行为。无论我们是在大数据环境还是传统的数据管理环境中，这一目标都是相似的。相应地，数据治理可帮助组织确定数据的负责人、协作设置政策和决策、分析数据的使用方式和目的、理解度量标准和信息的获取方式和位置，以及确定数据变化对业务所产生的影响。

8.9.1　数据治理的主要内容

数据治理包含多种定义方式，此处定义了 3 种方式，如图 8.8 所示。

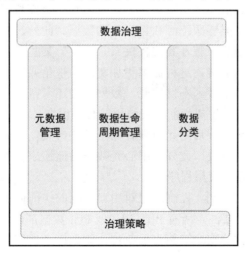

图 8.8

8.9.2　元数据管理

数据应用在组织机构中往往呈快速增长之势。在一段时间内的某个时间点，需要利用主题区域对数据进行识别、定义和分类，这有助于在系统中管理数据的上下文。数据的元数据可帮助我们完成这一目标，也就是说，在组织机构的内部或外部提供数据流的详细信息。

🛈 **注意：**

元数据的基本定义可描述为"与数据相关的数据"，即与数据相关的详细信息。

元数据支持针对组织机构数据和策略的、基于策略的访问，同时解决有关数据定义、数据安全性、数据沿袭、数据使用等方面的问题。数据治理和策略定义了应用于数据上的适当动作，这些操作需要应用于物理设备上，即数据的实际存储设备。这也是数据治理的一个非常强大的特性，从而支持业务和技术团队做出重要决策。元数据的不同特点如下。

❑ 捕捉元数据。作为数据治理策略的一部分内容，有效的元数据管理需要在生成数据时捕捉全部数据的元数据。另外，识别制订策略时业务尝试使用的外部和内部元数据源也十分重要。针对于此，已经存在一些可用的元数据管理工具，如 Apache Atlas，该工具有集成性和其他一些特性，可以从各种数据源（如 Hive Metastore、Apache Spark 等）中捕获元数据。

❑ 数据沿袭。数据沿袭展示了自其创建时间起的全部数据流。数据沿袭的视觉表达使得组织机构能够跟踪源和目标间的数据。此外，数据沿袭还涉及数据流中的各种中间处理或步骤及其依赖关系。而且，某些工具还包含了高级功能，进而可捕捉表的列沿袭，这将提供更加宽广的视角并分析敏感数据在组织机构内部的流向及其使用者。不仅如此，数据沿袭还可帮助技术团队理解数据管线中的改进领域，或者生成当前沿袭结果的数据模型。

❑ 元数据存储。将捕捉后的元数据存储至某些持久化存储中，并根据配置策略限制访问权限十分重要。此外，中心元数据存储还应可移除重复的数据，并允许元数据可用于多个应用程序。

❑ 数据安全和访问控制。控制用户对用户数据的访问以满足安全条件十分重要。同样重要的是，要注意所有 PII、PHI 或 PCI 数据都已使用屏蔽机制、加密进行了保护，并且其他安全措施也已就位。如果未考虑安全条件，数据则不允许被下载或在网络间进行发送。

8.9.3　数据生命周期管理

数据的生命周期管理是指数据自创建开始直至被销毁或归档期间的管理机制。

ⓘ**注意:**

　　数据生命周期管理（DLM）是一种生命周期期间组织机构内部数据流的管理方案（基于策略）。简而言之，该过程可描述为数据创建、初始存储至由于过时而被删除或归档期间的数据管理机制。DLM 自动化实现所涉及的各种处理过程，一般包括将数据置于独立层中（基于所配置的策略），以及层间的自动化数据迁移（基于特定的标准）。

- ❑ 数据创建。数据创建描述了数据何时在组织机构内被创建。其间，数据的来源可能有所不同，如传感器、点击流事件、应用程序日志、站点访问者或者其他来源，其中的某些数据可能包含与其关联的安全策略，如 PII 数据、PHI 数据或 PCI 数据。在数据创建时，安全措施可能并未应用于此类数据上，如掩蔽加密等。
- ❑ 数据存储管理。所生成的数据需要存储于某个持久化存储系统中，同时应确保存储的数据受到保护。另外，在组织机构内部或外部，数据不应被任何人轻易地加以访问。
- ❑ 控制数据访问。数据将经历不同的转换、分析过程，并被视为某个阶段。用户不应访问或查看的数据应根据相应的安全策略予以保护。此外，所有用户的活动应处于监控状态以防止数据泄露。
- ❑ 数据共享机制。数据在公司的不同股东之间共享，包括员工、客户和合作伙伴，因而需要对敏感数据进行保护和监控。在这一阶段，数据可能会在不同的存储系统、应用程序或工具以及平台之间移动，因而在正确的时间实现正确的控制策略则变得十分重要。
- ❑ 归档。过期数据一般不会被频繁地使用，此类数据将会在主层上带来不必要的开销和性能问题。随后，此类数据将通过现有的保护措施和可用方案在低成本的存储系统中被归档和存储。一些国家和组织机构还进一步制定了数据存储方面的法规，以对一定时间后存储的数据进行限制。
- ❑ 永久删除数据或清除数据。在某个时间点，归档数据会以较快的速度增长，从而导致额外的成本和遵从性问题。在归档层中长期存储此类数据是不可行的，同时也是不符合要求的。我们可以配置相关策略在满足所需的策略条件后自动删除这些数据。

8.9.4　数据分类

数据分类是指采用高效的方式分类数据，以确保达到有效的数据保护水平。使用数据治理的各家组织机构通常会制定相应的数据分类策略，进而显示数据在多级分类中的位置以及如何保护这些数据。数据分类存在一些先决条件，如定义角色和分类数据的责任。所有的业务流程都应该被识别和记录，与机密信息相关的风险识别、数据分类的策略和过程都应该被定义等。

注意：

数据分类基于敏感级别定义以及对业务的影响，进而确定数据在未经授权的情况下被公开、修改和销毁。

数据分类的不同特性如下。

- ❑ 识别数据类型。数据分类的第一步是识别数据类型。基本上讲，将数据可划分为 3 类，如下所示。
  - ➢ 敏感数据。若数据的泄露、更改或销毁对业务造成重大风险，那么应将数据归类为敏感/限制级别。如果此类数据向用户公开，将有可能违反国家、区域或特定组织机构的安全法。相应地，所有的 PHI、PCI 和 PII 数据均属于这一分类。
  - ➢ 内部数据。如果内部数据遭到破坏或泄露，对业务的影响较小。出于私有、道德或隐私方面的考虑，必须对这些数据进行保护以防止未经授权的访问。这些政策一般由组织机构于内部加以定义。
  - ➢ 公共数据。向公众开放的数据不会对业务产生任何影响。有时，组织机构还会制订版权或其他一些策略以供公共用户在使用前予以遵守。
- ❑ 定义数据分类流程。在数据识别完成后，还需要定义分类过程以实现高效的数据管理。
  - ➢ 数据持有者。在第一步中，定义分类数据的所有者十分重要。该所有者需要定义访问数据的授权用户和未授权用户。另外，每个数据所有者还需要对信息数据资源进行分类，并在组织机构内部对此予以指导。
  - ➢ 识别和分析数据的缺陷/风险。我们需要识别风险评估和每项信息资产的属性。对此，应该考虑的要点包括数据控制、数据加密，以及出现安全漏洞时的处理过程。
  - ➢ 定义和应用控制。此处，应制订和应用相应的策略和原则，以控制只有那些有权使用数据的用户才能访问数据。相关策略还应确保未经授权的用户不能通过电子媒介、网络或通过访问系统访问任何信息。同时，还应保留和遵循数据删除和存档策略，以满足安全性条件。

➢　维护审计日志。审计日志有助于维护机密信息资产的机密性和完整性。审计日志应能够捕捉所有用户或系统的活动，以便在安全出现问题时能够向法律团队提供足够的证据。除此之外，审计日志还可帮助跟踪系统中产生的变化及其人员和时间。

8.10　本 章 小 结

本章讨论了文件格式和选择正确文件格式的决定因素。其间，我们学习了不同的摄取处理过程及其设计理念。另外，本章还介绍了不同的数据处理类型和处理系统的某些最佳实践方案。数据治理同样是本章关注的内容，对此，我们探讨了数据治理的重要性以及所涉及的重要内容。

第 9 章将考查 Hadoop 中的实时流处理机制。

第9章 Hadoop 中的实时流处理

大数据技术在业界已经得到了充分的利用，一些公司敏锐地觉察到了该技术所带来的优势，并将其实现于现有的业务模型中。

从传统意义上讲，组织机构一般会将目光关注于批处理作业的实现上。在数据到达并显示与用户之间，一般会存在几分钟，甚至是几小时的延迟时间，进而导致决策方面的延迟，最终将带来收益损失。对此，实时分析出现于我们的视野中。

实时分析是一种方法学，其中，数据在系统接收后即刻被处理以供后续操作使用。Spark 流机制可非常高效地实现这一目标。本章主要涉及以下主题。

❑ Spark 流机制。
❑ Apache Kafka 与 Apache Spark 流机制的集成。
❑ 常见的流数据模式。
❑ 流机制的设计理念。
❑ 用例。

本章旨在帮助开发人员和商业分析师了解整体的集成策略、不同集成 API 的优点，以及在项目实现过程中应牢记的各种场景。

9.1 技术需求

读者需要具备 Linux 和 Apache Hadoop 3.0 方面的基础知识。

读者可访问 https://github.com/PacktPublishing/Mastering-Hadoop-3/tree/master/Chapter09 以查看本章的代码文件。

此外，读者还可访问 http://bit.ly/2T3yYfz 并观看代码操作视频。

9.2 流式数据集

流式数据集与有界数据（而非无界数据）上的数据处理相关。相应地，典型的数据集是有界的，意味着此类数据是完整的。至少，我们应处理貌似完整的数据。实际上，总会有新的数据出现，但就数据处理而言，我们将其视作一个完整的数据集。一种思考有界数据的方式是，在有界数据中，数据处理在多个阶段内完成，而各个阶段之间是按顺序完成的；另一种思考有界数据的方式是，在新数据进入之前完成数据分析。有界数据在尺寸方面是有限的，图 9.1 显示了如何利用典型的 MapReduce 批处理引擎处理有界数据。

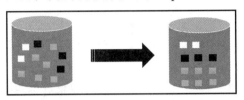

图 9.1

另外，如果持有一个无界数据集（也称作无限数据集），该数据集将是不完整的，通常会有新的数据输入，甚至在分析数据时也会有新的数据进入。因此，我们趋向于考查无界数据集上的分析过程，因为该过程具有临时性并被执行多次，且仅在特定的时间点上有效。实际上，流可被视为无界数据上的数据处理机制；而有界数据则是一类静止数据。流处理机制表示为基于无界数据的非静止数据的处理方式。但更为广泛地讲，人们一般将流机制视为执行引擎。流数据处理机制的重要特性之一是，事件时间是非常不稳定的，这意味着需要在管线中执行某种基于时间的混洗操作，以便根据背景分析数据。无界无限数据集如图 9.2 所示。

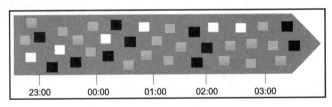

图 9.2

9.3　流数据摄取

在数据摄取机制中，数据从特定的源类型移至目标存储中以进一步用于高级分析。在数据量非常大的情况下，数据通常流至目标存储，但唯一条件是源和目标系统能够处理连续的数据流。流数据摄取包含两种类型：一种是基于事件的；另一种则使用消息队列。

9.3.1　Flume 中基于事件的数据摄取

Flume 是一个高可用性的分布式系统，用于流数据的摄取。Flume 负责实时收集、聚合和处理流数据，并将其存储至操盘中以实现数据的可靠性。图 9.3 显示了 Flume 体系结构。

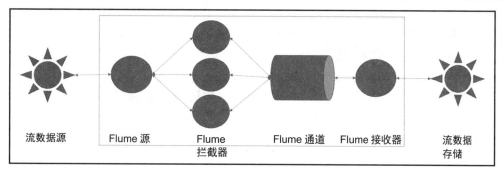

图 9.3

图 9.3 展示了 Flume 的体系结构组件，具体解释如下。

❑ Flume 源。Flume 源从外部获取事件，并通过拦截器将其传递至通道。这些外部源表示为流数据源，并像机器日志和消息队列那样生成事件。

❑ Flume 拦截器。拦截器允许实时拦截和修改来自 Flume 源的事件，这可以转换事件或进一步丰富事件内容。上述过程可利用 Java 编程语言予以实现。

❑ Flume 通道。通道在接收器（sink）使用前负责存储事件。内存通道和文件通道则是两种较常使用的通道类型。其中，内存通道存储内存事件，因而实现了通道间的最佳性能。然而，内存通道的可靠性较差——当 Flume 代理处理过程或 Flume 主机出现故障时，可能会出现事件丢失这一类问题。因此，更常用的是保留在磁盘上为事件提供更持久存储的磁盘通道。选取正确的通道可被视为一项重要的体系结构决策，且需要平衡性能和持久性两方面的问题。

❑ Flume 接收器。Flume 接收器负责从通道中移除事件，并将其传送至某个目的地。这里，目的地可能是事件最终的目标系统，或者也可能输入后续的 Flume 处理过程中。HDFS 接收器即是一类常见的 Flume 接收器示例，顾名思义，该接收器将事件写入 HDFS 文件中。

9.3.2　Kafka

Kafka 是一个被广泛使用且具有可扩展性、高性能和分布式的消息平台。Kafka 最初由 LinkedIn 技术团队发布，在开源工具的支持下，LinkedIn 利用内部定制的组件构建了一个软件度量的收集系统。该系统针对用户活动收集门户网站的数据。通过这些数据，我们可以在 Web 门户网站上显示每位用户的必要信息。该系统最初采用传统的 XML 日志服务进行开发，后续阶段则采用不同的 ETL 工具以实现析取-转换加载。但长期以来，该框架难以令人满意且面临多种问题。针对此类问题，技术团队构建了一个名为 Kafka 的系统。Kafka 是一个预写式日志（WAL）系统，可将所有的发布消息在可用（针对使用者应用程序）之前将其写入日志文件中。在适宜的时间框内，订阅者可能会读取这些写入后的消息。Kafka 的构建目标如下。

□　消息生产者和消息使用者之间的松散耦合。

□　消息数据的持久化，进而支持各种数据应用场合以及故障处理机制。

□　利用低延迟组件实现端-端的最大吞吐量。

□　利用二进制数据格式管理不同的数据格式和类型。

□　在不影响现有集群设置的情况下以线性方式扩展服务器。

进一步讲，Kafka 还有助于生成流体系结构容错机制，同时还支持各种警告和通知服务。另外，每条消息表示为 Kafka 主题中的字节集合，而该集合被定义为一个数组。随后，生产者将 Kafka 队列中的消息存储至应用程序中，并发送 Kafka 消息以存储各种消息。这里，每个主题将被进一步划分为分区，而每个分区按照消息出现的顺序存储消息。

Kafka 中的两项主要操作可通过生产者和使用者执行。其中，生产者将日志文件添加至预写内容的尾部，而使用者从这些日志文件（作为特定主题分区的一部分内容）中获取消息。从物理角度上讲，每个主题分布于不同的 Kafka 代理中，进而托管每个主题的一个或两个分区。理想状态下，Kafka 管线中每个代理应包含均匀的分区数量，并在每台机器上拥有所有主题。相应地，使用者则表示为应用程序或处理过程，即订阅主题或从主题中接收消息。Kafka 的逻辑体系结构如图 9.4 所示。

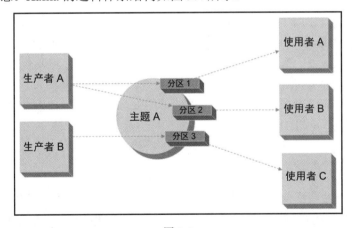

图 9.4

图 9.4 解释了 Kafka 的逻辑体系结构，以及不同逻辑组件间的一致性协同工作方式。虽然理解 Kafka 体系结构的逻辑划分方式十分重要，但我们还应进一步了解 Kafka 的物

理体系结构,这将有助于后续章节的学习。Kafka 集群基本上由一个或多个服务器(节点)构成。

多节点 Kafka 集群如图 9.5 所示。

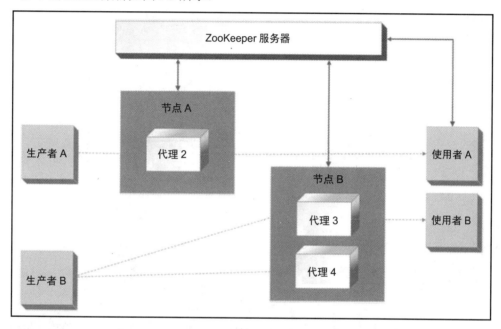

图 9.5

典型的 Kafka 集群由多个代理构成,这有助于实现集群的负载平衡的消息读取和写入。另外,每个代理均是无状态的,并采用 ZooKeeper 维护各自的状态。每个主题分区包含一个代理作为领导者,以及 0 个或多个代理作为跟随者(follower)。其中,领导者针对各自的分区管理读写请求;跟随者则在后台复制领导者,且不会主动干扰领导者的工作。另外,还可将跟随者视为领导者的一个备份,在领导者故障事件中,某个跟随者可选为领导者。

9.4　常见的流数据处理模式

本节将讨论无界数据的各种处理模式。无界数据不同于有界数据或定宽数据。类似于数据流,处理较早记录的上下文环境已经发生了变化。因此,流式处理过程总是持续进行,且仅在给定时间点上具有实际意义。本节将介绍各种流式处理类型的常见模式,下面对此进行逐一考查。

　　关于无界数据，我们可采用批处理模式对其进行操作。对此，可通过切片机制或将无界数据转换为有界数据实现这一过程，常见的技术包括窗口和滚动窗口机制。其中，无界数据将在定长且由时间框分割的窗口中予以重复处理。批量流式处理窗口机制如图 9.6所示。

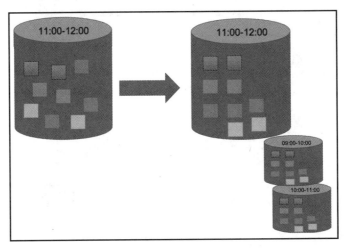

图 9.6

另一种无界数据批处理方式是使用会话。图 9.7 描述了会话在时间窗之间的组织方式。

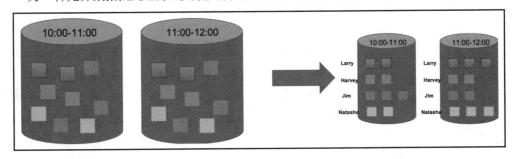

图 9.7

9.5　流式设计

　　数据流是大规模组织机构重点关注的对象。越来越多的组织机构依赖于大型数据池，进而快速地获取具有可操作性的洞察结果。读者应该了解及时性的数据，以及对数据的及时洞察而采取的适当操作对长期盈利带来的影响。除了及时性操作之外，流机制还开启了从机构业务分组中获取大量无界数据的通道。本节主要讨论设计流式应用程序时需要考查的各种因素，而最终的设计结果往往是由组织机构的业务目标所驱动的。

9.5.1　延迟

处理来自多个源的输入数据并生成即时结果是任何流应用程序的基本特性之一。其间，首先需要考虑的特性是延迟和吞吐量。换而言之，延迟和吞吐量可被视为流式应用程序的性能考量。流式应用程序希望快速地获取结果，并可处理较高的输入速率。这两种因素都会对流式方案的技术和硬件选择结果带来一定的影响。下面首先理解这两个术语的具体含义。在毫秒范围内，当事件或事件分组被处理并生成结果后，延迟被定义为流式应用程序所消耗的时间单位。相应地，我们可以设置平均延迟、最优延迟和最差延迟。某些时候，还可以表述每个窗口中出现的事件数量。例如，在过去 24h 内接收到的 85% 的消息可以定义为 2ms。相应地，性能则被定义为流式应用程序在每个时间单位内生成的结果数量。总体而言，流式应用程序在每个时间单位可处理的事件数量将反映吞吐量结果。通常情况下，当设计流式应用程序并在商定的 SLA 中保持端-端延迟时，需要考虑系统可处理的最大输出量。如果系统在性能方面处于最高水平，全部系统资源将得到充分利用，且事件在资源被释放之前将处于等待状态。在清楚地定义了延迟和性能这两个概念之后，即可知晓二者关系紧密。较高的延迟意味着处理事件并生成结果将占用更多的时间；不仅如此，系统资源还将被某个事件较长时间地占用，因而一次仅可处理较少的并行事件。可以说，如果系统容量有限，那么高延迟将会降低系统的性能。当在流式应用程序的吞吐量和延迟方面进行权衡时，还需要考虑其他一些因素，如多个节点中的负载分布。每个节点的低延迟可通过系统资源优化应用的负载分布得以保障。对于大多数流式处理引擎来说，相关标准均纳入了这一机制。

某些时候，应避免在运行期内执行过多的混洗操作，并适当地定义数据分区。对此，需要对集群进行相应的规划，进而实现期望的输出结果和频率。影响流式应用程序性能一些重要因素包括 CPU 的数量、RAM、页面缓存等。另外，恰当地编写流式应用程序并使其性能保持在期望的水平同样十分重要。而且，程序和算法的选择也会对垃圾收集、数据混淆等产生一定的影响。最后，延迟和输出结果还会受到带宽这一类因素的影响。

9.5.2　数据可用性、一致性和安全性

数据可用性、一致性和安全性是流式应用程序解决方案的关键需求条件。当考查这

一类因素时，会发现持久化在确保可用性、一致性和安全性饰演了重要的角色。例如，对于任何流式解决方案，状态连续是绝对必要的，我们通常称之为检查点。控制系统允许流式应用程序在一段时间内保持其状态，并确保在发生故障时予以恢复。另外，状态持久化还可以保证高度的一致性，这对于数据准确性和精确的消息传递语义至关重要。至此我们了解到，连续状态的重要性不言而喻。数据处理的结果或未处理的原始事件则是持久性的另一个方面，其中包含了两个目的，即支持消息的重播，并可将现有信息与历史数据进行比较。除此之外，在高峰时间，它还可进一步帮助我们处理源系统上的背压（back pressure）问题。不仅如此，保存数据的存储介质也是需要仔细考虑的问题。驱动流式应用程序存储介质的特定因素包括较低的读/写延迟、硬件默认容错、水平可伸缩性和支持同步和异步操作的优化数据传输协议。

9.5.3　无界数据源

对于流式应用程序而言，基本的需求条件之一是，数据源应可从数据流中获取无界数据。如果系统源支持此类数据流，那么流式解决方案则较为完美；否则，我们需要构建或使用预置自定义组件，并在当前数据源之外构建数据流。无论采用哪种方式，最重要的一点是流解决方案应该具有产生数据源的数据流，这也是任何流式应用程序中重要的设计决策之一。

9.5.4　数据查找

这里需要考虑的第一个问题是，为什么需要在管线中针对流处理进行外部数据查找？答案在于，某些时候，诸如增强、数据验证或数据过滤操作在某些经常发生变化的外部系统数据上是不可或缺的。然而，此类数据查找行为在流式设计上下文中也面临着某些挑战。数据搜索可能会导致端-端延迟，因为此时会出现频繁的外部系统调用。由于外部数据集过大且无法与内存实现良好的匹配，因此并非所有的外部引用数据均可被存储。数据变化过于频繁，导致内存刷新也将变得较为困难。如果外部系统出现故障，那么它们将会成为流式解决方案的瓶颈。面对挑战，当设计基于外部数据查找的解决方案时，需要考查性能、可扩展性和容错这 3 个重要因素。当然，这 3 个因素均可逐一实现，同时还存在相应的折中方案。数据查找的标准之一是，对处理时间所产生的影响应降至最低。实际上，在流处理方案中，对于毫秒级的响应时间，数秒范围内的响应结果往往难以令人接受。某些方案采用了缓存系统缓存所有的外部数据，以满足相应的需求条件，如 Redis。对于数据搜索，Redis 也采用了流系统。除此之外，我们还应注意网络延迟。

因此,流式解决方案通常服务于 Redis 集群,并通过缓存全部内容选择故障容错机制和扩展行为。

9.5.5 数据格式

数据格式可被视为一个集成平台,这也是流解决方案的重要特征之一,并从各种源中收集事件,经处理后实现所期望的结果。相应地,不同的数据格式也是此类集成平台所面临的问题之一。而且,每种源类型均包含自身的格式。某些源支持 JSON 或 Avro 格式和 XML 格式。针对所有格式的解决方案通常难以设计。不仅如此,随着越来越多的数据源被添加进来,相关的支持方案也应及时跟进,以进一步完善数据格式。该过程极易出现问题且难以维护。理想状态下,流解决方案应支持一种数据格式,如事件的键-值模型。对于此类键-值事件,数据格式应是一种商定的格式。对于应用程序而言,我们应选择单一的数据格式,在设计和实现流解决方案时,选择一种数据格式以确保与所有数据源和集成点一致非常重要。

常用的解决方案之一是开发消息格式转换层,用于一种公共数据格式的流处理。例如,针对该消息转换层,REST API 向不同的数据源予以公开。这些数据源利用各自格式的 REST API 将事件推送至转换层,随后将其转换为一种公共数据格式。相应地,转换后的事件将切换为流。某些时候,转换层还用于验证输入事件上的基本数据。因此,我们应该将流处理逻辑分离出来,并进行数据格式转换。

9.5.6 序列化数据

几乎所有的流技术都是序列化的,这对于流式应用程序的性能而言是十分关键的。如果序列化变慢,流应用程序的延迟将受到影响。除此之外,如果与早期遗留系统集成,序列化技术有可能不被支持。所需的 CPU 周期数、序列化/反序列化所需的时间,以及来自所有集成系统的支持可被视为流式应用程序选择序列化技术时的关键因素。

9.5.7 并行处理机制

每种流处理引擎均提供了并行流处理方式,但应用程序所需的并行级别通常也在考查范围之内。这里的一个关键因素是,我们必须最大限度地利用现有集群来实现低延迟和高性能。参数一般是默认值,这取决于集群的当前容量。因此,应将集群设计成所需的并行度以实现延迟和吞吐量 SLA。此外,自动确定的最大并行数限制了大多数引擎。下面以 Spark 处理引擎为例考查并行机制的实现方式。简而言之,我们需要增加并行执行的任务的数量，每项任务运行于 Spark 中的单一数据分区上。如果想要增加并行任务的数量，分区数量也应随之增加。对此，可利用所需的分区数量重新对数据进行分区，或者也可增加源划分的数量。另外，并行级别还取决于集群内核的数量。理想状态下，应针对两项或 3 项任务（每个 CPU 内核）规划并行级别。

9.5.8　无序事件

无序事件是无界数据流中主要问题之一。有些时候，某个事件较晚出现，在此之后，无序事件会首先被处理。不同距离的离散源可能同时生成事件，其中一些事件由于网络延迟或其他问题而被延迟。考虑到到达时间较晚，相关数据集上的数据搜索也是无序事件所面临的挑战之一。除此之外，某个事件是否是无组织事件的确定条件一般也难以判断。换而言之，每个窗口中的全部事件是否被接收通常难以确定。不仅如此，处理这些无序事件还会带来资源纠纷方面的风险。同时，延迟和系统整体退化方面的影响因素也会随之增加。对于无序事件处理来说，延迟、易维护性和准确的结果都是不容忽视的内容，以便我们能够有效地解决所面临的各项挑战。根据公司的需求，我们也可以丢弃这一类事件。如果事件被丢弃，则无须处理额外的组件，且延迟问题将不会受到任何影响。然而，这将会影响处理结果的准确性。另一种选择方案是等待，并在每个窗口接收到全部事件后对其进行处理。对此，延迟将会受到一定程度的影响，且需要维护额外的软件组件。另一种常见的技术是在一天结束时通过批处理方式处理此类数据事件。因此，延迟这一类问题将不复存在，但准确结果的获取将会被推迟。

9.5.9　消息传递语义

一次性准确地交付数据是流式分析的关键之处。根据编码方式，流式作业中的重复处理往往难以令人满意，而且通常也不希望采取这一做法。例如，如果应用程序未能为事件开具账单，或者对事件进行了两次处理，那么客户有可能会丢失其应有的收入。处理这一类问题并不困难，我们需要针对可用性和一致性制订特定的选择方案。其间，我们面临的主要挑战是，流式管线可能包含多个阶段，而发送任务需要在每个阶段中一次性完成。另一项挑战则是中间计算可能会对最终的结果产生影响，而撤销结果则会造成更大的困难。因此，一次性确认十分有用，且在多种场合下不可或缺。例如，在金融领域，对事件进行两次无谓的处理通常并不是一种较好的做法，如信用卡交易。对于 Spark Streaming、Flink 和 Apex，应确保一次性处理；而 Storm 则应至少执行一次交付操作。当采用 Trident 扩展时，利用 Storm 则可准确地实现一次性操作，但这会对性能带来一定的影响。另外，重复数据删除是防止多项操作和实现精确语义的一种方法。如果数据库更新是一项应用程序操作，则有可能实现重复数据的删除操作。除此之外，我们还可以考虑其他一些措施，如对 Web 服务的调用。

9.6　微批处理用例

本节将介绍一个小型研究案例，该案例使用 Kafka 和 Spark Streaming 检测 IP 默认值，并且 IP 已经尝试多次访问服务器。其中所涉及的相关用例如下。

❑　生产者。Kafka 生产者 API 用于读取日志文件，以及发布 Kafka 主题上的文档。在实际操作过程中，我们可使用 Flume 或生产者应用程序，进而以实时方式直接记录，并在 Kafka 上进行发布。

❑　欺诈 IP 列表。我们将持有一份预定义的欺诈 IP 列表，以识别某些欺诈 IP。当前应用程序使用了内存 IP 列表，并可通过基于键的快速搜索予以替代，如 HBase。

❑　Spark Streaming。Spark Streaming 应用程序可读取 Kafka 记录，并检测可疑的 IP 和域。

Maven 是一个构建和管理项目的工具，此处将使用 Maven 构建项目。另外，在项目构建过程中，推荐使用 Eclipse 或 IntelliJ。接下来将下列调整内容和插件添加至 pom.xml 文件中。

```xml
<?xml version="1.0" encoding="UTF-8"?>
<project xmlns="http://maven.apache.org/POM/4.0.0"
         xmlns:xsi="http://www.w3.org/2001/XMLSchema-instance"
         xsi:schemaLocation="http://maven.apache.org/POM/4.0.0
http://maven.apache.org/xsd/maven-4.0.0.xsd">
    <modelVersion>4.0.0</modelVersion>

    <groupId>com.packt</groupId>
    <artifactId>ip-fraud-detetion</artifactId>
    <version>1.0-SNAPSHOT</version>
    <packaging>jar</packaging>

    <name>kafka-producer</name>

    <properties>
        <project.build.sourceEncoding>UTF8</project.build.sourceEncoding>
    </properties>
```

```xml
    <dependencies>
        <!--
https://mvnrepository.com/artifact/org.apache.spark/spark-streaming-
kafka_2.10 -->
        <dependency>
            <groupId>org.apache.spark</groupId>
            <artifactId>spark-streaming-kafka_2.10</artifactId>
            <version>1.6.3</version>
        </dependency>


        <!--
https://mvnrepository.com/artifact/org.apache.hadoop/hadoop-common -->
        <dependency>
            <groupId>org.apache.hadoop</groupId>
            <artifactId>hadoop-common</artifactId>
            <version>2.7.2</version>
        </dependency>


        <!--
https://mvnrepository.com/artifact/org.apache.spark/spark-core_2.10 -->
        <dependency>
            <groupId>org.apache.spark</groupId>
            <artifactId>spark-core_2.10</artifactId>
            <version>2.0.0</version>
            <scope>provided</scope>

        </dependency>
        <!--https://mvnrepository.com/artifact/org.apache.spark/spark-
streaming_2.10 -->
        <dependency>
            <groupId>org.apache.spark</groupId>
            <artifactId>spark-streaming_2.10</artifactId>
            <version>2.0.0</version>
            <scope>provided</scope>

        </dependency>


        <dependency>
            <groupId>org.apache.kafka</groupId>
```

```
            <artifactId>kafka_2.11</artifactId>
            <version>0.10.0.0</version>
        </dependency>
    </dependencies>

    <build>
        <plugins>
            <plugin>
                <groupId>org.apache.maven.plugins</groupId>
                <artifactId>maven-shade-plugin</artifactId>
                <version>2.4.2</version>
                <executions>
                    <execution>
                        <phase>package</phase>
                        <goals>
                            <goal>shade</goal>
                        </goals>
                        <configuration>
                            <filters>
                                <filter>
                                    <artifact>junit:junit</artifact>
                                    <includes>
<include>junit/framework/**</include>
                                        <include>org/junit/**</include>
                                    </includes>
                                    <excludes>
<exclude>org/junit/experimental/**</exclude>
<exclude>org/junit/runners/**</exclude>
                                    </excludes>
                                </filter>
                                <filter>
                                    <artifact>*:*</artifact>
                                    <excludes>
                                        <exclude>META-INF/*.SF</exclude>
                                        <exclude>META-INF/*.DSA</exclude>
                                        <exclude>META-INF/*.RSA</exclude>
                                    </excludes>
                                </filter>
                            </filters>
                            <transformers>
                                <transformer
implementation="org.apache.maven.plugins.shade.resource.ServicesResourceTra
```

```
nsformer"/>

                                <transformer
implementation="org.apache.maven.plugins.shade.resource.ManifestResourceTra
nsformer">
<mainClass>com.packt.streaming.FraudDetectionApp</mainClass>
                                </transformer>
                            </transformers>
                        </configuration>
                    </execution>
                </executions>
            </plugin>
            <plugin>
                <groupId>org.codehaus.mojo</groupId>
                <artifactId>exec-maven-plugin</artifactId>
                <version>1.2.1</version>
                <executions>
                    <execution>
                        <goals>
                            <goal>exec</goal>
                        </goals>
                    </execution>
                </executions>
                <configuration>
<includeProjectDependencies>true</includeProjectDependencies>
<includePluginDependencies>false</includePluginDependencies>
                    <executable>java</executable>
                    <classpathScope>compile</classpathScope>
<mainClass>com.packt.streaming.FraudDetectionApp</mainClass>
                </configuration>
            </plugin>


            <plugin>
                <groupId>org.apache.maven.plugins</groupId>
                <artifactId>maven-compiler-plugin</artifactId>
                <configuration>
                    <source>1.8</source>
                    <target>1.8</target>
                </configuration>
            </plugin>
        </plugins>
```

```
    </build>
</project>
```

当构建生产者应用程序时，可使用 IntelliJ 或 Eclipse。该生产者读取包含详细记录的
Apache 项目日志，如下所示。

```
10.0.0.153 - - [12/Mar/2004:12:23:18 -0800] "GET /cgi-bin/
mailgraph.cgi/mailgraph_0_err.png HTTP/1.1" 200 6324
10.0.0.153 - - [12/Mar/2004:12:23:18 -0800] "GET /cgi-bin/
mailgraph.cgi/mailgraph_1.png HTTP/1.1" 200 8964
10.0.0.153 - - [12/Mar/2004:12:23:18 -0800] "GET /cgi-bin/
mailgraph.cgi/mailgraph_0.png HTTP/1.1" 200 6225
10.0.0.153 - - [12/Mar/2004:12:23:18 -0800] "GET /cgi-bin/
mailgraph.cgi/mailgraph_2_err.png HTTP/1.1" 200 7001
10.0.0.153 - - [12/Mar/2004:12:23:18 -0800] "GET /cgi-bin/
mailgraph.cgi/mailgraph_2.png HTTP/1.1" 200 9514
10.0.0.153 - - [12/Mar/2004:12:23:18 -0800] "GET /cgi-bin/
mailgraph.cgi/mailgraph_1_err.png HTTP/1.1" 200 6949
10.0.0.153 - - [12/Mar/2004:12:23:18 -0800] "GET /cgi-bin/
mailgraph.cgi/mailgraph_3.png HTTP/1.1" 200 6644
10.0.0.153 - - [12/Mar/2004:12:23:18 -0800] "GET /cgi-bin/
mailgraph.cgi/mailgraph_3_err.png HTTP/1.1" 200 5554
10.0.0.153 - - [12/Mar/2004:12:23:41 -0800] "GET /dccstats/stats-spam.
1day.png HTTP/1.1" 200 2964
10.0.0.153 - - [12/Mar/2004:12:23:41 -0800] "GET /dccstats/stats-spam-ratio.
1day.png HTTP/1.1" 200 2341
10.0.0.153 - - [12/Mar/2004:12:23:41 -0800] "GET /dccstats/stats-spam-ratio.
1week.png HTTP/1.1" 200 2346
10.0.0.153 - - [12/Mar/2004:12:23:41 -0800] "GET /dccstats/stats-spam.
1week.png HTTP/1.1" 200 3438
10.0.0.153 - - [12/Mar/2004:12:23:41 -0800] "GET /dccstats/stats-hashes.
1week.png HTTP/1.1" 200 1670
10.0.0.153 - - [12/Mar/2004:12:23:41 -0800] "GET /dccstats/stats-spam.
1month.png HTTP/1.1" 200 2651
```

test 文件中可包含单一记录，且生产者可通过随机 IP 生成记录。因此，我们将拥有
包含唯一 IP 地址的数百万条独立的记录。其中，记录的各列由空格分隔。这里，我们将
其改为逗号。第一列显示了 IP 地址或域名，用于检测请求是否源自欺诈客户。

生产者应用程序的设计方式类似于一个实时制造商，其中，生产者通过随机 IP 地址
每隔 3s 运行一次，进而生成新的记录。IP LOG.log 文件包含了某些记录，生产者负责生
成数百万条包含各自特点的记录。此外，借助于自动创建特性，在运行生产者应用程序

之前，我们无须生成一个主题。如前所述，在 streaming.properties 文件中，我们可以修改主题名称。下列代码显示了 Java Kafka 生产者。

```java
package com.packt.producer;

import org.apache.kafka.clients.producer.KafkaProducer;
import org.apache.kafka.clients.producer.ProducerRecord;
import org.apache.kafka.clients.producer.RecordMetadata;
import java.io.File;
import java.io.IOException;
import java.util.Properties;
import java.util.Scanner;
import java.util.concurrent.Future;


public class IPLogProducer {
    private File readfile() {
        ClassLoader classLoader = getClass().getClassLoader();
        File file = new
File(classLoader.getResource("IP_LOG.log").getFile());
            return file;

    }

    public static void main(final String[] args) {
        IPLogProducer ipLogProducer = new IPLogProducer();
        Properties producerProps = new Properties();

        //replace broker ip with your kafka broker ip
        producerProps.put("bootstrap.servers", "localhost:9092");
        producerProps.put("key.serializer",
"org.apache.kafka.common.serialization.StringSerializer");
        producerProps.put("value.serializer",
"org.apache.kafka.common.serialization.StringSerializer");
        producerProps.put("auto.create.topics.enable","true");

        KafkaProducer<String, String> ipProducer = new
KafkaProducer<String, String>(producerProps);

        try (Scanner scanner = new Scanner(ipLogProducer.readfile())) {
            while (scanner.hasNextLine()) {
                String line = scanner.nextLine();
```

```
                ProducerRecord ipData = new ProducerRecord<String,
String>("iplog", line);
                Future<RecordMetadata> recordMetadata =
ipProducer.send(ipData);
            }
            scanner.close();

        } catch (IOException e) {
            e.printStackTrace();
        }
        ipProducer.close();
    }


}
```

作为一项搜索服务，下列类有助于识别请求是否源自欺诈 IP。在实现该类之前，可使用接口添加更多的 NoSQL 数据库或任何快速搜索服务。这些服务经实现后可通过 HBase 或其他快捷键搜索服务进行添加。此处，我们仅向缓存中添加了一个欺诈 IP。随后可将下列代码添加至当前项目中。

```
package com.packt.streaming;

public interface IIPScanner {

    boolean isFraudIP(String ipAddresses);

}
```

CacheIPLookup 是针对 IIPScanner 接口的实现，负责执行内存查找，如下所示。

```
package com.packt.streaming;

import scala.util.parsing.combinator.testing.Str;

import java.io.Serializable;
import java.util.HashSet;
import java.util.Set;

public class CacheIPLookup implements IIPScanner, Serializable {

    private Set<String> fraudIPList = new HashSet<>();
```

```
    public CacheIPLookup() {
        fraudIPList.add("212.92");
        fraudIPList.add("10.100");
    }


    @Override
    public boolean isFraudIP(String ipAddresses) {
        return fraudIPList.contains(ipAddresses);
    }
}
```

我们将在基目录上生成一个 Hive 表，其中，一个流记录将被推送至 HDFS 上，这有助于跟踪随着时间的推移产生的欺诈记录的数量，如下所示。

```
create database packt;
create external table packt.teststream (iprecords STRING) LOCATION
<external_log_file_location>;
```

除了输入数据之外，还可显示 Hive 表，这些数据将被带入 Kafka 主题中，以跟踪整个 IP 记录中的欺诈百分比。对此，生成另一张表并将下列代码行添加至流应用程序中。

```
ipRecords.dstream().saveAsTextFiles("<hdfs_location>","");
```

注意，SqlContext 也可用于 Hive 数据，此处仅展示了其简化应用。在当前代码中，我们无须过多地关注模块化问题。IP 欺诈将扫描每条记录并过滤掉符合条件（基于欺诈相关的 IP 扫描服务）的记录。对此，可修改搜索服务，并采用快速的搜索数据库。针对当前应用程序，我们采用了内存搜索服务，如下所示。

```
package com.packt.streaming;

import org.apache.spark.SparkConf;
import org.apache.spark.api.java.function.Function;
import org.apache.spark.streaming.api.java.JavaStreamingContext;
import java.util.Set;
import java.util.regex.Pattern;
import java.util.HashMap;
import java.util.HashSet;
import java.util.Arrays;
import java.util.Map;
import org.apache.spark.streaming.dstream.DStream;
import scala.Tuple2;
import kafka.serializer.StringDecoder;
```

```java
import org.apache.spark.streaming.api.java.*;
import org.apache.spark.streaming.kafka.KafkaUtils;
import org.apache.spark.streaming.Durations;

public class FraudDetectionApp {
    private static final Pattern SPACE = Pattern.compile(" ");

    public static void main(String[] args) throws Exception {

        String brokers = "localhost:9092";
        String topics = "iplog";
        CacheIPLookup cacheIPLookup = new CacheIPLookup();
        SparkConf sparkConf = new SparkConf().setAppName("IP_FRAUD");
        JavaStreamingContext javaStreamingContext = new
JavaStreamingContext(sparkConf, Durations.seconds(2));

        Set<String> topicsSet = new
HashSet<>(Arrays.asList(topics.split(",")));
        Map<String, String> kafkaConfiguration = new HashMap<>();
        kafkaConfiguration.put("metadata.broker.list", brokers);
        kafkaConfiguration.put("group.id", "ipfraud");
        kafkaConfiguration.put("auto.offset.reset", "smallest");

        JavaPairInputDStream<String, String> messages =
KafkaUtils.createDirectStream(
                javaStreamingContext,
                String.class,
                String.class,
                StringDecoder.class,
                StringDecoder.class,
                kafkaConfiguration,
                topicsSet
        );

        JavaDStream<String> lines = messages.map(Tuple2::_2);

        JavaDStream<String> fraudIPs = lines.filter(new Function<String,
Boolean>() {
            @Override
            public Boolean call(String s) throws Exception {
                String IP = s.split(" ")[0];
                String[] ranges = IP.split("\\.");
```

```
            String range = null;
            try {
                range = ranges[0] + "." + ranges[1];
            } catch (ArrayIndexOutOfBoundsException ex) {

            }
            return cacheIPLookup.isFraudIP(range);

        }
    });

    DStream<String> fraudDstream = fraudIPs.dstream();
    fraudDstream.saveAsTextFiles("FraudRecord", "");

    javaStreamingContext.start();
    javaStreamingContext.awaitTermination();
    }
}
```

　　本节主要关注 Kafka 与 Spark 间的各种集成方式及其优缺点。其间，我们通过日志文件和搜索方法并针对微批处理介绍了 IP 欺诈检测。接下来将利用微批处理构建一个 Spark Streaming 应用程序，并考查一个实时处理案例。

9.7　实时处理案例

　　在前述 IP 欺诈检测案例的基础上，本节将采用 Apache Storm 实现相同的日志处理。Apache Storm 常用于敏感型应用程序，例如，1s 的延迟都会带来巨大的损失。许多企业会采用 Storm 检测欺诈行为、开发推荐引擎、触发可疑活动等。Apache Storm 使用 ZooKeeper 实现协调功能，并维护有意义的元数据信息。Apache Storm 是无状态的，同时也是一个分布式实时处理框架，每次可处理一个事件，每个节点每秒处理数百万条记录。另外，流数据可以是受限制或不受限制的，而 Storm 可通过这两种方式可靠地处理数据。Maven 应用程序如下。

```
<?xml version="1.0" encoding="UTF-8"?>
<project xmlns="http://maven.apache.org/POM/4.0.0"
        xmlns:xsi="http://www.w3.org/2001/XMLSchema-instance"
        xsi:schemaLocation="http://maven.apache.org/POM/4.0.0
http://maven.apache.org/xsd/maven-4.0.0.xsd">
    <modelVersion>4.0.0</modelVersion>
```

```xml
<groupId>com.packt</groupId>
<artifactId>chapter6</artifactId>
<version>1.0-SNAPSHOT</version>

<properties>
    <project.build.sourceEncoding>UTF8</project.build.sourceEncoding>
</properties>

<dependencies>

    <!-- https://mvnrepository.com/artifact/org.apache.storm/storm-hive
-->
    <dependency>
        <groupId>org.apache.storm</groupId>
        <artifactId>storm-hive</artifactId>
        <version>1.0.0</version>
        <exclusions>
            <exclusion><!-- possible scala confilict -->
                <groupId>jline</groupId>
                <artifactId>jline</artifactId>
            </exclusion>
        </exclusions>
    </dependency>


    <dependency>
        <groupId>junit</groupId>
        <artifactId>junit</artifactId>
        <version>3.8.1</version>
        <scope>test</scope>
    </dependency>

    <dependency>
        <groupId>org.apache.hadoop</groupId>
        <artifactId>hadoop-hdfs</artifactId>
        <version>2.6.0</version>
        <scope>compile</scope>
    </dependency>

    <!--
https://mvnrepository.com/artifact/org.apache.storm/storm-kafka -->
    <dependency>
```

```xml
            <groupId>org.apache.storm</groupId>
            <artifactId>storm-kafka</artifactId>
            <version>1.0.0</version>
        </dependency>
        <!-- https://mvnrepository.com/artifact/org.apache.storm/storm-core
-->

        <dependency>
            <groupId>org.apache.storm</groupId>
            <artifactId>storm-core</artifactId>
            <version>1.0.0</version>
            <scope>provided</scope>
        </dependency>
        <dependency>
            <groupId>org.apache.kafka</groupId>
            <artifactId>kafka_2.10</artifactId>
            <version>0.8.1.1</version>
            <exclusions>
                <exclusion>
                    <groupId>org.apache.zookeeper</groupId>
                    <artifactId>zookeeper</artifactId>
                </exclusion>
                <exclusion>
                    <groupId>log4j</groupId>
                    <artifactId>log4j</artifactId>
                </exclusion>
            </exclusions>
        </dependency>

        <dependency>
            <groupId>commons-collections</groupId>
            <artifactId>commons-collections</artifactId>
            <version>3.2.1</version>
        </dependency>

        <dependency>
            <groupId>com.google.guava</groupId>
            <artifactId>guava</artifactId>
            <version>15.0</version>
        </dependency>

    </dependencies>

    <build>
```

```
    <plugins>

        <plugin>
            <groupId>org.apache.maven.plugins</groupId>
            <artifactId>maven-shade-plugin</artifactId>
            <version>2.4.2</version>
            <executions>
                <execution>
                    <phase>package</phase>
                    <goals>
                        <goal>shade</goal>
                    </goals>
                    <configuration>
                        <filters>
                            <filter>
                                <artifact>junit:junit</artifact>
                                <includes>
<include>junit/framework/**</inclue>
                                    <include>org/junit/**</include>
                                </includes>
                                <excludes>
<exclude>org/junit/experimental/**</exclude>
<exclude>org/junit/runners/**</exclude>
                                </excludes>
                            </filter>
                            <filter>
                                <artifact>*:*</artifact>
                                <excludes>
                                    <exclude>META-INF/*.SF</exclude>
                                    <exclude>META-INF/*.DSA</exclude>
                                    <exclude>META-INF/*.RSA</exclude>
                                </excludes>
                            </filter>
                        </filters>
                        <transformers>
                            <transformer implementation="org.apache.
maven.plugins.shade.resource.ServicesResourceTransformer"/>

                            <transformer implementation="org.apache.
maven.plugins.shade.resource.ManifestResourceTransformer">
<mainClass>com.packt.storm.ipfrauddetection.IPFraudDetectionTopology
</mainClas>
                            </transformer>
```

```
                </transformers>
            </configuration>
        </execution>
    </executions>
</plugin>
<plugin>
    <groupId>org.codehaus.mojo</groupId>
    <artifactId>exec-maven-plugin</artifactId>
    <version>1.2.1</version>
    <executions>
        <execution>
            <goals>
                <goal>exec</goal>
            </goals>
        </execution>
    </executions>
    <configuration>
<includeProjectDependencies>true</includeProjectDependencies>
<includePluginDependencies>false</includePluginDependencies>
        <executable>java</executable>
        <classpathScope>compile</classpathScope>
<mainClass>com.packt.storm.ipfrauddetection.IPFraudDetectionTopology
</mainClass>
    </configuration>
</plugin>
<plugin>
    <groupId>org.apache.maven.plugins</groupId>
    <artifactId>maven-compiler-plugin</artifactId>
    <configuration>
        <source>1.6</source>
        <target>1.6</target>
    </configuration>
</plugin>
        </plugins>
    </build>
</project>
```

　　对于特定的键-值，如某个主题和 Kafka 代理 URL，可选择使用属性文件。如果打算读取该文件中的更多值，则可在代码中修改该文件。下列代码展示了 streaming.properties 文件结构。

```
topic=fraudip2
broker.list=52.88.50.251:6667
```

```
appname=fraudip
group.id=Stream
log.path=/user/packtuser/teststream/FraudRecord
iplog.path=/user/packtuser/iprecrods/FraudRecord
```

下列代码定义了 PropertyReader Java 类。

```java
package com.packt.storm.reader;

import java.io.FileNotFoundException;
import java.io.IOException;
import java.io.InputStream;
import java.util.Properties;

public class PropertyReader {

 private Properties prop = null;

 public PropertyReader() {

 InputStream is = null;
 try {
 this.prop = new Properties();
 is = this.getClass().getResourceAsStream("/streaming.properties");
 prop.load(is);
 } catch (FileNotFoundException e) {
 e.printStackTrace();
 } catch (IOException e) {
 e.printStackTrace();
 }
 }

 public String getPropertyValue(String key) {
 return this.prop.getProperty(key);
 }
}
```

9.7.1　主代码

当前生产者应用程序的设计类似于实时日志生产者的设计，即生成一个包含随机 IP
地址的新纪录，生产者每隔 3s 于其中运行 1 次。我们可以在 IP_Log.log 文件中添加一些
记录，生产者将会关注从这 3 条记录中生成的数百万条唯一的记录。

除此之外，我们还可以启用主题的自动创建过程，因而无须在运行生产者应用程序之前创建主题。对此，我们可在前述 streaming.properties 文件中修改主题名称，如下所示。

```java
package com.packt.storm.producer;

import com.packt.storm.reader.PropertyReader;
import org.apache.kafka.clients.producer.KafkaProducer;
import org.apache.kafka.clients.producer.ProducerRecord;
import org.apache.kafka.clients.producer.RecordMetadata;

import java.io.BufferedReader;
import java.io.File;
import java.io.IOException;
import java.io.InputStreamReader;
import java.util.*;
import java.util.concurrent.ExecutionException;
import java.util.concurrent.Future;


public class IPLogProducer extends TimerTask {
    static String path = "";

    public BufferedReader readFile() {
        BufferedReader BufferedReader = new BufferedReader(new
InputStreamReader(
                this.getClass().getResourceAsStream("/IP_LOG.log")));
        return BufferedReader;

    }

    public static void main(final String[] args) {
        Timer timer = new Timer();
        timer.schedule(new IPLogProducer(), 3000, 3000);
    }

    private String getNewRecordWithRandomIP(String line) {
        Random r = new Random();
        String ip = r.nextInt(256) + "." + r.nextInt(256) + "." +
r.nextInt(256) + "." + r.nextInt(256);
        String[] columns = line.split(" ");
        columns[0] = ip;
        return Arrays.toString(columns);
```

```java
    }

    @Override
    public void run() {
        PropertyReader propertyReader = new PropertyReader();

        Properties producerProps = new Properties();
        producerProps.put("bootstrap.servers",
propertyReader.getPropertyValue("broker.list"));
        producerProps.put("key.serializer",
"org.apache.kafka.common.serialization.StringSerializer");
        producerProps.put("value.serializer",
"org.apache.kafka.common.serialization.StringSerializer");
        producerProps.put("auto.create.topics.enable", "true");

        KafkaProducer<String, String> ipProducer = new
KafkaProducer<String, String>(producerProps);

        BufferedReader br = readFile();
        String oldLine = "";
        try {
            while ((oldLine = br.readLine()) != null) {
                String line =
getNewRecordWithRandomIP(oldLine).replace("[", "").replace("]", "");
                ProducerRecord ipData = new ProducerRecord<String,
String>(propertyReader.getPropertyValue("topic"), line);
                Future<RecordMetadata> recordMetadata =
ipProducer.send(ipData);

                System.out.println(recordMetadata.get().toString());
            }
        } catch (IOException e) {
            e.printStackTrace();
        } catch (InterruptedException e) {
            e.printStackTrace();
        } catch (ExecutionException e) {
            e.printStackTrace();
        }
        ipProducer.close();
    }
}
```

下一个类将帮助我们确定请求是否源自欺诈 IP。在实现该类之前，我们通过接口添加额外的 NoSQL 数据库或快速搜索服务。对此，可采用 HBase 或其他快速搜索服务实现并添加该项服务。

此处使用了 InMemoryLookup 并在缓存中添加了欺诈 IP 范围。随后，将下列代码添加至当前项目中。

```
package com.packt.storm.utils;

public interface IIPScanner {

    boolean isFraudIP(String ipAddresses);

}
```

CacheIPLookup 使用了 IIPScanner 并执行内存查找，对应代码如下。

```
package com.packt.storm.utils;

import java.io.Serializable;
import java.util.HashSet;
import java.util.Set;


public class CacheIPLookup implements IIPScanner, Serializable {

    private Set<String> fraudIPList = new HashSet<>();

    public CacheIPLookup() {
        fraudIPList.add("212");
        fraudIPList.add("163");
        fraudIPList.add("15");
        fraudIPList.add("224");
        fraudIPList.add("126");
        fraudIPList.add("92");
        fraudIPList.add("91");
        fraudIPList.add("10");
        fraudIPList.add("112");
        fraudIPList.add("194");
        fraudIPList.add("198");
        fraudIPList.add("11");
        fraudIPList.add("12");
        fraudIPList.add("13");
        fraudIPList.add("14");
```

```
        fraudIPList.add("15");
        fraudIPList.add("16");
    }


    @Override
    public boolean isFraudIP(String ipAddresses) {

        return fraudIPList.contains(ipAddresses);
    }
}
```

Ipfrauddetection 类将构建拓扑，以表明 Spout 和 Bolt 之间的连接方式，进而形成 Storm 拓扑。Ipfrauddetection 类定义为应用程序的主类，并在向 Storm 集群提交拓扑时使用该类，对应代码如下。

```
package com.packt.storm.ipfrauddetection;


import com.packt.storm.example.StringToWordsSpliterBolt;
import com.packt.storm.example.WordCountCalculatorBolt;
import org.apache.log4j.Logger;
import org.apache.storm.Config;
import org.apache.storm.LocalCluster;
import org.apache.storm.StormSubmitter;
import org.apache.storm.generated.AlreadyAliveException;
import org.apache.storm.generated.AuthorizationException;
import org.apache.storm.generated.InvalidTopologyException;
import org.apache.storm.hive.bolt.HiveBolt;
import org.apache.storm.hive.bolt.mapper.DelimitedRecordHiveMapper;
import org.apache.storm.hive.common.HiveOptions;
import org.apache.storm.kafka.*;
import org.apache.storm.spout.SchemeAsMultiScheme;
import org.apache.storm.topology.TopologyBuilder;
import org.apache.storm.tuple.Fields;

import java.io.FileInputStream;
import java.io.IOException;
import java.io.InputStream;
import java.util.Properties;


public class IPFraudDetectionTopology {
```

```
    private static String zkhost, inputTopic, outputTopic,
KafkaBroker, consumerGroup;
    private static String metaStoreURI, dbName, tblName;
    private static final Logger logger =
Logger.getLogger(IPFraudDetectionTopology.class);

    public static void Intialize(String arg) {
        Properties prop = new Properties();
        InputStream input = null;

        try {
            logger.info("Loading Configuration File for setting up input");
            input = new FileInputStream(arg);
            prop.load(input);
            zkhost = prop.getProperty("zkhost");
            inputTopic = prop.getProperty("inputTopic");
            outputTopic = prop.getProperty("outputTopic");
            KafkaBroker = prop.getProperty("KafkaBroker");
            consumerGroup = prop.getProperty("consumerGroup");
            metaStoreURI = prop.getProperty("metaStoreURI");
            dbName = prop.getProperty("dbName");
            tblName = prop.getProperty("tblName");

        } catch (IOException ex) {
            logger.error("Error While loading configuration file" + ex);

        } finally {
            if (input != null) {
                try {
                    input.close();
                } catch (IOException e) {
                    logger.error("Error Closing input stream");

                }
            }
        }

    }

    public static void main(String[] args) throws AlreadyAliveException,
InvalidTopologyException, AuthorizationException {
        Intialize(args[0]);
```

```
        logger.info("Successfully loaded Configuration ");


        BrokerHosts hosts = new ZkHosts(zkhost);
        SpoutConfig spoutConfig = new SpoutConfig(hosts, inputTopic, "/" +
KafkaBroker, consumerGroup);
        spoutConfig.scheme = new SchemeAsMultiScheme(new StringScheme());
        spoutConfig.startOffsetTime =
kafka.api.OffsetRequest.EarliestTime();
        KafkaSpout kafkaSpout = new KafkaSpout(spoutConfig);
        String[] partNames = {"status_code"};
        String[] colNames = {"date", "request_url", "protocol_type",
"status_code"};

        DelimitedRecordHiveMapper mapper = new
DelimitedRecordHiveMapper().withColumnFields(new Fields(colNames))
                .withPartitionFields(new Fields(partNames));


        HiveOptions hiveOptions;
        //make sure you change batch size and all paramtere according to
requirement
        hiveOptions = new HiveOptions(metaStoreURI, dbName, tblName,
mapper).withTxnsPerBatch(250).withBatchSize(2)
                .withIdleTimeout(10).withCallTimeout(10000000);

        logger.info("Creating Storm Topology");
        TopologyBuilder builder = new TopologyBuilder();

        builder.setSpout("KafkaSpout", kafkaSpout, 1);

        builder.setBolt("frauddetect", new
FraudDetectorBolt()).shuffleGrouping("KafkaSpout");
        builder.setBolt("KafkaOutputBolt",
                new IPFraudKafkaBolt(zkhost,
"kafka.serializer.StringEncoder", KafkaBroker, outputTopic), 1)
                .shuffleGrouping("frauddetect");

        builder.setBolt("HiveOutputBolt", new IPFraudHiveBolt(),
1).shuffleGrouping("frauddetect");
        builder.setBolt("HiveBolt", new
HiveBolt(hiveOptions)).shuffleGrouping("HiveOutputBolt");
```

```
    Config conf = new Config();
    if (args != null && args.length > 1) {
        conf.setNumWorkers(3);
        logger.info("Submiting topology to storm cluster");

        StormSubmitter.submitTopology(args[1], conf,
builder.createTopology());
    } else {
        //Cap the maximum number of executors that can be spawned
        //for a component to 3
        conf.setMaxTaskParallelism(3);
        //LocalCluster is used to run locally
        LocalCluster cluster = new LocalCluster();
        logger.info("Submitting topology to local cluster");
        cluster.submitTopology("KafkaLocal", conf,
builder.createTopology());
        //sleep
        try {
            Thread.sleep(10000);
        } catch (InterruptedException e) {
            //TODO Auto-generated catch block
            logger.error("Exception ocuured" + e);
            cluster.killTopology("KafkaToplogy");
            logger.info("Shutting down cluster");
            cluster.shutdown();
        }
        cluster.shutdown();

    }

    }
}
```

欺诈检测器 Bolt 读取 Kafka Spout 发送的元组，并通过内存 IP 查找服务检测欺诈记录，并随后发送该欺诈记录。欺诈检测器 Bolt 的代码如下。

```
package com.packt.storm.ipfrauddetection;

import com.packt.storm.utils.CacheIPLookup;
import com.packt.storm.utils.IIPScanner;
import org.apache.storm.task.OutputCollector;
import org.apache.storm.task.TopologyContext;
```

```java
import org.apache.storm.topology.IRichBolt;
import org.apache.storm.topology.OutputFieldsDeclarer;
import org.apache.storm.topology.base.BaseRichBolt;
import org.apache.storm.tuple.Fields;
import org.apache.storm.tuple.Tuple;
import org.apache.storm.tuple.Values;

import java.util.Map;

public class FraudDetectorBolt extends BaseRichBolt {
    private IIPScanner cacheIPLookup = new CacheIPLookup();
    private OutputCollector collector;


    @Override
    public void prepare(Map map, TopologyContext topologyContext,
OutputCollector outputCollector) {
        this.collector = outputCollector;
    }

    @Override
    public void execute(Tuple input) {
        String ipRecord = (String) input.getValue(0);
        String[] columns = ipRecord.split(",");

        String IP = columns[0];
        String[] ranges = IP.split("\\.");
        String range = null;
        try {
            range = ranges[0];
        } catch (ArrayIndexOutOfBoundsException ex) {

        }
        boolean isFraud = cacheIPLookup.isFraudIP(range);

        if (isFraud) {
            Values value = new Values(ipRecord);
            collector.emit(value);
            collector.ack(input);
        }
    }
```

```
    @Override
    public void declareOutputFields(OutputFieldsDeclarer
outputFieldsDeclarer) {
        outputFieldsDeclarer.declare(new Fields("fraudip"));
    }
}
```

IPFraudHiveBolt 将处理欺诈检测器 Bolt 发送的记录，并利用 Thrift 服务将数据推送至 Hive 中，对应代码如下。

```
package com.packt.storm.ipfrauddetection;

import com.packt.storm.utils.CacheIPLookup;
import com.packt.storm.utils.IIPScanner;
import org.apache.log4j.Logger;
import org.apache.storm.task.OutputCollector;
import org.apache.storm.task.TopologyContext;
import org.apache.storm.topology.OutputFieldsDeclarer;
import org.apache.storm.topology.base.BaseRichBolt;
import org.apache.storm.tuple.Fields;
import org.apache.storm.tuple.Tuple;
import org.apache.storm.tuple.Values;

import java.util.Map;

public class IPFraudHiveBolt extends BaseRichBolt {
    private static final long serialVersionUID = 1L;
    private static final Logger logger =
Logger.getLogger(IPFraudHiveBolt.class);
    OutputCollector _collector;
    private IIPScanner cacheIPLookup = new CacheIPLookup();

    public void prepare(Map stormConf, TopologyContext context,
OutputCollector collector) {
        _collector = collector;
    }

    public void execute(Tuple input) {
        String ipRecord = (String) input.getValue(0);
        String[] columns = ipRecord.split(",");
        Values value = new Values(columns[0], columns[3], columns[4],
columns[5], columns[6]);
        _collector.emit(value);
```

```
        _collector.ack(input);


    }

    public void declareOutputFields(OutputFieldsDeclarer ofDeclarer) {
        ofDeclarer.declare(new Fields("ip", "date", "request_url",
"protocol_type", "status_code"));
    }
}
```

IPFraudKafkaBolt 使用 Kafka Producer API 将处理后的欺诈 IP 推送至另一个 Kafka 主题中，如下所示。

```
package com.packt.storm.ipfrauddetection;

import com.packt.storm.utils.CacheIPLookup;
import com.packt.storm.utils.IIPScanner;
import org.apache.kafka.clients.producer.KafkaProducer;
import org.apache.kafka.clients.producer.Producer;
import org.apache.kafka.clients.producer.ProducerRecord;
import org.apache.kafka.clients.producer.RecordMetadata;
import org.apache.log4j.Logger;
import org.apache.storm.task.OutputCollector;
import org.apache.storm.task.TopologyContext;
import org.apache.storm.topology.OutputFieldsDeclarer;
import org.apache.storm.topology.base.BaseRichBolt;
import org.apache.storm.tuple.Fields;
import org.apache.storm.tuple.Tuple;
import java.util.HashMap;
import java.util.Map;
import java.util.Properties;
import java.util.concurrent.Future;


public class IPFraudKafkaBolt extends BaseRichBolt {
    private static final long serialVersionUID = 1L;
    private Producer<String, String> producer;
    private String zkConnect, serializerClass, topic, brokerList;
    private static final Logger logger =
Logger.getLogger(IPFraudKafkaBolt.class);
    private Map<String, String> valueMap = new HashMap<String, String>();
    private String dataToTopic = null;
```

```
    OutputCollector _collector;
    private IIPScanner cacheIPLookup = new CacheIPLookup();


    public IPFraudKafkaBolt(String zkConnect, String serializerClass,
String brokerList, String topic) {
        this.zkConnect = zkConnect;
        this.serializerClass = serializerClass;
        this.topic = topic;
        this.brokerList = brokerList;
    }

    public void prepare(Map stormConf, TopologyContext context,
OutputCollector collector) {
        logger.info("Intializing Properties");
        _collector = collector;
        Properties props = new Properties();
        props.put("zookeeper.connect", zkConnect);
        props.put("serializer.class", serializerClass);
        props.put("metadata.broker.list", brokerList);
        KafkaProducer<String, String> producer = new
KafkaProducer<String,String>(props);


    }

    public void execute(Tuple input) {

        dataToTopic = (String) input.getValue(0);
        ProducerRecord data = new ProducerRecord<String, String>(topic,
this.dataToTopic);
        Future<RecordMetadata> recordMetadata = producer.send(data);
        _collector.ack(input);
    }

    public void declareOutputFields(OutputFieldsDeclarer declarer) {
        declarer.declare(new Fields("null"));
    }
}
```

9.7.2　执行代码

首先需要修改 HDFS 上与权限相关的内容，如下所示。

```
sudo su - hdfs -c "hdfs dfs -chmod 777 /tmp/hive"
sudo chmod 777 /tmp/hive
```

运行下列命令，并提交运行于集群模式下的 Storm 作业。

```
Storm jar /home/ldap/chanchals/kafka-Storm-integration-0.0.1-SNAPSHOT.jar
com.packt.Storm.ipfrauddetection.IPFraudDetectionTopology
iptopology.properties TopologyName
```

作为一种替代方案，对于小型单元测试，可在 Storm 本地模式下运行相同的作业，如下所示。

```
Storm jar kafka-Storm-integration-0.0.1-SNAPSHOT.jar
com.packt.Storm.ipfrauddetection.IPFraudDetectionTopology
iptopology.properties
```

9.8　本章小结

本章讨论了流式处理的一些基本知识，包括流数据摄取和流处理模式。此外，我们还考查了基于 Spark Streaming 的流式微批处理，以及基于 Storm 处理引擎的实时处理。

第 10 章将介绍 Hadoop 中的机器学习。

第 10 章　Hadoop 中的机器学习

本章讨论如何在 Hadoop 平台中设计和构建机器学习应用程序，并尝试解决 Hadoop 中可能面临的一些挑战及其处理方法。本章将介绍不同的机器学习库和处理引擎。此外，我们还将学习机器学习中所涉及的一些常见步骤，并通过相关案例予以进一步分析。

本章主要涉及以下主题。

- ❏ 机器学习步骤。
- ❏ 常见的机器学习挑战。
- ❏ Spark 机器学习。
- ❏ Hadoop 和 R。
- ❏ Mahout。
- ❏ Spark 案例。

10.1　技 术 需 求

读者应具备 Linux 和 Apache Hadoop 3.0 方面的基础知识。

读者还可访问 http://bit.ly/2VpRc7N 观看代码操作视频。

10.2　机器学习步骤

本节将考查机器学习中的不同特性，具体步骤如下。

（1）收集数据。该步骤已被多次讨论，主要与多个数据源的数据摄取相关，进而用于机器学习操作步骤中。对于机器学习而言，数据的质量和数量均十分重要，因而该步骤的重要性不言而喻。

（2）准备数据。在步骤（1）执行完毕后，需要将数据加载至适宜之处，经准备后以供机器学习处理使用。

（3）选择一个模型。确定算法和尝试解决的问题类型。例如，可以确定某一类问题属于分类、回归还是预测，而选择应用的算法类型将基于跟踪和调优进行。

（4）训练。在数据上训练模型。对此，首先需要执行数据采样（如缩小采样和放大采样），随后将记录按照 80%和 20%的比例进行分割。接下来，根据分割样本的 80%训练模型，而采用剩余的 20%测试训练后的模型。根据模型准确度阈值，可决定保留该模型，或者重复这一过程并对该模型进行优化。

（5）评估。评估过程基本上在数据集上进行，而这一部分数据集由 20%的训练样本构成，且从未在模型训练中使用。基于组织机构的目标和其他业务因素，我们可制订一个模型精确度阈值，且超出该阈值是可以接受的。

（6）超参数调优。超参数调优基本上是针对精确度调试特定的机器学习模型。相关示例包括多项式特征的程度，并可用于线性回归或决策树的深度。这些调试参数一般以迭代方式改进机器学习模型的精确度。

（7）预测。使用机器学习模型预测结果。

图 10.1 描述了机器学习中所涉及的大多数高层步骤。

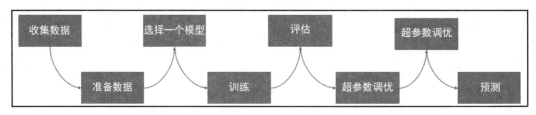

图 10.1

10.3　常见的机器学习挑战

下列内容列出了运行机器学习应用程序时常见的一些挑战性问题。

❑　数据质量。大多数时候，源数据并不适用于机器学习，因而首先需要对数据进行清洗和检查。其间，数据应适用于所运行的机器学习处理过程。相关示例包括移除 null 值，因而随机森林这一较为流行的机器学习算法并不支持 null 值。

❑　数据缩放。有些时候，数据由大小或规模不同的属性组成。因此，为了防止机器学习算法不会偏向于重新缩放、缩放不足或缩放过度，相同尺寸的属性是十分有用的，这对诸如梯度下降这一类机器学习优化算法有很大的帮助。迭代加权输入算法（如回归和神经网络）或基于距离度量的算法（如 k 最近邻算法）也可以从这项技术中受益。

❑　特征选择。特征选择或降维是机器学习过程的另一个关键组成部分。高维数据往往会存在一些问题，且需要更多的时间进行训练；另外，由于大多数机器学习算法的迭代性质，训练时间将会呈指数级增长。高维数据的另一个问题是过

度拟合所带来的风险。因此，特征选择方法有助于在不损失大量信息的情况下
降低维度，同时还可帮助我们进一步理解特征及其重要性。

10.4 Spark 机器学习

Spark 是一个分布式内存处理引擎，通过抽象 API 以分布式模式运行机器学习算法。
当采用 Spark 机器学习框架时，机器学习算法可应用于大容量数据上，并体现为弹性分布
式数据集。相应地，Spark 机器学习库内置了丰富的应用集、组件和工具。据此，我们能
够以高效和容错方式编写内存中经过处理的分布式代码。图 10.2 在较高层次上描述了
Spark 体系结构。

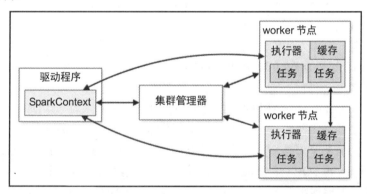

图 10.2

Spark 中存在 3 个基于 Java 虚拟机（JVM）的组件，分别是驱动程序、Spark 执行器
和集群管理器，具体解释内容如下。

- ❑ 驱动程序。驱动程序作为独立进程运行于一个逻辑或物理隔离节点上，负责处
  理启动 Spark 应用程序、维护与启动后的 Spark 应用程序相关的所有信息和配
  置、根据用户代码和调度器执行 DAG 应用程序，以及向各种有效的执行器分
  发任务。当协调全部的 Spark 集群活动时，驱动程序将使用用户代码生成的
  SparkContext 或 SparkSession 对象。其中，SparkContext 或 SparkSession 可被视
  为一个入口点，并利用 Spark 分布式引擎执行任何代码。另外，驱动程序将逻辑
  DAG 转换为物理规划，随后将用户代码划分为一组任务并进行调度。接下来，
  每项任务将被调度，并通过运行于 Spark 驱动程序代码中的调度器运行于执行器
  上。驱动程序可被视为 Spark 应用程序的中心部分，并在其生命周期内运行 Spark
  应用程序。如果驱动程序出现故障，整个应用程序将停止运行。因此，驱动程

序变为 Spark 应用程序的单故障点。

❑ Spark 执行器。Spark 执行器进程负责任务（通过启动程序进程分配于其中）的性能问题、内存数据结构（称作弹性分布式数据集）中的数据存储，以及针对驱动程序进程的代码执行报告。此处需要注意的关键点是，默认状态下驱动程序并不会终止执行器进程，即使它们没有被使用或执行。这一行为可解释为，RDD 针对评估遵循延迟设计模式。然而，即使执行器被意外终止，Spark 应用程序也不会停止，驱动程序进程可以重新启动这些执行器。

❑ 集群管理器。集群管理器进程负责物理机器以及 Spark 应用程序的资源分配。另外，集群管理器进程甚至还可启动驱动程序代码。这里，集群管理器表示为一个插件组件，与用于数据处理的 Spark 用户代码无关。Spark 处理引擎支持 3 种集群管理器类型，即 Standalone、YARN 和 Mesos。

Spark MLlib 表示为用于机器学习的算法和实用程序库，旨在促进和并行运行机器学习程序，包括基于协作方式的回归、过滤、分类和聚类。Spark MLlib 提供了两种类型的 API，即 spark.mllib 和 spark.ml。其中，spark.mllib 构建于 RDD 之上，而 spark.ml 则构建于 DataFrame 之上。当前，Spark 主要的机器学习 API 是基于 DataFrame 的 spark.ml 包 API，spark.ml 与 DataFrame API 的结合使用则更具通用性和灵活性。DataFrame 提供了多种益处，如催化器优化器和 spark.mllib，后者还是一个基于 RDD 的 API，预计会在不久的将来被移除。机器学习适用于不同的数据类型，包括文本、图像、数据结构和向量。Spark ML 包含 Spark SQL DataFrame，以支持统一数据集这一概念下的上述数据类型。另外，各种算法可方便地组合至单一工作流或管线中。下面将详细讨论 Spark ML API 的核心概念。

10.4.1 转换器函数

转换器函数可将一个数据框转换为另一个数据框。例如，ML 模型能够将包含特征的数据框架转换为一个可预测的数据框架。这里，转换器包含了转换特征以及所学习的模型。具体来说，转换器使用了 transform()方法将一个 DataFrame 转换为另一个 DataFrame，对应的示例代码如下。

```
import org.apache.spark.ml.feature.Tokenizer
val df = spark.createDataFrame(Seq( ("This is the Transformer", 1.0),
    ("Transformer is pipeline component", 0.0))).toDF( "text", "label") val
tokenizer = new Tokenizer().setInputCol("text").setOutputCol("words") val
tokenizedDF = tokenizer.transform(df)
```

10.4.2　评估器

　　评估器是另一个算法，该算法可以通过绑定一个数据框架创建一个转换器。例如，学习模型可在某个数据集上训练和生成一个模型。通过学习一个算法，这将生成一个转换器。该过程使用 fit()方法生成一个转换器。例如，朴素贝叶斯学习算法即为一个评估器，该评估器调用 fit()方法并训练一个朴素贝叶斯模型,即一个转换器。对应的示例代码如下。

```
import org.apache.spark.ml.classification.NaiveBayes
val nb = new NaiveBayes().setModelType("multinomial")
val model = nb.fit(Training_DataDF)
```

10.4.3　Spark ML 管线

　　Spark ML 管线是一个阶段序列，其中，每一个阶段表示为一个转换器或评估器。所有各阶段依次排列，输入数据集在经历各阶段时将发生变化。相应地，转换器阶段将使用 transform()方法，而评估器阶段则使用 fit()方法创建一个转换器。从某一阶段输出的 DataFrame 表示为下一个阶段的输入内容。另外，管线也是一个评估器，因而一旦运行 fit()方法，就会生成 PipelineModel，一个转换器即为一个 PipelineModel。PipelineModel 作为原始管线包含了相同数量的阶段。PipelineModel 和管线可确保测试和训练数据在特征的处理过程中采取类似的步骤。例如，考查下列包含 3 个阶段的管线。

- ❑　阶段 1。标记器，它对句子进行标记并使用 Tokenizer.transform()方法将其转换为单词。
- ❑　阶段 2。通过 HashingTF.transform()方法，HashingTF 用于以向量形式表达一个字符串（ML 算法仅理解向量而非字符串）。
- ❑　阶段 3。使用用于预测的评估器。

　　我们通过 save()方法将当前模型保存于 HDFSlocation 处。因此，我们可在后续操作过程中使用加载方法对其进行载入，进而预测新的数据集。加载后的模型将工作于 newDataset 特征列上，预测后的列也将利用这一 newDataset 历经管线的各个阶段。对应的示例代码如下。

```
import org.apache.spark.ml.{Pipeline, PipelineModel}
import org.apache.spark.ml.feature.{HashingTF, Tokenizer}
import org.apache.spark.ml.classification.NaiveBayes

val df = spark.createDataFrame(Seq(
```

```
      ("This is the Transformer", 1.0),
      ("Transformer is pipeline component", 0.0)
  )).toDF( "text", "label")
    val tokenizer = new
Tokenizer().setInputCol("text").setOutputCol("words")
val
HashingTF=newHashingTF().setNumFeatures(1000).setInputCol(tokenizer.
getOutputCol).setOutputCol("features")
    val nb = new NaiveBayes().setModelType("multinomial")
    val pipeline = new Pipeline().setStages(Array(tokenizer, hashingTF, nb))
    val model = pipeline.fit(df)
model.save("/HDFSlocation/Path/")
    val loadModel = PipelineModel.load(("/HDFSlocation/Path/")
    val PredictedData = loadModel.transform(newDataset)
```

10.5　Hadoop 和 R

R 是一个数据科学编程工具，用于分析模型上的统计数据，并将分析结果转换为可视化内容。对于统计师、数据科学家和数据架构师来说，R 无疑是一个首选的编程工具。但当与大型数据集协同工作时，R 则具有自身的短板。R 编程语言的主要缺点是，所有对象均被加载至单机主内存中，而 PB 级别的大型数据集则无法被载入 RAM 中。当与 R 语言集成时，Hadoop 是一种较为理想的解决方案。数据科学家必须将其数据分析限制在来自大数据集的数据样本上，以适应内存中 R 编程语言的单机限制。当处理大型数据时，R 编程语言的限制可被视为一个主要问题。由于 R 并不具备可扩展性，因此仅有限的数据可被核心 R 引擎处理，其数据处理能力受限于单个节点内存。因此，这限制了 R 可处理的数据量。当尝试在大型数据集上工作时，R 将运行于内存之外。相反，Hadoop 这一类分布式处理框架可针对大型数据集（PB 级别）中的复杂操作和任务进行扩展，但并不具备强大的统计分析能力。考虑到 Hadoop 是一个流行的大数据处理框架，因而可将 R 与 Hadoop 集成。Hadoop 上的 R 应用则提供了一个高度可扩展的数据分析平台，并可根据数据集的大小进行扩展。Hadoop 与 R 之间的集成使得数据科学家以并行方式在大型数据集上运行 R，因为没有一个 R 语言的数据科学库在比它们的内存还大的数据集上工作。

这一类内存问题可通过 SparkR 予以解决。当与 R 结合使用时，Apache Spark 针对 Python、Scala、Java、SQL 和其他语言提供了一系列的 API，当连接至 Spark 时，这些 API 可被视为一座桥梁。Spark 向处理引擎提供了分布式数据资源和数据结构内存；R 则提供了动态环境、交互性、包和视图。可以看到，SparkR 整合了 Spark 和 R 的优点。

目前，R 编程语言和 Hadoop（RHadoop）是一个被广泛应用的开源分析解决方案。随着 Revolution Analytics 的出现，RHadoop 允许用户直接摄取 HBase 数据库子系统和 HDFS 文件系统数据。因为可操作性和成本方面的优势，RHadoop 包可被视为 Hadoop 上的 R 解决方案，其中，RHadoop 包含了 5 个不同的包，使得 Hadoop 用户可使用 R 编程语言管理和分析数据。RHadoop 这一 Hadoop 开源包支持 Hadoop、Cloudera、Hortonworks 和 MapR。

ORCH 是 Hadoop 的 Oracle-R 连接器和 R 包的编译结果，并针对 Hive 中的表协同工作、Apache Hadoop 的计算机基础设施、本地 R 和 Oracle 中的数据库提供了有用的接口。此外，ORCH 还提供了可用于 HDFS 数据文件中的预测方法。

R 和 Hadoop 集成编程环境（RHIPE）包采用了大数据分析划分和重组技术。其中，数据被划分为子集，计算过程则通过子集上专有的 R 分析操作执行并组合最终的结果。我们可利用 RHIPE 执行大型和小型数据的完整分析。此外，用户还可通过底层语言在 R 中执行分析操作。RHIPE 涵盖了多种特性可支持 Hadoop 分布式文件系统（HDFS），以及基于简单控制台的 MapReduce 操作。

Hadoop Streaming 则是另一个工具，用户可利用任何可执行文件作为映射器或归约器添加或运行作业。在具备足够的 Java 知识的情况下，我们可使用流系统创建 Hadoop 工作作业，进而编写两个协同工作的 Shell 脚本。对于统计和大型数据以及大型数据集，R 和 Hadoop 组合不可或缺。然而，一些 Hadoop 狂热者在处理大数据的较大片段时提出了警告，同时指出，R 的优点不在于其语法，而是它拥有一个丰富的可视化和统计元素库。然而，这些库基本上是未经授权的版本，这也使得数据收集颇为耗时，因而可被视为与 R 之间的内在矛盾。如果忽略这一点，R 和 Hadoop 组合依然功能强大。

10.6　Mahout

Mahout 是一个针对开源学习的 Apache 库，主要使用了（但不仅限于）聚类推荐引擎的分类和维度算法（协同过流程和分类）。Mahout 的目标是利用高度可扩展的实现提供常用的机器学习算法。如果所用的历史数据较大，那么 Mahout 可被视为首选方案。不难发现，一般无法在单一设备上处理数据，随着大型数据逐渐成为人们所关注的重要领域，Mahout 可满足单机之外的机器学习工具这一需求。Mahout 强调可扩展性，这一点不同于 R、Weka 等工具。Mahout 实现采用 Java 编写，它们中的大多数（并非全部）均采用 Apache 分布式 Hadoop 计算项目上的 MapReduce 范例进行编译。Mahout 在 Apache Spark 上采用 Scala DSL 进行构建，在 Scala DSL 上编写的程序可与 Apache Spark 并行执行且自动优化。当前，MapReduce 已停止了对新算法的支持，进而支持 MapReduce 扩展。2008

年，Mahout 作为 Apache Lucene 的子项目而被启动，并与一个著名的开源搜索引擎同名。Lucene 提供了高级搜索、文本挖掘和数据恢复技术部署。这些概念在某种程度上与机器学习方法类似，如聚类和计算机科学中的分类。因此，Lucene 中的开发人员很快地转移至这一子项目中。不久，Mahout 即启动了这一协作过滤开源项目，即 taste。

10.7　Spark 中的机器学习案例

本节将考查如何利用 Spark ML 和朴素贝叶斯算法实现文本分类。文本分类是 NLP 中最为常见的案例，并可用于检测垃圾邮件、识别零售产品的层次结构以及情感分析。这一过程可被视为一个分类问题，其中，我们试图从一个具有大量数据的自然语言源中识别一个特定的主题。我们可以在每个数据分组中讨论多个主题，因此，在逻辑分组中对文章或文本信息进行分类则变得十分重要。文本分类技术可帮助我们实现这一任务。如果数据量较大，这一类技术往往会涉及大量的计算，因而针对文本分类推荐使用分布式计算框架。例如，如果针对互联网知识库中的法律文档进行分类，文本分类技术可以用于在逻辑上分离不同类型的文档。

图 10.3 描述了包含两个阶段的、典型的文本分类处理过程。

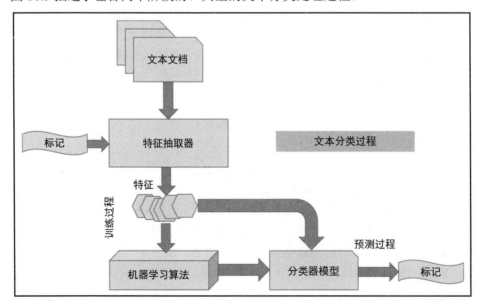

图 10.3

接下来考查如何利用 Spark 对文本进行分类。这里，可将代码分为下列 4 部分内容。

（1）文本处理。

（2）特征抽取。

（3）模型训练。

（4）预测及检验。

此处将使用朴素贝叶斯（NB）算法进行模型训练和预测。在编写代码之前，首先讨论 NB 的工作方式；此外还将简要地介绍另一种算法，即随机森林，该算法主要用于文本分类。朴素贝叶斯分类器是一种非常强大的分类算法。当针对文本分析使用神经语言处理时，NB 可被视为一种较好的方案。顾名思义，Naive 的含义表示为独立或无关，因而 NB 算法假设特征是不相关的，并使用了贝叶斯定理。贝叶斯定理是根据之前发生的事件，计算未来事件发生的可能性。这种类型的概率也被称为条件概率。这一概率是基于上下文的，而上下文是由对先前事件的认识决定的。对于任意给定的两个事件 A 和 B，贝叶斯定理从 $P(B|A)$（假设事件 A 已经发生，事件 B 发生的概率）计算出 $P(A|B)$（当事件 B 发生时，事件 A 发生的概率）。朴素贝叶斯试图将数据点分类为类，并计算每个类数据点的可能性，随后将每个概率与最大概率进行比较，并确定第二高的概率。这里，最大概率类被视为基本类，同时确定第二高的类。如果包含多个类，如针对苹果、香蕉、橘子或杧果分类，那么将会得到多个类（大于 2，并于其中对水果进行分类），即多项式朴素贝叶斯；如果仅包含两个类，如垃圾邮件或非垃圾邮件，则可被视为二项多项式朴素贝叶斯。

下列代码表示为 Spark ML 中的朴素贝叶斯示例。

```
import org.apache.spark.ml.{Pipeline, PipelineModel}
  import org.apache.spark.ml.classification.{NaiveBayes, NaiveBayesModel}
  import org.apache.spark.ml.feature.{StringIndexer, StopWordsRemover,
  HashingTF, Tokenizer, IDF, NGram}
  import org.apache.spark.ml.linalg.Vector
  import org.apache.spark.sql.Row
  //Sample Data
  val exampleDF = spark.createDataFrame(Seq(
  (1,"Samsung 80 cm 32 inches FH4003 HD Ready LED TV"),
  (2,"Polaroid LEDP040A Full HD 99 cm LED TV Black"),
  (3,"Samsung UA24K4100ARLXL 59 cm 24 inches HD Ready LED TV Black")
  )).toDF("id","description")
  exampleDF.show(false)
  //Add labels to dataset
  val indexer = new StringIndexer()
   .setInputCol("description")
```

```
    .setOutputCol("label")
  val tokenizer = new Tokenizer().setInputCol("description")
    .setOutputCol("words")
  val remover = new StopWordsRemover()
    .setCaseSensitive(false)
    .setInputCol(tokenizer.getOutputCol)
    .setOutputCol("filtered")
  val bigram = new
  NGram().setN(2).setInputCol(remover.getOutputCol).setOutputCol("ngrams")
  val hashingTF = new HashingTF()
    .setNumFeatures(1000)
    .setInputCol(bigram.getOutputCol)
    .setOutputCol("features")
  val idf = new
IDF().setInputCol(hashingTF.getOutputCol).setOutputCol("IDF")
  val nb = new NaiveBayes().setModelType("multinomial")
  val pipeline = new
  Pipeline().setStages(Array(indexer,tokenizer,remover,bigram,
  hashingTF,idf,nb))
  val nbmodel = pipeline.fit(exampleDF)
  nbmodel.write.overwrite().save("/tmp/spark-logistic-regression-model")
  val evaluationDF = spark.createDataFrame(Seq(
  (1,"Samsung 80 cm 32 inches FH4003 HD Ready LED TV")
  )).toDF("id","description")
  val results = nbmodel.transform(evaluationDF)
  results.show(false)
```

根据本章之前介绍的 NLP 定理,下列代码片段执行情感分析,并使用了 Tweeter JSON 和 Spark 库训练模型,进而对高兴/悲伤这一类情感进行识别。在 Twitter 消息中,代码将查找 happy 这一类关键字,并利用值 1 对其进行标记,表明该消息表达"快乐"之含义。最后,算法用于训练模型。

```
import org.apache.spark.ml.feature.{HashingTF, RegexTokenizer,
  StopWordsRemover, IDF}
  import org.apache.spark.sql.functions._
  import org.apache.spark.ml.classification.LogisticRegression
  import org.apache.spark.ml.Pipeline
  import org.apache.spark.ml.classification.MultilayerPerceptronClassifir
  import org.apache.spark.ml.evaluation.MulticlassClassificationEvaluator
  import scala.util.{Success, Try}
  import sqlContext.implicits._
   val sqlContext = new org.apache.spark.sql.SQLContext(sc)
```

```scala
    var tweetDF = sqlContext.read.json("hdfs:///tmp/sa/*")
    tweetDF.show()
    var messages = tweetDF.select("msg")
    println("Total messages: " + messages.count())
    var happyMessages =
messages.filter(messages("msg").contains("happy")).withColumn("label",
    lit("1"))
    val countHappy = happyMessages.count()
    println("Number of happy messages: " + countHappy)
    var unhappyMessages = messages.filter(messages("msg").contains("
    sad")).withColumn("label",lit("0"))
    val countUnhappy = unhappyMessages.count()
    println("Unhappy Messages: " + countUnhappy)
    var allTweets = happyMessages.unionAll(unhappyMessages)
    val messagesRDD = allTweets.rdd
    val goodBadRecords = messagesRDD.map(
      row =>{
          val msg = row(0).toString.toLowerCase()
          var isHappy:Int = 0
          if(msg.contains(" sad")){
        isHappy = 0
      }else if(msg.contains("happy")){
        isHappy = 1
      }
      var msgSanitized = msg.replaceAll("happy", "")
      msgSanitized = msgSanitized.replaceAll("sad","")
      //Return a tuple
      (isHappy, msgSanitized.split(" ").toSeq)
} )
val tweets = spark.createDataFrame(goodBadRecords).toDF("label","message")
//Split the data into training and validation sets (30% held out for
validation testing)
val splits = tweets.randomSplit(Array(0.7, 0.3))
val (trainingData, validationData) = (splits(0), splits(1))
val tokenizer = new
RegexTokenizer().setGaps(false).setPattern("\\p{L}+").setInputCol("msg").
setOutputCol("words")
val hashingTF = new
HashingTF().setNumFeatures(1000).setInputCol("message").setOutputCol
("features")
val idf = new IDF().setInputCol(hashingTF.getOutputCol).setOutputCol("IDF")
val layers = Array[Int](1000, 5, 4, 3)
```

```
val trainer = new MultilayerPerceptronClassifier().setLayers(layers)
val pipeline = new Pipeline().setStages(Array(hashingTF,idf,trainer))
val model = pipeline.fit(trainingData)
val result = model.transform(validationData)
val predictionAndLabels = result.select("message","label","prediction")
predictionAndLabels.where("label==0").show(5,false)
predictionAndLabels.where("label==1").show(5,false)
```

10.8　本 章 小 结

　　本章讨论了不同的机器学习步骤以及所面临的 ML 挑战。此外，我们还介绍了 Spark ML 算法，以及如何将其应用于大容量数据上，进而表现为弹性分布式数据集。针对统计、数据科学家、数据分析和数据架构师，本章还考查了首选编程工具 R 语言。接下来，我们学习了 Mahout，并通过扩展实现和 Spark 案例探讨了常见的机器学习算法。

　　第 11 章将讨论云端的 Hadoop。

第 11 章　云端中的 Hadoop

前述章节讨论了机器学习的基本概念、机器学习的案例、流式数据的摄取方式等。截至目前，我们已经学习了数据摄取和数据处理的不同组件、大数据生态圈中的一些高级概念，以及设计和实现 Hadoop 应用程序时的一些最佳实践方案。对于需要进行基础设施设置的数据管线，相应的基础设施可设置于本地或云端。本章主要涉及以下主题。

- ❏ 云端 Hadoop 的逻辑视图。
- ❏ 云端网络设置方式。
- ❏ 方便的资源管理机制。
- ❏ 如何在云端设置数据管线。
- ❏ 云高可用性。

11.1　技术需求

读者需要具备基本的 AWS Services 和 Apache Hadoop 3.0 方面的基础知识。

读者可访问 http://bit.ly/2tGbwWz 观看代码操作视频。

11.2　云端 Hadoop 的逻辑视图

云端基础设施的应用呈快速增长之势。那些因为安全性和可用性而担心进而采用云计算来满足计算和存储需求的公司现在已拥有足够的信心，因为不同的云服务提供商已经对架构和特性进行了很多改进。Apache Hadoop 始于本地部署，在 Hadoop 出现的最初几年中，Hadoop 基础设施主要采用自管理方式进行。后来，云服务提供商开始介入 Hadoop 基础设施。现在我们已经拥有了大数据/Hadoop 设置所需的一切。如今，几乎所有转向大数据应用的公司都在使用云来满足他们在数据存储和基础设施方面的需求。本节将讨论云端上的 Hadoop 逻辑架构。

- ❏ 摄取层。数据摄取在全部数据处理管线中具有优先权，因此，考虑建立健壮的摄取过程管道是很重要的。其间仍存在某些问题，如数据摄取速率、数据尺寸、摄取频率、文件格式、目录结构等。当今，云存储系统的数据摄取可被视为体系结构设计的通用内容，如 S3。然而，我们仍可通过云端上的基础设施结构设置使用摄取框架，如 Sqoop、NiFi、Kafka、Flume 等。但是，云提供商应针对摄取功能包含自己的管理工具。下列工具可被视为云提供商提供的部分服务内容。

> AWS Snowball。我们可使用 AWS Snowball 安全、高效地将本地存储平台或 Hadoop 集群中的大量数据传输/摄取至 AWS S3 桶中。当在 AWS 管理控制台生成了一项作业后，将自动生成 Snowball 管线。在 Snowball 创建完毕后，可将其连接至本地网络，在本地数据源上安装 Snowball 客户端，并随后使用 Snowball 客户端将文件目录选择并传输至 Snowball 设备。最终，这将把当前数据复制至 S3 上。

> Cloud Pub/Sub。Cloud Pub/Sub 为云提供了面向企业消息中间件的灵活性和可靠性。Cloud Pub/Sub 是一个可扩展的持久事件摄取和传送系统，并提供了多对多异步消息机制以解耦发送器和接收器。另外，Cloud Pub/Sub 还是一个低延迟、持久的消息传递系统，有助于快速集成托管在谷歌云平台上的系统。

> Amazon Kinesis Firehouse。Amazon Kinesis Firehouse 是 AWS 提供的一项全面管理服务，用于将实时流数据直接发送到 AWS S3 存储，其间将自动缩放以匹配流数据的容量和吞吐量，且无须进行持续管理以密切关注故障和可伸缩性方面的问题。除此之外，还可配置 Firehouse，并在将其发送至 Amazon S3 之前转换流数据。这里，转换功能包括压缩、数据批处理机制、加密、Lambda 函数等。

> Amazon Kinesis。同样，Amazon Kinesis 便于收集、处理和分析实时流数据，这一点与 Apache Kafka 类似。Amazon Kinesis 提供了核心功能并可以任意规模处理流数据；同时还可选择相应的工具以满足应用程序的最佳需求。类似于 Kafka，Amazon Kinesis 允许生产者和使用者独立工作，这意味着二者实现了松散的耦合。

❑ 处理机制。大数据生态圈中包含了多种分布式数据处理工具，其中一些工具被广泛地应用于社区中，如 Apache Spark、Hive、Apache Flink、MapReduce 等。由于这些工具仅为处理引擎，因此采用此类工具编写的应用程序需要提交至源管理器以供执行。这意味着，应开放并集成处理引擎和资源管理器通信。在某些场合下，两个引擎之间需要针对不同的目标进行集成，如出于报告或分析原因的 Spark 和 Apache Hive 之间的集成。

诸如 Cloudera Hortonworks 这一类集成平台内置了经良好测试的集成工具集。云服务提供商一般也包含了自己的集成服务，如 EMR、HDInsight 等。这些服务可根据具体的服务需求加以使用。

❑ 存储和分析。云服务提供商拥有自己的分布式数据存储文件系统。例如，Amazon Web Services 拥有 S3、Google Cloud Services 拥有 Google Cloud Storage、Azure 拥有 Azure Data Lake 存储服务等。除分布式文件存储系统外，云服务提供商还提供了一些分布式处理数据库，如 Amazon Redshift、Big Query、Azure SQL 等。就成本、速度和故障而言，云存储服务具有健壮性和可靠性等特征。相关数据可在区域间被复制，进而使得存储系统仅付出较少的成本即可获得高可用性。Redshift 这一类数据库可帮助我们在几分钟内即可处理 TB 级别的数据，这有助于以一种经济有效的方式在大型数据集上获得交互式报告机制。

❑ 机器学习。机器学习的应用在各家组织机构间迅速增长，同时也在业务和利润方面带来了大量的收益。在这一领域，云服务提供商也完成了卓有成效的改进工作，并提供了简单易用的库和 API，进而可快速地构建可扩展的机器学习模型。

11.3　网　　络

组织机构或客户很可能将其软件和数据基础设施迁移至云端。考虑到工程师（特别是基础设施专家）方面的缺失，我们可能需要了解与云网络基础设施相关的内容。本节将讨论云网络的各种概念，以及本地基础设施与云平台之间的不同之处。由于网络这一概念在每家云提供商之间保持一致，因此使用哪一家云提供商并不重要，如 AWS、Azure、GCP 等。

11.3.1　区域和可用区

区域（region）是指世界上的某个地理位置，且网络和计算资源于此处有效，并通过当地的法律予以管理。例如，在中国境内，必须遵守中国有关云使用的国家政策。相应地，资源也可能在某些特殊区域失效，但大多数时候，云供应商都会尽力地去解决这一问题。

每个区域由一个或多个可用区（zone）构成，且可用区之间彼此隔离。其中，每个可用区包含自身的资源集、电力、网络机制等，进而降低区域故障的概率。

相应地，单一可用区由多个物理数据中心构成，并通过冗余的私有网络链接相互连接。区域内的两个可用区之间并不会共享数据中心，也就是说，每个可用区将拥有单独的数据中心，而可用区则通过私有网络链接进行连接。

区域资源和可用区资源之间是相互隔离的，这意味着，区域资源可在该区域内随处使用，而可用区资源仅可在该可用区内使用。例如，某个实例的存储磁盘可与同一可用区内的另一个磁盘绑定，但无法在可用区之间进行绑定。诸如 VPC、图像和快照这一类资源可被视为全局资源，我们可以在同一区域的不同可用区之间使用这些资源。

组织机构通常会考虑可用性和容错机制，并在此基础上构建应用程序。因此，在多个可用区和区域间分布资源是十分重要的。其间，每个可用区彼此无关，且包含自己的物理基础设施、网络机制和彼此隔离的控制平面（control plane），进而确保故障事件仅影响到该可用区（而不涉及其他可用区）。因此，组织机构一般会在可用区之间分布应用程序，以确保应用程序的高可用性，即使某个可用区出现故障。类似地，虽然区域间的应用程序分布旨在避免出现区域故障时的种种问题，但有些时候，依据相关区域的具体政策，我们无法在该区域之外发布应用程序。例如，最近，印度央行（reserve bank of india）披露了强制金融机构将数据保存在印度境内的政策。

11.3.2　VPC 和子网

虚拟私有云（VPC）支持用户在云端创建虚拟私有和隔离的网络。私有企业公共云网络间的 VPC 安全数据传输意味着，同一公共云上的一家公司将与其他公司的数据保持隔离。VPC 包含了分配于其中的 CIDR 块，即 VPC 网络的子网掩码，如 10.20.0.0/16。在 VPC 中，我们可生成 2^{16} 个 IP 地址，这些 CIDR 块随后可用于生成子网。

🛈 注意：

虚拟私有云是一个从公共云资源中分配的资源共享池，以实现组织机构的私有访问，同时还在不同的组织机构间提供了云资源的隔离机制，以便一家组织机构可以私有方式使用在所分配的 VPC 下生成的任何资源。此时，网络针对当前组织机构是私有的，因而称作虚拟私有网络。

VPC 是一种全局资源，并可在不同的区域和可用区之间加以使用。相应地，VPC 可包含来自不同区域和可用区中的资源。一种典型的情形是，VPC 中的资源可彼此间访问，但也可通过设置一个有效的防火墙或安全规则予以限制。通过 VPC 网络对等机制，VPC 网络还可连接至组织机构内不同的 VPC 网络上，进而允许某个 VPC 的资源可访问其他 VPC 的资源。例如，数据分析团队可能需要每天读取来自 RDBMS 或不同 VPC 中创建的其他数据库中的数据。对此，可使用两个 VPC 间的 VPC 对等机制将数据库访问仅限制在这两个 VPC 上。

VPC 网络由一个或多个有效的 IP 范围分区（即子网）构成。其中，每个子网与特定的区域关联，并包含与其关联的子网掩码，这表示利用子网可生成的最大资源数量。另外，VPC 网络不包含与其关联的 IP 地址范围。

一个 VPC 必须至少有一个子网，我们才能以此创建任何资源。当在默认状态下创建资源时，云提供商自动添加一个新的子网。一种较好的做法是，创建一个子网并随后将其分配至所用的资源中。另外，还可在每个区域内创建多个子网。基本上，子网包含两种类型，如下所示。

- □ 私有子网。利用私有子网创建的实例或资源不应通过互联网进行访问，且仅可在 VPC 下和子网中被访问。大多数时候，组织机构并不希望将某些敏感数据的访问权限直接公开于互联网上，而是通过其他一些内部实例进行访问。例如，在私有子网下创建交易数据库是一种十分常见的操作，且需要将数据库访问限制在 VPC 中的应用程序上。

- □ 公共子网。公共子网下创建的实例或资源可通过互联网进行访问。这意味着，如果持有效身份验证访问运行于实例内的资源，那么任何人都可访问实例。例如，我们可能需要拥有一台与公共子网关联的堡垒（bastion）服务器，并为特定用户分配证书，以便从任何地方登录到堡垒服务器。随后，使用内部安全防火墙规则进而从堡垒服务器访问私有子网中的其他资源。

  其他示例还包括网站 UI，并可被分配至一个公共子网中，以便其后台应用程序可运行于私有子网中。据此，用户仅可通过用户界面进行交互，而用户界面将与后台进行交互，从而获取所需的信息。

11.3.3 安全组和防火墙规则

安全组或防火墙充当一个虚拟服务器，并以此控制传输或形成任意实例。在子网下生成的实例将包含与其绑定的安全组。VPC 和子网拥有网络 ACL，进而可限制传输，抑或形成 VPC 或子网。一种较好的做法是，创建自定义安全组并将其分配与实例。记住，如果在创建实例时未生成任何安全组，那么将会向其分配默认的安全组。另外，我们可以向安全组中添加规则，以支持与该安全组关联的实例间的通信。必要时，还可进一步修改安全组的规则，随后，新规则将自动应用于与该安全组关联的所有实例上。基本上讲，存在两种与安全组或防火墙关联的规则，如下所示。

- □ 入站规则。入站规则定义了实例的入站传输规则，也就是说，定义了可访问的实例端口。如果定义了某项规则并表明端口对于块范围 10.20.10.0/24 是可访问的，那么块中定义的该 IP 范围内的任何实例均可访问该实例。我们也可以指定安全组名称，而不是放置块范围。

❑ 出站规则。出站规则定义了实例的出站传输规则，即定义了可访问的实例。另外，我们也可以通过定义各自的出站规则限制实例访问某些服务，如互联网。

网络 ACL 与 VPC 和子网关联，进而限制了对 VPC 和子网的访问。同样，网络 ACL 也包含了入站和出站规则。

11.3.4　AWS 操作示例

前述内容讨论了基本的网络概念，本节将介绍一个操作示例，以查看如何创建相关资源。在进行实际操作之前，首先创建一个有效的 AWS 账户。

在云端的项目部署中，第一步是创建一个 VPC。对此，打开 AWS 中的 VPC 安装向导，这将打开一个如图 11.1 所示的页面，即 AWS 中的 Create VPC 安装向导，并填写相关字段中的对应信息。

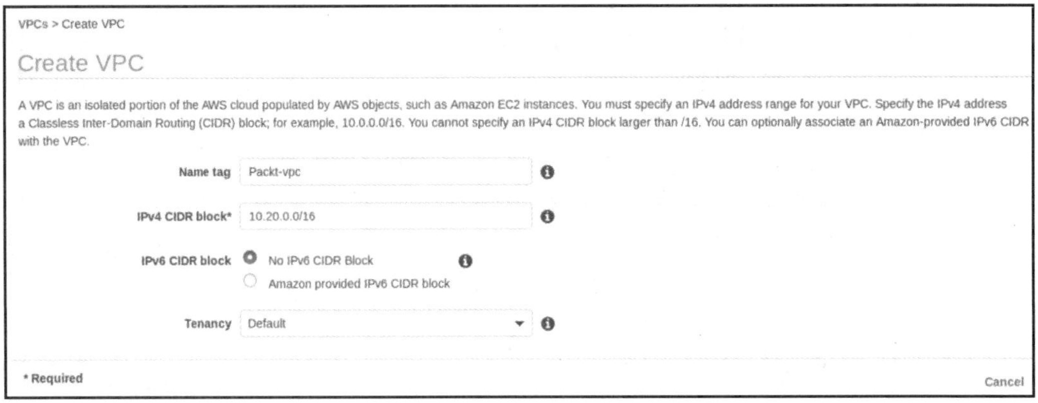

图 11.1

图 11.1 的解释内容如下。

❑ Name tag。分配至 VPC 的唯一引用名称。

❑ IPv4 CIDR block。表示 VPC 的子网掩码，子网可使用该掩码来定义其网络范围。另外，子网网络范围不会超出 VPC 网络范围，通常小于或等于 VPC 网络范围。

在 VPC 创建完毕后，即可看到 VPC 的详细信息，如图 11.2 所示。通过观察可知，AWS 关联了一些默认的 VPC 组件和配置，如 Network ACL、Route table、DHCP options set 等。

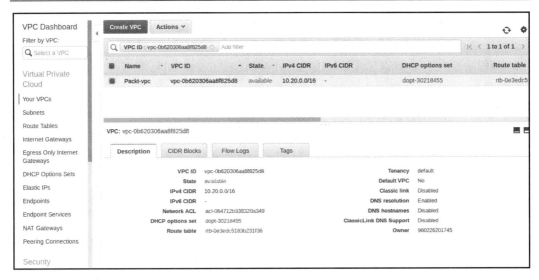

图 11.2

AWS 针对每个 VPC 分配了唯一的 VPC-ID，此外还分配了一个包含默认入站和出站规则的 Network ACL。

一旦创建了 VPC，下一步就是在 VPC 下创建一个子网，该子网可在实例创建点上加以使用。对此，可返回 Create subnet 安装向导，并填写所需的信息，如图 11.3 所示。

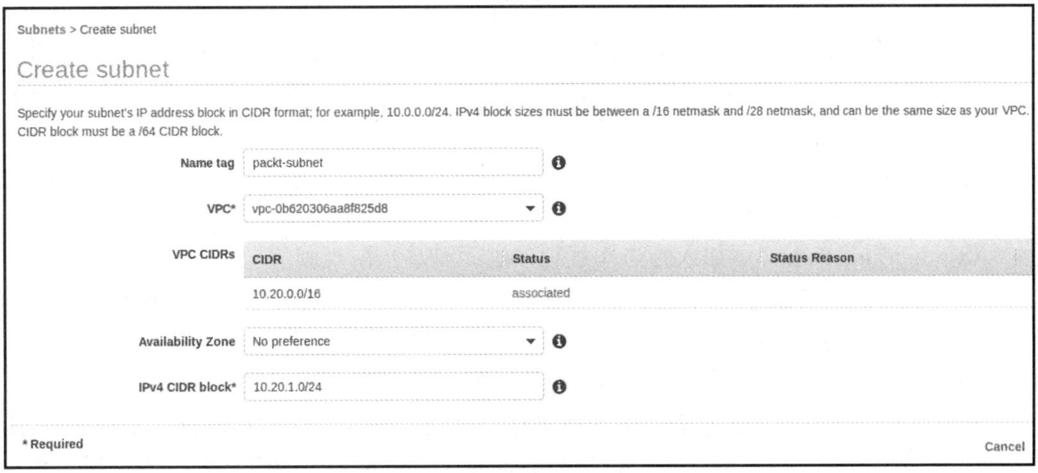

图 11.3

❑　Name tag。定义了一个名称标签以识别子网。

❑　VPC。子网所属的 VPC-ID。我们已经选择了之前生成的 VPC-ID。

❑ IPv4 CIDR block。IPv4 CIDR 块范围应位于 VPC CIDR 范围内。

❑ Availability Zone。表示创建和分配子网的可用区的选择结果。

类似于 VPC，子网也包含默认的 Network ACl、Route table 和其他信息，如图 11.4
所示。

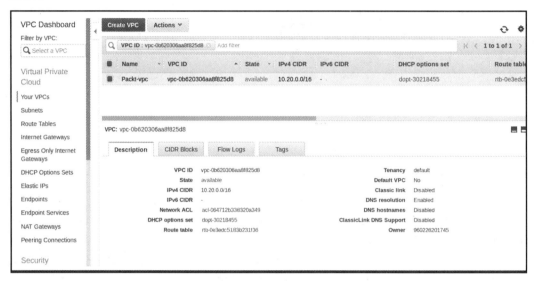

图 11.4

如前所述，在创建实例时即使未指定安全组，每个实例也会自动生成一个安全组。
一种较好的做法是，创建自己的安全组，并随后将其分配与实例或 EMR 集群。返回 Create
Security Group 安装向导并填写下列信息。

❑ Security group name。唯一的名称以识别安全组。

❑ VPC。从安全组（默认状态下）所在的下拉列表中选择 VPC。

❑ Inbound Rule。添加入站传输规则，进而可从当前规则的配置网络中访问实例。

❑ Outbound Rule。添加一个出站规则。默认状态下，实例处于开放状态，并可与
任何实例进行通信。

Security Group Creation Wizard 的当前状态如图 11.5 所示。

EC2 实例或 EMR 集群所需的基础设置已经完成。记住，即使未对 EC2 实例或 EMR
集群生成基础设置，也将会存在一个与其绑定的默认设置。但在组织机构的实际生产或
部署环节中，较好的做法是创建一个便于维护和管理的自定义设置。

下面考查 EC2 的创建过程。访问 create instance wizard，此时将询问用户选择一个
AMI 镜像，即所需选择的操作系统，如图 11.6 所示。

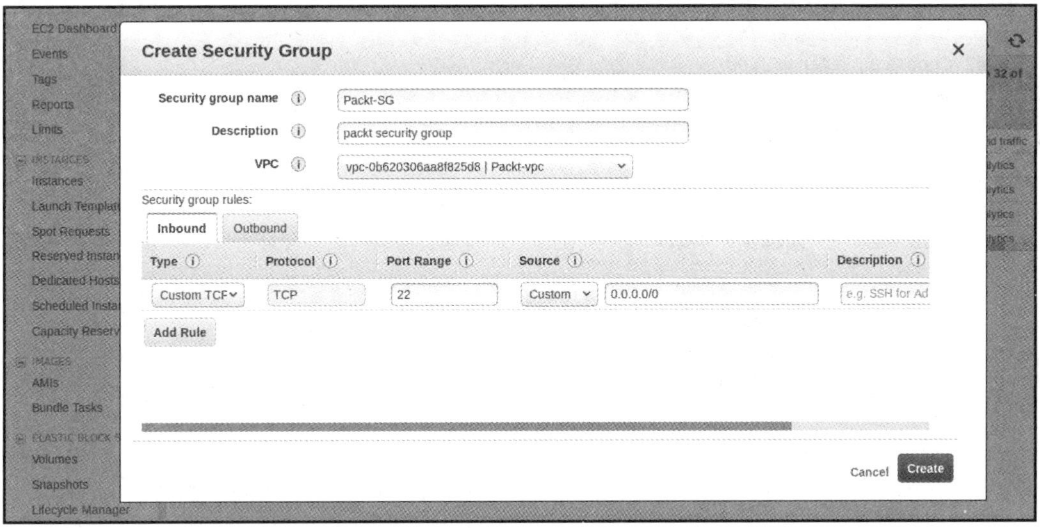

图 11.5

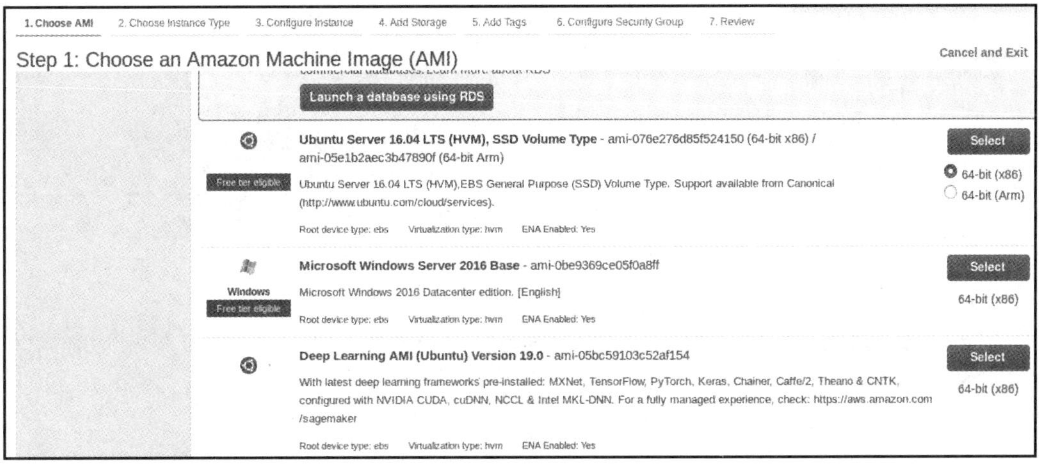

图 11.6

接下来是配置 EC2 实例类型，并选择之前生成的 VPC 和子网。对于需要选择的计算引擎的类型，存在多种选择方案。此处建议根据具体需求条件选取计算类型，如优化的计算机设备、优化的 CPU 等。图 11.7 显示了当前示例。

此处选择了 Packt-VPC，并随后创建了子网；根据子网的类型，实例将被分配一个公共 IP。对于公共子网，将会对其分配一个公共 IP，如图 11.8 所示。

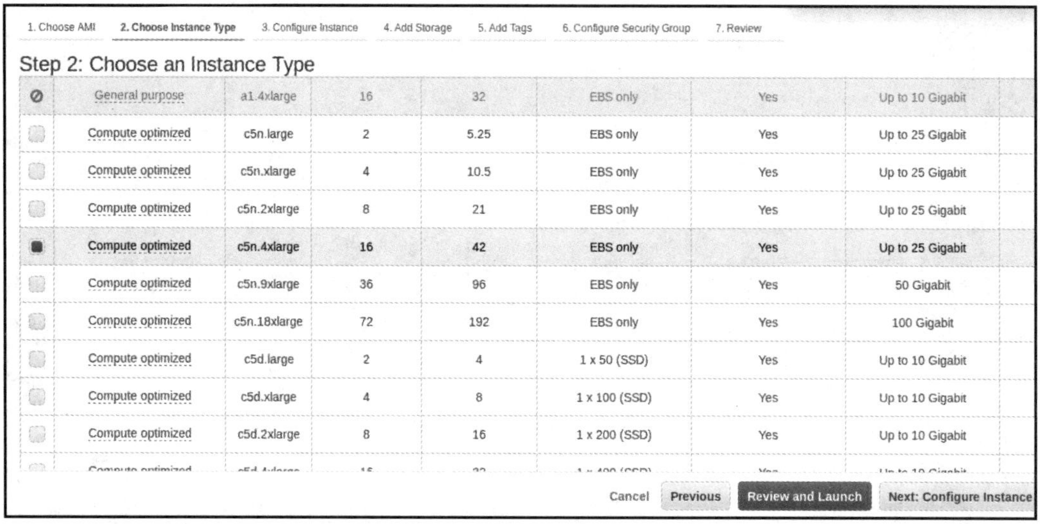

1. Choose AMI	2. Choose Instance Type	3. Configure Instance	4. Add Storage	5. Add Tags	6. Configure Security Group	7. Review	

Step 2: Choose an Instance Type

⊘	General purpose	a1.4xlarge	16	32	EBS only	Yes	Up to 10 Gigabit
☐	Compute optimized	c5n.large	2	5.25	EBS only	Yes	Up to 25 Gigabit
☐	Compute optimized	c5n.xlarge	4	10.5	EBS only	Yes	Up to 25 Gigabit
☐	Compute optimized	c5n.2xlarge	8	21	EBS only	Yes	Up to 25 Gigabit
■	Compute optimized	c5n.4xlarge	16	42	EBS only	Yes	Up to 25 Gigabit
☐	Compute optimized	c5n.9xlarge	36	96	EBS only	Yes	50 Gigabit
☐	Compute optimized	c5n.18xlarge	72	192	EBS only	Yes	100 Gigabit
☐	Compute optimized	c5d.large	2	4	1 x 50 (SSD)	Yes	Up to 10 Gigabit
☐	Compute optimized	c5d.xlarge	4	8	1 x 100 (SSD)	Yes	Up to 10 Gigabit
☐	Compute optimized	c5d.2xlarge	8	16	1 x 200 (SSD)	Yes	Up to 10 Gigabit
☐	Compute optimized	c5d.4xlarge	16	32	1 x 400 (SSD)	Yes	Up to 10 Gigabit

Cancel　Previous　**Review and Launch**　Next: Configure Instance

图 11.7

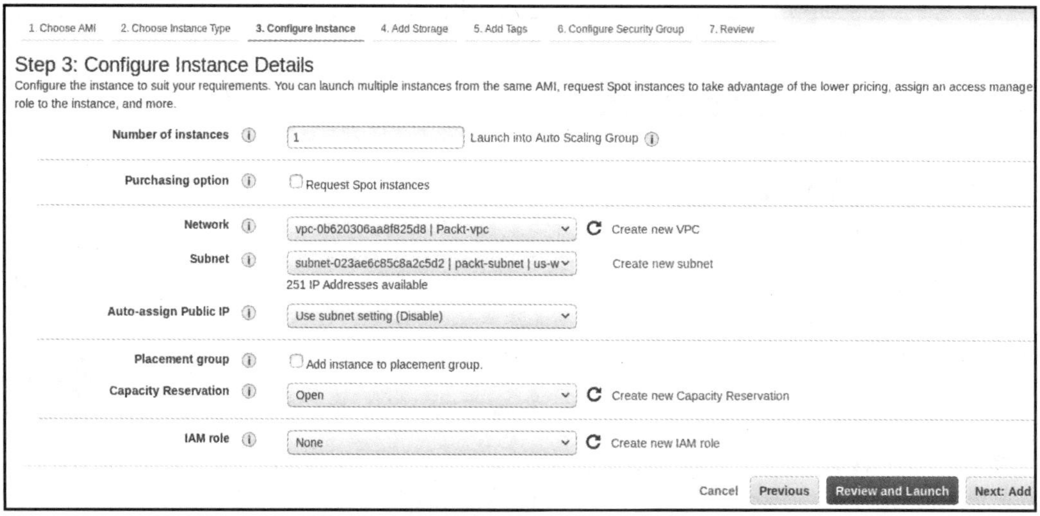

1. Choose AMI	2. Choose Instance Type	3. Configure Instance	4. Add Storage	5. Add Tags	6. Configure Security Group	7. Review

Step 3: Configure Instance Details

Configure the instance to suit your requirements. You can launch multiple instances from the same AMI, request Spot instances to take advantage of the lower pricing, assign an access manage role to the instance, and more.

Number of instances ⓘ	1　　　　　Launch into Auto Scaling Group ⓘ
Purchasing option ⓘ	☐ Request Spot instances
Network ⓘ	vpc-0b620306aa8f825d8 | Packt-vpc ⌄　↻　Create new VPC
Subnet ⓘ	subnet-023ae6c85c8a2c5d2 | packt-subnet | us-w ⌄　Create new subnet
	251 IP Addresses available
Auto-assign Public IP ⓘ	Use subnet setting (Disable) ⌄
Placement group ⓘ	☐ Add instance to placement group.
Capacity Reservation ⓘ	Open ⌄　↻　Create new Capacity Reservation
IAM role ⓘ	None ⌄　↻　Create new IAM role

Cancel　Previous　**Review and Launch**　Next: Add

图 11.8

向 EC2 实例（如果存在）中添加存储，否则可按照如图 11.9 所示的内容向实例中添加存储。

最后一步是向 EC2 实例中添加安全组，并随后启动该实例。

类似于 EC2 实例，我们还可利用 VPC 和之前创建的子网生成 EMR 实例。EMR 集群可包含多种工具，如 MapReduce、Spark、Sqoop、Hive 等。在此基础上，接下来考查如何创建和启动 EMR 集群。

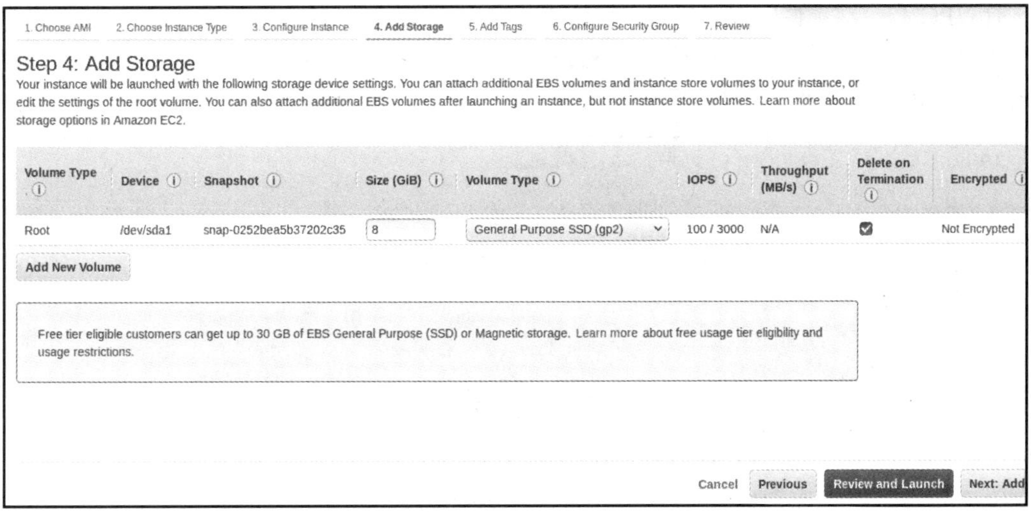

图 11.9

首先启动 EMR 集群创建安装向导，并选择高级设置项。随后选择 EMR 集群中的软件列表。此处可选择 AWS Glue 作为 Hive 元数据存储，如图 11.10 所示。当与其他系统协同工作时，这将会带来许多益处。

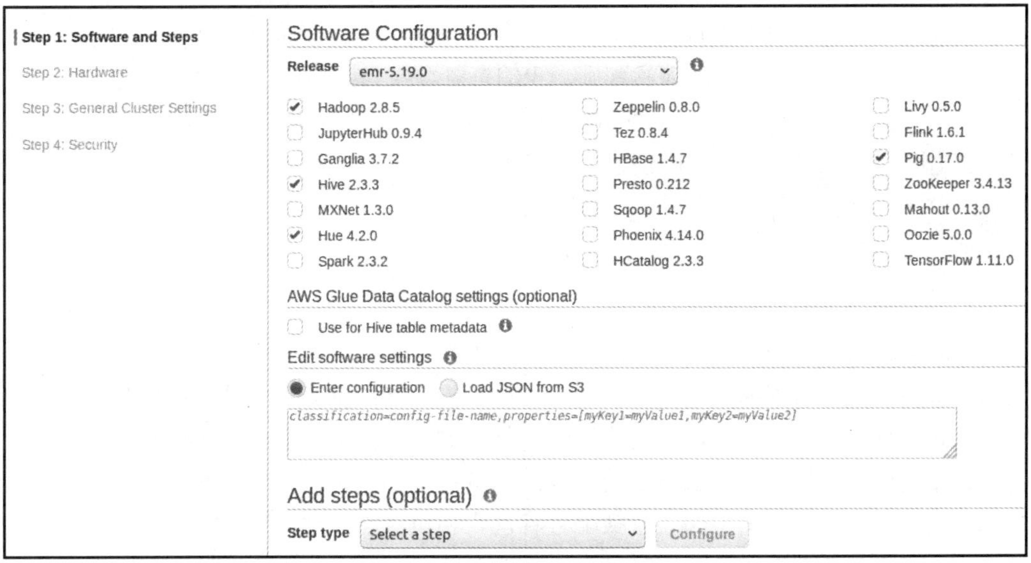

图 11.10

一旦完成了软件的选取，接下来就可以移至硬件配置项。其中包含了相关选项，以选择 VPC 和子网集群的创建位置，这一点十分重要，因为其他一些工具的访问权限也将被限制在 VPC 上，如 Redshift、Aurora DB 等；而且，如果在创建 EMR 集群时没有选择所需的 VPC，那么 EMR 节点将无法访问这些工具。图 11.11 显示了所选取的集群节点。

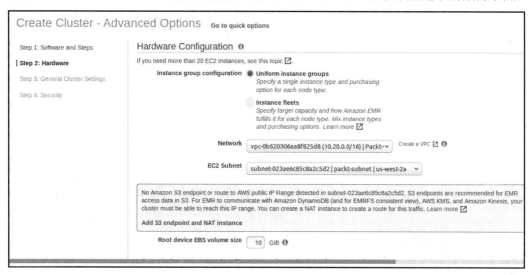

图 11.11

当前，可启动集群并根据需要对其加以使用。通过更改安全组，或者向与当前实例绑定的现有安全组中添加新的入站规则，我们可对 VPC 下创建的实例访问予以限制。一种较好的做法是，所有 prod 实例仅可被子网或 VPC 中的实例访问。如果 VPC 之外的任何实例需要访问，最好在二者间创建一个对等的 VPC。

11.4　管 理 资 源

资源管理对于本地基础设施或云端基础设施来说都是一项持续的处理过程。具体来说，部署的实例、启用的集群和所使用的存储都需要通过基础设施团队持续地进行监测和管理。一种可能的情况是，需要向已经运行的实例中添加一个卷（volume），对此，可向分布式处理数据库中添加额外的节点；或者添加实例以处理进入负载平衡器中的较大的流量。其他资源管理工作还包括配置管理，如修改防火墙规则、添加新用户以访问资源、添加新规则以访问当前资源中的其他资源等。

在开始阶段，由于缺乏优良的 GUI 界面和有效的工具以监测和管理资源，该过程一般通过自定义脚本或命令进行管理。当今，几乎所有的云提供商均提供了增强型的图形用户界面和工具，以帮助管理和监测云资源。另外，每家云提供商还包含了自己的可管理的 Hadoop 集群，如 Amazon 的 EMR 集群、Azure 的 HDinsight 集群等。同时，每家云提供商还配置了易于使用的界面来管理这些集群，进而可方便地通过 GUI 界面添加用户、添加节点、移除节点以及其他集群配置。

本节将讨论 Amazon AWS 示例，并考查云提供商在管理资源方面提供的诸多特性。

AWS 上的资源分组页面包含了全部资源分组，以及这些资源分组下所使用的资源数量，如图 11.12 所示。

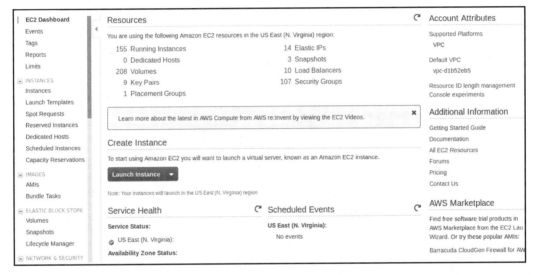

图 11.12

图 11.12 表明，某些区域的 AWS 账户包含了 155 个处于运行状态的实例、107 个所用的安全组、3 个数据库手动快照、208 个与实例绑定的卷、10 个处于运行状态的负载平衡器等。

假设需要管理运行于某一区域的 EC2 实例。单击并进入该实例后，EC2 资源管理页面如图 11.13 所示。

实例页面显示了在当前区域中创建的全部实例列表及其当前状态；此外还显示了其他一些细节信息，如实例类型、创建实例的可用区、公共 DNS、安全组等。图 11.14 则展示了实例的细节内容。

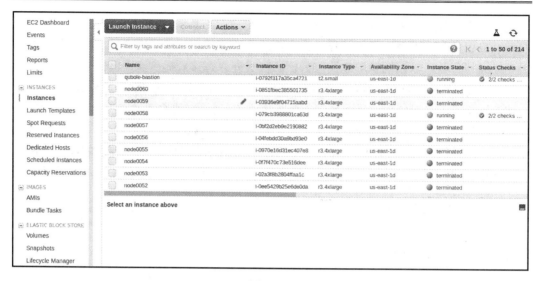

图 11.13

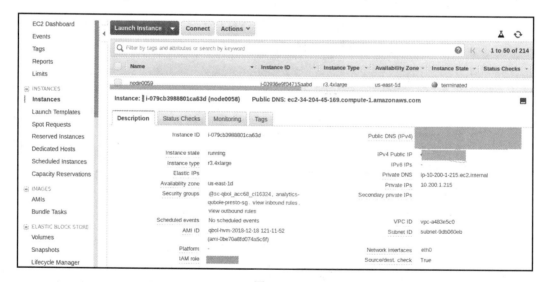

图 11.14

　　一旦选择了任何实例,对应的细节信息就会显示在该实例窗口的下方,如 VPC 和子网是在哪个实例中创建的、网络接口、与实例绑定的 IAM 角色、公共和私有 DNS 等。图 11.15 显示了 Instance Settings 中的内容。

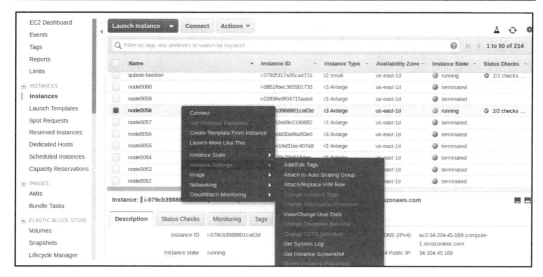

图 11.15

　　实例的配置可通过右击该实例进行管理，其中包含了多个设置项可管理 EC2 资源，如修改实例状态（从运行到停止该实例，或直接终止该实例）、向实例添加标签、绑定一个 IAM 角色、向实例中添加一个扩展组等。图 11.16 显示了实例网络资源管理方面的内容。

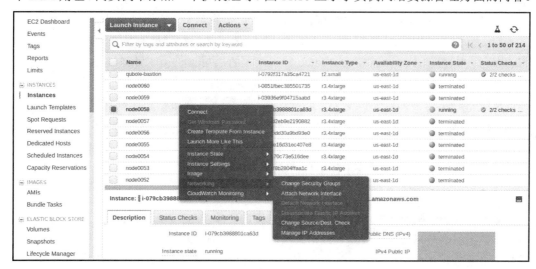

图 11.16

　　除此之外，其他设置项还包括向实例中添加新的安全组、修改入站/入口规则，以允许通过某些特定的实例或防火墙分组访问实例。本节中的全部示意图展示了云提供商如何通过简单、易用的界面简化资源管理过程。图 11.17 显示了 Instance State 管理方面的内容。

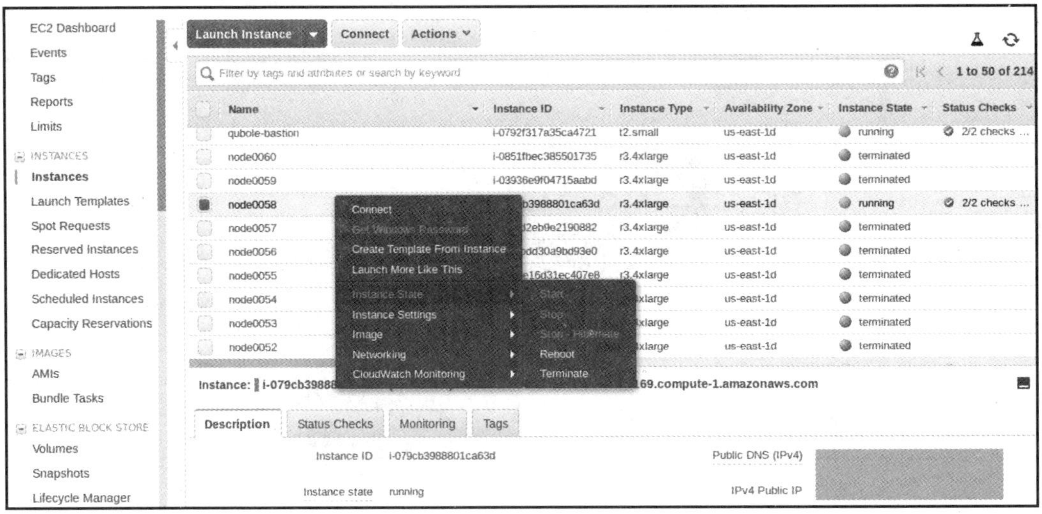

图 11.17

在健壮的资源监测机制的基础上，资源管理将变得十分简单。在根据指标警示信息调整/管理资源时，资源监测机制可提供较好的考查方向。例如，当存储能力到达 80%时，或者根据所报告的故障节点数量扩展集群节点时，可能需要向某个实例绑定或添加一个新卷。

Amazon CloudWatch 能够使开发人员、系统架构师和管理员实时监测和扫描云端中的 AWS 应用程序。Amazon CloudWatch 经自动配置后可提供请求计数、延迟和 AWS 资源的 CPU 应用方面的指标；另外，用户也可向 CloudWatch 发送自己的延迟和自定义指标进行监测。CloudWatch 提供了丰富的数据和报告集，进而帮助用户跟踪应用程序性能、资源应用、操作问题、限制条件等。

11.5　数　据　管　线

数据管线表示析取至业务报告之间的数据流，并涉及一些中间步骤，如清洗、转换，以及将数据加载至报告层。数据管线可采用实时、准实时或批处理方式。相应地，存储系统则可采用分布式存储（如 HDFS、S3）或分布式高吞吐量消息队列（如 Kafka 和 Kinesis）。

本节将讨论如何整合云提供商的各种工具，并针对使用者构建数据管线。如果读者了解之前讨论的 Hadoop 逻辑体系结构，那么本节内容将易于理解。如前所述，在开源工具方面，每家云提供商均提供了一些对等工具，以及特性集、基准测试。记住，这些基准测试仅与特定的工具相关，修改测试场景可能会有助于其他工具使用相同的数据集。

下面首先介绍数据管线中每个步骤所采用的不同工具，以及一些新的云提供商服务，进而可利用之前讨论的工具创建快速的数据管线。

11.5.1　Amazon 数据管线

AWS 数据管线是一项 Web 服务，可用于在源和目标之间自动化执行数据的移动和转换。另外，数据管线可用于定义工作流（即源和目标之间的任务流）。中间任务一般依赖于上一任务的完成结果，这也使我们能够作为管线配置和管理工作流。AWS 数据管线负责管理和处理调度机制的细节问题，以确保数据依赖关系可满足应用程序的要求，进而重点关注数据的处理过程。

数据管线提供了任务运行器（称作 AWS 数据管线任务运行器）的实现。AWS 数据管线内置了一些默认任务运行器，以执行常规任务，如执行数据库查询、利用 EMR 集群运行处理管线；此外，AWS 数据管线还可创建自定义任务运行器，进而管理数据处理管线。

AWS 数据管线基本实现了下列两项功能。

（1）调度和运行任务。Amazon EC2 实例经创建后可执行既定的处理操作。对此，需要将创建后的管线定义上传至当前管线中，并随后激活该管线。通常，用户可编辑处于运动状态的管线的配置内容，并再次激活管线以使其生效。当作业执行完毕后，可以删除对应的管线。

（2）任务运行器。AWS 数据管线轮询各项任务并执行所需任务。例如，任务运行器可将日志文件复制至 Amazon S3 中，并启动 Amazon EMR 集群。管线定义所创建的资源将触发任务运行器的执行。

11.5.2　Airflow

对于使用 Python 程序的作者、调度和监测器工作流来说，Airflow 是一个高级分布式框架。另外，该工作流也可被称作数据管线，它由一系列表示为有向无环图（DAG）的任务构成。

当遵循特定的依赖关系时，Airflow 可在 worker 数组上执行任务，同时它还提供了丰富的 UI 界面集以使用户能够跟踪对应的数据流，并在必要时执行某些配置工作。

Airflow 内置了一些默认语言和模板并以此定义任务序列。这些任务可以是计算机可执行的任意数量的事务，如在服务器上执行脚本、执行或查询数据库、任务完成时发送邮件、业务报告，或者等待某个文件在服务器上出现等。相应地，用户可定义任务的序列和执行时间，并管理队列的运行时机、每个队列中任务的运行顺序、任务出现故障时所执行的操作等。除此之外，还可进一步管理所需资源数量，并在计算资源生效时运行和调度任务。

11.5.3　Airflow 组件

Airflow 集群包含多个协同工作的守护进程，包括 Web 服务器、调度器、DAG、状态以及一个或多个 worker，具体解释内容如下所示。

- ❑ Web 服务器。Web 服务器显示 Airflow 的 UI，进而查看 DAG、状态、重启、变量创建和连接等操作。Airflow Web UI 使用一个 Web 服务器作为其后端，并向用户提供经典和易于使用的视图以管理管线。Airflow Web 服务器接收 REST HTTP 请求，以使用户可与其进行交互；此外，它还可操控 DAG 状态，如暂停、运行和触发状态。在分布式模式中，worker 在不同的节点上配置和安装，经配置后可从 RabbitMQ 代理中读取任务信息。
- ❑ 调度器。Airflow 调度器负责监视 DAG，此外还将触发满足依赖关系和条件的任务实例。Airflow 调度器对其进行监视并与所有 DAG 对象的文件夹保持同步。另外，调度器还将周期性地查看任务，以判断相关任务是否可被触发。
- ❑ worker。Airflow worker 表示为守护进程，该守护进程负责实际执行任务逻辑。worker 管理一对多的 CeleryD 进程，以执行特定 DAG 的期望任务。

11.5.4　数据管线的 DAG 示例

数据管线的 DAG 示例如下。

```
import logging
from airflow import DAG
from datetime import datetime, timedelta
from airflow.operators.dummy_operator import DummyOperator
from airflow.operators.python_operator import PythonOperator,
BranchPythonOperator
from airflow.operators.hive_operator import HiveOperator
from airflow.operators.email_operator import EmailOperator
from airflow.operators.sensors import HdfsSensor
from your_task_file_path import tasks
from your_hql_file_path import hql

logger = logging.getLogger(__name__)
```

```
DAG_ID = 'my-test-dag'

default_args = {
    'owner': 'Mehmet Vergili',
    'start_date': datetime(2017, 11, 20),
    'depends_on_past': False,
    'email': 'packt.publishing@gmail.com',
    'email_on_failure': 'packt.publishing@gmail.com',
    'email_on_retry': 'packt.publishing@gmail.com',
    'retries': 3,
    'retry_delay': timedelta(minutes=5)}

dag = DAG(dag_id=DAG_ID,
          default_args=default_args,
          schedule_interval=timedelta(days=1))

hdfs_data_sensor = HdfsSensor(
    task_id='hdfs_data_sensor',
    filepath='/data/mydata/{{ ds }}/file.csv',
    poke_interval=10,
    timeout=5,
    dag=dag
)

hive_dag = HiveOperator(
    task_id='hive_dag',
    hql="DROP DATABASE IF EXISTS {db} CASCADE; CREATE DATABASE
{db};".format(db='my_hive_db'),
    provide_context=True,
    dag=dag
)
hive_dag.set_upstream(hdfs_data_sensor)

hdfs_to_hive_table_dag = HiveOperator(
    task_id='hdfs_to_hive_table_dag',
    hql=hql.HQL_HDFS_TO_HIVE_TRANSFER.format(table_name='mydata',
                                    tmp_table_name='mydata_tmp',
                                    hdfs_path='/data/mydata/{{ ds
}}'),
    schema='my_hive_db',
    provide_context=True,
    dag=dag
)
```

```
hdfs_to_hive_table_dag.set_upstream(hive_dag)

count_data_rows = BranchPythonOperator(
    task_id='count_data_rows',
    python_callable=tasks.count_data_rows,
    templates_dict={'schema': 'my_hive_db'},
    provide_context=True,
    dag=dag
)
count_data_rows.set_upstream(hdfs_to_hive_table_dag)

stop_flow = DummyOperator(
    task_id='stop_flow',
    dag=dag
)

create_source_id = PythonOperator(
    task_id='create_source_id',
    python_callable=tasks.create_source_id,
    templates_dict={'source': 'mydata'},
    provide_context=True,
    dag=dag
)
create_source_id.set_upstream(hdfs_data_sensor)

clean_data_task = HiveOperator(
    task_id='clean_data_task',
    hql=hql.HQL_clean_data_task.format(source_id="{{
task_instance.xcom_pull(task_ids='create_source_id') }}",
                                    clean_mydata='clean_mydata',
mydata='mydata'),
    schema='my_hive_db',
    provide_context=True,
    dag=dag
)
clean_data_task.set_upstream(create_source_id)
count_data_rows.set_downstream([stop_flow, clean_data_task])

move_data_mysql = PythonOperator(
    task_id='move_data_mysql',
    python_callable=tasks.move_data_mssql,
    templates_dict={'schema': 'my_hive_db'},
```

```
    provide_context=True,
    dag=dag
)
move_data_mysql.set_upstream(clean_data_task)

send_email = EmailOperator(
    task_id='send_email',
    to='packt.publishing@gmail.com',
    subject='ingestion complete',
    html_content="Date: {{ ds }}",
    dag=dag)

send_email.set_upstream(move_data_mysql)
```

11.6　高可用性（HA）

高可用性是当今所有框架和应用程序的首要关注问题。其中，应用程序可通过本地或云方式部署。目前已涌现出多家云服务提供商，如 Amazon AWS、Microsoft Azure、Google Cloud Platform、IBM Cloud 等。利用本地部署实现高可用性具有一定的局限性，例如，即使本地持有多个有效的节点集群（包含处于运行状态的 HDFS 存储和处理引擎），但也无法保证发生灾难时所需的高可用性。另外，还需要对本地集群进行严格监测，以避免数据丢失，同时确保高可用性。

换而言之，云服务提供了更加健壮、可靠的高可用性特征。而且，多种场合都需要考查相应的高可用性级别，接下来将讨论一些概念性的应用场景。

11.6.1　服务器故障

应用程序运行于云端的实例上，每个实例隶属于特定的云资源，如区域、可用区、VPC、子网等。运行于应用程序上的实例可能会出于多种原因而导致故障或崩溃，如内存问题、网络问题或区域停运等问题。由于实例故障而无法访问应用程序通常难以令人满意。

1. 服务器实例高可用性

部署 RESTful 微服务是业界中的常见案例，其中，运行于实例上的每项服务负责处理特定的任务。例如，一家电子商务公司可能包含支持电子商务平台的多项微服务，如某项服务仅处理用户和订单细节信息；另一项服务可能会提供支付服务；此外还可能存在提供产品功能信息的微服务等。所有这些服务协调工作，进而实现整体功能。由于每项服务饰演了不同的重要角色，它们应具备高可用性，并可一次性服务于数百万个请求。因此，事先规划高可用性和可扩展性十分重要。针对运行于实例下的各项服务，图 11.18 显示了通过负载平衡器提供高可用性的示例。

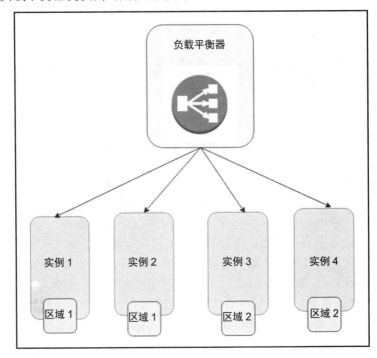

图 11.18

　　大数据中的多个案例表明，有时需要构建一个 RESTful 服务，以使用或生产来自其他应用程序的响应结果。如果确实存在此类需求，应仔细考查图 11.18 中的体系结构。当深入了解图中的实例部分时，即会发现这些实例在不同的区域中均为可用，进而提高了高可用性，即使其中的某个区域出现了故障。

2. 区域和可用区故障

　　故障通常是无法预测的，当设计体系结构时，较好的做法是关注所有的故障场景。云服务提供商在特定区域内配备了物理基础设施，且每个区域内可能包含多个可用区。一种可能的情形是，由于无法避免的原因，一个或多个可用区可能处于无效状态，或者整个区域均处于无效状态。在将应用程序部署到云上时，我们需要确保应用程序对区域和区域故障具有容错性，这意味着，负载平衡器下应包含多个可用实例。图 11.19 显示了区域和可用区故障下的高可用性。

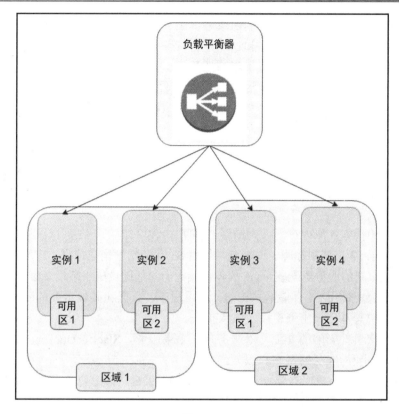

图 11.19

11.6.2　云存储高可用性

　　基础设施采用云服务的公司一般也会使用来自同一服务提供商的云存储方案存储其数据。数据可被视为有价值的资产，出于任何原因所导致的方向都是公司不可接受的。数据可以被存储在多处，如事务数据库系统、消息传递队列、分布式存储等。本节将讨论特定于 Hadoop 的存储方案，如 AWS S3。

　　即使大多数云服务提供商保证，存储在云存储系统中的数据可达 99.99%的可用性，但仍然会存在 0.01%的故障概率。这意味着，在数据丢失和中断方面依然存在保护缺口。

　　几乎所有的云服务提供商都采用了冗余硬件，并为客户的存储系统提供了服务水平协议。云存储一般具有一定的冗余性，但仅凭冗余性不足以解决中断问题。某些情形会导致数据变得不可访问，如本地组件故障、WAN 中断和云提供商中断。

　　一种较好的做法是，根据存储保护和可用性策略评估云服务提供商。某些云服务提供商并未提供默认的多区域云存储的简单方案。另外，还需要评估云提供商是否提供了定制的复制功能，或者其存储策略和功能是否符合我们的要求。一些云提供商制订了不同的存储级别层次，且每一层涵盖了不同的价格、特性和策略。更高级的存储层意味着更高级的功能，但与较低层的存储系统相比需要付出额外的费用。

2017 年 2 月，亚马逊曾出现了停运事故，多家公司因此被迫断网。

这次事故背后的关键因素如下。

❑ 北弗吉尼亚州（us-east-1）区域的 AWS S3 存储服务在几个小时内都无法访问。即使其他区域未受到任何影响，但该服务中断影响了当前整个区域，涵盖了所有可用性区域。在给定区域中配备了基础设施的大型客户不得不承受业务收入的损失。

❑ 问题的根本性原因在于人为错误。其间，AWS 内部正在执行日常维护工作，并导致了 S3 出现了故障。许多公司使用 S3 存储网站构建信息、应用程序、数据和其他重要的服务器配置，这次故障导致他们的基础设施中断以及收益方面的损失。

❑ 许多公司使用 S3 存储网站构建、应用程序、数据和其他重要的服务器配置，这会导致其基础设施停机以及收入损失。

❑ 受这次事件影响的非亚马逊服务包括苹果服务、Slack、Docker、雅虎邮箱和其他一些较为知名的网站和服务。

读者可访问 https://AWS.amazon.com/message/41926/，其中包含了故障修复后亚马逊在其网站上公布的完整细节。

某些云提供商针对多区域存储提供了可选方案，这意味着，某个区域中的故障不会对存储的可用性产生任何影响。Amazon AWS S3 在创建桶时并未设置多区域存储能力，也就是说，我们需要针对桶制订一项策略，以涵盖多区域备份存储。这样，即使包含某个桶的区域出现故障，数据仍可在另一个区域中的类似桶中予以提供。

11.7　本 章 小 结

本章讨论了云端 Hadoop 的逻辑视图，以及 Hadoop 在云端的逻辑架构。此外，我们还学习了资源管理方式，无论是本地基础设施或者是云基础设施，这都将是一个连续的处理过程。接下来，本章介绍了数据管线，以及如何整合云提供商提供的多种工具以对客户构建数据管线。最后，本章还重点讨论了高可用性，这也是当前各种框架和应用程序的主要关注点。应用程序可部署于本地或云端上。

第 12 章将学习 Hadoop 集群分析。

第 12 章　Hadoop 集群分析

Hadoop 集群是一个管理起来十分复杂的系统。作为集群的管理员，主要职责之一便是管理 Hadoop 集群的性能。对此，首先需要查找 Hadoop 配置的优化组合，进而适应不同的作业负载。然而，这将是一项令人畏惧且充满挑战的任务，同时也归因于 Hadoop 的分布式特性。对此，管理员需要进行多项 Hadoop 配置以确保 Hadoop 的性能问题。另外，相应的配置内容也会发生变化，且对 Hadoop 集群性能产生的影响也不一而同。

当对 Hadoop 集群性能进行优化时，需要从系统的角度理解 Hadoop 生态圈的不同组件对不同配置参数的影响方式，以及它们最终是如何影响 Hadoop 作业性能的。对此，可将这些参数分类为 I/O、JVM、内存和其他分类。在大数据应用程序性能调试中，I/O 可能是最具影响力的分类。针对 Hadoop 性能调试，首先需要整体理解作业负载与不同配置间的响应方式。据此，我们将能够获得满足所有工作负载性能需求的最佳集群配置。本章将讨论如何通过 Hadoop 集群基准测试和分析优化 Hadoop 集群性能。除此之外，我们还将讨论 Hadoop 集群基准测试和分析过程中所使用的不同工具。

12.1　基准测试和分析简介

Hadoop 集群可通过多种方式应用于各家组织机构中，在 Hadoop 集群上构建数据湖便是其中之一。数据湖构建于不同的数据资源类型之上，而每种数据资源均处于变化中，如数据类型或数据频率。对于数据湖中的这一类资源，数据处理类型也会产生变化，如实时处理或批处理。构建数据湖的 Hadoop 集群需要关注这些不同的工作负载类型。这些工作负载是内存密集型的，而一些工作负载则是内存和 CPU 密集型的。对集群进行测试和分析的一个原因是，作为一家组织机构，针对这些不同的工作负载类型，集群的基准测试和分析是十分重要的；另一个原因则是，集群节点可能包含不同的硬件配置。对于不同的工作负载，确保不同数据资源负载下的节点行为方式同样是十分重要的。

针对于此，我们应该对 Hadoop 中的重要组件进行基准测试和跟踪，如下所示。

❑ HDFS I/O。其重要性体现在，当运行 MapReduce 作业和 Hive 作业时，大量的数据将被写入磁盘中。

❑ NameNode。NameNode 是 Hadoop 的核心内容。如果 NameNode 出现故障，那么整个集群将会停止运作，因而有必要对 NameNode 进行基准测试，如读写操作、删除操作和文件的重命名操作。另外，NameNode 在与 DataNode 交互时执行大量的文件元数据操作。因此，NameNode 的内存使用同样十分重要。

❑ YARN 调度器。YARN 是 Hadoop 的作业调度管理工具，YARN 中存在不同的队列类型。FIFO、容量调度器和公平调度器包含了不同的特征类型，同时也提供了不同种类的算法。这些算法根据多种因素制订调度决策，如 YARN 用户设置、运行作业时集群中的可用容量、最小容量保证等。因此。确定正确的集群调度算法十分重要。另外，典型工作负载的 YARN 调度器基准测试和分析通常也十分有帮助。

❑ MapReduce。MapReduce 是 Hadoop 集群的基础内容。当运行 Pig 作业时，Hadoop 集群将运行 MapReduce 作业。MapReduce 引擎可被视为任何 Hadoop 集群的基础内容，因而对 Hadoop 集群进行基准测试和分析是绝对重要的。

❑ Hive。再次强调，Hive 是组织机构的数据湖作业所用的重要组件，其基准测试和分析过程是十分必要的，特别是大数据上的 SQL 支持。当开发人员编写简单的连接操作时，此类操作将一次性地转换为 Tez 执行，因而大数据的 SQL 查询可能会使用集群的所有资源。另外，DAG 也可能执行大量的 I/O 操作、使用所有的集群内核，抑或消耗大量的内存，从而导致内存不足问题。

❑ Pig。当在 Hadoop 集群上运行时，Pig 脚本被转换为 MapReduce 作业。Pig 采用 Pig Latin 编写，这将通过 Pig 编译器转换为 Java 代码。随后，Java 代码在集群中作为 MapReduce 程序执行。在此基础上，测试转换过程是否会带来某些性能问题可被视为一种较好的做法。而且，不同的操作类型将会生成不同的 Java 代码类型，如聚合、排序或连接操作。重要的是，这里应理解生成后的 Java 代码在集群中的工作方式。

图 12.1 描述了如何将 Hadoop 集群划分和规划为基准测试和分析过程。

另外，图 12.1 还进一步显示了对不同组件进行基准测试时可用的各种工具，12.2 节将详细讨论这些工具的具体应用。

Hadoop 集群的基准测试		
HDFS	TestDFSIO	
NameNode	NNBench	NNThroughputBenchmark
	合成加载生成器（SLG）	
YARN	YARN 调度器加载模拟器（SLS）	
Hive	TPC-DS	TPC-H
MIX-WORKLOADS	GRIDMIX	RUMEN

图 12.1

12.2　HDFS

当采用 HDFS 读、写数据时，HDFS 在批处理作业和微批处理作业方面饰演了重要的角色。如果在 HDFS 文件读、写方面应用程序存在任何瓶颈，那么这将导致整体的性能问题。

DFSIO 测试用于评估 MapReduce 作业的读、写性能，且是一类基于文件的操作，并通过并行方式读、写任务。其间，归约（reduce）任务收集所有的性能参数和统计数据。对此，我们可传递不同的参数进而测试吞吐量、所处理的全部字节数量、平均 I/O 速率等。重要的是，可将这些输出结果与 Hadoop 集群中的内核数量、磁盘和内存进行匹配。在了解了集群的限制条件后，可尝试在一定程度上减少这些限制。随后，可适当地调整作业机制或协作条件，进而获得最大的集群资源性能。下列代码表示为 DFSIO 的执行命令。

```
hadoop jar <HADOOP_CLIENT_INSTALLATION_PATH>/hadoop-mapreduce-client-
jobclient-<HADOOP_VERSION>-tests.jar TestDFSIO <OPTIONS>

OPTIONS can be:
-read[-random | -backward | -skip [-skipSize <FILE_SIZE_TO_SKIP>]]
-write |-append | -truncate | -clean
-nrFiles <NO_OF_FILES>
-fileSize <SIZE_OF_FILE>
-compression codecClassName
-resFile <LOCATION_OF_RESULTING_FILE_NAME>
-storagePolicy <HDFS_FEDERATION_STORAGE_POLICY_NAME>
-erasureCodePolicy <ERASURE_ENCODING_POLICY_NAME>
```

在数据生成完毕后，文件将通过映射任务被处理。相应地，映射器将收集下列统计
信息。

❑　　完成的任务。

❑　　读、写的字节。

❑　　全部执行时间。

❑　　I/O 操作的速率。

❑　　I/O 操作速率的平方值。

最终的报告结果包含下列参数。

❑　　测试类型（读/写）。

❑　　日期和测试完成时间。

❑　　文件数量。

❑　　处理的字节数。

❑　　以 MB 计算的吞吐量（全部字节数量/文件处理时间之和）。

❑　　每个文件的平均 I/O 速率。

❑　　标准 I/O 速率偏差。

12.3　NameNode

NameNode 是 HDFS 的主守护进程，每个读、写的客户端请求将历经 NameNode。如
果 NameNode 性能降低，由于 NameNode 与生成的请求间响应缓慢，最终将导致应用程
序性能下降。下面考查 NameNode 性能的分析方式。

12.3.1　NNBench

NameNode 是 Hadoop 的核心内容。HDFS 中的任何文件操作首先需要经历 NameNode。
除管理文件操作外，NameNode 还将跟踪 DataNode 上所有文件的位置。因此，针对所选
硬件配置而测试 NameNode 的性能是十分重要的。NNBench 即是这样一类工具，可帮助
我们评估 NameNode 的性能。根据 NNBench 的输出结果，我们可确定 NameNode 的最优
配置。下列命令可用于运行 NNBench（源自 Apache Hadoop 3 文档）。

```
hadoop jar <HADOOP_CLIENT_INSTALLATION_PATH>/hadoop-mapreduce-client-
jobclient-<HADOOP_VERSION>-tests.jar nnbench <OPTIONS>
```

```
OPTIONS can be:
-operation [create_write|open_read|rename|delete]
-maps <NO_OF_MAPPERS>
-reduces <NO_OF_REDUCERS>
-startTime <EPOCH_TIME_IN_FUTURE>
-blockSize <HDFS_BLOCK_SIZE_IN_BYTES>
-bytesPerChecksum <BYTES_PER_CHECKSUM_PER_FILE>
-numberOfFiles <NUMBER_OF_FILES>
-replicationFactorPerFile <REPLICATION_FACTOR>
-baseDir <HDFS_BASE_PATH_FOR_FILES>
-readFileAfterOpen <TRUE_OR_FALSE>
```

关于 NNBench，需要注意以下 3 点内容。

（1）NNBench 通过 DataNode 在 NameNode 上运行多项操作。当文件数量较少时，NNBench 专用于 NameNode 上的 stress-test。

（2）对于读取、重命名和删除操作，首先需要利用 NNBench 生成文件。

（3）此处应使用-readFileAfterOpen 选项，该选项可报告读取文件的平均时间。

12.3.2　NNThroughputBenchmark

NNThroughputBenchmark 测试主要面向运行于 NameNode 上的多个客户端线程，并捕捉其吞吐量。该测试主要关注基于最小化开销的 NameNode 吞吐量的捕捉结果。例如，在 NameNode 上执行操作的客户端运行于单一节点上，但却使用了多个线程模拟多项操作。这可避免多次远程过程调用（RPC）和序列化-反序列化导致的通信开销。该基准测试始于针对每个线程生成的输入内容，进而再次在开始阶段避免了影响吞吐量统计结果的开销。另外，NNThroughputBenchmark 测试利用指定的线程数量测试特定的 NameNode 操作，以收集与 NameNode 在 1s 内执行的操作数量相关的统计信息。而且，该测试还将输出特定操作的平均执行时间。该测试的执行命令如下（源自 Apache Hadoop 3 文档）。

```
Hadoop org.apache.hadoop.hdfs.server.namenode.NNThroughputBenchmark
[genericOptions] [commandOptions]

 For genericOptions:
   Refer Link
https://hadoop.apache.org/docs/r3.0.0/hadoop-project-dist/hadoop-common/Com
mandsManual.html#Generic_Options

 For commandOptions:
```

```
-op
[all|create|mkdirs|open|delete|fileStatus|rename|blockReport|replication|
clean]
-logLevel [ALL|DEBUG|ERROR(Default)|FATAL|INFO|OFF|TRACE|TRACE_INT|WARN]
-UGCacheRefreshCount <INTEGER_VALUE>
-keepResults [TRUE|FALSE]
```

表 12.1 解释了每个 commandOptions 参数

表 12.1

参　　数	说　　明
op	指定希望在 NameNode 上执行的操作。这是一个需要首先提供的强制型字段。注意，[all]选项在 NameNode 节点的不同操作类型上均为有效
loglevel	可以设置 Apache Log4J 库提供的任何日志记录级别，对应的默认值为 error。读者可访问 https://logging.apache.org//apache/log4j/Level.html 查看全部有效的日志级别
UGCacheRefreshCount	指定时间值并将用户刷新至 NameNode 中维护的分组映射缓存。该值默认为 0，表示从不被调用
keepResults	这确保在执行完成后不会对创建的命名空间调用 clean。默认情况下，clean 将被调用

op 参数包含了多个其他选项，它们随每种不同的操作类型而变化，如表 12.2 所示。

表 12.2

选　　项	说　　明
all	这将为所有其他操作提供选项，因为它运行在每个可用选项上
create	[-threads] [-files] [-filesPerDir] [-close]
mkdirs	[-threads] [-dirs] [-dirsPerDir]
open	[-threads] [-files] [-filesPerDir] [-useExisting]
delete	[-threads] [-files] [-filesPerDir] [-useExisting
fileStatus	[-threads] [-files] [-filesPerDir] [-useExisting]
rename	[-threads] [-files [-filesPerDir] [-useExisting]
blockReport	[-datanodes] [-reports] [-blocksPerReport] [-blocksPerFile]
replication	[-datanodes] [-nodesToDecommission] [-nodeReplicationLimit] [-totalBlocks] [-replication]

表 12.3 包含了 op 参数不同的选项。

表 12.3

选　　项	说　　明
threads	运行于各自操作上的全部线程数量
files	各自操作的全部文件数量
dirs	各自操作的全部目录数量
filesPerDir	每个目录中的文件数量
close	创建文件后关闭文件
dirsPerDir	每个目录中的目录数量
useExisting	如果指定了该选项，将不会重新生成命名空间并使用现有的数据
datanodes	所模拟的数据节点的全部数量
reports	所发送的块报告的全部数量
blocksPerReport	每个报告中的块数量
blocksPerFile	每个文件中的块数量
nodesToDecommission	停用的模拟数据节点的全部数量
nodeReplicationLimit	数据节点的输出复制流的最大数量
totalBlocks	可操作的全部块的数量
replication	复制因子。如果大于数据节点的数量，该值将被调整为数据节点的数量

ⓘ 注意：

在 Hadoop 3 中，NNThroughputBenchmark.java 的代码发生了变化，这主要取决于 HDFS 的内部擦除编码功能，且不会对 NNThroughputBenchmark 使用方式产生任何影响。对此，读者可参考下列 Jira 链接：https://issues.apache.org/jira/browse/HDFS-10996。

12.3.3　合成加载生成器

合成加载生成器（SLG）可帮助我们评估 NameNode 的性能，并包含了多种选项可生成不同种类的 NameNode 读、写工作负载。SLG 根据用户向其提供的概率划分读、写操作，这有助于深入了解集群包含的负载工作类型。例如，对于读取敏感型工作负载，我们可适当地增加读取概率；对于写入操作较为繁重的集群，情况也基本类似。

SLG 还可控制读、写请求针对 NameNode 的生成方式。读、写请求可在同步生成请求的多个工作线程上执行，这一点与延迟行为较为类似。图 12.2 显示了合成加载的应用方式及其针对 NameNode 的测试运行方式。

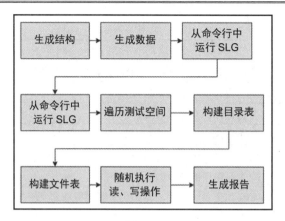

图 12.2

图 12.2 展示了 SLG 的工作方式。对于处于运行状态下的 SLG，首先需要生成测试数据，其间包含两个部分。首先，需要生成目录和子目录，如下列命令所示（源自 Apache Hadoop 3 文档）。

```
yarn jar <HADOOP_MAPREDUCE_CLIENT_INSTALLATION_PATH>/hadoop-mapreduce-
client-
jobclient-<hadoop-version>.jar NNstructureGenerator [options]

Options can be:
/*The Default value is 5 that represents Maximum depth of the directory
tree.*/
-maxDepth <MAX_DEPTH_HIERARCHY_COUNT>
/* The Default value is 1 that represents Minimum number of sub directories
per directories */
-minWidth <MIN_SUBDIRECTORIES_COUNT>
/* The Default value is 5 that representsMaximum number of sub directories
per directories. */
-maxWidth <MAX_SUBDIRECTORIES_COUNT>
/*The Default value is 10 that represents The total number of files in the
test space*/
-numOfFiles <NO_OF_FILES_TO_GENERATE>
/* Average size of blocks; default is 1. */
-avgFileSize <FILESIZE_IN_TERMS_OF_NO_OF_BLOCKS>
/*Output directory; default is the current directory.*/
-outDir <OUTPUT_REPORT_DIRECTORY_LOCATION>
/*Random number generator seed; default is the current time.*/
-seed <JAVA_RANDOM_LONG_TYPE_SEED>
```

其次，需要利用下列命令针对生成后的目录结构生成数据（源自 Apache Hadoop 3

文档）。

```
yarn jar <HADOOP_MAPREDUCE_CLIENT_INSTALLATION_PATH> hadoop-mapreduce-client-
jobclient-<hadoop-version>.jar NNdataGenerator [options]

Options can be:
/*Input directory name where directory/file structures are stored; default
is the current directory.*/
-inDir <INPUT_DIRECTORY_LOCATION>
/*The name of the root directory which the new namespace is going to be
placed under; default is "/testLoadSpace".*/
-root test space root
```

运行下列命令以执行最终的诊断测试（源自 Apache Hadoop 3 文档）。

```
yarn jar <HADOOP_MAPREDUCE_CLIENT_INSTALLATION_PATH> hadoop-mapreduce-client-
jobclient-<hadoop-version>.jar NNloadGenerator [options]

Options can be:
/* The probability of the read operation; default is 0.3333.*/
-readProbability <READ_PROBABILITY>
/* The probability of the write operations; default is 0.3333.*/
-writeProbability <WRITE_PROBABILITY>
/* The root of the test space; default is /testLoadSpace. */
-root test space root
/*The maximum delay between two consecutive operations in a thread; default
is 0 indicating no delay.*/
-numOfThreads <NUMBER_OF_THREADS>
/*The number of seconds that the program will run; A value of zero
indicates that the program runs forever. The default value is 0.*/
-elapsedTime <TIME_FOR_PROGRAM_TO_RUN>
/* The time that all worker threads start to run. By default it is 10 seconds
after the main program starts running.This creates a barrier if more than
one load generator is running.*/
-startTime <TIME_TO_START_THREADS>
/*The random generator seed for repeating requests to NameNode when running
with a single thread; default is the current time.*/
-seed <JAVA_RANDOM_LONG_TYPE_SEED>
```

🛈 注意：

Hadoop 3 修复了与 SLG 文件关闭时间相关的 bug，这一修复行为也应用于之前的 Hadoop 版本中。读者可访问 https://issues.apache.org/jira/browse/HADOOP-14902 以了解更多内容。

12.4　YARN

　　YARN 是新一代的资源管理器，并在 Hadoop 集群中的应用程序的调度和执行方面饰演了重要的角色。本节将考查如何针对 YARN 集群运行基准测试。

　　Hadoop 提供了 3 种不同种类的、队列形式的调度算法，即 FIFO 调度器、计算能力调度器和公平调度器。每种调度器倾向于不同的因素，如可用容量、不同运行作业的公平性以及可保障的资源可用性。当前，需要确定的要点是适用于产品环境下工作负载的队列类型，而调度器加载模拟器（SLS）测试可以帮助我们制订这一决策。需要注意的是，模拟器是在预测基础上进行的，且不会在整个集群上运行作业。当在较大的集群上运行时，该过程较为耗时且代价相对高昂。然而，很少有组织机构会在大型集群上运行模拟器。该测试预测队列与工作负载之间的适配程度。图 12.3 简要地解释了 YARN 调度器加载模拟器的工作机制。

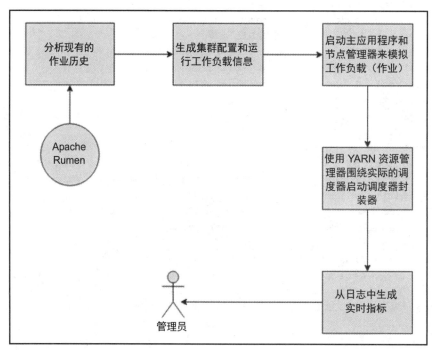

图 12.3

　　在图 12.3 中，当前测试首先利用 Apache Rumen 生成一个集群和应用程序配置，随后在线程池中启动 Nodemanagers 和 ApplicationMasters，以使用现有的 YARN 资源管理器，并围绕所用的调度器构建一个封装器。该封装器根据调度器行为和日志生成不同的矩阵。最后，这些输出结果供管理员进行分析。

ⓘ **注意：**

本节简要地介绍了 YARN SLS。如果需要深入了解 YARN SLS，读者可访问 https://hadoop.apache.org/docs/r3.0.0/hadoop-sls/SchedulerLoadSimulator.html，以了解测试方面的详细信息，以及体系结构和应用方面的内容。

12.5　Hive

Hive 是一个被广泛地应用于 Hadoop 之上的数据仓库工具，通过使用 MapReduce、Apache Tez、Apache Spark 等执行引擎，Hive 在日常批处理作业运行和业务报告查询方面饰演了重要的角色。另外，对其进行基准测试同样十分重要。

12.5.1　TPC-DS

Hive 较为重要的基准测试范例之一是 TPC-DS，该基准测试标准尤其针对大数据系统创建，以满足多项业务需求和不同种类的查询，如数据挖掘、交易导向和报告机制。对此，可使用 Hortonworks hive-testbench 开源包运行 TPCDS 基准测试。下列内容展示了基于 Hive 13 的执行步骤。

（1）访问 https://github.com/hortonworks/hive-testbench.git 克隆最新的 GitHub 库 git clone。

（2）构建 TPC-DS，如下所示。

```
cd hive-testbench
./tpcds-build.sh
```

（3）生成表并加载数据，如下所示。

```
./tpcds-setup.sh [SCALE_FACTOR][DIRECTORY]

/* SCALE_FACTOR represents how much data how much data you want to
generate. A
   factor of 1
represents roughly 1GB. DIRECTORY represents temporary HDFS
directory where
```

```
tables data would be
stored.*/
```

（4）运行 TPC-DS 示例查询，如下所示。

```
cd sample-queries-tpcds
hive -i testbench.settings
/* After login to HIVE Console */
use tpcds_bin_partitioned_orc_<SCALE_FACTOR>;
source query55.sql
```

12.5.2　TPC-H

TPC 基准测试（TPC-H）同时包含与业务相关的临时查询和数据修正，并尝试对真实查询场景和修正过程建模。基本上讲，这种类型的基准测试可被视为一个支持系统，且有助于以正确的方式制订业务决策。TPC-H 基准测试关注大容量、复杂的查询，并针对重要的问题给出应有的答案。对此，可采用 Hortonworks hive-testbench 开源包运行 TPC-H 基准测试。下列内容展示了基于 Hive 13 的执行步骤。

（1）访问 https://github.com/hortonworks/hive-testbench.git，并克隆最新的 Git 库 git clone。

（2）构建 TPC-H，如下所示。

```
cd hive-testbench
./tpch-build.sh
```

（3）生成表并加载数据，如下所示。

```
./tpch-setup.sh [SCALE_FACTOR][DIRECTORY]

/* SCALE_FACTOR represents how much data how much data you want to
generate. A factor of 1
represents roughly 1GB. DIRECTORY represents temporary HDFS directory
where tables data would be
stored. */
```

（4）运行 TPC-H 示例查询，如下所示。

```
cd sample-queries-tpch
hive -i testbench.settings
/* After login to HIVE Console */
use tpch_bin_partitioned_orc_<SCALE_FACTOR>;
source tpch_query1.sql
```

12.6　混合工作负载

本节将讨论集群上混合负载的基准测试策略，如 MapReduce 历史作业分析和其他生产作业分析。

12.6.1　Rumen

Apache Rumen 工具用于分析 MapReduce 作业历史日志，它输出包含具体含义和易于阅读的文本内容。作业的输出结果可用于其他基准测试工具，如 YARN 调度器负载模拟器或 Gridmix。Apache Rumen 包含以下两部分内容。

（1）Tracebuilder。Tracebuilder 将 Hadoop 作业历史日志转换为易于解析的格式，即 JSON。对此，下列命令可运行 Tracebuilder（源自 Apache Hadoop 3 文档）。

```
hadoop rumentrace [options] <jobtrace-output> <topology-output>
<inputs>

<jobtrace-output> - Location of the Json output file
<topology-output> - Cluster layout file
<inputs> - Jobhistory logs location

Options are
-demuxer Used to read the jobhistory files. The default
isDefaultInputDemuxer.
-recursive Recursively traverse input paths for job history logs.
```

（2）文件夹。该部分内容用于扩展跟踪运行期。相应地，可增加或减少跟踪运行期，以查看集群在向上和向下伸缩时的行为方式。下列命令可用于运行文件夹（源自 Apache Hadoop 3 文档）。

```
hadoop rumenfolder [options] <TRACEBUILDER_OUTPUT_JSON>
<FOLDER_OUTPUT_LOCATION>

Options can be:
-input-cycle Defines the basic unit of time for the folding
operation. There is no default value for
input-cycle. Input cycle must be provided.

-output-duration This parameter defines the final runtime of the
```

```
trace. Default value if 1 hour.

-concentration Set the concentration of the resulting trace. Default value
is 1.

-debug Run the Folder in debug mode. By default it is set to false.

-seed Initial seed to the Random Number Generator. By default, a
Random Number Generator is used to generate a seed and the seed value is
reported back to the user for future use

-temp-directory Temporary directory for the Folder. By default the
output folder's parent directory is used as the scratch space.

-skew-buffer-length Enables Folder to tolerate skewed jobs. The
default buffer length is 0.

-allow-missorting Enables Folder to tolerate out-of-order jobs. By
default mis-sorting is not allowed.
```

12.6.2 Gridmix

Gridmix 基本上对每个生产作业的资源配置文件进行建模，以指定作业的确切资源需求，以及应该为这些作业分配多少资源，且有助于识别瓶颈问题并对开发人员提供相应的指导。Gridmix 使用 Rumen 生成的集群的作业跟踪，且需要使用二进制格式的输入数据（不支持其他格式）。记住，需要在运行 Gridmix 之前运行 Rumen。下列命令可用于运行 Gridmix（源自 Apache Hadoop 3 文档）。

```
java org.apache.hadoop.mapred.gridmix.Gridmix [JAVA_OPTS] [-generate
<SIZE>] [-users <USERS>] <IOPATH> <RUMEN_TRACE_PATH>

/*
[JAVA_OPTS] - Configuration parameters like -
Dgridmix.client.submit.threads=10 -Dgridmix.output.directory=foo

<SIZE> - Size of input data and distirbuted cache file. 1G would result
in 1*2^30 bytes.
<USERS> - path to users file (Ref below link for more details:
          http://hadoop.apache.org/docs/current/hadoop-
          gridmix/GridMix.html#usersqueues)
<IOPATH> - Working directory of Gridmix can be local or HDFS
```

```
<RUMEN_TRACE_PATH> - Location of Traces generated by Rumen. It can be
compressed by one of the compresseion codec supported by Hadoop.

Gridmix expects certain jars to be present in CLASSPATH while running the
job. You have to pass those jars -libjars options. It definitely needs
hadoop-rumen-<VERSION>.jar to be present in CLASSPATH.
```

注意：

本节简要介绍了 Gridmix。实际上，Gridmix 是一个功能强大的工具，且有助于分析集群以及运行于该集群上的作业。Gridmix 包含了多个选项，以模拟生产工作负载。但本节并未对全部选项进行介绍。读者可访问 http://hadoop.apache.org/docs/current/hadoop-gridmix/GridMix.html 查看 Gridmix 在 Hadoop 环境下的应用方式。

12.7　本 章 小 结

本章讨论了可用于 Hadoop 环境下的不同类型的基准测试工具。在阅读完本章后，读者应能够清晰地理解针对不同 Hadoop 组件的各种开源基准测试工具，如 HDFS、Hive 和 YARN。此外，读者还可访问本章列出的链接，进而查看每种基准测试的详细信息。

第 13 章将学习 Hadoop 安全方面的相关概念。此外，我们还将学习 Hadoop 中的身份验证和授权问题。

第 4 部分

Hadoop 的安全机制

第 4 部分内容将介绍 Hadoop 安全方面的问题，包括身份验证和授权机制、静态安全数据和动态安全数据。此外，本部分内容还将讨论如何监测 Hadoop 生态圈组件。

第 4 部分内容主要涉及下列 3 章内容。

❑ 第 13 章：Hadoop 中的角色及其执行内容。

❑ 第 14 章：网络和数据安全。

❑ 第 15 章：监测 Hadoop。

第13章 Hadoop 中的角色及其执行内容

本章将介绍 Hadoop 生态圈中的安全机制。当在组织机构中使用 Hadoop 时，安全问题十分重要。组织机构一般不希望出现未经授权的访问，进而能够接触到 HDFS 文件系统中存储的数据。在向组织机构的 Hadoop 应用程序提供安全保障时，安全性将会涉及多方面的因素。接下来将对此加以考查，以进一步理解安全机制在 Hadoop 企业级应用程序中饰演的角色。

本章主要涉及以下主题。

❑ Hadoop 安全问题的各种因素。
❑ 安全系统。
❑ Kerberos 验证机制。
❑ 用户授权机制。

13.1 Hadoop 安全问题的各种因素

在设计 Hadoop 集群的安全机制之前，首先应了解影响安全问题的各种因素。图 13.1 描述了 Hadoop 安全机制所涉及的主要问题。

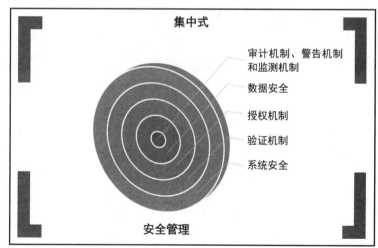

图 13.1

在讨论图 13.1 中的各个圆环之前，首先应了解 Hadoop 安全机制中的一个重要问题，即安全管理。作为 Hadoop 安全管理员，需要在较高级别上执行下列操作。

❑ 通过自动化脚本或安全工具获得或开发集中式 Hadoop 安全支持的方法。

❑ 获得或开发集中式 Hadoop 监测系统和警告系统。该系统应遵守企业级安全规则，并与所选的警告系统和监测系统实现深度集成。

❑ 提供或规划不同的用户和角色（分组）类型。全部用户和角色应统一地与活动目录（AD）用户和分组实现同步和集成。另外，AD 应在每个 Hadoop 节点上并在 OS 级别上予以集成。

下面简要地介绍以下不同的安全问题。

❑ 在图 13.1 中，最外面的圆环表示为系统安全。系统安全一般涉及网络安全和 OS 级别的安全。这里，我们主要讨论网络分段和蛮力安全漏洞攻击。

❑ 第 2 个外环代表安全系统的基础内容，即验证机制，同时构建了终端用户和集群中所用 Hadoop 服务的标识。

❑ 第 3 个外环与授权机制相关，即 Hadoop 集群中的角色及其可执行的相关操作。例如，谁可以使用集群中的 Hive 服务，谁可以在集群中运行 Storm 作业。在 Hadoop 集群中，存在多种方式可实现此类任务，稍后将对此加以考查。

❑ 第 4 个外环表示数据安全。相应地，数据安全可被划分为以下两部分内容。

➢ 静止的安全数据。这意味着，对存储在硬盘上的数据提供安全保护。

➢ 动态数据。当数据在网络上传输时对其进行保护。如果无法检测和通知安全漏洞，则意味着不存在任何可用的安全系统。

❑ 最外层圆环表示如何检测、审计和监视集群上的任何恶意企图，或可能出现的任何漏洞。所有的安全系统都应包含相应的审计、警告和监测系统。

记住，如果缺失任何安全因素，将无法构建整体安全的 Hadoop 集群。这一类安全因素十分重要，且它们在全面、完整的安全系统中彼此支持。

13.2　系　统　安　全

系统安全多与操作系统（OS）安全和节点的远程安全 Shell（SSH）访问相关。OS 安全包含定期检查和 OS 安全漏洞解决方案（通过补丁或替代方案）。作为管理员，我们应注意操作系统的漏洞和黑客发布的恶意软件。除此之外，还应了解针对这些漏洞的安全补丁和解决方案。

ℹ️ **注意：**

读者可访问 https://www.cvedetails.com/ 查看最新的 OS 漏洞和恶意软件。

Hadoop 集群由具有不同配置文件的各种节点组成。其中，一些节点表示为由 NameNode 和 JournalNode 构成的主节点，而另一些节点则表示为由 HDFS DataNode 和 HBase 区域节点构成的 worker 节点。特别地，在远程 SSH 访问中，防火墙规则可能会随着节点的配置文件类型而变化。针对于此，表 13.1 特定于 SSH 访问，并确定了角色类型与节点配置文件之间的 SSH 访问关系。注意，该表可能不包含所有节点类型的综合列表。

针对 Hadoop 生态圈的安全机制，表 13.1 展示了不同的节点变化。

表 13.1

配置文件类型	节点名称（仅表示为示例内容，实际内容可能会在集群间发生变化）	SSH 访问类型
主节点	❑ HDFS 主、次 NameNode ❑ ZooKeeper 故障转移控制器 ❑ MapReduce JobTracker ❑ YARN Resourcemanager 和 JobHistoryServer ❑ Hive Metastore 和 HiveServer2 ❑ HBase 主服务器 ❑ Oozie 服务器 ❑ ZooKeeper 服务器	仅限于管理员
worker 节点	❑ DataNode ❑ HBase 区域服务器	仅限于管理员
管理节点	❑ Ambari 服务器 ❑ Git 服务器 ❑ 数据库服务器	仅限于管理员
	边缘节点	仅限于开发人员和终端用户

💡 **提示：**

表 13.1 仅起到示意作用，以使读者了解如何为不同的节点配置文件类型规划 SSH 访问。

13.3　Kerberos 验证机制

大数据领域面临着诸多挑战，如存储机制、处理机制、分析、大型数据集的管理和安全机制。当企业开始实现 Hadoop 时，由于生态圈的分布特性，以及置于 Hadoop 之上

的大范围的应用程序，源自企业上下文环境的 Hadoop 安全机制变得更具挑战性。Hadoop
安全机制中的关键安全因素之一是验证行为。

　　Kerberos 经 Hadoop 团队选择后作为实现 Hadoop 验证机制的相应组件。Kerberos 是
一个安全的网络验证协议，该网络验证协议针对客户端-服务器应用程序引入了主要的验
证机制，同时无须通过网络传输密码。Kerberos 实现了使用对称密钥加密创建的时间敏
感型票据，而对称密钥加密是在广泛使用的基于 SSL 的身份验证中进行选择的。

13.3.1　Kerberos 的优点

　　Kerberos 的优点如下。

- 较好的性能。Kerberos 采用对称密钥操作。通常情况下，对称密钥操作快于 SSL
  验证，后者基于公共-私有密钥。
- 可以方便地与企业身份验证服务器集成。Hadoop 可被视为多项服务的存储，如
  HDFS、Hive、YARN 和 MapReduce。这些服务通过用户账户加以使用，并通过
  身份验证服务器予以管理，如 AD。可以轻松地将 Kerberos 安装设置为 Hadoop
  集群的本地版本，同时仍然确保终端用户使用远程 AD 服务器进行身份验证。
  全部服务仍然通过本地 Kerberos 进行身份验证，同时确保 AD 服务器上较少的
  负载。
- 更加简单的用户管理。创建/删除/更新 Kerberos 中的用户十分简单，全部所需工
  作仅是从 Kerberos KDC 或 AD 中创建/删除或更新用户。然而，对于基于 SSL
  的验证机制，删除一位用户意味着生成新的证书撤销列表并向所有服务器传播。
- 无须在网络上传输密码。Kerberos 是一个安全的网络身份验证协议，该网络身
  份验证协议针对客户端-服务器应用程序引入了主要的身份验证机制，且无须通
  过网络传输密码。Kerberos 实现了对称密钥加密创建的时间敏感型的票据。
- 可扩展性。密码或密钥仅 KDC 和主体知晓，由于实体仅需要知晓其自身的密钥，
  并在 KDC 中设置该密钥，因此这使得系统在验证大量实体时更具扩展性。

13.3.2　Kerberos 验证流

　　Kerberos 验证流需要从不同的角度进行考查，同时有必要理解服务的验证方式、客
户端的验证方式，以及通信在验证后的客户端和验证后的服务间的实现方式。此外，我
们还需要进一步深入理解对称密钥加密在 Kerberos 验证中的工作方式，以及如何禁止密
码在网络上传输。最后，还应了解 Kerberos 验证机制与 Web UI 之间的协同工作方式。
图 13.2（https://access.redhat.com/）在较高层次上描述了 Kerberos 验证机制的工作方式。

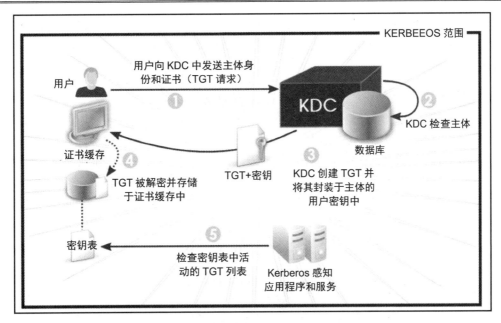

图 13.2

1．服务验证

服务在启动期间使用 Kerberos 对自身进行身份验证。在启动期间，Hadoop 服务将直接使用在 core-site.xml 或类似配置文件中配置的服务主体和密钥表对 KDC 进行身份验证。该主体断言，可通过密钥表中持有的正确密钥证明正确的服务。身份验证成功后，KDC 将发送所需的票据，该票据将被置入主体的私有证书集中。随后，服务即可为客户端请求提供服务。

2．用户身份验证

当通过客户端工具或另一种机制访问 Hadoop 服务时，终端用户应使用自己的用户主体对 Kerberos KDC 进行验证。首先，需要登录至一台可与 Hadoop 集群对话的客户机，随后利用主体和密码执行 kinit 命令。kinit 负责执行 KDC 的用户身份验证、获取 Kerberos TGT 票据结果，并将其置入文件系统的票据缓存中。

3．验证后的客户端和 Hadoop 服务间的通信

在服务器端和客户端针对 Kerberos 验证成功后，服务器将等待客户端请求，此时客户端准备就绪并发送一个请求。当发送一个服务命令时，客户端堆栈从使用 kinit 成功登录后创建的证书缓存中获取客户端 TGT 票据。当使用 TGT 时，将定位用户或客户端软

件访问的正确的服务/服务器，随后将从 KDC 中请求一个服务票据。在获得服务票据后，将向服务器显示服务票据结果。该过程将利用服务启动时 KDC 发送的票据进行加密和身份验证操作。

4．Hadoop 中对称密钥通信

图 13.3 显示了基于对称密钥的典型的 Kerberos 验证流。该验证流描述了时间敏感型会话的创建方式，以及通信消息如何利用 3 种不同的密钥类型实现加密，即客户端、KDC 和 HDFS。其中，所有步骤均采用序列号描述。需要注意的是，KDC 知晓全部 3 种类型的密钥，服务器权限则是根据使用已知密钥解密消息的能力予以构建的。

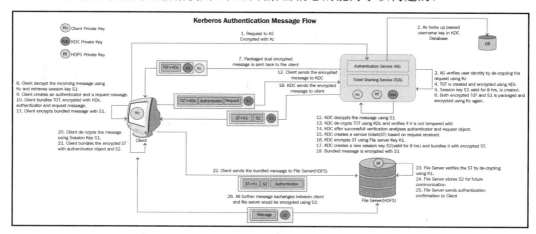

图 13.3

例如，如果 HDFS 服务器能够对客户端利用自身密钥 Kf 发送的 ST 进行解密，则可确保该 ST 有效且通过 KDC 发送。另一点需要注意的是，密钥或密码并未通过当前网络传输。

消息的加密/解密过程随存储于服务器处的密钥一同出现。图 13.3 还进一步展示了 Kerberos 对称密钥通信过程。

13.4　用户权限

一旦终端用户的标识通过 Kerberos 验证构建完毕，Hadoop 安全机制中的下一步就是确保这些构建完毕后的标识可执行的动作和服务。相应地，权限机制可对此加以处理。下面将考查如何针对不同服务间的不同用户建立权限规则，以及数据在 HDFS 中的存储

方式。随后，我们还将讨论不同的工具类型，这些工具有助于实现中央安全策略管理的授权机制。下面将对其进行简单讨论。

13.4.1　Ranger

图 13.4 显示了 Ranger 工具的体系结构，进而可集中管理不同 Hadoop 服务的安全策略。

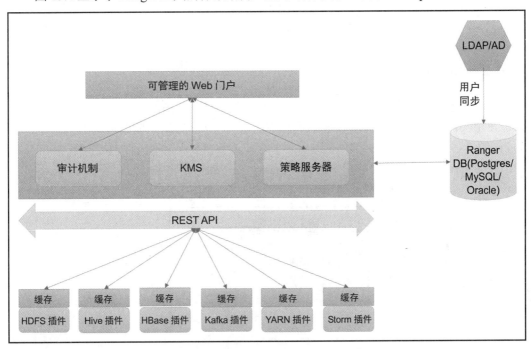

图 13.4

其中，全部策略通过可管理的 Web 门户进行集中式管理。该门户包含 3 个不同部分，即审计机制、KMS 和策略服务器。这里，策略服务器涵盖了不同的功能。Web 门户的主要功能如下。

❏　存储库管理器，可用于添加或调整 Hadoop 服务，如 HDFS 或 Hive 存储库。

❏　策略管理器，可用于针对分组或用户添加或修改存储库策略。

❏　用户/分组部分，可管理用户和分组的权限。

❏　审计部分，可在资源级别上监测用户行为，并根据特定的过滤器审计日志搜索。

相关政策采用本地方式存储于不同服务插件管理的缓存中，如图 13.4 所示。另外，策略使用 REST API 定期与策略服务器同步。另一个组件是 KMS，用于存储 HDFS 数据加密所用的密钥，稍后将对 KMS 进行深入讨论。第 3 个组件则通过其授权结果（访问、拒绝和授权）捕捉用户的活动。审计数据则可在 SOLR 服务器（用于搜索）、HDFS（用于详细的报告）或 DB 中被捕捉。

ℹ️ 注意：

本节仅简单介绍了 Ranger，读者可访问 https://cwiki.apache.org/confluence/ pages/viewpage. action?pageId=57901344.https://hortonworks.com/apache/ranger/以查看与 Ranger 相关的详细信息。

13.4.2　Sentry

如前所述，Ranger 是一个资源（Hadoop 服务）和基于用户的权限工具。相反，Sentry 则是一个关注角色访问控制的权限工具。下面首先介绍 Sentry 体系结构的技术组件。Sentry 包含了一些与 Ranger 共同的体系结构模式。另外，Sentry 插件也等同于 Ranger 插件，并与 Hadoop 服务结合使用。然而，Sentry 插件的内部体系结构则不同于 Ranger 插件。图 13.5 显示了较高级别上的 Sentry 插件的体系结构。

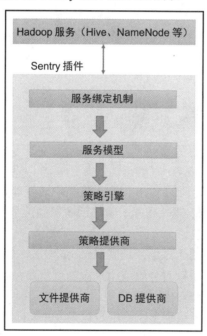

图 13.5

其中，Sentry 插件包含了与 Hadoop 服务的绑定机制，每项绑定将映射至 SQL 或搜索这一类模型上。例如，Hive 服务绑定机制映射至 SQL 模型、Solr 服务绑定机制映射至搜索模型、HBase 服务绑定机制则映射至 BigTable 模型。使用这些模型的 Sentry 插件将采用策略引擎制订与权限相关的决策。相应地，该策略引擎使用存储于政策提供商中的授权数据。这里，提供商可基于文件或基于 DB。用户则表示为假定使用 Hadoop 服务的不同标识，并认为利用 Hadoop 服务在存储于 HDFS 中的数据上执行相关动作。通常，用户总是属于某个分组；而分组则可被定义为一组用户集，并执行相同的动作且需要相同的特权集合。另外，角色则表示为需要授权一位用户分组的特权集合。最后，特权被定义为可在数据对象上执行的数据对象和动作组合。具体来说，表表示为数据对象，而创建/更新/丢弃则表示为相应的动作。作为通用的实践方案，我们应采用逻辑方式定义特权，并根据组织结构将其映射为角色。最后，可将它们映射至企业 LDAP/AD 中定义的用户和组。图 13.6 描述了策略引擎如何针对特定用户强制执行相关政策。

图 13.6

13.5　Hadoop 3.0 中的安全特征列表

表 13.2 表示为 Hadoop 3.0 中可用的 JIRA。其中，AliyunOSS 将 oss-sdk 的版本更新至 3.0.0 MajorResolvedFixed。

表 13.2

问 题 类 型	问 题 键	问题 ID	父 ID	描　　述
Bug	HADOOP-15866	13192984		重新命名 HADOOP_SECURITY_GROUP_SHELL_COMMAND_TIM OUT 键将破坏兼容性
Task	HADOOP-15816	13189089		根据安全问题更新 Apache ZooKeeper 版本
Bug	HADOOP-15861	13192122		将 DelegationTokenIssuer 移至正确的路径
Bug	HADOOP-15523	13164833		给定的 Shell 命令超时定义为秒，而在调度时，它被视为毫秒
Improvement	HADOOP-15609	13172372		当出现 SSLHandshakeException 时重试 KMS 调用
Improvement	HADOOP-15804	13188359		将 commons-compress 更新至 1.18
Bug	HADOOP-15698	13181280		KMS log4j 在启动时未被正确地初始化
Bug	HADOOP-15864	13192767		无法解析 SBN 域名时，作业提交器/执行器失败

续表

问 题 类 型	问 题 键	问题 ID	父 ID	描　　　述
Subtask	HADOOP-15607	13172317	12989378	AliyunOSS：修复 AliyunOSSBlockOutputStream 重复的 partNumber 问题
Bug	HADOOP-15614	13172717		TestGroupsCaching.testExceptionOnBackgroundRefreshHandled 可靠性故障
Improvement	HADOOP-15612	13172576		当 tfile 无法加载 LzoCodec 时改进异常
Improvement	HADOOP-15598	13171339		DataChecksum 计算校验和支持哈希同步
Bug	HADOOP-15571	13169010		利用同一配置对象生成的多个 FileContexts 应允许包含不同的 umask
Improvement	HADOOP-15554	13167452		针对配置解析机制改进 JIT 性能
Subtask	HADOOP-15533	13165709	13125961	使 WASB listStatus 消息保持一致
Test	HADOOP-15532	13165626		包含 NoSuchFileException 的 TestBasicDiskValidator 故障
Bug	HADOOP-15548	13167176		随机化本地目录
Subtask	HADOOP-15529	13165448	13160080	Windows 不支持 ContainerLaunch#testInvalidEnvVariableSubstitutionType
Bug	HADOOP-15610	13172471		Hadoop Docker Image Pip 安装失败
Subtask	HADOOP-15458	13158705	13160080	TestLocalFileSystem#testFSOutputStreamBuilder 在 Windows 中出现故障
Bug	HADOOP-15637	13175019		LocalFs#listLocatedStatus 无法过滤掉隐藏的.crc 文件
Improvement	HADOOP-15499	13162512		当利用 NativeRSRawErasureCoder 运行 RawErasureCoderBenchmark 时，性能出现严重下降
Subtask	HADOOP-15506	13163293	13125961	将 Azure Storage SDK 版本更新至 7.0.0，同时更新对应的代码块
Bug	HADOOP-15217	13137278		FsUrlConnection 无法处理包含空格的路径
Improvement	HADOOP-15252	13140188		Checkstyle 版本与 IDEA 的 Checkstyle 插件不兼容
Bug	HADOOP-15638	13175291		在 Hadoop 3.x 中，KMS Accept Queue Size 默认状态下从 500 修改至 128
Subtask	HADOOP-15731	13183700	13160080	TestDistributedShell 在 Windows 上出现故障
Bug	HADOOP-15755	13185076		当 args 为 null 时，StringUtils#createStartupShutdownMessage 抛出 NPE
Bug	HADOOP-15684	13179708		当发生 ConnectTimeoutException 时，triggerActiveLogRoll 阻塞于死名节点上
Bug	HADOOP-15772	13185604		启动时移除'Path ... should be specified as a URI'警告消息
Bug	HADOOP-15736	13183931		删除负值间隔会导致异常行为
Bug	HADOOP-15696	13181222		在 Jetty 迁移之后，由于打开的文件描述符太多，导致 KMS 性能下降
Improvement	HADOOP-15726	13183478		创建工具来限制日志语句的频率

续表

问题类型	问题键	问题 ID	父 ID	描述
Bug	HADOOP-14314	13064501		OpenSolaris 分类链接在 interfaceclassiation.md 中失效
Bug	HADOOP-15674	13179075		利用 TLS_ECDHE_RSA_WITH_AES_128_CBC_SHA256 密码组测试 TestSSLHttpServer.testExcludedCiphers 故障
Bug	HADOOP-10219	12688260		ipc.Client.setupIOstreams()需要检测 ClientCache.stopClient 请求关闭
Subtask	HADOOP-15748	13184562	13173308	S3 列出的不一致内容会导致 NPE
Bug	HADOOP-15835	13190458		复用 KMSJSONWriter 中的对象映射器
Bug	HADOOP-15817	13189267		复用 KMSJSONReader 中的对象映射器
Bug	HADOOP-15850	13191397		CopyCommitter#concatFileChunks 应检查每个数据块中的块不为 0
Bug	HADOOP-14445	13073925		使用 DelegationTokenIssuer 创建可以对所有 KMS 实例进行身份验证的 KMS 委托令牌
Bug	HADOOP-15822	13189805		较小的输出缓冲可能会导致 zstd 压缩器故障
Task	HADOOP-15815	13189087		将 Eclipse Jetty 版本更新至 9.3.24
Bug	HADOOP-15859	13192011		ZStandardDecompressor.c 将一个类错误化为实例
Task	HADOOP-15882	13194079		将 maven-shade-plugin 从 2.4.3 更新至 3.2.0
Subtask	HADOOP-15837	13190483	13173306	DynamoDB 表更新会导致 S3A FS init 失败
Bug	HADOOP-15679	13179254		ShutdownHookManager 关闭时间需要配置和扩展
Bug	HADOOP-15820	13189502		ZStandardDecompressor 原生代码将一个整数字段设置为 long 型
Bug	HADOOP-15900	13196160		在 LICENSE.txt 中更新 JSch 版本
Bug	HADOOP-15899	13196153		在 NOTICE.txt 中更新 AWS Java SDK 版本
Subtask	HADOOP-15759	13185417	12989378	
Subtask	HADOOP-15671	13178804	12989378	AliyunOSS：支持 AliyunOSS 中的 AssumeRole
Subtask	HADOOP-15868	13193163	12989378	AliyunOSS：更新多部件下载、多部件上传和目录复制属性的文档

13.6　本章小结

本章讨论了 Hadoop 安全问题，包括与系统安全和 Kerberos 身份验证集成的各种安全因素。此外，我们还学习了 Kerberos 的各种优点，以及 Kerberos 身份验证流的工作方式。同时，本章还介绍了用户权限及其两种应用工具，即 Ranger 和 Sentry。最后，我们还介绍了在 Hadoop 3.0 版本中已经解决或正在使用的 JIRA 列表。

第 14 章将学习网络和数据安全，如 Hadoop 网络、边界安全、数据加密、数据屏蔽、行和列级别的安全。

第 14 章　网络和数据安全

第 13 章简要地介绍了 Hadoop 安全的各种因素，并详细解释了 Hadoop 安全中的身份验证和权限机制。本章将考查 Hadoop 网络、边界安全、数据加密、数据屏蔽，以及行和列级别的安全。

本章主要涉及以下主题。

❑ Hadoop 网络安全。

❑ 加密。

❑ 屏蔽机制。

❑ 行级别的安全。

14.1　Hadoop 网络安全

Hadoop 网络安全机制涉及多个步骤。当设计 Hadoop 集群时，首先需要配置网络。稍后将讨论不同的网络类型、网络防火墙应用，以及网络安全市场上的各种工具。

14.1.1　隔离不同类型的网络

隔离或分段企业网络是保护 Hadoop 网络的基础内容之一。一般来说，分段是企业遵循的实践方案之一。然而，在设置 Hadoop 集群时，还需要确保网络设计中包含某些特定内容。

对此，需要逐一考查以下内容。

❑ 流量问题。我们是否从互联网中获得流量？或者全部流量均来自内部网络？

❑ 我们是否持有通过互联网或内部网的入站或出站流量？哪些服务将具有入站或出站流量，或同时兼具两者？

❑ Hadoop 集群是否与通过互联网公开的外部系统集成？

❑ 是否存在企业网络之外的用户访问 Hadoop 网络？

当设计 Hadoop 网络时，上述问题仅是需要思考的部分内容。然而，这已经简要地列出了企业网络设计应思考的一些问题，在实际操作过程中，我们应对此予以重视。图 14.1 显示了一个 Hadoop 网络分段示例。

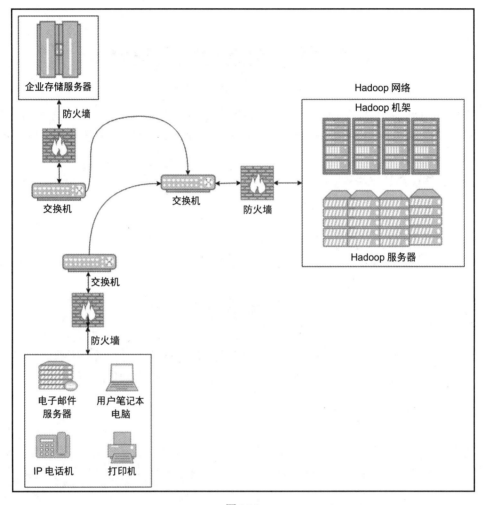

图 14.1

在图 14.1 中，其核心内容是应通过逻辑方式和物理方式隔离企业网络中的 Hadoop 集群和服务。这里，物理隔离是指，Hadoop 网络通过物理设备进行划分，如路由器、交换机和防火墙（硬件）。这意味着，所有节点（主机、worker 或边节点）将被连接至这些分离或隔离的交换机或路由器上。

逻辑隔离是指，根据集群中的节点和 IP 范围，将全部集群节点置于隔离的子网下。理想状态下，对于任意 Hadoop 集群，较好的做法是同时持有物理和逻辑网络分段。实现物理和逻辑分段的常见方法是使用虚拟局域网（VLAN）。VLAN 启用了多个交换机之间的共享物理交换机。每个 VLAN 可以被配置在一个交换端口上，或者在一个端口可用的

情况下，可以使用包标签将入站数据包或数据包路由至各自的 VLAN 目的地。网络分段
涵盖了以下各种优点。

- 可以在启用分割的一个入口点处定义防火墙策略。
- 可以帮助我们轻松地限制来自互联网或任何企业网络的入口。
- 维护简单。例如，如果在针对 VLAN 定义的子网范围内加入一个节点，可自动
  应用安全策略，且无须做特殊说明。

下面考查如何利用防火墙对网络段提供保护措施。

14.1.2　网络防火墙

网络防火墙可被视为监测、阻止分段 Hadoop 网络访问的一堵"墙"。防火墙是 Hadoop
集群的第一个入口点，并可确保防止对 Hadoop 集群未经授权进行访问。对于 Hadoop，
防火墙必须与分段网络和身份验证一起使用。

防火墙可以基于硬件或软件，可用作网络包过滤器，并于其中根据用户定义的规则
检查每个入站或出站包。另外，防火墙还可根据网络协议应用相应的安全机制，如 TCP
或 UDP。不仅如此，防火墙还可充当代理服务器，以保护 Hadoop 服务器的真实身份，
并可用于白名单 IP。最后，防火墙也被用于入侵防御和入侵检测系统中。

图 14.2 描述了防火墙的构建方式。

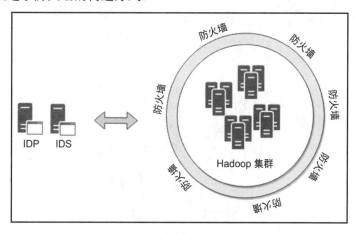

图 14.2

14.1.3　Hadoop 服务的网络边界安全工具

Apache Knox 是常见的 Hadoop 服务的网络边界安全工具之一，Knox 网关包含了不

同的功能，如下所示。

❑ 对于 REST 服务、Hadoop Web UI 和其他一些服务，Apache Knox 可用作身份验证层。当使用多项服务时，Apache Knox 还可用作 SSO 层，同时支持 LDAP/AD 集成、Kerberos 和 OAuth。

❑ 对于 Hadoop HTTP 服务，Apache Knox 可用作代理层，如 YARN UI 和 Oozie UI。

❑ Apache Knox 还可用于网络流量授权。

❑ Apache Knox 可用作网络流量审计机制和监测机制，并与警告工具进行集成。

❑ Apache Knox 包含自身的 SDK，可与使用 Hadoop 服务的应用程序集成，进而提供代理和身份验证服务。

图 14.3 描述了 Knox 网关逻辑的整体功能。

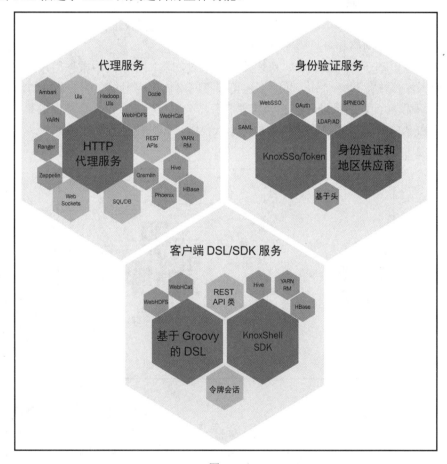

图 14.3

i 注意:

本节只是简要地介绍了 Knox 服务,并未对这一话题进行扩展。读者可访问 https://knox.apache.org/以了解与 Knox 网关相关的详细信息。

接下来将学习加密类型。

14.2 加 密 技 术

Hadoop 中存在两种类型的加密措施:一种是通过网络传输的数据加密,即传输中的数据加密;另一种则是磁盘存储数据加密,也被称作静态数据加密。接下来将对这两种类型的加密技术加以讨论。

14.2.1 传输数据加密

当理解 Hadoop 集群的传输加密时,我们需要了解不同组件之间的通信方式。这里,通信方式是指使用的网络协议种类。在网络上启用加密功能取决于通信过程中所采用的通信协议种类。

我们可通过 3 种不同的协议类型思考 Hadoop 集群组件,即 RPC、TCP/IP 和 HTTP。其中,RPC 用于 MapReduce 编程通信、JobTracker 通信、TaskTracker 通信和 NameNode 通信的网络通信;TCP/IP 用于涉及 HDFS CLI 客户端的通信;而 HTTP 通信协议则用于 MapReduce 数据混洗,以及与不同 Hadoop 组件交互的 Web UI。

图 14.4 显示了 Hadoop 中传输数据加密的逻辑视图。

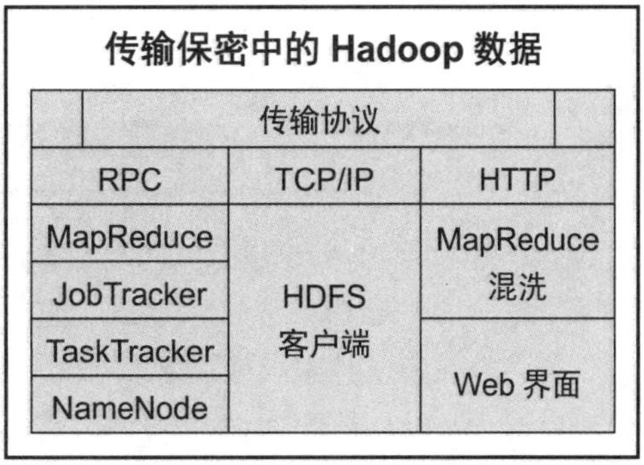

Hadoop 中提供了不同的规定或配置,并利用这些协议对通信过程进行加密。具体来说,RPC 通信采用简单身份验证安全层(SASL)。除了支持身份验证外,RPC 还提供了消息集成和加密方面的支持。TCP/IP 通信协议主要用于 NameNode 间的通信。当前,TCP/IP 在默认情况下并未内

传输保密中的 Hadoop 数据		
传输协议		
RPC	TCP/IP	HTTP
MapReduce	HDFS 客户端	MapReduce 混洗
JobTracker		
TaskTracker		Web 界面
NameNode		

图 14.4

置加密功能或直接支持加密。为了处理这种缺陷,现有的数据传输协议通过 SASL 握手协议进行封装,且 SASL 支持加密功能,这也是 TCP/IP 协议加密在 Hadoop 中的支持方式。针对 Web 界面、MapReduce 混洗阶段、NameNode 和二级 NameNode 间的镜像文件

操作，Hadoop 使用了 HTTP 协议。相应地，HTTPS 则用于加密 HTTP 通信，同时也是一个针对 HTTP 加密的、经证实和广泛适用的标准。Java 和浏览器支持 HTTPS，大多数操作系统中的许多库和工具也包含了内建的 HTTPS 支持功能。

14.2.2　静态数据加密

透明数据加密（TDE）与加密磁盘上的 HDFS 数据保留相关。这里，磁盘上的 HDFS 数据也被称作静态数据，该加密类型是基于安全密钥的。其中，密钥一般被存储于密钥管理服务器（位于 Hadoop 的内部或作为外部密钥存储）中。

顾名思义，TDE 与磁盘上的数据加密有关，而这一过程对于访问数据的用户来说是透明的。只要用户访问了相关的安全密钥，Hadoop 系统则会在写入数据时自动加密数据，并在读取数据时自动解密数据。对于用户来说，这与读、写未加密的数据并无两样。其间，所有底层加密通过 Hadoop 系统自动管理。这里，我们仅需配置需要加密的目录即可，这也被称作加密区或安全区。只要任何文件被写入加密区中，系统将对此进行加密。

TDE 的目标是防止某些不良的访问企图。例如，TDE 可防止在暂放区中获取某个磁盘或偷取磁盘，抑或非 HDFS 应用程序或非用例用户查找 HDFS。图 14.5 显示了静态数据加密在 Hadoop 中的工作方式。

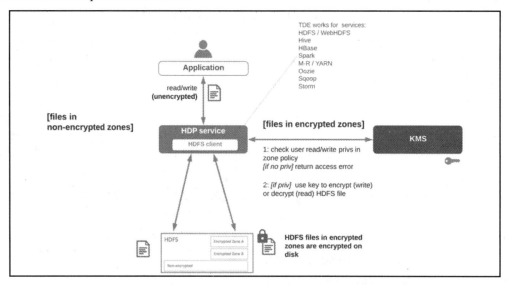

图 14.5

当用户或应用程序尝试读、写加密区中的数据时，底层 HDFS 客户端则尝试从配置后的 KMS 中访问加密密钥。其间，首先需要检查访问特权。如果存在访问特权，文件将通过 Hadoop 加密和解密。

14.3　数据屏蔽机制

屏蔽机制是将屏蔽数据显示给用户，而这些用户并不具备访问某些数据的权限。该过程可看作是向未授权用户隐藏个人数据，无论是财务信息还是与健康状况相关的信息。相应地，屏蔽方法则不一而同。图 14.6 显示了数据屏蔽技术之一，其中利用简单的 XXXX 替换字符隐藏了 Employee Salary 这一项内容。

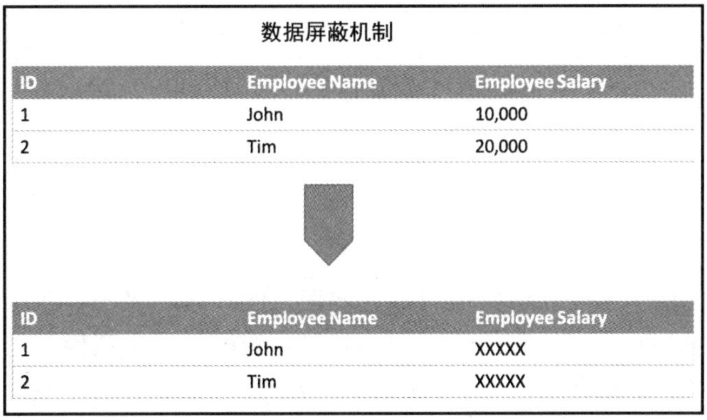

数据屏蔽机制		
ID	Employee Name	Employee Salary
1	John	10,000
2	Tim	20,000

ID	Employee Name	Employee Salary
1	John	XXXXX
2	Tim	XXXXX

图 14.6

另一种较为常见的数据屏蔽方法则是利用随机替换内容替代屏蔽列。在图 14.6 中，Employee Salary 项被随机工资数字所替换。图 14.7 显示了通过随机替换内容的数据屏蔽机制。

通过随机替换内容的数据屏蔽机制		
ID	Employee Name	Employee Salary
1	John	10,000
2	Tim	20,000

ID	Employee Name	Employee Salary
1	John	5000
2	Tim	1000

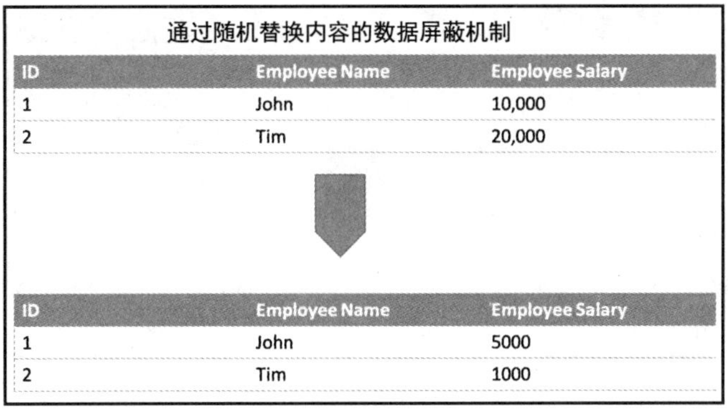

图 14.7

图 14.8 显示了另一种采用加密方案的常见数据屏蔽技术。

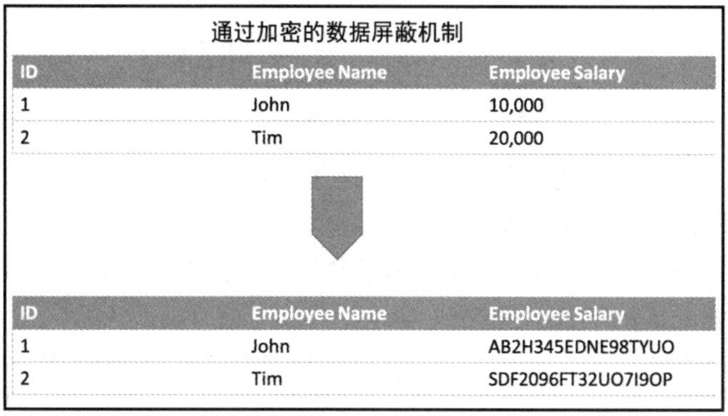

通过加密的数据屏蔽机制		
ID	**Employee Name**	**Employee Salary**
1	John	10,000
2	Tim	20,000

ID	**Employee Name**	**Employee Salary**
1	John	AB2H345EDNE98TYUO
2	Tim	SDF2096FT32UO7I9OP

图 14.8

14.4 过 滤 机 制

过滤机制是一项从未授权访问用户中过滤信息的技术，且与屏蔽机制有所不同。过滤机制将过滤掉完整的列或完整的行，而不是显示随机值或屏蔽值。对此，存在两种过滤机制，稍后将对此予以介绍。

14.4.1 行级别过滤机制

行级别过滤机制是指对没有访问权限的用户隐藏特定行，如图 14.9 所示。

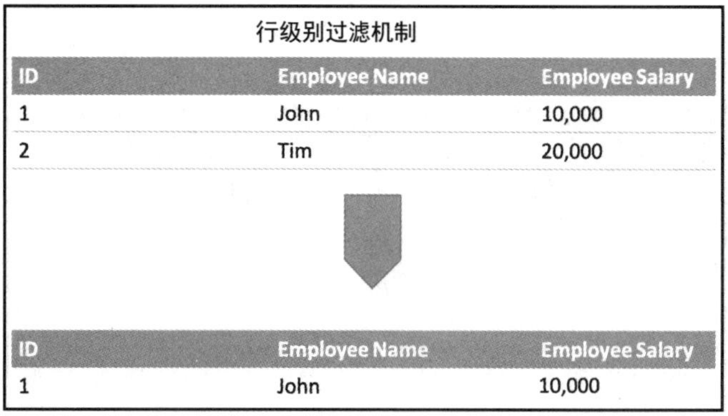

行级别过滤机制		
ID	**Employee Name**	**Employee Salary**
1	John	10,000
2	Tim	20,000

ID	**Employee Name**	**Employee Salary**
1	John	10,000

图 14.9

14.4.2　列级别过滤机制

列级别过滤是指对没有访问权限的用户隐藏整个列，如图 14.10 所示。

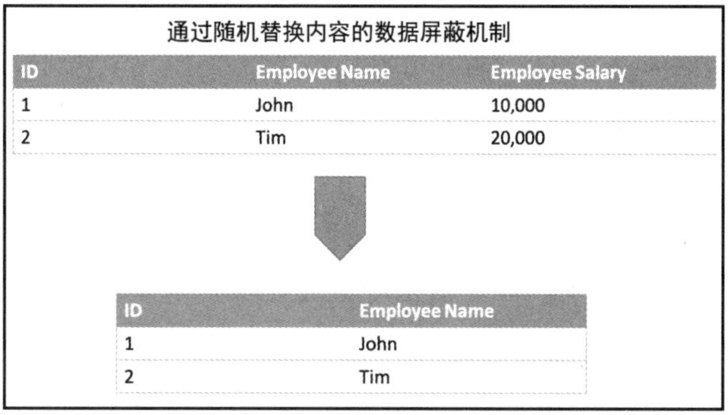

图 14.10

14.5　本 章 小 结

本章讨论了 Hadoop 生态圈中网络和数据安全方面的一些重要内容，其中涵盖了数据安全中与屏蔽和过滤机制相关的一些较为重要的概念。对此，存在不同的工具和框架可实现 Hadoop 中的各种安全方法。然而，关于需要实现的安全特征，我们应仔细评估这些方法。

第 15 章将讨论 Hadoop 中的监测方式，以及监测系统所涉及的具体内容。除此之外，我们还将考查不断增长的数据环境下的监测机制。

第 15 章　监测 Hadoop

第 14 章主要讨论了 Hadoop 安全方面的相关内容。截至目前，我们已经学习了 Hadoop 中不同的组件、Hadoop 生态圈中的一些高级概念，以及在设计和实现 Hadoop 应用程序时需要考虑的一些最佳实践方案。其中，应用程序系统的监测和警告机制通常十分重要，并可通过相关措施避免不必要的数据丢失和系统故障。本章主要涉及以下主题。

- ❑　通用监测机制。
- ❑　安全监测机制。

15.1　通用监测机制

应用程序一般会历经多个阶段，如开发环境、加载测试环境、阶段环境，最终进入生产环境。大多数应用程序体系结构包含多个组件，如 UI 服务器、后台服务器和数据库服务器。所有组件彼此间交互，以满足任何企业中应用程序的整体目标。无论应用程序是大是小，我们都应该监测服务的健康状态，这一点十分重要。另外，上述服务器一般以 24 小时/7 天的方式运转，如果任何服务器发生故障，轻则导致业务目标无法实现，重则将会给公司带来巨大的损失。因此，应设置相关机制并持续地查看应用程序的健康状态、故障、网络问题、数据库性能、应用程序性能等内容。这里，监测机制是指捕捉应用程序指标的处理过程，进而帮助我们获得服务器报告。此类报告可供警告系统使用，如果警告规则与对应条件匹配，则发送必要的警告信息。

当磁盘空间的容量到达 60%～70%时、当实例无法发送 2min～3min 的与健康状态相关的心跳信号时、当 CPU 利用率达到 90%时（以及某些其他原因时），监测工具可能会发送一条警告消息。一些开源工具可帮助我们实现 Hadoop 上的通用监测机制。监测机制和警告机制的主要目标是确保应用程序和应用程序运行的基础设施处于健康状态。如果存在任何故障提示，则需要向用户发出警告并采取适宜的措施。接下来讨论一些较为重要的指标及其收集方式。

15.1.1　HDFS 指标

虽然大多数应用程序正在移至与 HDFS 类似的、基于云的分布式存储中，如 S3、Azure

存储和 GCP 存储，但某些公司依然会使用自己的 HDFS 本地（或云端）存储。本节将重点关注两个主要的 HDFS 组件指标，即 NameNode 和 DataNode。前述章节已经详细介绍了 Hadoop 组件的细节内容，接下来将深入讨论 NameNode 和 DataNode 指标。

1. NameNode 指标

NameNode 被定义为 HDFS 的主守护进程，负责管理 HDFS 元数据，并可被视为单点故障。这意味着，缺少备份或高可用性配置的 NameNode 故障将会导致全部内容丢失。由于 NameNode 表示为主守护进程，因此 HDFS 在缺失 NameNode 的情况下无法正常工作。另一点较为重要的是，NameNode 指标的生成优先于 DataNode。下列内容展示了 NameNode 指标的列表。

- CapacityRemaining。该指标表示整个 HDFS 集群中剩余的可用容量。根据数据进入 HDFS 中的频率，应设置一个容量阈值以监测 HDFS 集群。此处的基本规则是，如果值超出 75%，则应即可获得一条警告消息。随后可向 Hadoop 集群中添加新的卷或新的数据节点。

- UnderReplicatedBlocks。该指标表示在配置的复制因子中不匹配的块的数量。针对不同的目录或文件，我们可配置不同的复制因子。如果指标非常大，则需要立刻采取补救措施。这种激增行为一般来自一个或多个 DataNode 故障。

- MissingBlocks。与损坏或复制不足的数据块相比，丢失的数据块则更加危险。一旦从客户端接收到损害的数据块信号，NameNode 就开始将其他副本中的数据块复制至某些 DataNode 中，完成后则移除受损数据块。对于丢失的数据块，由于此类数据块不存在副本，因此无法利用上述方法对其进行恢复。一种可能的原因是，DataNode 持有这些基于维护功能的丢失块，但不应即刻采取相应的措施以避免数据丢失。

- VolumeFailuresTotal。DataNode 包含与其绑定的磁盘容量。不同于 Hadoop 的早期版本，其中，容量故障导致 DataNode 完全终止。在新的版本中，DataNode 经配置后可一次性容忍多个磁盘故障。如果一个或两个实例出现故障，那么 DataNode 一般不会立即终止。

- NumDeadDataNodes。DataNode 向 NameNode 发送一个连续的心跳信号，以此表明 NameNode 处于活动状态。相应地，所有的活动节点通过名为 NumLiveDataNodes 的指标表示。如果 DataNode 在既定时间段内未发送心跳信号，那么该 DataNode 将被添加至死亡 DataNode 列表中。这里，我们需要仔细地查看这一类指标，以避免后续出现重大问题。

- JMX 指标。垃圾收集是基于 JVM 处理中的标准过程，如果存在多项 HDFS 操作，垃圾收集调用的时间也会随之而增长，进而导致集群的性能下降。CMS 是 HDFS 推荐使用的垃圾收集器，我们可对此分配足够的 JVM 内存空间。

2．DataNode 指标

DataNode 被定义为 Hadoop 集群中的从属节点，前述章节已经讨论了其内部结构。由于 DataNode 向 NameNode 发送心跳信号，因此也会向 NameNode 发送各种指标。因此，我们可以从 NameNode 处获取与 DataNode 相关的大多数指标。其中一些较为重要的 DataNode 指标如下。

- ❑ 剩余指标。该指标表示 DataNode 上剩余的空闲空间量。记住，即使单一的 DataNode 磁盘空间不足也会导致整个集群出现故障。对此，需要设置一个百分比阈值，以供监测和警告使用。因此，如果磁盘空间到达指定的极限，则需要即刻采取相关措施以避免出现故障。

- ❑ NumFailedVolumes。在介绍 NameNode 指标时曾讨论到，一个 DataNode 与多个磁盘容量绑定，默认状态下，配置方式可描述为，如果任何绑定的磁盘出现故障，则会导致整个 DataNode 发生故障。但在产品系统中，该指标必须被设置为几个磁盘的既定阈值。回忆一下，针对每个 DataNode 故障，这将导致集群中出现一些复制不足的数据块，NameNode 将把这些数据块复制至其他 DataNode 中。因此，我们应该始终将这一限制设置为一个计算量值，以避免出现性能瓶颈问题。

15.1.2　YARN 指标

YARN 是 Hadoop 2 引入的资源管理器。前述章节曾介绍了 YARN 体系结构的详细信息，及其组件中的内部机制。资源管理器和节点管理器是 YARN 集群中的两个主要组件。下面将考查 YARN 集群中一些有用的指标。

- ❑ unhealthyNodes。如果节点的磁盘使用率超出了配置的极限值，那么该节点将被视为非健康节点。YARN 集群中的节点管理器负责在内存中执行应用程序，每个节点管理器将被分配既定的磁盘和内存数量。如果某个节点被 YARN 标记为非健康节点，那么该节点将不再被用于后续处理中。此时，集群中的另一个节点将填补空缺，但这将导致性能的下降。对此，较好的做法是在监测警告后添加或清除磁盘空间。

- ❑ lostNode。该指标类似于 NameNode 和 DataNode，节点管理器也定期向资源管理器中发送心跳信号，如果资源管理器在既定时间段内（默认状态下为 10min）未接收到心跳信号，那么节点管理器将被标记为丢失或死亡。如果在很长一段时间内 lostNode 的数量为 1 或 1 以上，我们必须立即采取适当的操作，找出根本原因并采取相应的行动。

❑ allocatedMB/totalMB。顾名思义，该指标表示所有可用的内存量（以 MB 计算），以及所分配的资源量（以 MB 计算）。当 allocatedMB 不断地接近 totalMB 时，allocatedMB/totalMB 在决定是否添加新的节点管理器时饰演了重要的角色。

❑ containersFailed。该指标表示节点管理器指标，即给定节点管理器上故障容器的总数。如果给定节点管理器上存在多个故障容器，那么问题很可能与硬件故障相关，如磁盘空间问题。

15.1.3　ZooKeeper 指标

产品级的 Hadoop 和 YARN 集群通常采用高可用性进行配置。在高可用性部署方面，ZooKeeper 饰演了重要的角色。ZooKeeper 持续监测主守护进程——若出现故障，则触发主守护进程的替换行为。另外，YARN 和 HDFS 高可用性均通过 ZooKeeper 加以管理。ZooKeeper 的一些重要指标如下。

❑ zk_num_alive_connections。该指标表示连接至 ZooKeeper 的客户端的数量。这一数字一般不会产生动态变化且保持稳定。如果该数字下降，则建议查看客户端日志、检查相应的原因并对其进行修复。通常情况下很可能是连接或网络问题。

❑ zk_followers。该指标表示当前 ZooKeeper 追随者的数量，该数量必须等于 ZK 节点的总数减去 1。如果 zk_followers 小于 ZK 节点的总数减去 1 得到的数字，则需要检查故障节点并尽可能地唤醒它们，以避免后续出现重大问题。

❑ zk_avg_latency。该指标表示 ZooKeeper 响应客户端请求的平均时间。ZooKeeper 仅在客户端成功地将事务写入其日志中时才响应客户端。

15.1.4　Apache Ambari

构建自己的监测和警告工具并非不可能，但现有的开源已可满足相关要求。除非应用程序存在十分关键的定制需求，否则较好的做法是复用这些工具。接下来将考查一些可用的工具。

Apache Ambari 是一个开源项目，可简化 Hadoop 集群的管理和监测工作。由于 Apache Ambari 支持软件安装、管理和监测，如 HDFS、MapReduce、HBase、Hive、YARN、Kafka 等，因此它广泛地被多家组织机构所使用。

Apache Ambari 的监测 GUI 如图 15.1 所示。

另外，更多的工具仍持续地集成于 Apache Ambari 中。不难发现，前述所有指标均已集成至 Apache Ambari 监测 GUI 中。

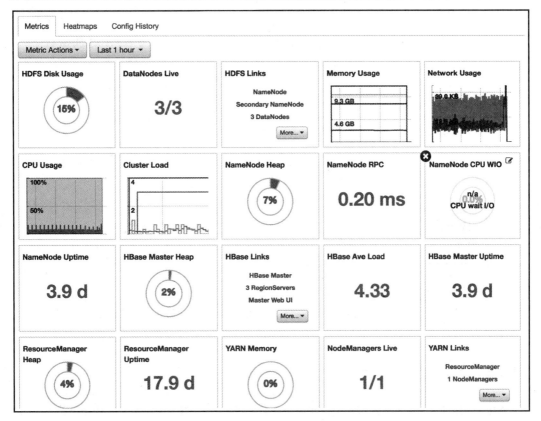

图 15.1

15.2 安全监测机制

产品级 Hadoop 生态圈基于身份验证、权限和数据安全而实现。前述章节已经讨论了实现 Hadoop 安全机制的各种方法。然而，实现过程与监测机制和警告机制有所不同。如果使用其他机制登录至系统，或者试图通过其他途径进入系统，抑或用户执行了非法操作，情况又当如何？

15.2.1 安全信息和事件管理

安全信息和事件管理（SIEM）是一种审计行为，它记录来自安全系统的多个条目，随后将其转换为可操作的条目。这些可操作的信息可用于检查潜在的威胁，进而采取相关措施并添加新的调查项。根据 SIEM 系统的设计方式，整个过程可以采用批处理方式，也可以是实时方式，具体取决于安全威胁的严重程度。图 15.2 显示了 SIEM 的体系结构。

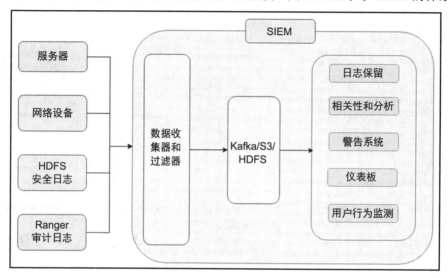

图 15.2

15.2.2　SIEM 的工作方式

SIEM 定义了一个过程，在这个过程中，任何 SIEM 专用工具都可以具有一组标准的步骤和设计体系结构。本节将讨论 SIEM 的工作方式，以及处理过程中一些常见的步骤，如下所示。

- ❑ 收集层。监测和警告系统中的第一步是获取可分析的数据。也就是说，是否包含相关信息可触发一条威胁警告消息。对此，基本的实践操作可描述为，发布应用程序、执行过滤机制并将日志转发至特定的存储系统中。这里，SIEM 的数据源可以是防火墙、IDS/IPS 系统、Web 过滤器、域控制器、日志收集器系统等。另外，SIEM 还可集成至云服务中，以获取部署于云基础设施的日志数据。另外，事件可在数据-收集级别上进行过滤，以便仅存储所需的日志。
- ❑ 存储层。收集器负责根据既定规则收集和过滤事件，并随后将有效事件存储于目标存储系统中。当今，我们可以看到一些分布式、高吞吐量的存储系统，如 HDFS、S3、Kafka 等，收集器可将数据推送至这些目标存储系统中。
- ❑ 相关性和安全分析。SIEM 中的首要核心步骤是制订规则和策略，进而定义归类于安全威胁的相关事件。在机器学习的基础上，我们可持有一个模型，并自动将事件检测、归类于威胁事件（较低、中等和较高）中，随后将其传递至另一个层中以采取相应的措施。相关性则表示不同事件的关系识别过程，进而得出结论以使特定的事件进入威胁分类中。例如，假设一位用户使用不同的账户和证书组合从某个 IP 地址登录至系统，该尝试过程不断失败，但最终该用户成功登录。这里，事件之间存在一定的相关性，这可被视作一种威胁。对此，可将其发送至相应的处理系统以执行进一步的行动。

ⓘ **注意：**

在相关性中，多个数据点可分析为具有实际意义的安全事件，并通过通知或仪表板交付至操作系统中。

❑ 动作和合规层。该层在 SIEM 中饰演了重要的角色。具体来说，该层采取了相应的动作，将警告信息发送至安全团队，以使其知晓所发生的安全事件。这里，动作系统可被设计为，可阻止事件请求的进一步处理过程，并向安全团队发送警告信息，以优先调查当前事件。随后，可使用这些事件定义一个合规文档，该文档可用于避免类似的事件报告发生。

15.2.3　入侵检测系统

入侵检测系统针对可疑行为监测网络流量，并在检测到这一类恶意或可疑操作后即刻发送警告消息。异常检测和报告是 IDS 的主要功能，当检测到任何恶意活动时，IDS 能够采取相应的措施，如阻止可疑 IP 地址发送的流量。相应地，IDS 系统可被分为两种类型，如下所示。

❑ 主动 IDS。主动 IDS 被定义为 IDS 和 IPS 的集成结果，因而也被称作入侵检测和预防系统。除警告信息和日志内容外，主动 IDS 经配置后还可执行阻止 IP 地址和关闭受限源的访问等操作。

❑ 被动式 IDS。被动式 IDS 系统是一种独立的入侵检测系统，被设计用来检测恶意活动并生成警告信息或日志记录。被动式 IDS 在接收到任何事件后不采取任何行动。

取决于 IDS 系统在网络中的部署位置，该系统可被分为以下几种类型。

❑ 网络入侵检测系统（NIDS）。NIDS 被部署在网络内的战略点，并监控来自所有设备的全部流量。当接收到可疑事件后，NIDS 将针对该事件生成警告信息和日志记录。考虑到 NIDS 部署在网络上，因而 NIDS 无法检测到网络内部的任何威胁。

❑　主机入侵检测系统（HIDS）。HIDS 被部署于网络中的全部设备上，并可直接访问互联网和企业内部网络。由于 HIDS 可用于网络中的每台主机上，因此可检测到网络内部或主机自身的任何可疑网络流量。

除此之外，还存在其他类型的企业级 IDS 系统，如针对特定用例设计的签名 IDS 和异常 IDS 系统。

❑　基于异常的入侵检测系统。在该检测系统中，入侵检测系统尝试检测网络中的异常情况。当在网络中出现任何变化时，相关事件可通过该系统被检测到。这种类型的 IDS 可能会产生许多错误报告。

❑　基于签名的入侵检测系统。该方案预定义了一组模式集，并用于与流量事件进行匹配。如果流量包与既定模式匹配，那么 IDS 将在网络上触发一条警告消息。

15.2.4　入侵预防系统

入侵预防系统（IPS）审计网络流量事件，进而检测和防止某些敏感行为。这里，漏洞的主要来源可描述为，攻击者用来中断和获取对机器或应用程序控制的应用程序或服务。如果攻击者成功地控制了机器或应用程序，即可采取某些恶意操作，从而导致应用程序终止或带来巨大的损失。

IPS 通常直接置于防火墙之后，进而提供了一个安全分析层以阻止某些危险的内容。IDS 对流量进行扫描并报告某些具有威胁性的行为。IDS 与 IPS 集成后，即可得到一个活跃的 IDPS 系统，该系统将执行主动分析，并对所有进入网络的流量实现某些自动操作。IPS 操作可以是阻止事件进入网络的任何行为，如下所示。

❑　向管理员发送警告信息。

❑　丢弃恶意的网络流量包。

❑　从源 IP 地址中阻止流量。

当与 IPS 协同工作时，网络性能不会受到太大的影响。IPS 可通过实时方式进行检测，并采取相应的措施，以避免后续操作带来的任何安全威胁。

15.3　本 章 小 结

本章讨论了如何监测 Hadoop 生态系统，首先介绍了通用的安全参数，如可以识别系统瓶颈的一些参数。除此之外，我们还考查了配置监测系统和警告系统的基本规则。在安全监测机制中，我们探讨了 SIEM 系统及其工作方式。目前，市场上存在多种工具可实现 SIEM，并可用作即插即用模块。最后，本章还讨论了入侵检测系统和入侵预防系统。